新编21世纪高等职业教育精品教材

装备制造类

自动线控制技术

主　编◎李爱民　范学慧

副主编◎张广超

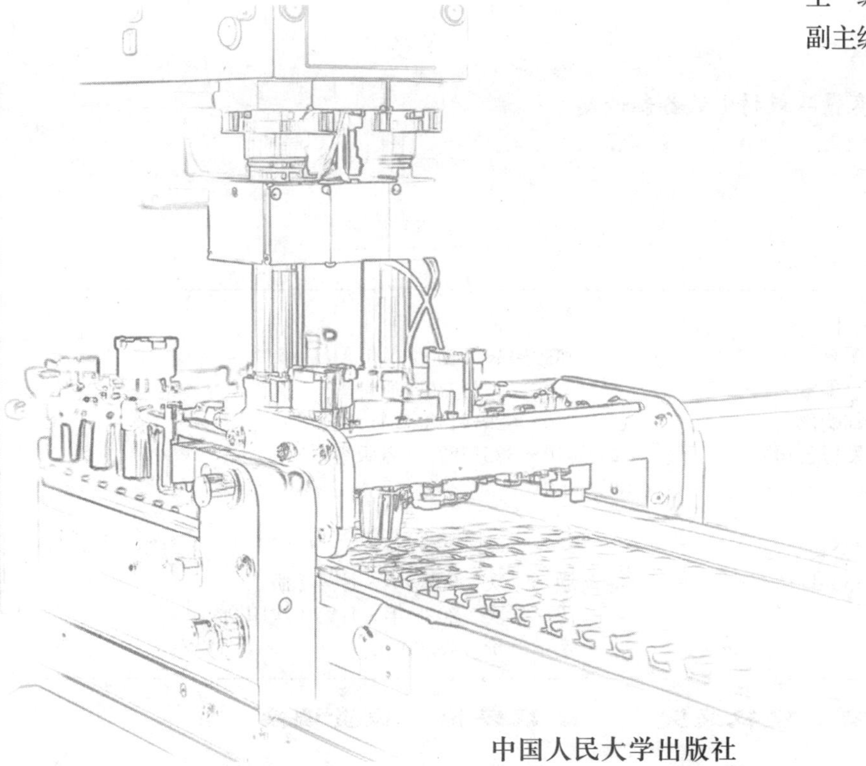

中国人民大学出版社

· 北京 ·

图书在版编目（CIP）数据

自动线控制技术 / 李爱民，范学慧主编．-- 北京：中国人民大学出版社，2025．3．--（新编 21 世纪高等职业教育精品教材）．-- ISBN 978-7-300-33593-3

Ⅰ．TP278

中国国家版本馆 CIP 数据核字第 2025F7C211 号

新编 21 世纪高等职业教育精品教材·装备制造类

自动线控制技术

主　编　李爱民　范学慧

副主编　张广超

Zidongxian Kongzhi Jishu

出版发行	中国人民大学出版社		
社　　址	北京中关村大街 31 号	邮政编码	100080
电　　话	010－62511242（总编室）		010－62511770（质管部）
	010－82501766（邮购部）		010－62514148（门市部）
	010－62511173（发行公司）		010－62515275（盗版举报）
网　　址	http://www.crup.com.cn		
经　　销	新华书店		
印　　刷	北京密兴印刷有限公司		
开　　本	787 mm×1092 mm　1/16	版　　次	2025 年 3 月第 1 版
印　　张	17	印　　次	2025 年 3 月第 1 次印刷
字　　数	358 000	定　　价	48.00 元

PREFACE 前言

本书以教育部最新的职业教育专业课程改革要求为引导，贯彻党的二十大推动制造业高端化、智能化、绿色化发展的精神，针对高职教育特色编写。自动化生产线（简称自动线）系统已经广泛应用于许多生产领域。本书以自动化生产线实训系统为主要对象，详细介绍了 PLC、触摸屏、气动、液压、传感器、电动机驱动与控制等多种技术，使这些知识真正融合在一起，以便读者应用于生产实践，适合相关专业的学生进行工程实践、课程设计及工程技术人员进行培训时使用。

本书对典型自动化生产线进行了介绍；自动化生产线各单元安装与调试，主要针对自动化生产线各单元的机械装配、电路设计、程序的编写与调试等问题进行讲述；人机界面设计与调试，主要讲解如何实现对自动化生产线的监视和控制；自动化生产线整机控制，主要讲解如何实现自动化生产线的整体协调工作。

本书的编写以项目单元为载体，注重提高读者综合运用技术的能力。本书的内容贴近生产实际，采用边学边做的方式，能使读者较快地掌握相应的技能。本书编写的具体分工如下：李爱民负责编写模块 1，范学慧负责编写模块 2，张广超和黄继战对全书的编写提供了资料和指导。本书在编写过程中，得到了亚龙科技集团的大力支持。

由于编者水平有限，书中难免有不当之处，真诚希望广大读者批评指正。

编　者

CONTENTS 目录

模块 1　柔性制造生产线

模块 2 YL-335B 型自动化生产线

模块 1

柔性制造生产线

项目1 认知柔性制造生产线

能力目标

了解自动化生产线的工作流程。

素养目标

1. 培养自主学习、创新和团队协作的能力。
2. 逐步养成良好的劳动习惯和职业素养。
3. 逐步培养“质量第一，精益求精”的工匠精神。

1.1 了解柔性制造生产线及应用

柔性制造生产线是在流水线的基础上逐渐发展起来的。它不仅要求线上各种机械加工装置能自动地完成预定的各道工序及工艺过程，使产品成为合格的制品，还要求装卸工件、定位夹紧、工件在工序间的输送、工件的分拣甚至包装等都能自动地进行，使生产线按照规定的程序自动地进行工作，我们称这种自动工作的机械电气一体化系统为柔性制造生产线。

柔性制造生产线的目标是实现自动生产，如何才能达到这一目标呢?

柔性制造生产线综合应用机械技术、控制技术、传感技术、网络技术等，通过一些辅助装置，按工艺顺序将各种机械加工装置连成一体，并控制液压、气动和电气系统，将各个部分的动作联系起来，完成预定的生产加工任务。

1.2 认识典型柔性制造生产线

图 1-1 是一套典型柔性制造生产线，它是以工业生产中的自动化装配生产线为原型开

发的实训综合应用平台，典型柔性制造生产线如图 1－1 所示。系统控制过程中除涵盖多种基本控制方法外，还凸显组态控制、工业总线、计算机视觉、实时监控等先进技术，为培养现代化应用型人才创设了完整、灵活、模块化、易扩展的理想工业场景。

图 1－1　典型柔性制造生产线

为便于协调整个生产线的全程控制，系统设置了一个主站总控制台。主站总控制台是整个装配生产线连续运行的指挥调度中心，其主要功能是实现全程运行的总体控制，完成全系统的通信连接，等等。装配生产线的示意图如图 1－2 所示。

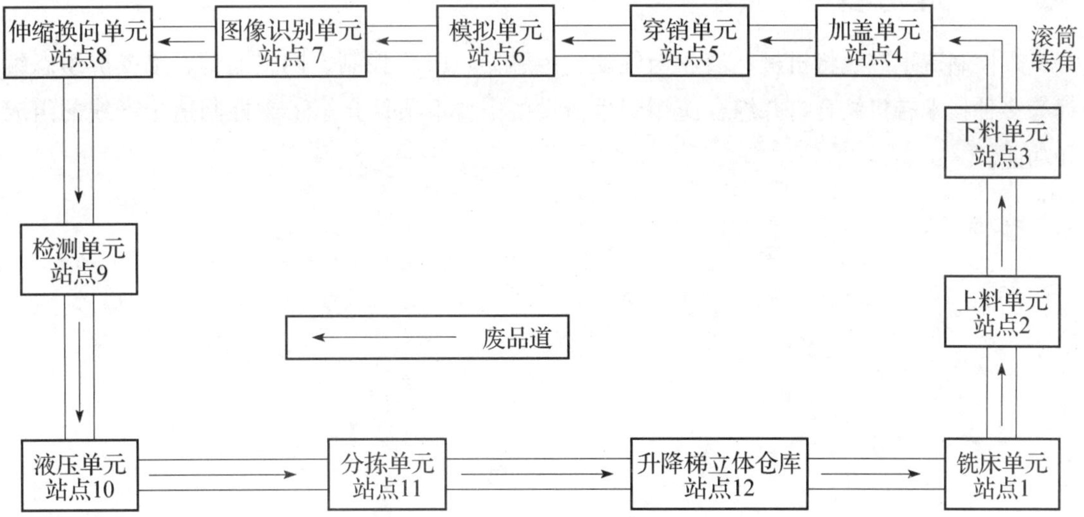

图 1－2　装配生产线的示意图

整个系统主要由 12 个站点组成，每个站点完成特定的工作任务，以装配、检验、分拣、入库的顺序完成各种装配操作和物流处理过程。

在装配生产线运行中，各个站点既可以自成体系，又彼此有一定的关联。为此，采用了 PROFIBUS 现场总线技术，通过 1 个主站（S7-300 系列 PLC）和 12 个从站（S7-200 系列 PLC）组成系统，实现主站、从站之间的通信联系，控制系统组成框图如图 1－3 所示。

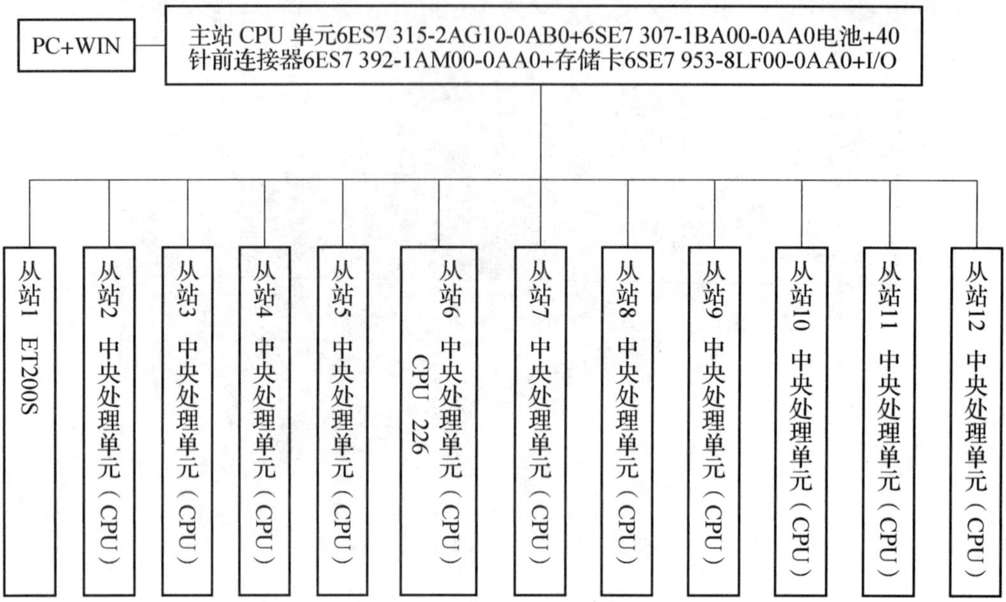

图 1－3　控制系统组成框图

项目小结

柔性制造生产线将机械、液压与气动、传感器、PLC 控制、网络通信、触摸屏组态编程等多种技术有机结合，并综合应用到生产设备中。本项目介绍了柔性制造生产线的组成和功能。

项目2 柔性制造生产线各单元安装与调试

能力目标

1. 能在规定时间内完成自动化生产线各站的安装和调试。
2. 能根据控制要求进行各站控制程序的设计和调试。
3. 能完成自动化生产线的安装和解决在运行过程中出现的常见问题。

素养目标

1. 具备安全生产、团队协作的职业素养。
2. 逐步养成严谨、规范的操作习惯。
3. 逐步培养“质量第一，精益求精”的工匠精神。

本柔性制造生产线配置了12个站点，每个站点既可以自成体系独立运行，又可以任意组合应用，体现了PLC核心技术在不同工作环境、不同应用领域、不同应用时效下的应用。PLC核心技术在不同工作环境下的反复应用，反映了它在机电控制领域的核心地位，同时体现了PLC核心技术与教学环境一体化课程建设的思路。

2.1 上料单元安装与调试

2.1.1 认识上料单元

上料单元是整个装配生产线的起点，该单元的主要功能是根据不同的控制要求从料槽中抓取装配主体送入数控铣床单元或将铣床单元加工后的产品转送入下料单元。

上料单元的主体结构组成包括扬臂同步带传动机构、旋转行星齿轮传动机构、水平移动支架及其齿轮齿条传动机构、托盘直线传送单元、托盘转向从动单元、轨道等，如

图 2-1 所示。

图 2-1　上料单元的主体结构组成

2.1.2　相关知识点：步进电动机认知及应用

步进电动机是一种把电脉冲信号转换成机械角位移的控制电动机，每输入一个电脉冲，电动机就会旋转一定的角度，常作为数字控制系统中的执行元件。

1. 步进电动机的结构

步进电动机由转子（转子铁心、永磁体、转轴、滚珠轴承）、定子（定子绕组、定子铁心）和前后端盖等组成。步进电动机结构图如图 2-2 所示。

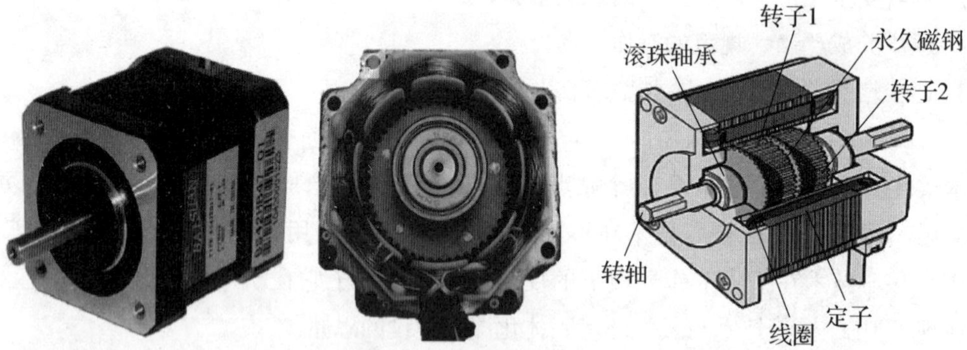

图 2-2　步进电动机结构图

转子：转子上只有齿槽而没有绕组，系统工作要求不同，转子的齿数也不同。

定子绕组：定子每极上套有一个集中绕组，相对两极的绕组串联构成一相。步进电动机可以做成二相、三相、四相、五相、六相、八相等。

定子铁心：定子铁心为凸极结构，由硅钢片叠压而成。在面向气隙的定子铁心表面有齿距相等的小齿。

2. 步进电动机的重要参数

（1）步距角。

步进电动机每接收一个步进脉冲信号，电动机就旋转一定的角度，该角度称为步距角。

步进电动机的步距角一般为 1.8°、0.9°、0.72°、0.36°等。步距角越小，则步进电动机的控制精度越高，根据步距角可以控制步进电动机行走的精确距离。例如，步距角为 0.72°的步进电动机，每旋转一周需要的脉冲数为 360/0.72＝500，即对步进电动机驱动器发出 500 个脉冲信号，步进电动机才旋转一周。

（2）步进电动机的转速。

步进电动机的转速取决于各相定子绕组通入电脉冲的频率。

3. 西门子 PLC 的高速脉冲输出 PTO

西门子 S7-200 PLC 提供两个高速脉冲输出点（Q0.0 和 Q0.1），用来驱动步进电动机和伺服电动机，实现速度和位置的开环控制。

高速脉冲输出有脉冲串输出 PTO 和脉宽调制输出 PWM 两种形式。

每个 CPU 有两个 PTO/PWM 发生器，一个发生器分配给输出端 Q0.0，另一个发生器分配给输出端 Q0.1。当 Q0.0 或 Q0.1 设定为 PTO 或 PWM 功能时，其他操作均失效。不使用 PTO/PWM 发生器时，Q0.0 或 Q0.1 作为普通输出端子使用。通常在起动 PTO 或 PWM 操作之前，用复位指令 R 将 Q0.0 或 Q0.1 清 0。

PLS 指令用于 S7-200 CPU 集成点 Q0.0 和 Q0.1 的高速脉冲输出，其指令格式及功能如表 2-1 所示。

表 2-1 指令格式及功能

梯形图 LAD	语句表 STL		功能
	操作码	操作数	
PLS EN ENO Q0.X	PLS	Q0.X	当使能端 EN 有效时，PLC 首先检测脉冲输出为 Q0.X 设置的特殊存储器位，然后激活由特殊存储器位定义的脉冲操作

说明：

（1）高速脉冲串输出 PTO 和脉宽调制输出 PWM 都由 PLS 指令来激活。

（2）操作数 X 指定脉冲输出端子，0 为 Q0.0 输出，1 为 Q0.1 输出。

（3）高速脉冲串输出 PTO 可采用中断方式进行控制，而脉宽调制输出 PWM 只能由 PLS 指令来激活。

2.1.3 上料单元安装技能训练

1. 上料单元的机械装配与调整

首先把上料单元各零件组合成整体安装时的组件，然后把组件进行组装，所组合成的组件包括行星齿轮系组件、螺纹微调机构组件、齿轮齿条机构组件、张紧机构组件等。行星齿轮系结构如图 2－3 所示。

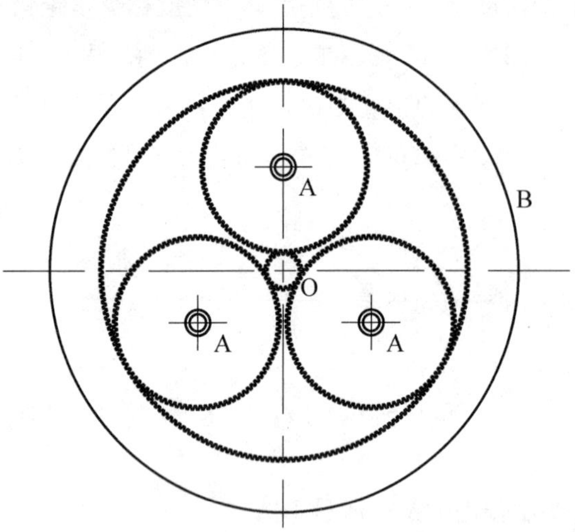

图 2－3　行星齿轮系结构图

装配好各组件后，用螺栓把它们连接为一体，然后将连接好的机械部分以及电磁阀组、PLC 和接线端子排固定在底板上，最后固定底板完成上料单元的安装。

2. 上料单元气动元件的安装与连接

气动控制回路是本工作单元的执行机构之一，由 PLC 控制取料。气动控制回路的工作原理如图 2－4 所示。气缸的两个极限工作位置安装了磁感应接近开关；上料单元的阀组由一个二位五通的电磁阀组成。电磁阀安装在汇流板上，汇流板中两个排气口的末端均连接了消声器。电磁阀对气缸进行控制，以改变动作状态。

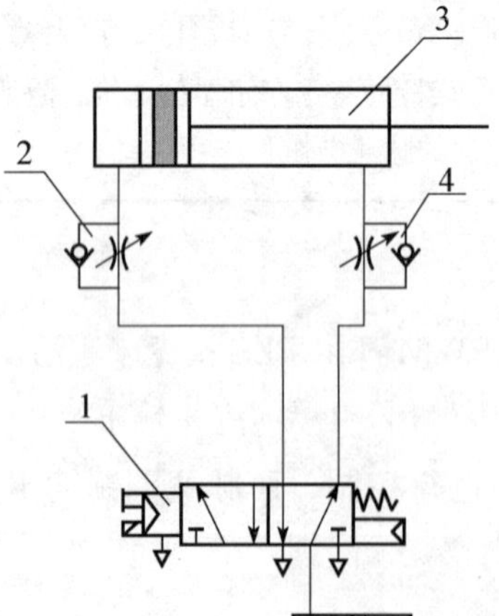

序号	名称
1	二位五通阀
2	单向节流阀
3	双作用气缸
4	单向节流阀
5	截止阀

图 2－4　气动控制回路的工作原理图

3. 上料单元PLC的安装与接线

为实现本单元的控制功能，在主体结构的相应位置装设了光电传感器、磁性接近开关、微动开关等检测与传感装置，并配备了步进电动机、直流电动机、直动气缸、电磁铁等执行机构和电磁阀、继电器等控制元件。上料单元检测元件、控制机构安装位置如图2-5所示。

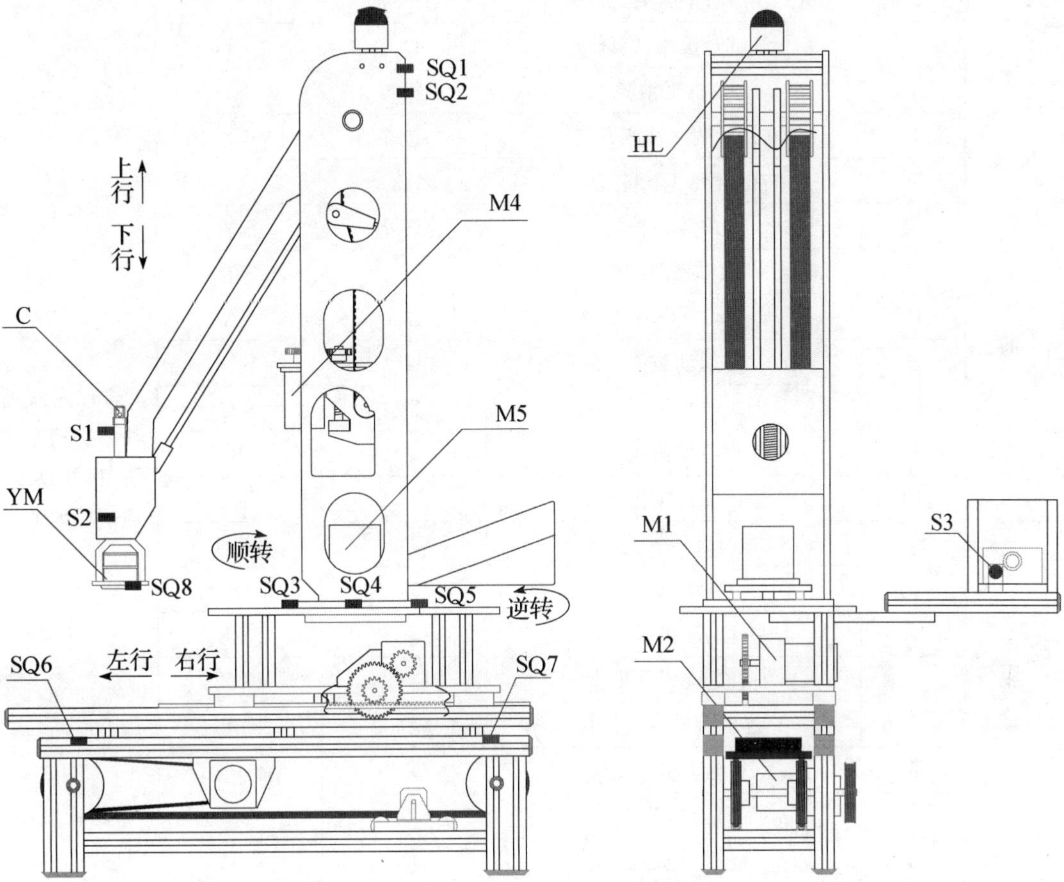

SQ1—扬臂下行检测；SQ2—扬臂上行检测；SQ3—顺转检测；SQ4—90°旋转检测；SQ5—逆转检测；SQ6—左行检测；SQ7—右行检测；SQ8—工件吸持检测；S1—气缸升检测；S2—气缸降检测；S3—工件检测；M1—行进电动机；M2—直线Ⅰ电动机；M4—扬臂升降电动机；M5—旋转电动机；YM—直流电磁铁；C—直动气缸；HL—工作指示灯

图2-5 上料单元检测元件、控制机构安装位置示意图

要实现PLC对上料单元运行过程的控制，首先要绘制系统电气原理图和进行基本的I/O分配，然后进行软件程序的编制。上料单元PLC的I/O分配见表2-2。上料单元电气原理图如图2-6所示。

表 2－2　上料单元 PLC 的 I/O 分配表

形式	序号	名称	PLC 地址	编号	地址设置
输入	1	扬臂下行检测（复位）	I0.0	SQ1	EM277 总线模块设置的站号为 10，与总站通信的地址为 16～17
	2	扬臂上行检测	I0.1	SQ2	
	3	顺转检测	I0.2	SQ3	
	4	逆转检测（复位）	I0.3	SQ5	
	5	工件检测	I0.4	S3	
	6	气缸升检测（复位）	I0.5	S1	
	7	气缸降检测	I0.6	S2	
	8	左行检测（铣床方向）	I0.7	SQ6	
	9	右行检测（下料方向）	I1.0	SQ7	
	10	工件吸持检测	I1.1	SQ8	
	11	90°旋转检测	I1.2	SQ4	
	12	手动/自动按钮	I2.0	SA	
	13	起动按钮	I2.1	SB1	
	14	停止按钮	I2.2	SB2	
	15	急停按钮	I2.3	SB3	
	16	复位按钮	I2.4	SB4	
输出	1	顺时旋转（到位）	Q0.0	KM4	
	2	上行电动机（到位）	Q0.1	M4:P	
	3	左行电动机（到位）	Q0.2	KM1	
	4	右行电动机（复位）	Q0.3	KM2	
	5	逆时旋转（复位）	Q0.4	KM5	
	6	下行电动机（复位）	Q0.5	M4:P+D	
	7	气缸电磁阀	Q0.6	YV	
	8	直流电磁铁	Q0.7	YM	
	9	工作指示灯	Q1.0	HL	
	10	直线Ⅰ电动机	Q1.1	M2	
	11	直线Ⅱ电动机	Q1.2	M3	
	12	步进电动机切换继电器	Q1.4	KM3	
	13	蜂鸣器报警	Q1.6		
	14	蜂鸣器报警	Q1.7		
发送地址		V2.0～V3.7（200PLC→300PLC）			
接收地址		V0.0～V1.7（200PLC←300PLC）			

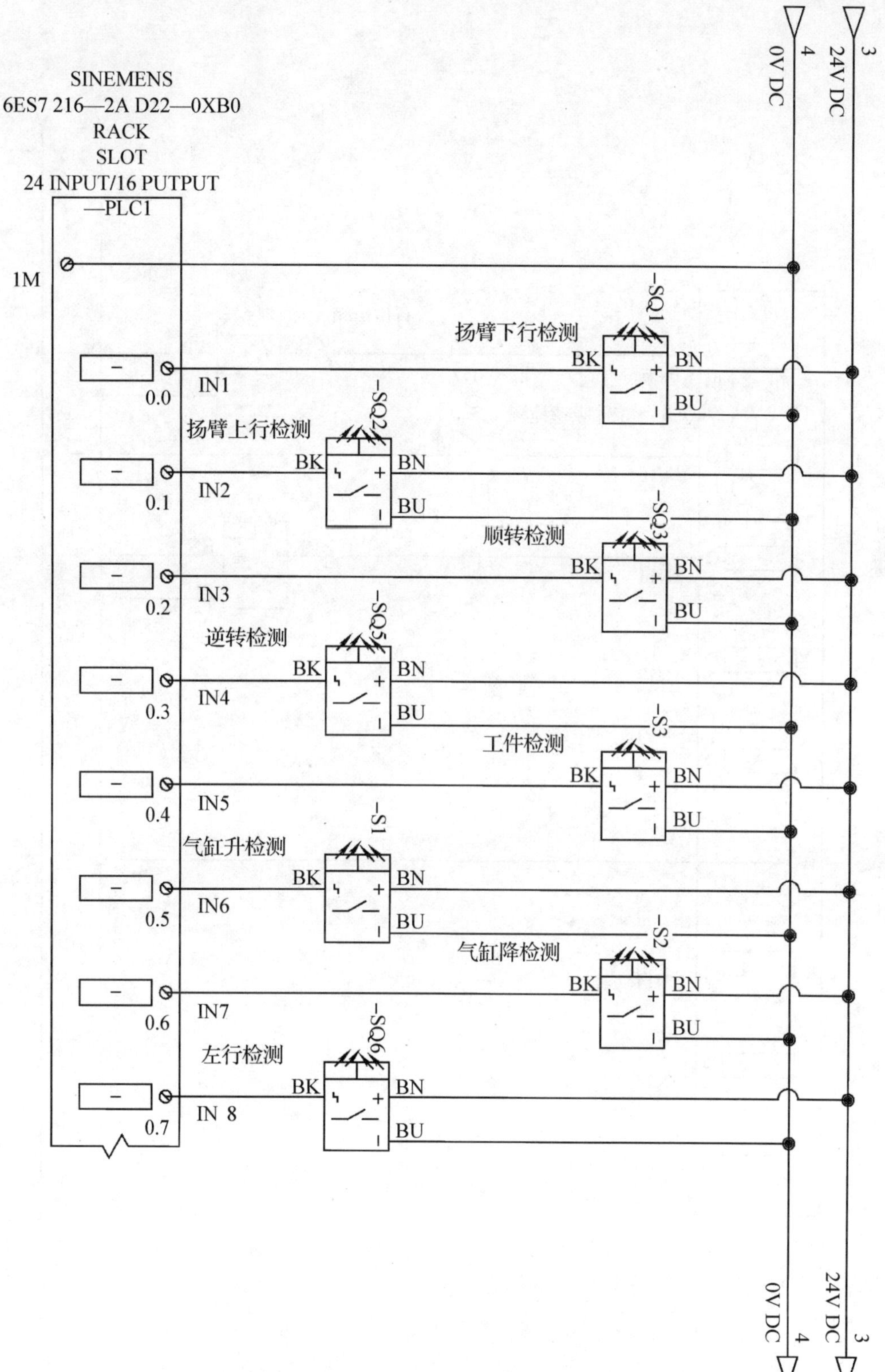
SINEMENS
6ES7 216—2A D22—0XB0
RACK
SLOT
24 INPUT/16 PUTPUT
—PLC1
1M
0V DC
24V DC
4
3
扬臂下行检测
-SQ1
扬臂上行检测
-SQ2
顺转检测
-SQ3
逆转检测
-SQ5
工件检测
-S3
气缸升检测
-S1
气缸降检测
-S2
左行检测
-SQ6
IN1
IN2
IN3
IN4
IN5
IN6
IN7
IN 8
0.0
0.1
0.2
0.3
0.4
0.5
0.6
0.7
BK
BN
BU

（a）

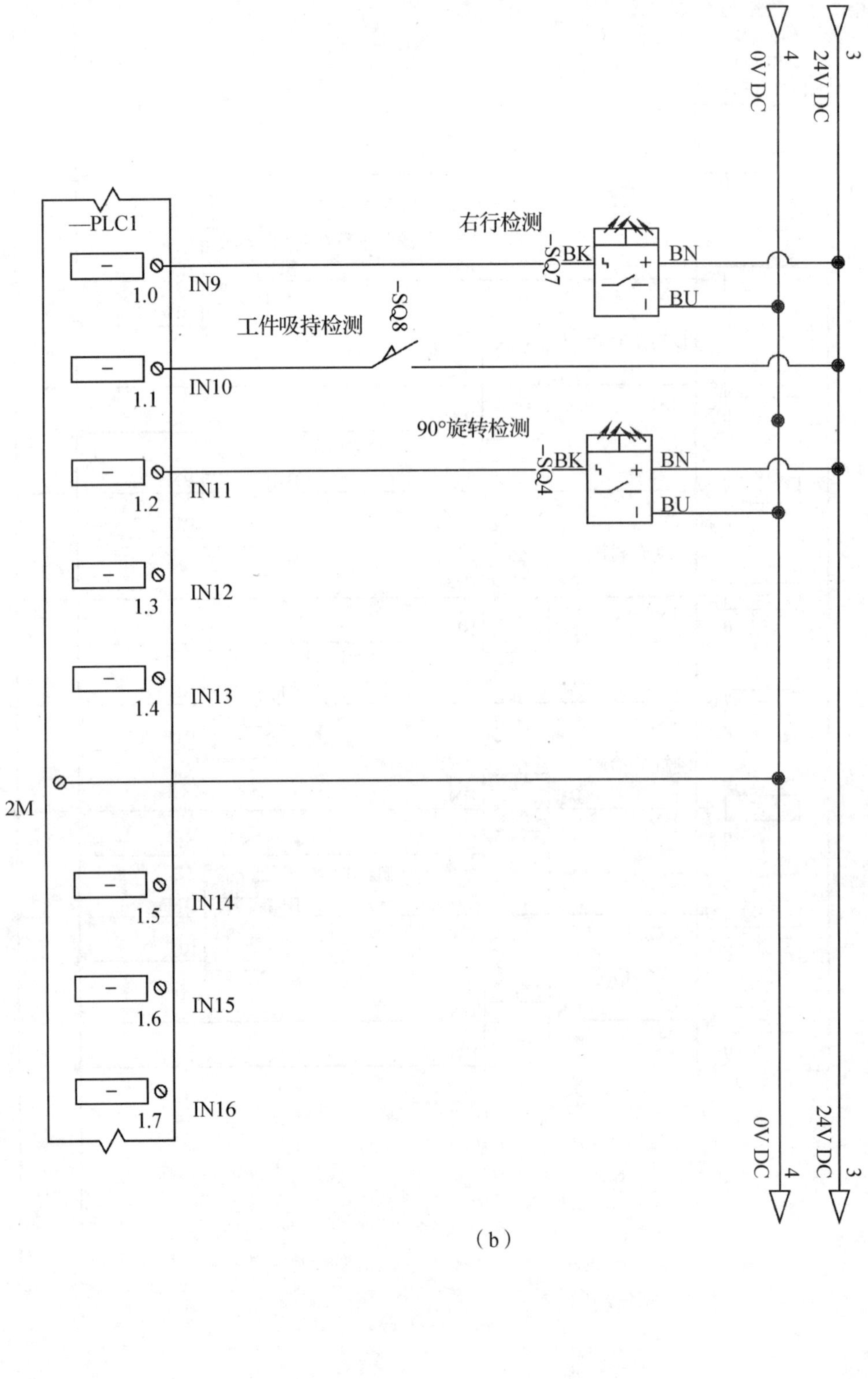

—PLC1
1.0
IN9
1.1
IN10
1.2
IN11
1.3
IN12
1.4
IN13
2M
1.5
IN14
1.6
IN15
1.7
IN16
右行检测
–SQ7
BK
BN
BU
工件吸持检测
–SQ8
90°旋转检测
–SQ4
BK
BN
BU
0V DC
4
24V DC
3
0V DC
4
24V DC
3

（b）

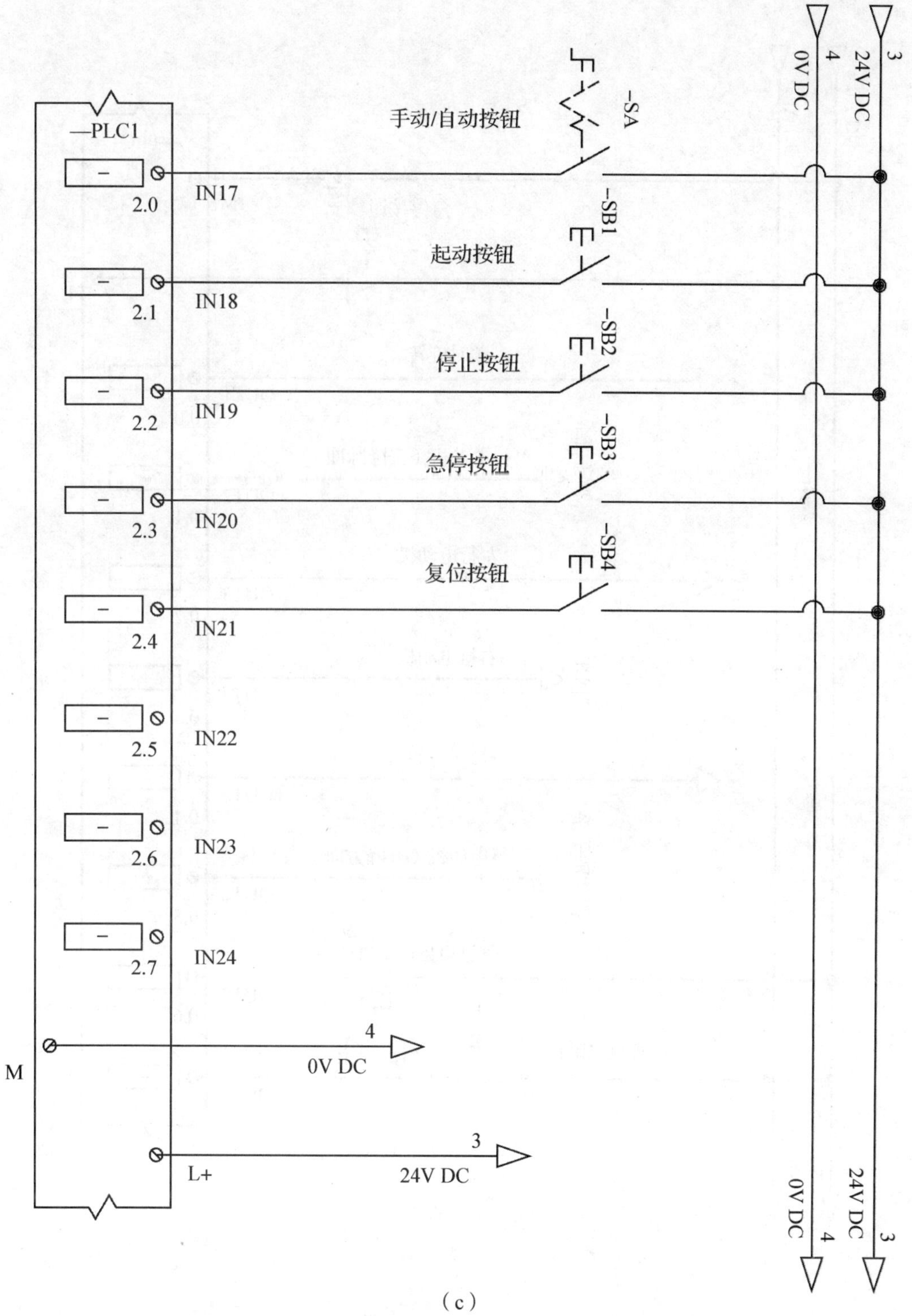
—PLC1
2.0
IN17
2.1
IN18
2.2
IN19
2.3
IN20
2.4
IN21
2.5
IN22
2.6
IN23
2.7
IN24
M
4
0V DC
L+
3
24V DC
手动/自动按钮
-SA
起动按钮
-SB1
停止按钮
-SB2
急停按钮
-SB3
复位按钮
-SB4

(c)

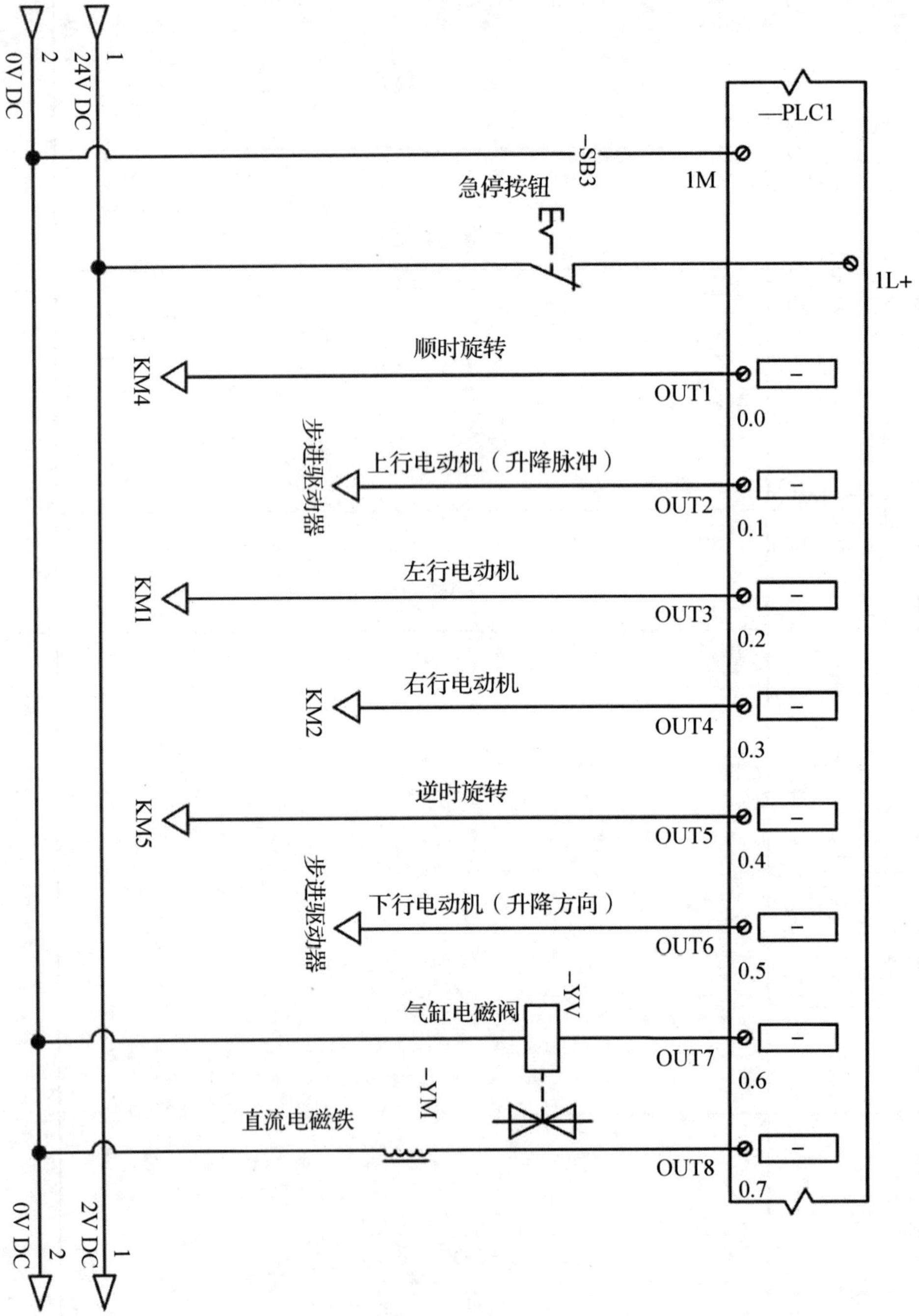
1
24V DC
2
0V DC
—PLC1
-SB3
1M
急停按钮
1L+
顺时旋转
KM4
OUT1
0.0
步进驱动器
上行电动机（升降脉冲）
OUT2
0.1
左行电动机
KM1
OUT3
0.2
右行电动机
KM2
OUT4
0.3
逆时旋转
KM5
OUT5
0.4
步进驱动器
下行电动机（升降方向）
OUT6
0.5
-YV
气缸电磁阀
OUT7
0.6
-YM
直流电磁铁
OUT8
0.7
0V DC
2V DC

（d）

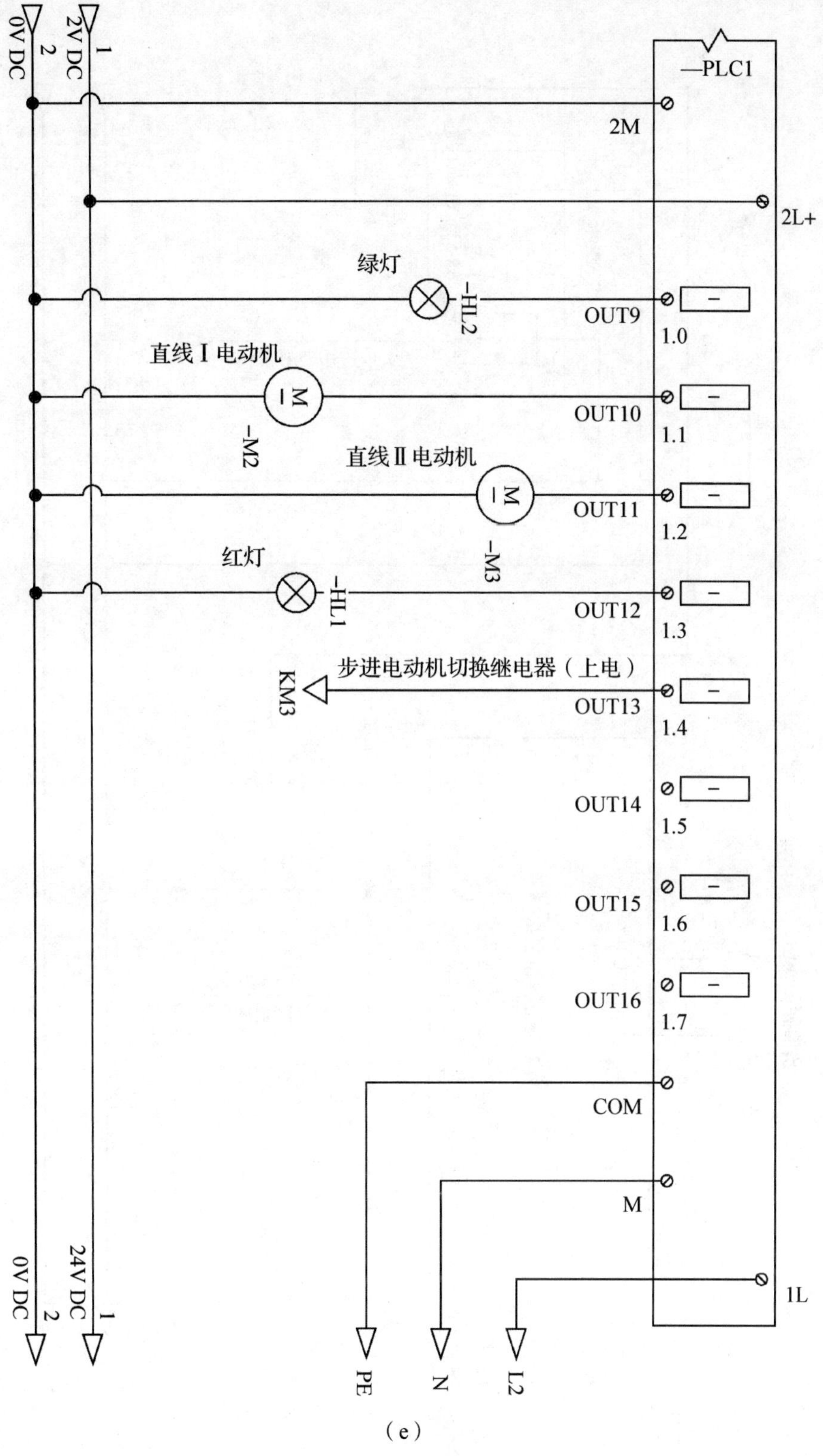
0V DC
2
2V DC
1
—PLC1
2M
2L+
绿灯
-HL2
OUT9
1.0
直线 I 电动机
M
-M2
OUT10
1.1
直线 II 电动机
-M3
OUT11
1.2
红灯
-HL1
OUT12
1.3
步进电动机切换继电器（上电）
KM3
OUT13
1.4
OUT14
1.5
OUT15
1.6
OUT16
1.7
COM
M
1L
0V DC
24V DC
PE
N
L2

（e）

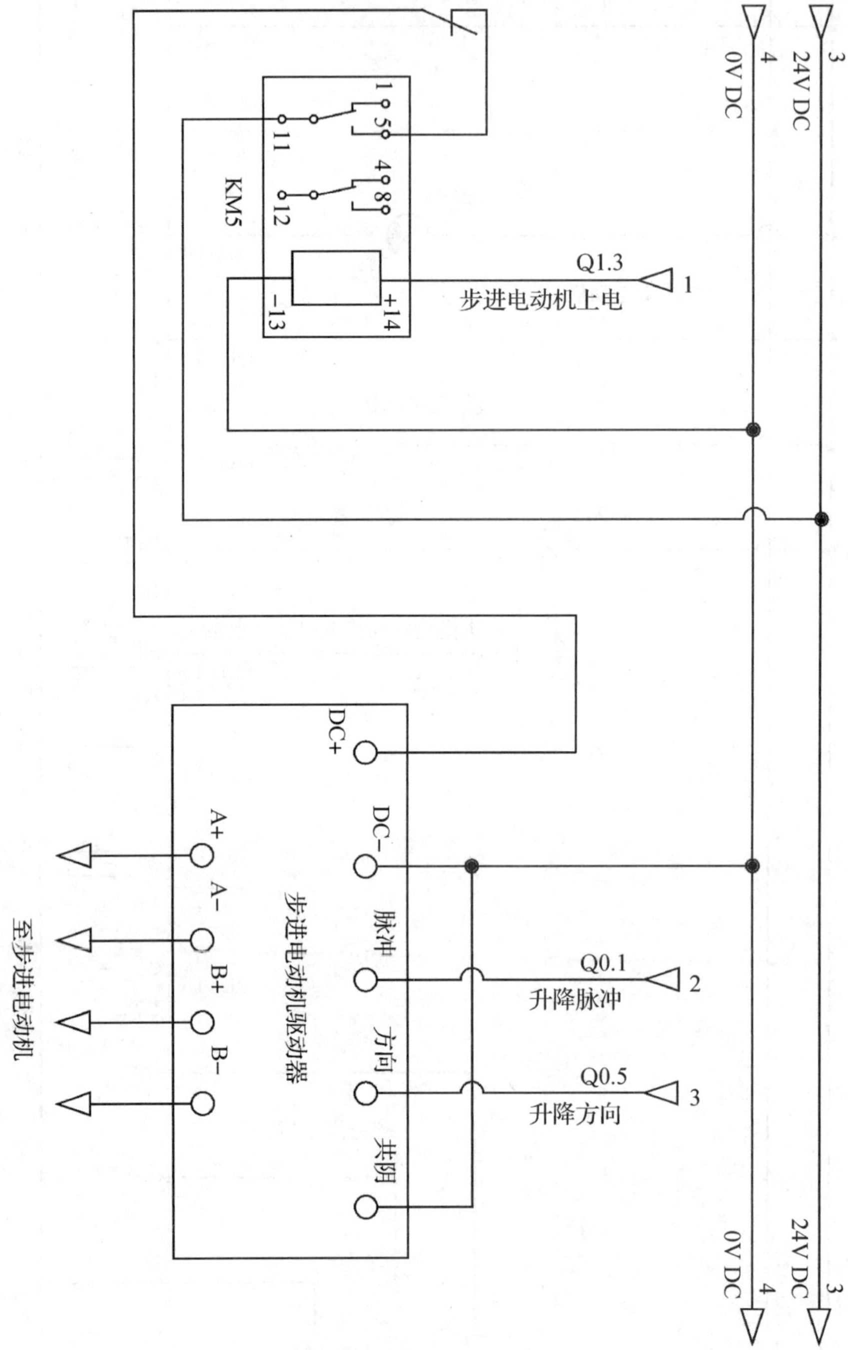

3
24V DC
4
0V DC
KM5
1
5
11
4
8
12
−13
+14
Q1.3
步进电动机上电
1
DC+
DC−
脉冲
方向
共阴
步进电动机驱动器
A+
A−
B+
B−
至步进电动机
Q0.1
升降脉冲
2
Q0.5
升降方向
3

（f）

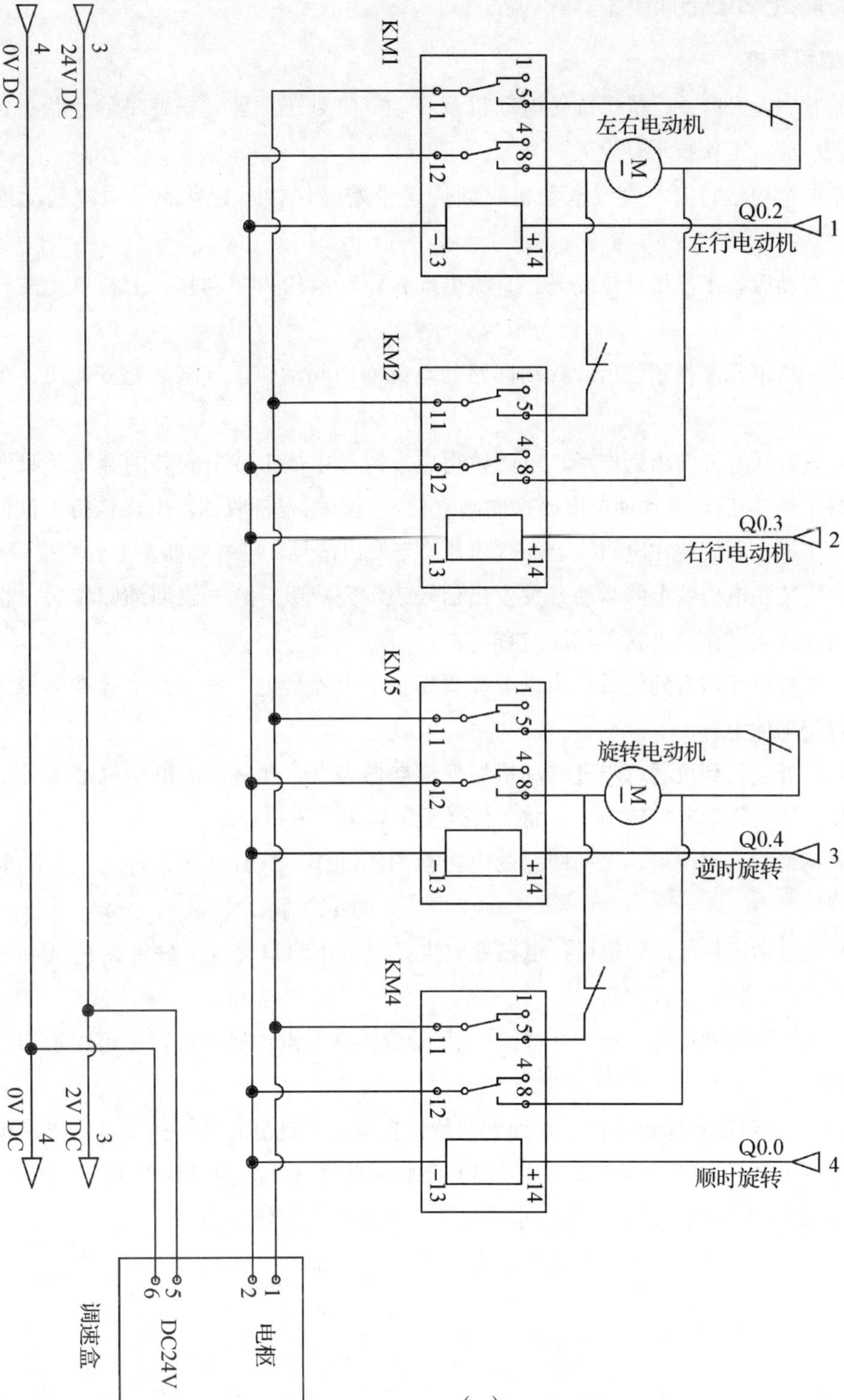

（g）

图 2－6　上料单元电气原理图

2.1.4 上料单元的编程与单机调试

1. 编程要求

初始状态：升降、行进、旋转电动机及直动气缸处于原位，扬臂呈静止状态；吸持工件电磁铁释放；工作指示灯熄灭。

在系统全程运行时，直线电动机驱动传送带始终保持运行状态（系统起动即开始运转）。

（1）起动后，工作指示灯发光，直流电动机驱动齿轮齿条动作，上料单元左行至铣床方向。

（2）上料单元左行到位后，气动回路的电磁换向阀动作，气缸活塞杆伸出，带动电磁铁下降。

（3）气缸活塞杆伸出到位后，电磁铁得电，通过主体工件上安装的金属条吸取工件主体。吸持工件 3s 后，气动回路电磁换向阀复位，气缸活塞杆收回，电磁铁持工件回缩（若一次吸合未果，即安装在电磁铁上的微动开关未发出信号，则蜂鸣器发出音响报警信号）。

（4）安装在电磁铁上的微动开关发出信号表示完成吸合且气缸回缩归位后，直流电动机驱动齿轮齿条动作，上料单元反向右行。

（5）上料单元右行到位后，步进电动机切换继电器得电，发出升降脉冲信号。同步带驱动扬臂持工件上行。

（6）扬臂上行到位后，步进电动机切换继电器失电，此时直流电动机带动行星齿轮动作，使扬臂持工件顺向旋转 180°，将工件送至下料单元入口处。

（7）扬臂旋转到位后，气动回路的电磁换向阀动作，气缸活塞杆伸出，带动电磁铁持工件下降。

（8）气缸活塞杆伸出到位后，电磁铁失电，对准下料口释放工件，2s 后气动回路电磁换向阀复位，气缸活塞杆收回。

（9）气缸回缩到位后，进行 2s 延时，起动旋转直流电动机带动行星齿轮动作，使扬臂逆向旋转。

（10）气缸回缩且扬臂逆转 180°回到初始位置后，步进电动机切换继电器再次得电，扬臂升降方向为“+”（选中下行），且发出升降脉冲信号。此时同步带驱动扬臂下行。

（11）扬臂下行到位后，工作指示灯熄灭，系统恢复初始状态。

按上述分析，可画出上料单元控制程序流程图，如图 2-7 所示。

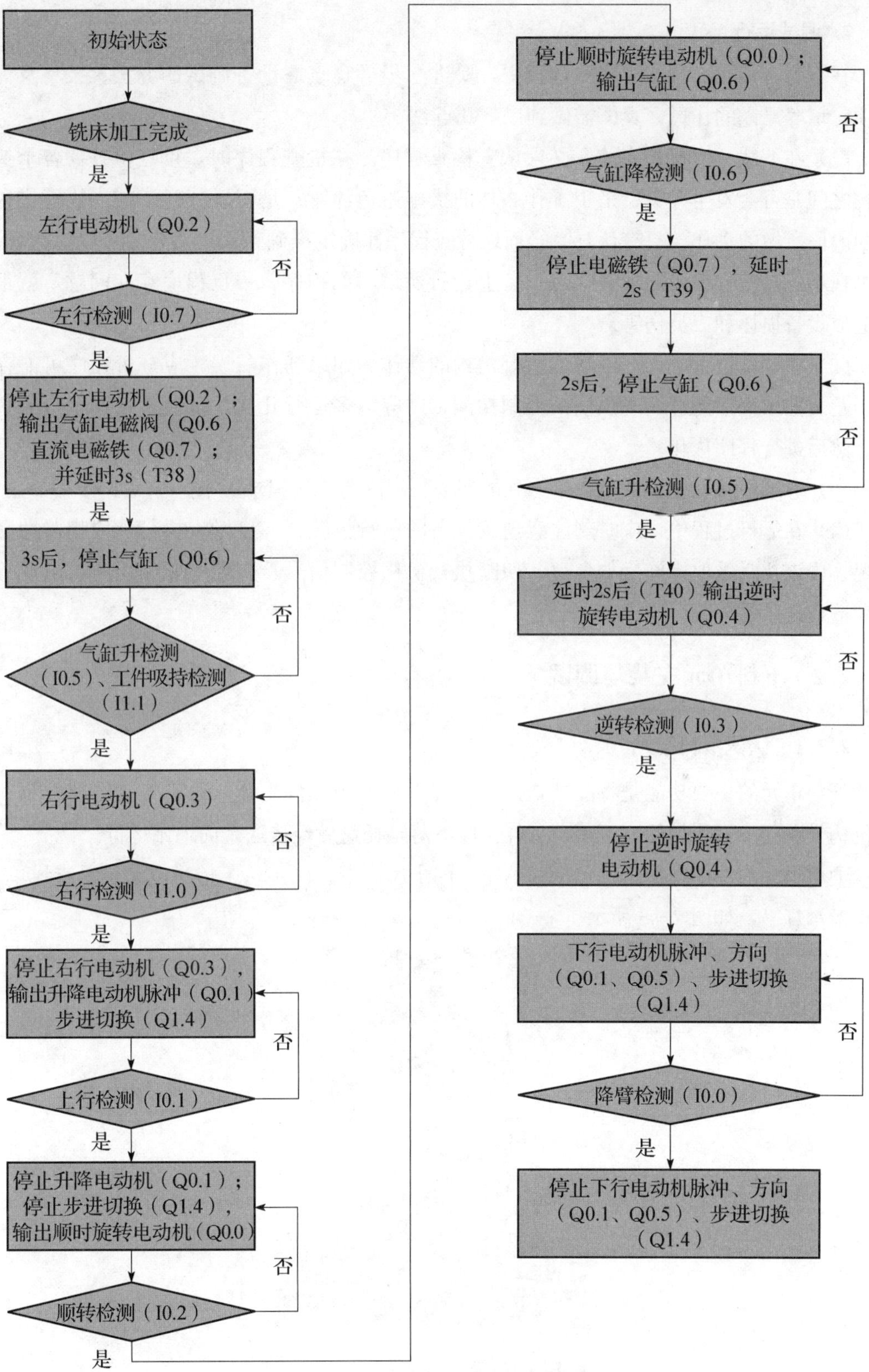

图 2－7　上料单元控制程序流程图

2. 调试运行

在编写、传输、调试程序的过程中，要进一步了解掌握设备调试的方法、技巧及注意事项，培养严谨的作风，具体需做到以下几点：

（1）在下载、运行程序前，必须认真检查程序。在检查程序时，重点检查：各个执行机构之间是否会发生冲突；采用了什么样的措施避免冲突；是否区分开了同一执行机构在不同阶段所做的动作。只有认真、全面地检查程序并确定准确无误之后，才可以运行程序。如果在不经过检查的情况下直接在设备上运行所编写的程序，一旦程序存在问题，就很容易造成设备损坏和人员伤害。

（2）在调试过程中，仔细观察执行机构的动作，如果动作有误，应分析程序可能存在的问题。如果程序能够实现预期的控制功能，则应该多运行几次，以便检查其运行的稳定性，然后进行程序优化。

（3）总结经验，把调试过程中遇到的问题、解决的方法记录下来。

（4）在运行过程中，应时刻注意现场设备的运行情况，一旦发生执行机构相互冲突的情况，应该及时采取措施（如急停、切断执行机构控制信号、切断气源和切断总电源等），以免造成设备的损毁。

2.2 下料单元安装与调试

2.2.1 认识下料单元

下料单元的主要功能是将前站送入本单元下料仓的工件主体，通过直流电动机驱动间歇机构带动同步齿形带使之下落，工件主体下落至托盘后经传送带向下站运行。

下料单元的主体结构组成包括间歇轮、同步齿形带、同步轮、传送电动机、直线单元、工作指示灯等，如图 2－8 所示。

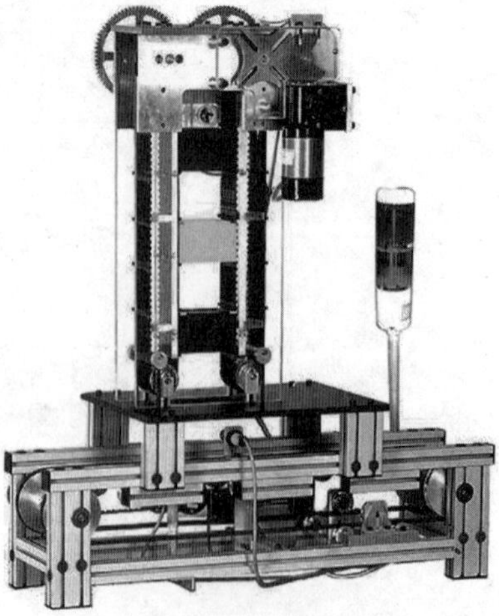

图 2－8　下料单元的主体结构组成

2.2.2 相关知识点：齿轮传动和带传动机构认知及应用

1. 齿轮传动机构认知

齿轮传动是依靠主动齿轮和从动齿轮齿廓之间的啮合传递运动和动力。齿轮传动机构的结构如图 2-9 所示。

图 2-9 齿轮传动机构的结构图

2. 带传动机构认知

柔性制造生产线机械传动系统中常利用带传动方式实现机械部件之间的运动和动力的传递。带传动机构主要依靠带与带轮之间的摩擦或啮合来进行工作，可分为摩擦型带传动和啮合型带传动。带传动结构如图 2-10 所示。

图 2-10 带传动结构图

2.2.3 下料单元安装技能训练

1. 下料单元的机械装配与调整

首先把下料单元各零件组合成整体安装时的组件，然后把组件进行组装。所组合成的组件包括间歇机构组件、同步带传动组件、螺杆调节结构组件、螺杆锁紧结构组件、张紧机构组件等。

2. 下料单元 PLC 的安装与接线

为实现本单元的控制功能，在结构的相应位置装设了光电传感器、电感式传感器、电容式传感器等检测与传感装置，并配备了直流电动机、电磁铁等执行机构。下料单元检测元件、控制机构安装位置如图 2-11 所示。

要实现 PLC 对下料单元运行过程的控制，首先要绘制系统电气原理图，并进行基本的 I/O 分配，然后进行软件程序的编制。下料单元 PLC 的 I/O 分配见表 2-3。下料单元电气原理图如图 2-12 所示。

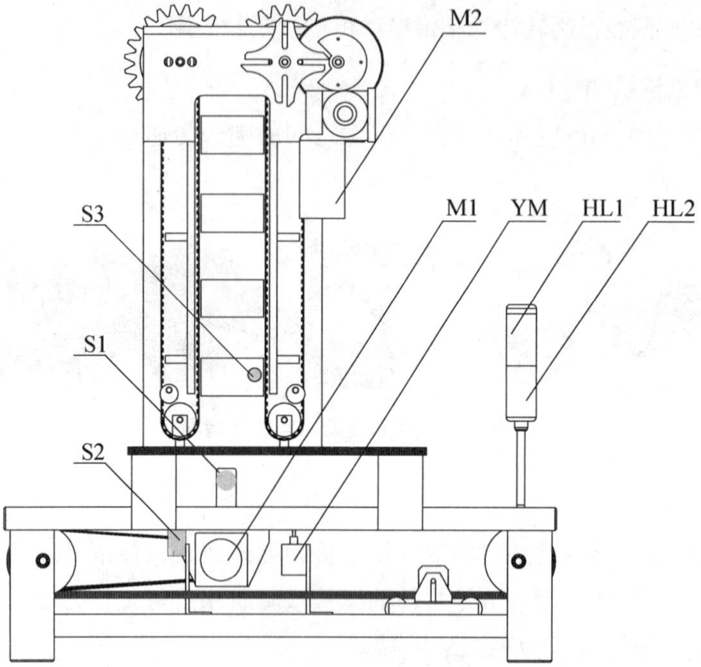

S1—工件检测；S2—托盘检测；S3—料槽底层工件检测；M1—传送电动机；M2—下料电动机；YM—直流电磁铁；HL1—红色指示灯；HL2—绿色指示灯

图 2-11　下料单元检测元件、控制机构安装位置示意图

表 2-3　下料单元 PLC 的 I/O 分配表

形式	序号	名称	PLC 地址	编号	地址设置
输入	1	工件检测	I0.0	S1	EM277 总线模块设置的站号为 8，与总站通信的地址为 2～3
	2	托盘检测	I0.1	S2	
	3	料槽底层工件检测	I0.2	S3	
	4	手动/自动按钮	I2.0	SA	
	5	起动按钮	I2.1	SB1	
	6	停止按钮	I2.2	SB2	
	7	急停按钮	I2.3	SB3	
	8	复位按钮	I2.4	SB4	
输出	1	下料电动机	Q0.0	M2	
	2	绿色指示灯	Q0.1	HL2	
	3	直流电磁铁	Q0.2	KM	
	4	传送电动机	Q0.3	M1	
	5	转角电动机	Q0.4	M3	
	6	红色指示灯	Q0.5	HL1	
	7	蜂鸣器 1	Q1.6	HA1	
	8	蜂鸣器 2	Q1.7	HA2	
发送地址		V2.0～V3.7（200PLC→300PLC）			
接收地址		V0.0～V1.7（200PLC←300PLC）			

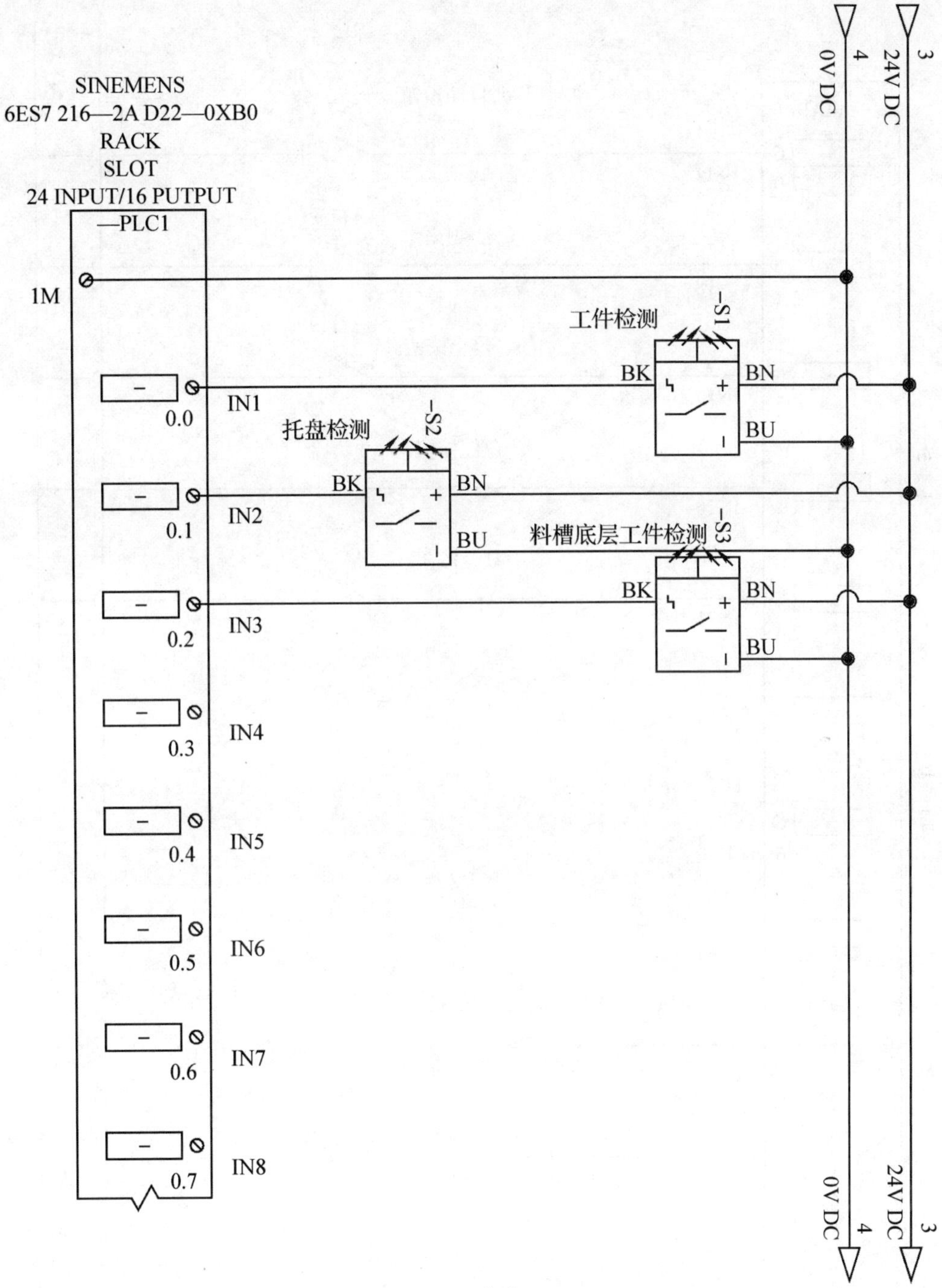
SINEMENS
6ES7 216—2A D22—0XB0
RACK
SLOT
24 INPUT/16 PUTPUT
—PLC1
1M
0.0
IN1
0.1
IN2
0.2
IN3
0.3
IN4
0.4
IN5
0.5
IN6
0.6
IN7
0.7
IN8
工件检测
−S1
托盘检测
−S2
料槽底层工件检测
−S3
BK
BN
BU
0V DC
4
24V DC
3

（a）

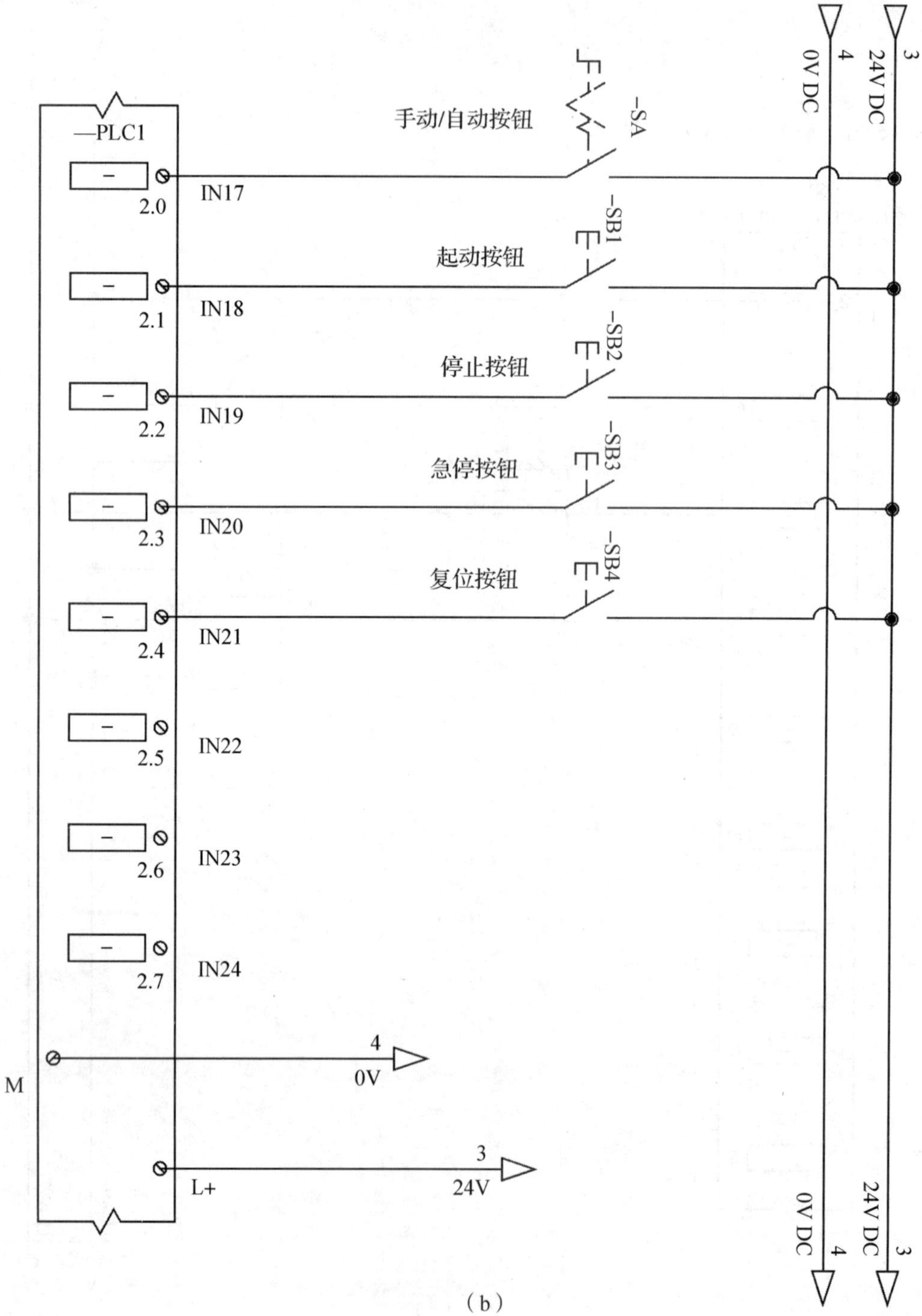
—PLC1
手动/自动按钮
–SA
起动按钮
–SB1
停止按钮
–SB2
急停按钮
–SB3
复位按钮
–SB4
2.0
IN17
2.1
IN18
2.2
IN19
2.3
IN20
2.4
IN21
2.5
IN22
2.6
IN23
2.7
IN24
M
4
0V
L+
3
24V
4
0V DC
3
24V DC

（b）

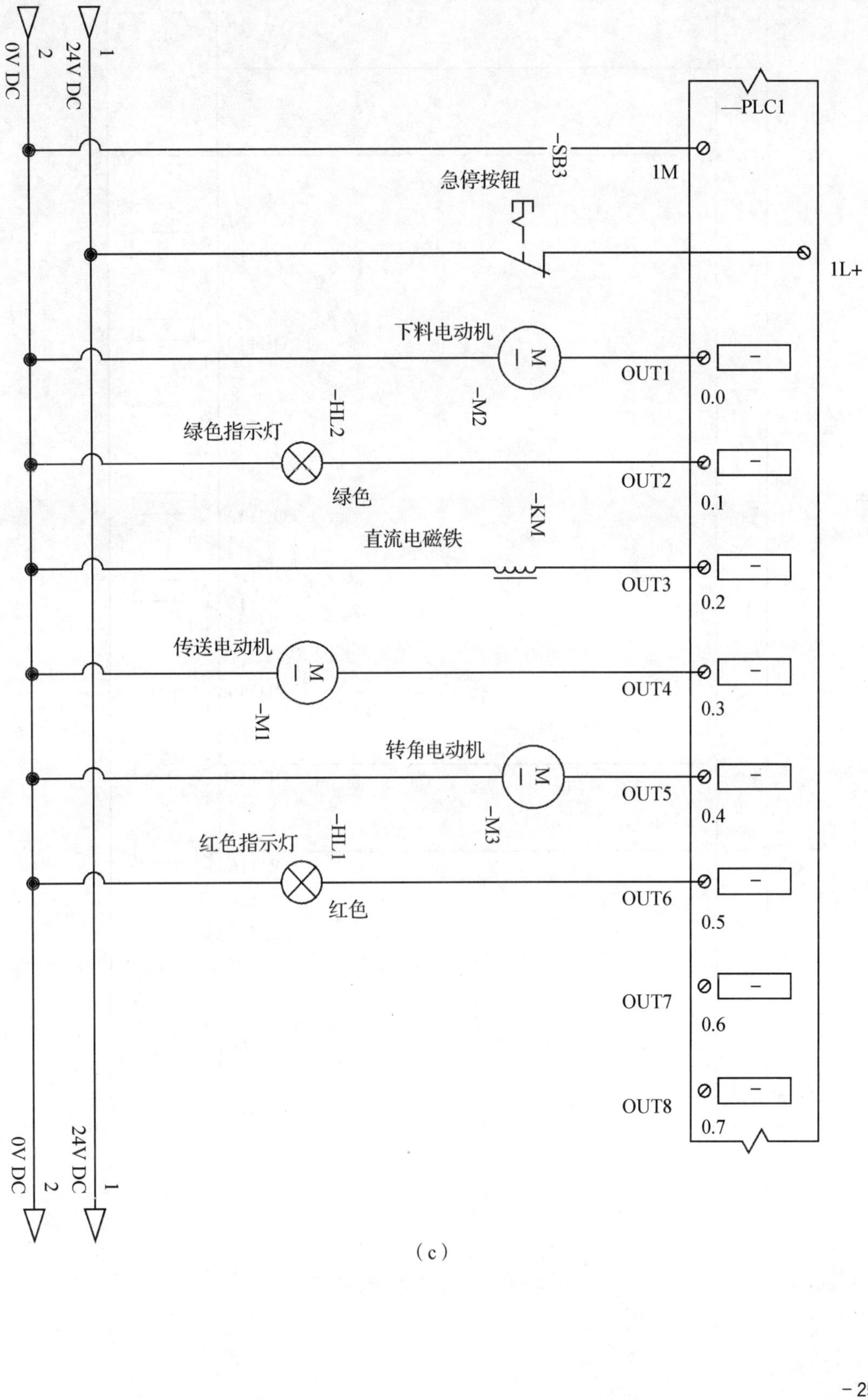
1
24V DC
2
0V DC
—PLC1
-SB3
1M
急停按钮
1L+
下料电动机
M
-M2
OUT1
0.0
绿色指示灯
-HL2
绿色
OUT2
0.1
-KM
直流电磁铁
OUT3
0.2
传送电动机
-M1
OUT4
0.3
转角电动机
-M3
OUT5
0.4
红色指示灯
-HL1
红色
OUT6
0.5
OUT7
0.6
OUT8
0.7

（c）

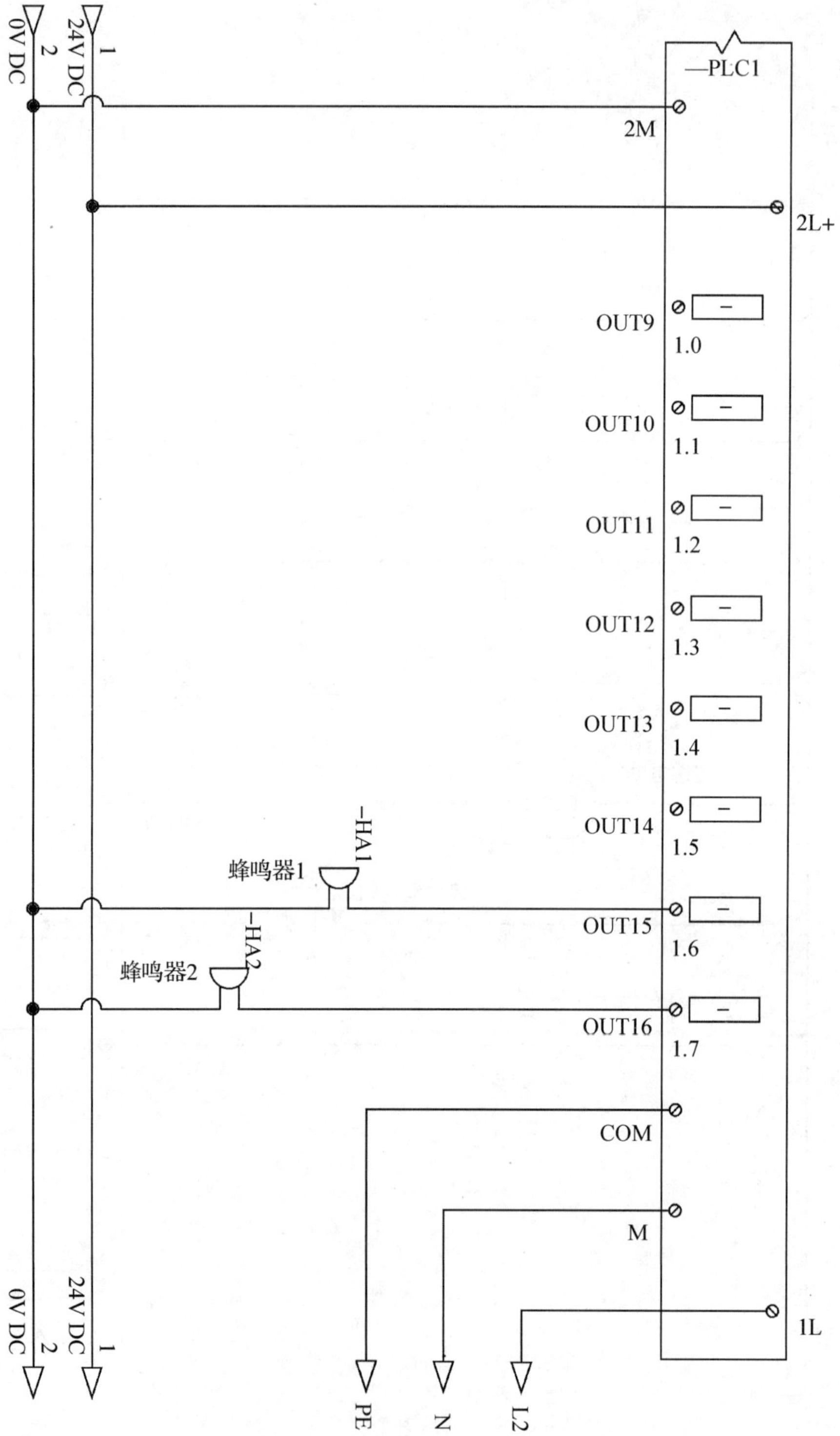

（d）

图 2－12　下料单元电气原理图

2.2.4 下料单元的编程与单机调试

1. 编程要求

初始状态：传送电动机、转角电动机、下料电动机均处于停止状态；直流电磁铁竖起禁行；工作指示灯熄灭。

系统起动运行后本单元红色指示灯发光；传送电动机、转角电动机驱动传送带开始运转且始终保持运行状态（分单元运行时可选用与PLC运行/停止同状态的特殊继电器保持传送电动机的运行状态）。

系统运行期间：当前站上料单元向料仓中放入工件发出信号，经过4s时间确认后，起动下料电动机执行将工件主体下落的动作。

（1）当工件主体下落6s后，若无托盘到位信号，则停止下料电动机运行，将工件置于料仓中等待。

（2）当托盘到达定位口时，底层的电感式传感器发出检测信号，红色指示灯熄灭，绿色指示灯发光；经过2s时间确认后，起动下料电动机继续执行使工件主体下落的动作。

（3）检测到托盘到位信号，当工件下落至托盘时，工件检测传感器发出检测信号，延时3s确认后，直流电磁铁吸合下落，放行托盘。

（4）托盘放行2s后，电磁铁释放处于禁止状态，绿色指示灯熄灭，红色指示灯发光，系统恢复初始状态。

说明：若下料电动机从料仓入口至出口动作一个行程后工件检测传感器仍无检测信号，此时报警器发出警报，提示运行人员需在料仓中装入工件（本套设备通过延时进行控制）。

2. 下料单元程序流程图

下料单元程序流程图如图2-13所示。

2.3 加盖单元安装与调试

2.3.1 认识加盖单元

加盖单元的主要功能是通过直流电动机带动蜗轮蜗杆，经减速电动机驱动摆臂，将上盖装配至工件主体，完成装配后工件随托盘向下站传送。

加盖单元的主体结构组成包括蜗轮蜗杆减速机构、传送电动机、料槽、摆臂、直线单元、工作指示灯等，如图2-14所示。

2.3.2 相关知识点：S7-200 PLC控制系统设计

可编程控制器简称PLC，是一种数字运算操作的电子系统，是专为在工业环境下应用而设计的控制器。PLC是在电气控制技术和计算机技术的基础上开发出来的，并逐渐发展为以微处理器为核心，将自动化技术、计算机技术、通信技术融为一体的新型工业控制装置。

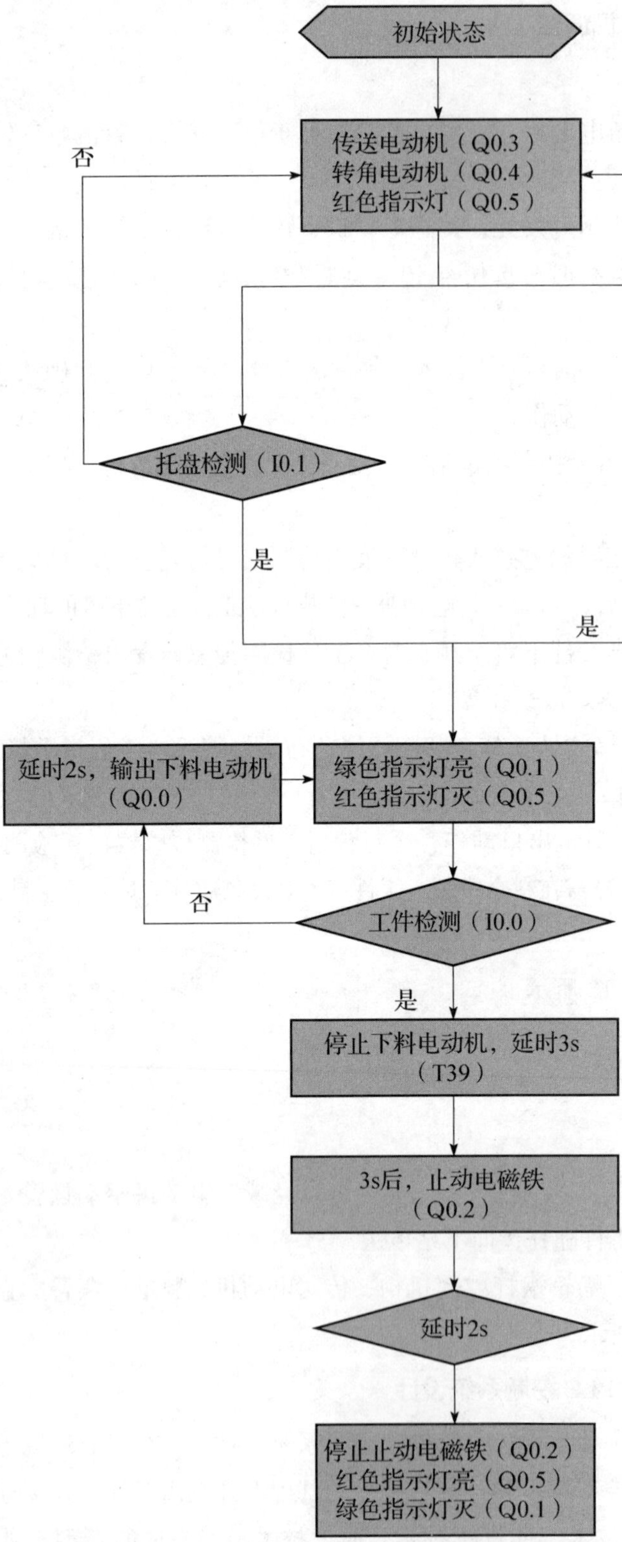

图 2－13　下料单元程序流程图

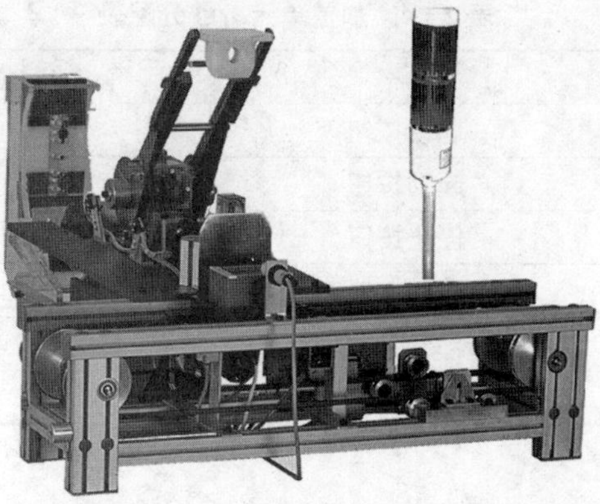

图 2-14　加盖单元的主体结构组成

S7-200 PLC 控制系统设计（电动机正反转控制）的电气原理图如图 2-15 所示。

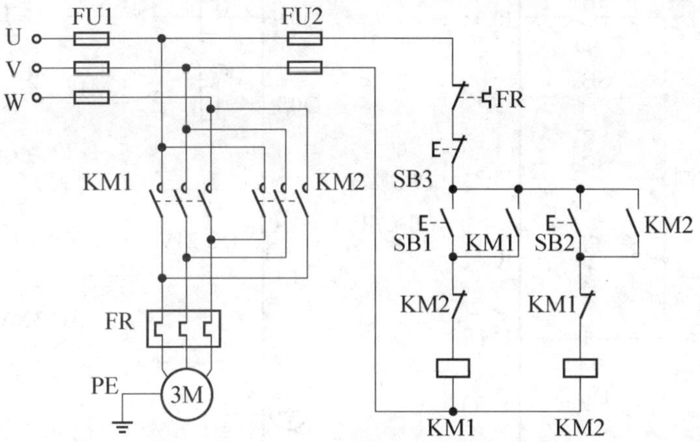

图 2-15　电动机正反转控制的电气原理图

1. 电动机正反转控制电路说明

KM1 是控制正转的交流接触器，KM2 是控制反转的交流接触器，SB1 是正转控制起动按钮，SB2 是反转控制起动按钮，SB3 是停止按钮，其中 KM1、KM2 常闭触点互锁。

2. S7-200 PLC 控制系统分析

分析以上的控制任务可知，要使电动机实现正反转控制，控制线路的主电路不变，PLC 控制系统仍然需要使用两个交流接触器 KM1、KM2 对主电路回路通断进行控制，同时仍然需要热继电器 FR 对电动机进行过载保护。因此，电动机的正反转 PLC 控制系统设计，主要是针对交流接触器对 KM1、KM2 以及热继电器 FR 的工作状态的控制，即控制线路的设计。但要注意，为了便于与 PLC 的输出口电气匹配、方便使用，KM1、KM2 选用线圈供电为直流 24V 的交流接触器。

3. 设置 I/O 分配表

加盖单元 I/O 分配见表 2-4。

表 2-4　加盖单元 I/O 分配表

序号	符号	名称	I/O 地址	功能描述
1	SB1	起动按钮	I0.0	正转起动
2	SB2	起动按钮	I0.1	反转起动
3	SB3	停止按钮	I0.2	停止控制
4	FR	热继电器	I0.3	过载保护
5	KM1	正转交流接触器	Q0.0	正转控制
6	KM2	反转交流接触器	Q0.1	反转控制

4. 设计接线图

电动机正反转控制设计接线图如图 2-16 所示。

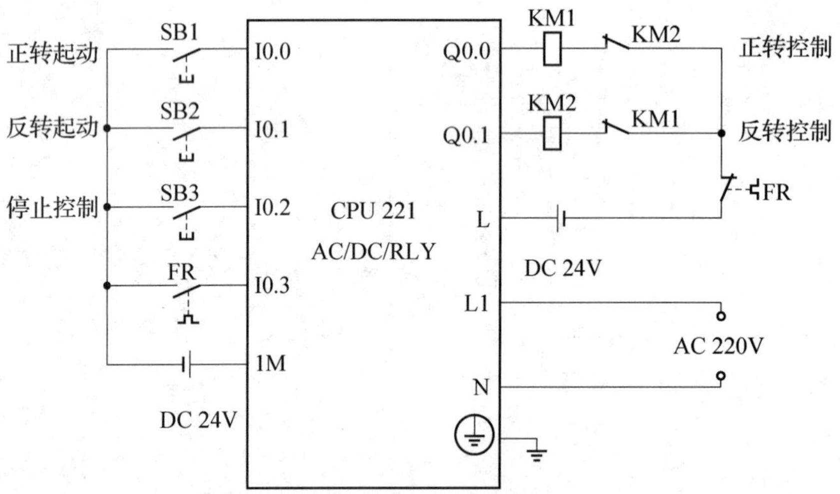

图 2-16　电动机正反转控制设计接线图

5. 设计工艺流程图

电动机正反转控制设计工艺流程图如图 2-17 所示。

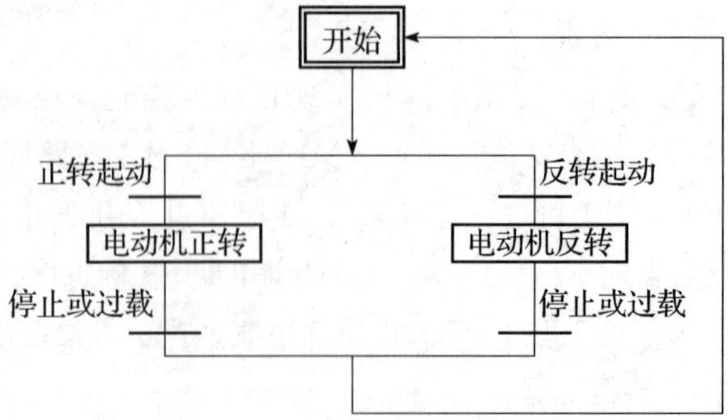

图 2-17　电动机正反转控制设计工艺流程图

6. 软件设计

(1) 打开 STEP 7-Micro/WIN 程序编辑窗口，如图 2－18 所示。

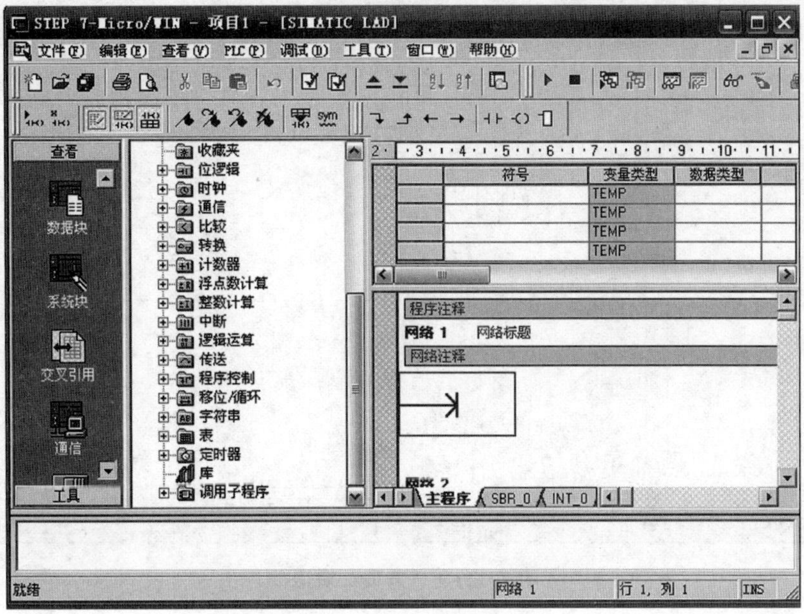

图 2－18　程序编辑窗口

(2) 建立应用程序的符号表。单击操作栏中的“符号表”选项，在程序显示窗口的“符号表”内输入需要设定的符号名称和地址，如图 2－19 所示。

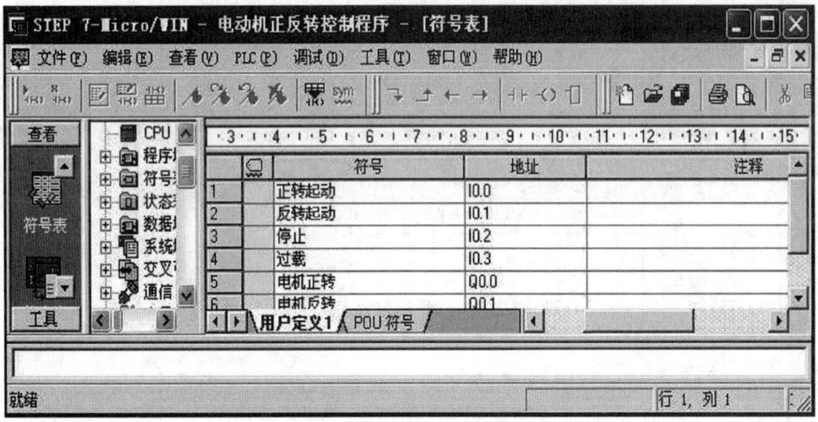

图 2－19　建立应用程序的符号表

(3) 设置环境。选择“工具”→“选项”→“程序编辑器”→“符号寻址”→“显示符号和地址”命令，在弹出的“选项”对话框中单击“确认”按钮，如图 2－20 所示。

(4) 在程序编辑窗口中编写具体的控制程序，如图 2－21 所示。

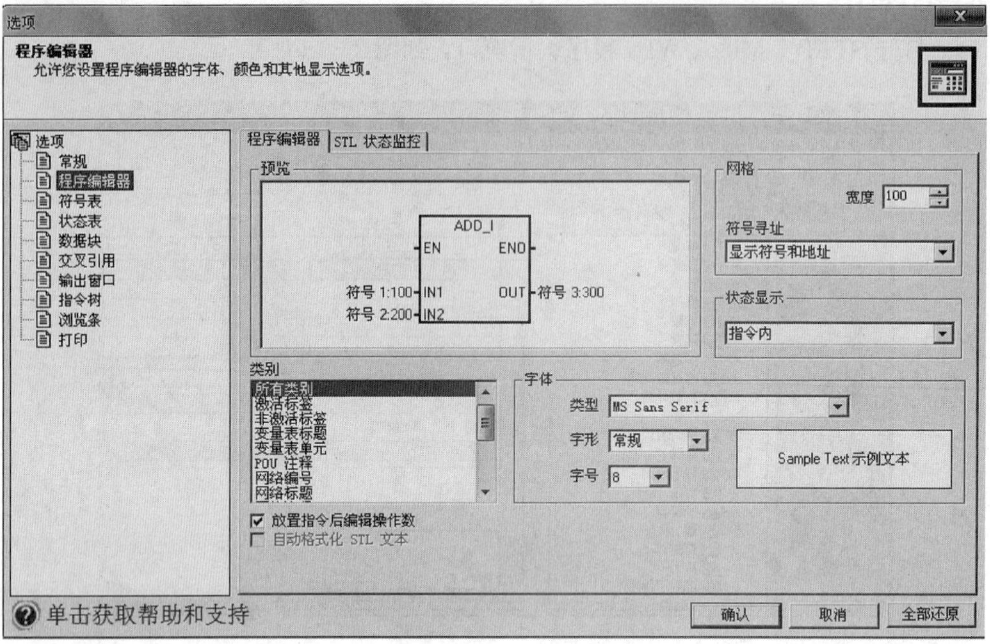

图 2-20 “选项”对话框

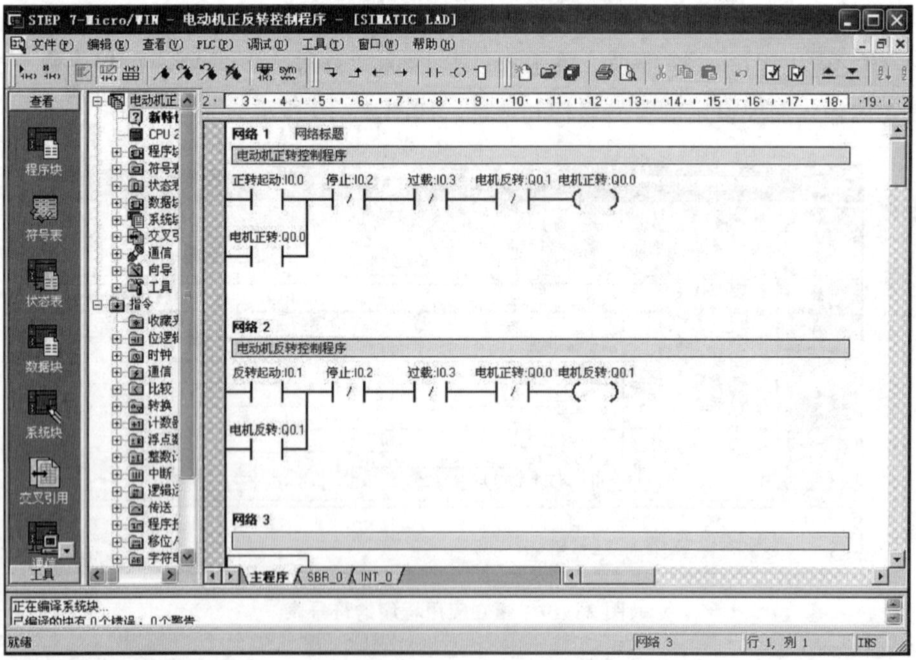

图 2-21 编程界面

7. 联机下载运行

（1）硬件连接设置（见图 2-22）。

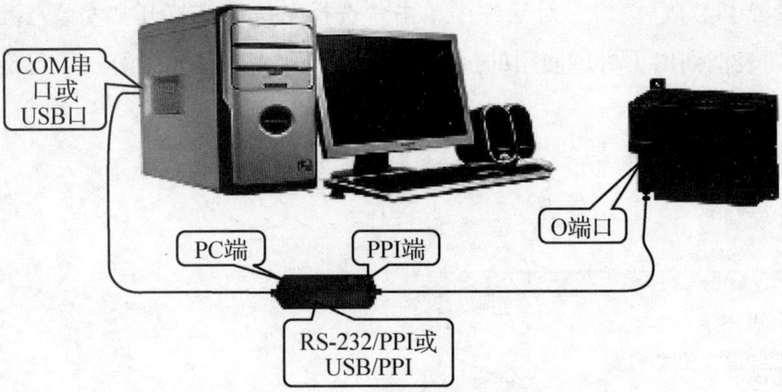

图 2－22　硬件连接设置

（2）通信设置。

①连接 PC/PPI 电缆。

- 将 PC/PPI 电缆的 PC 端连接到计算机的 RS-232 通信口上（一般是 COM 串口）。
- 将 PC/PPI 电缆的 PPI 端连接到 PLC 的 RS-485 通信口上。

②进行 STEP 7 Micro/WIN V4.0 SP3 软件的安装。

③安装完成后，双击图标，打开 STEP 7-Micro/WIN 窗口，系统将自动弹出一个新建项目对话框。

④用户可在程序编辑区进行程序的编写，在指令树中寻找指令。

⑤当用户编写完程序后，单击“全部编译”图标，如图 2－23 所示。

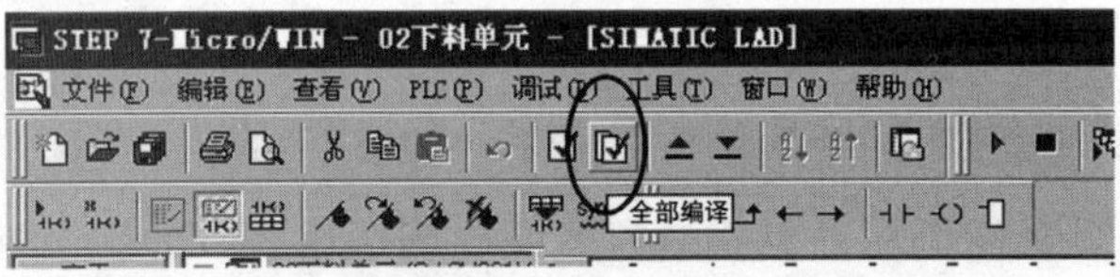

图 2－23　“全部编译”图标

查看 STEP 7-Micro/WIN 编译程序的结果。输出窗口位于浏览条、指令树和程序编辑器下方。

⑥设置 PLC 通信：单击左下角的“通信”图标

（设置和测试从 PC 至 PLC 的通信网络），弹出“通信连接”对话框。

在对话框左侧，用户可以将远程 PLC 地址直接输入远程地址列表框，退出“通信连接”对话框时，将为 STEP 7-Micro/WIN 设置目标 PLC。

双击对话框右侧的“刷新”图标，查找当前网址。开始轮询操作，该轮询操作查找网络中的全部 PLC。

⑦使用下列方法可安装和删除通信接口。

可通过“安装/卸载接口”对话框安装或卸载计算机的通信接口。

● 在“设置 PG/PC 接口”对话框中单击“选择”按钮，打开“安装/卸载接口”对话框。“选择”列表框列出了可供使用的接口，“安装”列表框显示计算机上已经安装的接口，如图 2－24 所示。

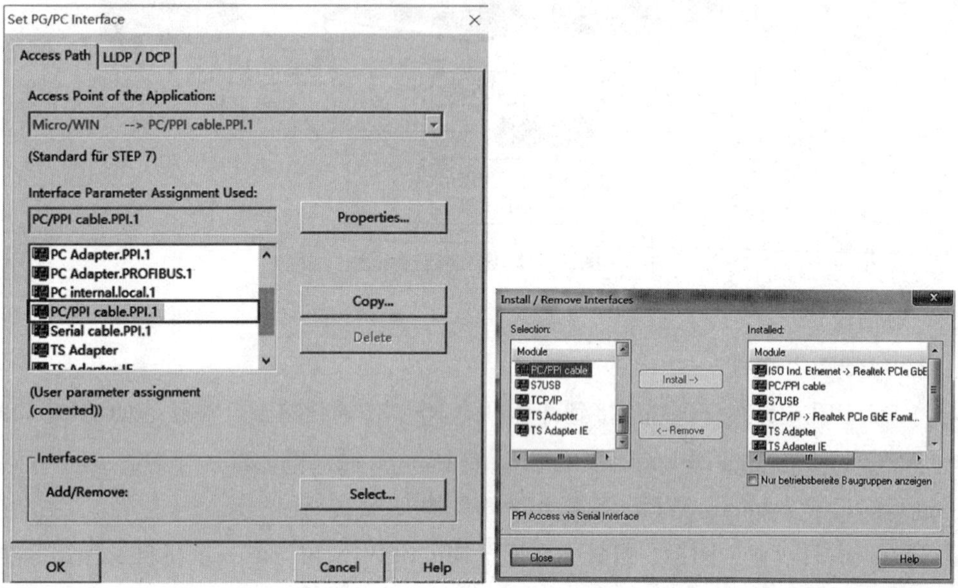

图 2－24　设置 PG/PC 接口

● 添加通信接口：选择计算机上已安装的通信硬件，单击“安装”按钮即可。关闭“安装/卸载接口”对话框时，“设置 PG/PC 接口”对话框会显示“已使用的接口参数分配”列表框中的接口。

● 卸载通信接口：选择要卸载的接口，单击“卸载”按钮。关闭“安装/卸载接口”对话框时，“设置 PG/PC 接口”对话框将从“已使用的接口参数分配”列表框中卸载接口。

如果 Windows 驱动程序被正确配置，就可以使用通信控制窗口查看网络上的所有 S7-200 CPU，并选择与 STEP 7-Micro/WIN 连接的特定 CPU。

STEP 7-Micro/WIN 和 STEP 7 软件使用同一用户界面安装、配置或删除模块（Windows 驱动程序）。虽然由通信控制窗口显示目前已安装驱动程序的信息，却是由“设置 PG/PC 接口”对话框控制实际载入和配置 Windows 驱动程序。

一旦显示“设置 PG/PC 接口”对话框，可以按 F1 键或单击“帮助”按钮，获得有关“设置 PG/PC 接口”对话框的详细帮助信息。

可通过单击 设置PG/PC接口 按钮，在弹出的对话框中选择“PC/PPI　cable（PPI）”选项，然后单击右侧的 Properties... 按钮，可在弹出的对话框中对网络参数和传输速率等参数进行相应的修改，可以按 F1 键或单击“帮助”按钮，获得详细帮助信息。

进入编程界面后，双击编辑界面左侧的操作栏中的“通信”标志，在弹出的对话框中设置参数，如图 2－25 所示。

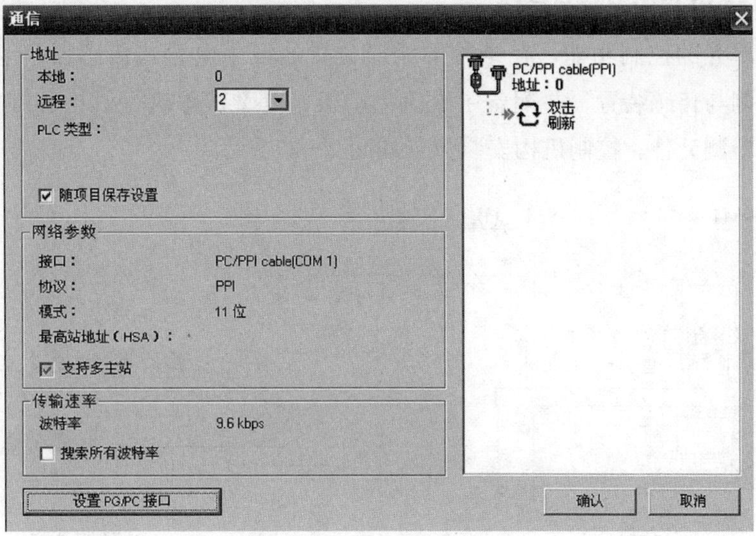

图 2-25 “通信”对话框

在用“通信”对话框与 S7-200 建立通信时，双击“双击刷新”图标，STEP 7-Micro/WIN 搜索并显示连接的 S7-221 CPU 的图标，选择 S7-200 站点后单击“确认”按钮即可。

单击（下载）图标，将编写好的程序直接下载到 PLC 中，之后单击（运行）图标运行程序，通过单击（监控）图标对程序进行监控。如果 PLC 在下载前处于运行状态，那么就会有一个对话框提示 CPU 将进入停止模式，单击“确认”按钮，然后即可下载。

2.3.3 加盖单元安装技能训练

1. 加盖单元的机械装配与调整

首先把加盖单元各零件组合成整体安装时的组件，然后把组件进行组装。所组合成的组件包括蜗轮蜗杆减速机构组件、拔轴式联轴器组件。蜗轮蜗杆减速机构如图 2-26 所示。

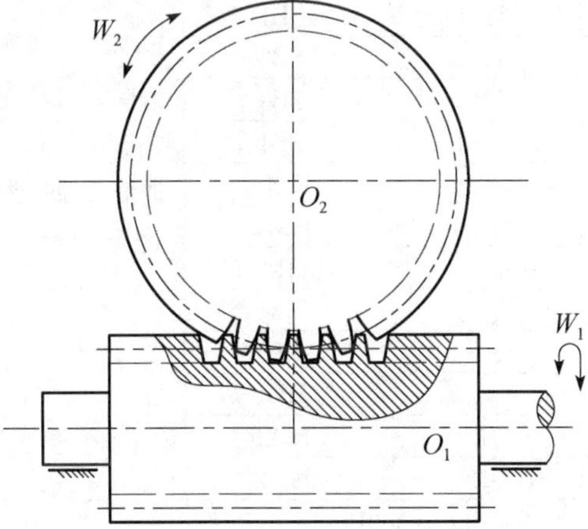

机构名称：蜗轮蜗杆减速机构

工作特性：蜗轮蜗杆一般用于轴线垂直交叉的传动，其结构紧凑，传动平稳，但传动效率较低。蜗轮轴可以得到低转速大扭矩的动力输出。

应用目的：往复摆动。

图 2-26 蜗轮蜗杆减速机构

2. 加盖单元 PLC 的安装与接线

为实现本单元的控制功能，在结构的相应位置装设了电感式传感器、电容式传感器、微动开关等检测与传感装置，并配备了直流电动机、电磁铁等执行机构和继电器等控制元件。加盖单元检测元件、控制机构安装位置如图 2－27 所示。

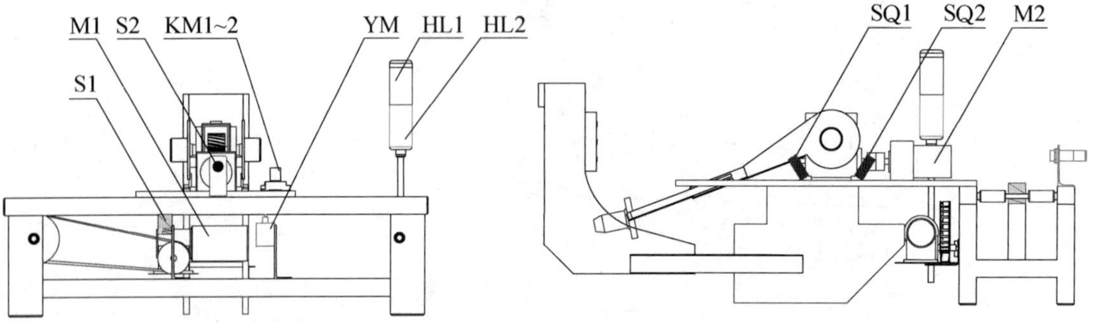

S1—托盘检测；S2—上盖检测；SQ1—取件限位；SQ2—放件限位；
M1—传送电动机；M2—加盖电动机；KM1—电动机取件继电器；KM2—电动机放件继电器；
YM—直流电磁铁；HL1—红色指示灯；HL2—绿色指示灯

图 2－27　加盖单元检测元件、控制机构安装位置示意图

要实现 PLC 对加盖单元运行过程的控制，首先要绘制系统电气原理图并进行基本的 I/O 分配，然后进行软件程序的编制。加盖单元 PLC 的 I/O 分配见表 2－5。加盖单元电气原理图如图 2－28 所示。

表 2－5　加盖单元 PLC 的 I/O 分配表

形式	序号	名称	PLC 地址	编号	地址设置
输入	1	上盖检测	I0.0	S2	EM277 总线模块设置的站号为 12，与总站通信的地址为 4～5
	2	托盘检测	I0.1	S1	
	3	取件限位（复位）	I0.2	SQ1	
	4	放件限位（到位）	I0.3	SQ2	
	5	手动/自动按钮	I2.0	SA	
	6	起动按钮	I2.1	SB1	
	7	停止按钮	I2.2	SB2	
	8	急停按钮	I2.3	SB3	
	9	复位按钮	I2.4	SB4	
输出	1	电动机取件继电器	Q0.0	KM1	
	2	电动机放件继电器	Q0.1	KM2	
	3	绿色指示灯	Q0.2	HL2	
	4	直流电磁铁	Q0.3	YM	
	5	传送电动机	Q0.4	M1	
	6	红色指示灯	Q0.5	HL1	
	7	蜂鸣器 1	Q1.6	HA1	
	8	蜂鸣器 2	Q1.7	HA2	
发送地址		V2.0～V3.7（200PLC→300PLC）			
接收地址		V0.0～V1.7（200PLC←300PLC）			

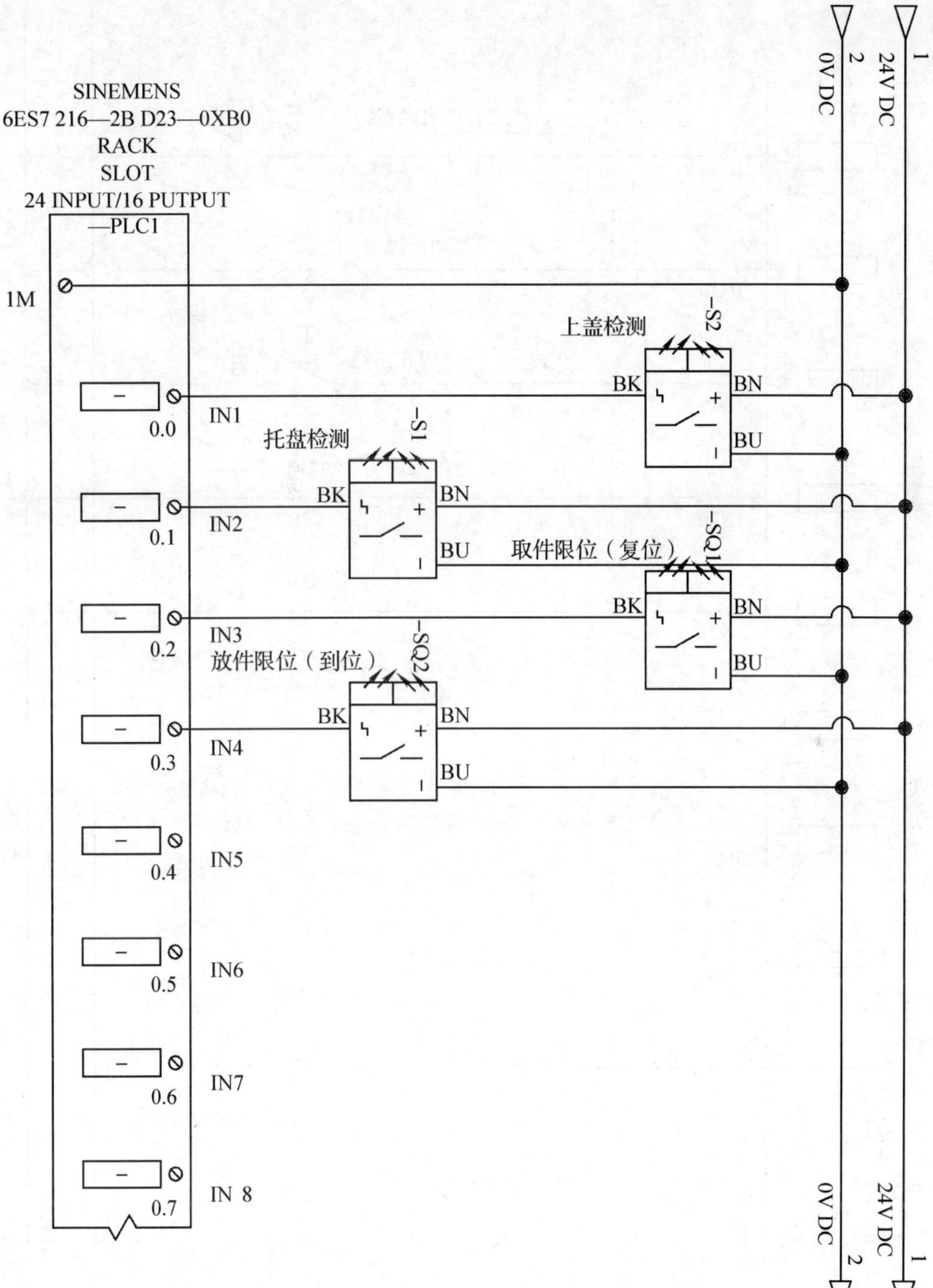
SINEMENS
6ES7 216—2B D23—0XB0
RACK
SLOT
24 INPUT/16 PUTPUT
—PLC1
1M
0.0
IN1
0.1
IN2
0.2
IN3
0.3
IN4
0.4
IN5
0.5
IN6
0.6
IN7
0.7
IN 8
上盖检测
—S2
托盘检测
—S1
取件限位（复位）
—SQ1
放件限位（到位）
—SQ2
BK
BN
BU
24V DC
0V DC
1
2

（a）

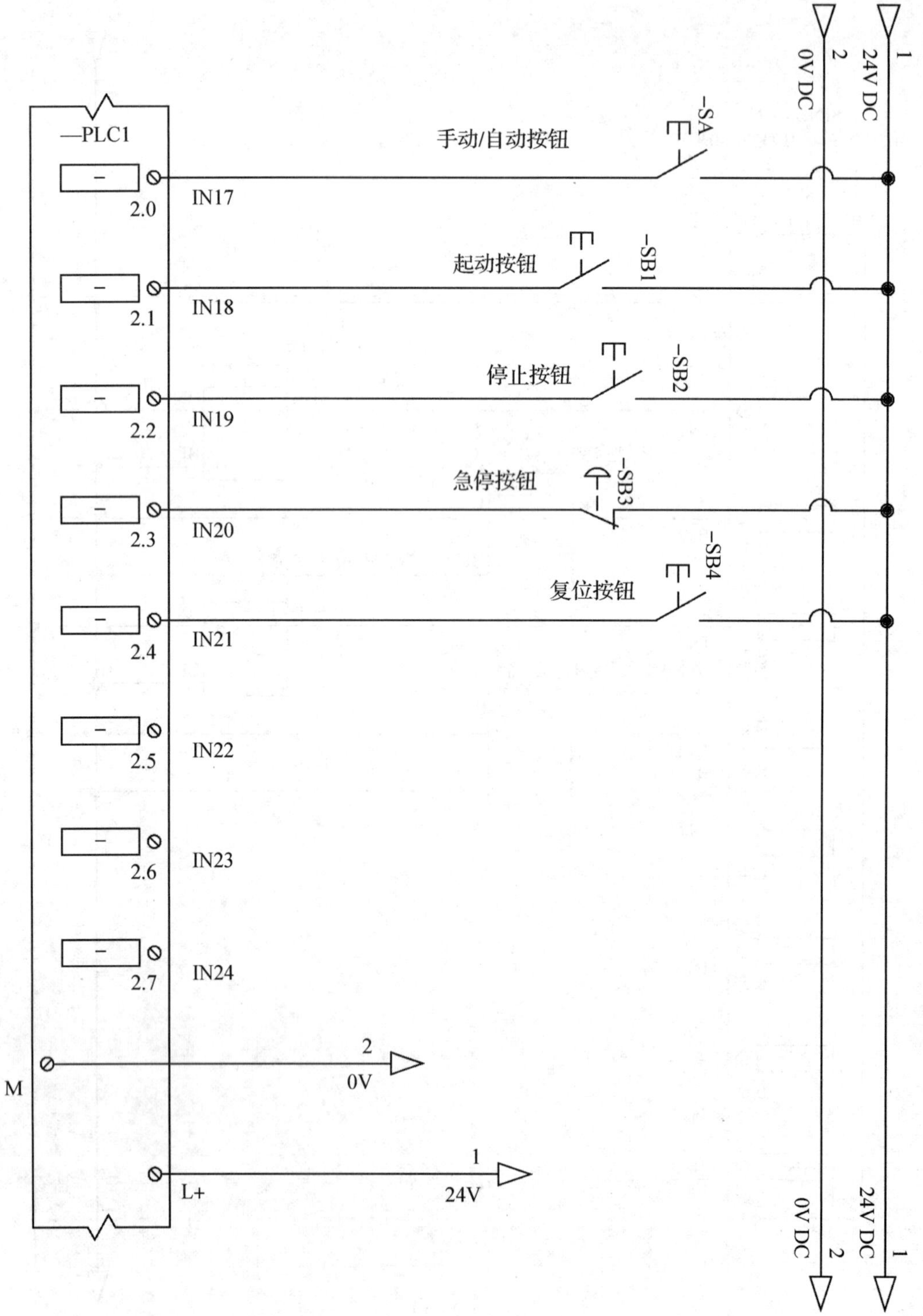

—PLC1
2.0
2.1
2.2
2.3
2.4
2.5
2.6
2.7
IN17
IN18
IN19
IN20
IN21
IN22
IN23
IN24
M
L+
2
0V
1
24V
手动/自动按钮
-SA
起动按钮
-SB1
停止按钮
-SB2
急停按钮
-SB3
复位按钮
-SB4
1
24V DC
2
0V DC

（b）

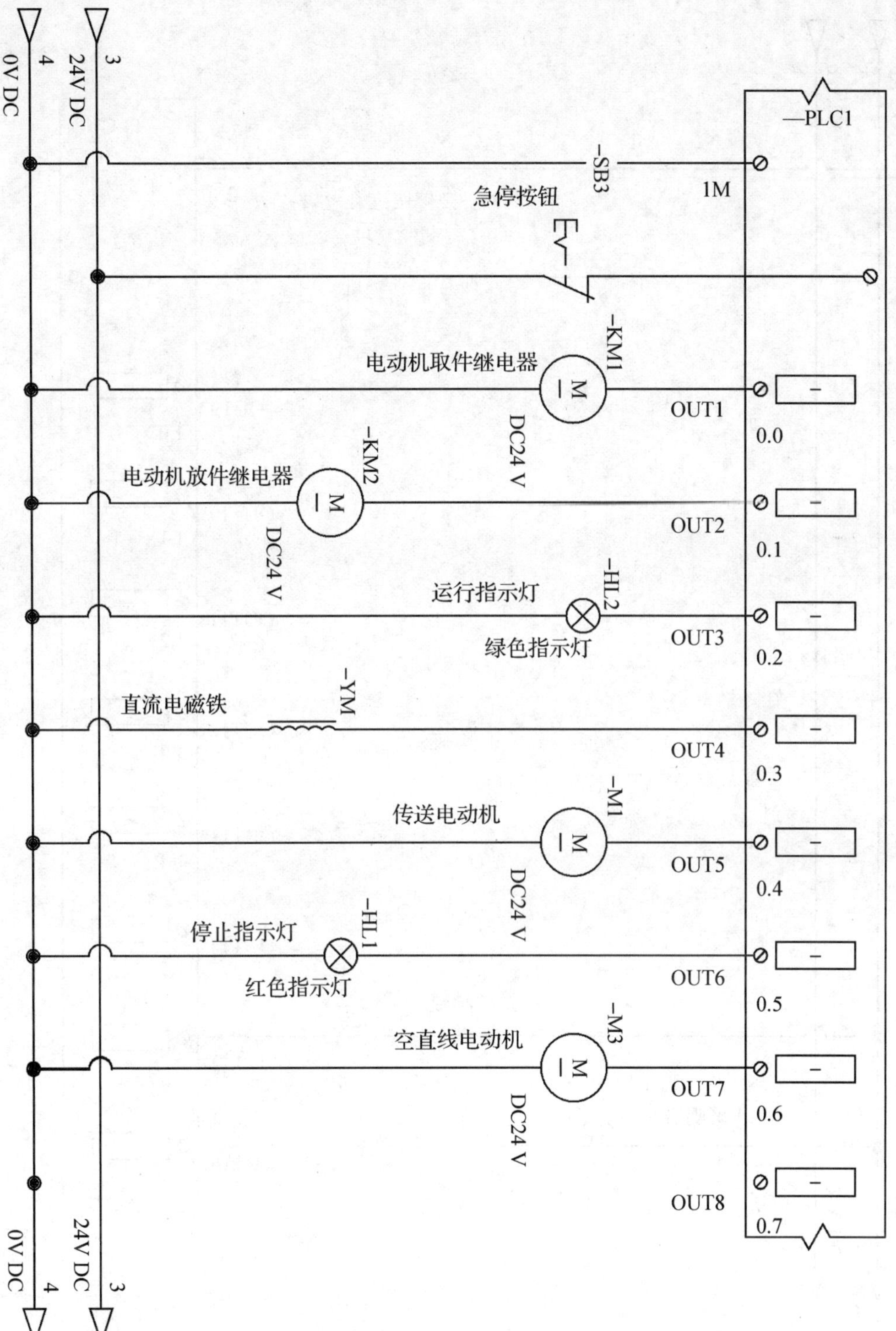
0V DC
4
24V DC
3
—PLC1
-SB3
急停按钮
1M
1L+
-KM1
电动机取件继电器
M
DC24 V
OUT1
0.0
-KM2
电动机放件继电器
DC24 V
OUT2
0.1
运行指示灯
-HL2
绿色指示灯
OUT3
0.2
直流电磁铁
-YM
OUT4
0.3
传送电动机
-M1
OUT5
0.4
停止指示灯
-HL1
红色指示灯
OUT6
0.5
空直线电动机
-M3
OUT7
0.6
OUT8
0.7

（c）

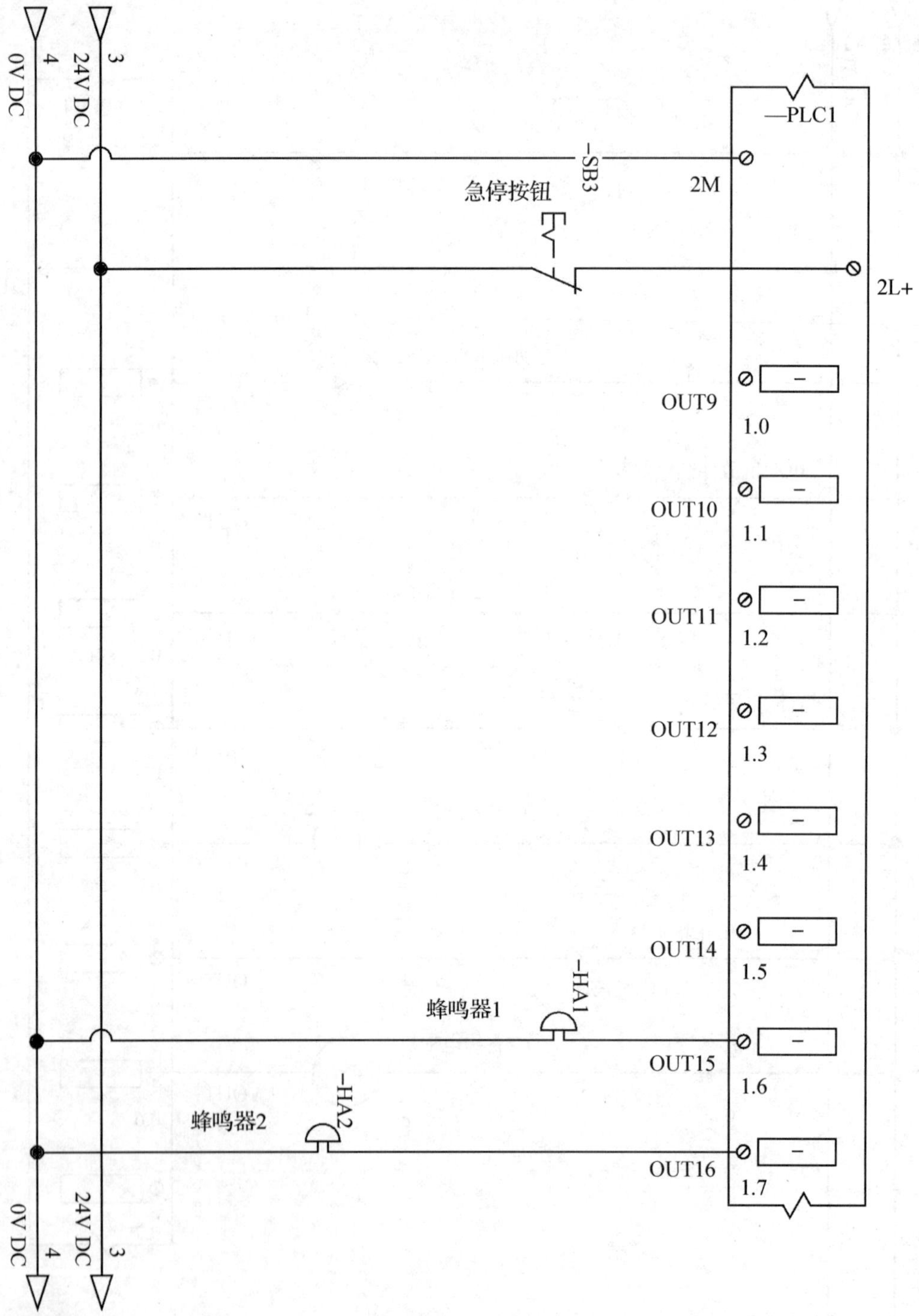
4
0V DC
3
24V DC
—PLC1
-SB3
急停按钮
2M
2L+
OUT9
1.0
OUT10
1.1
OUT11
1.2
OUT12
1.3
OUT13
1.4
OUT14
1.5
-HA1
蜂鸣器1
OUT15
1.6
-HA2
蜂鸣器2
OUT16
1.7
0V DC
4
24V DC
3

（d）

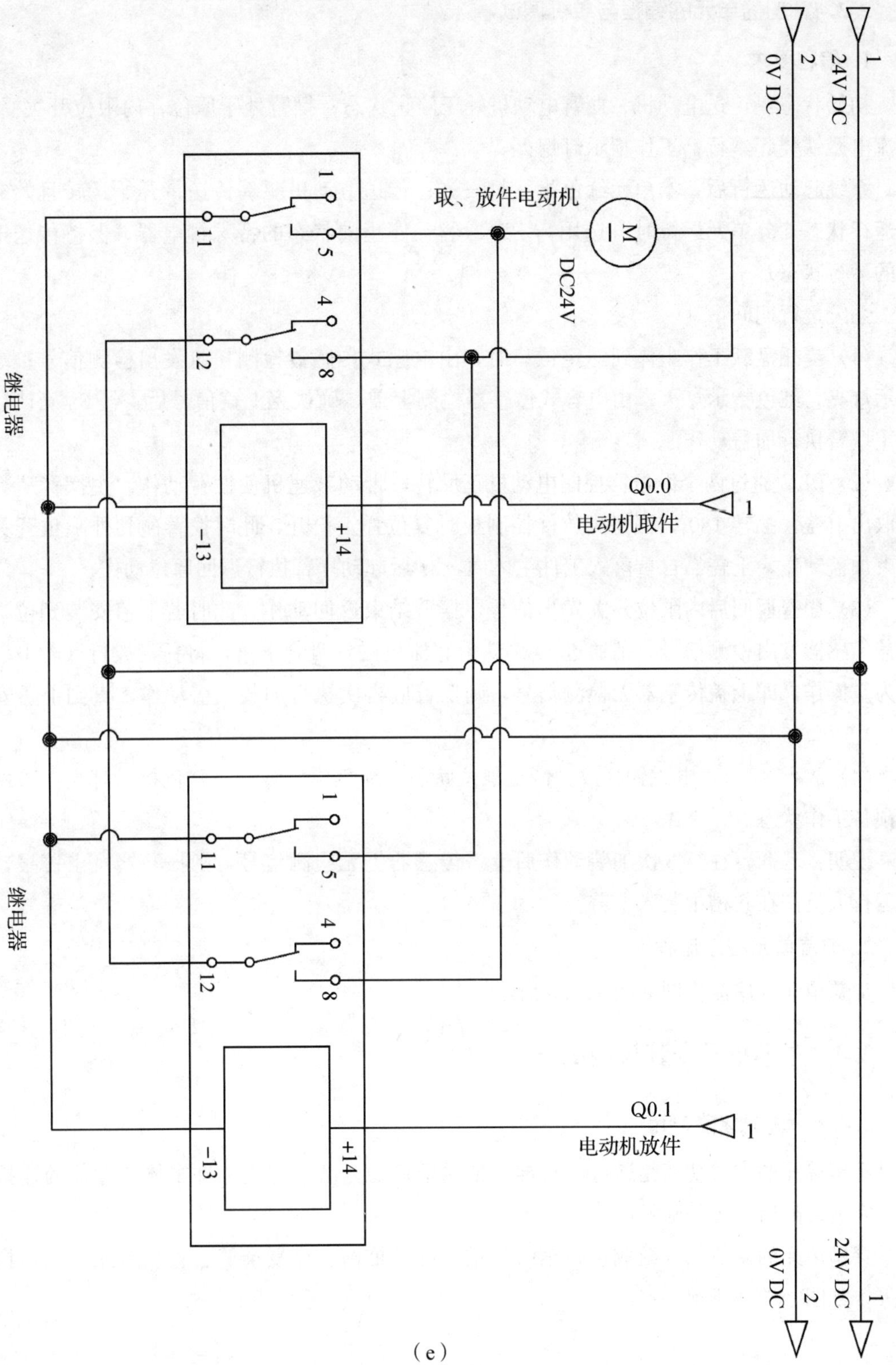

（e）

图 2－28　加盖单元电气原理图

2.3.4 加盖单元的编程与单机调试

1. 编程要求

初始状态：传送电动机、摆臂电动机处于停止状态；摆臂处于原位，内限位开关受压；直流电磁铁竖起禁行；工作指示灯熄灭。

系统起动运行后，本单元红色指示灯发光；传送电动机驱动传送带开始运转且始终保持运行状态（分单元运行时可选用与 PLC 运行/停止同状态的特殊继电器，保持传送电动机的运行状态）。

系统运行期间：

（1）当托盘载工作主体到达定位口时，由电感式传感器检测托盘发出检测信号；绿色指示灯亮，红色指示灯灭；由电容式传感器检测上盖，确认无上盖信号后，经 3s 确认后起动主摆臂执行加盖动作。

（2）PLC 通过两个继电器控制电动机正反转，带动减速机使摆臂动作，主摆臂从料槽中取出上盖，翻转 180°，当碰到放件控制板时复位弹簧松开，此时摆臂碰到外限位开关后结束加盖动作，上盖靠自重落入工件主体内，3s 后起动摆臂执行返回原位动作。

（3）摆臂返回后内限位开关发出信号，摆臂结束返回动作。此时若上盖安装到位，即上盖传感器发出检测信号，则通过 3s 确认后直流电磁铁吸合下落，将托盘放行（若上盖安装为空操作，即上盖传感器无检测信号，则摆臂应再次执行加装上盖动作，直到上盖安装到位）。

（4）放行 3s 后，电磁铁释放，恢复限位状态，绿色指示灯灭，红色指示灯亮，该站恢复预备工作状态。

说明：若摆臂往复 3 次加装动作后上盖传感器仍无检测信号，则报警器发出警报，提示运行人员需在料槽中装入上盖。

2. 加盖单元程序流程图

加盖单元程序流程图如图 2－29 所示。

2.4 穿销单元安装与调试

2.4.1 认识穿销单元

穿销单元的主要功能是通过旋转推筒推送销钉的方法，完成工件主体与上盖的连接装配，完成装配后的工件随托盘向下站传送。

穿销单元的主体结构组成包括销钉料槽、旋转推筒、往复推筒、直线单元、工作指示灯等，如图 2－30 所示。

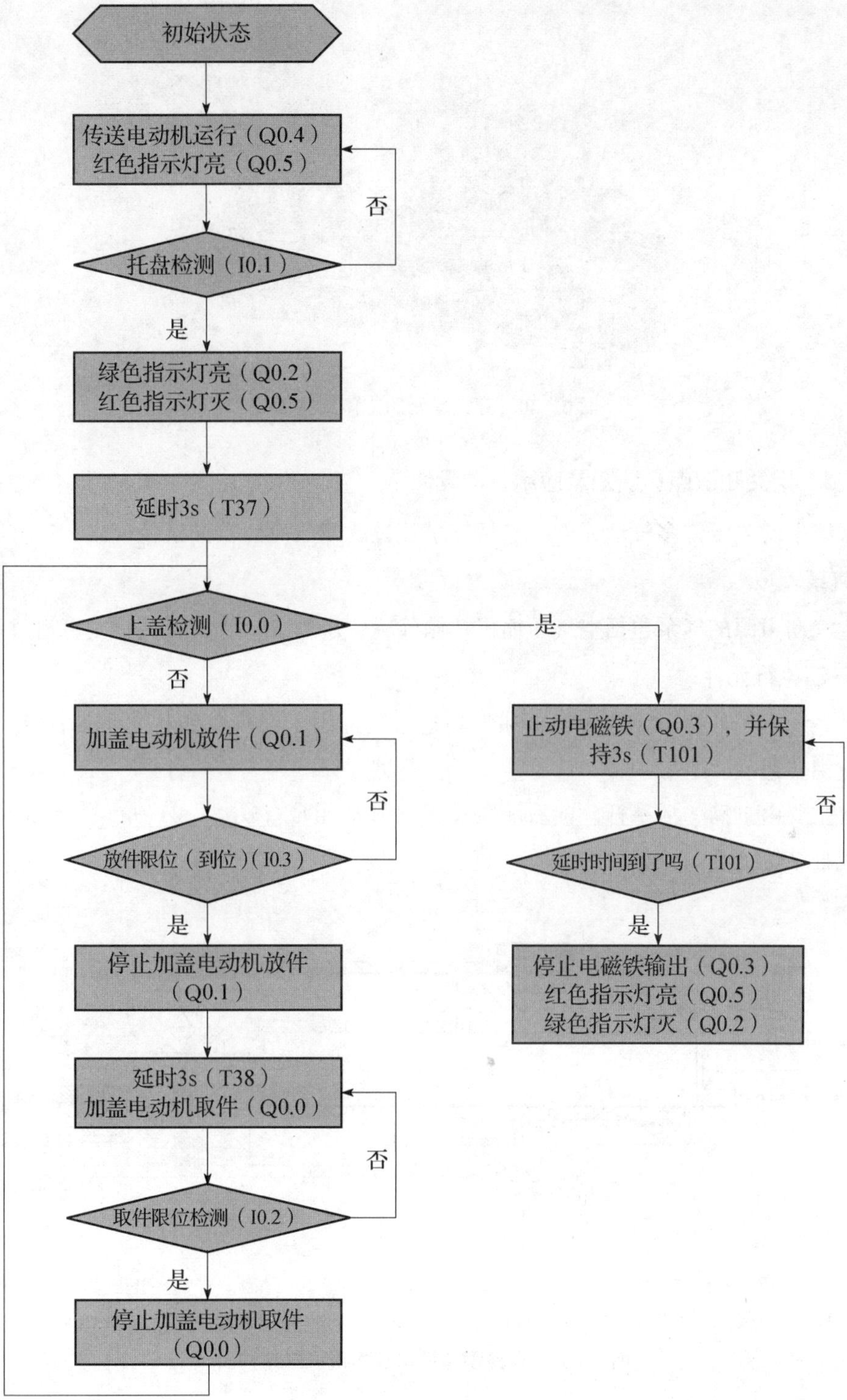

图 2 - 29　加盖单元程序流程图

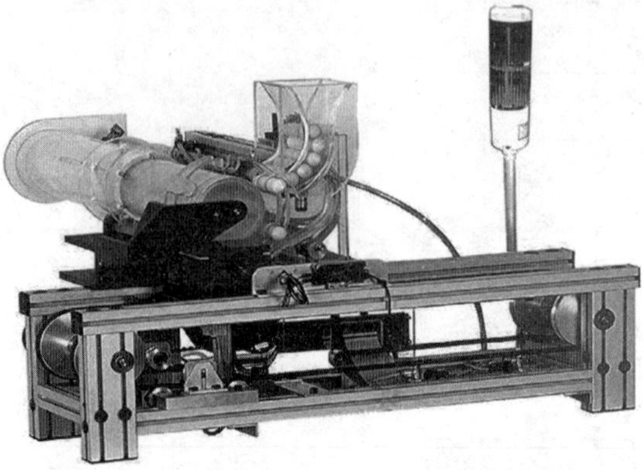

图 2-30　穿销单元的主体结构组成

2.4.2　相关知识点：认知及应用气动元件

本系统中安装了许多气动元件，包括气泵、过滤减压阀、单向电控气阀、气缸等。

1. 气泵

产生气动力源的气泵包括空气压缩机、储气罐、压力表、气源开关、主管道过滤器。

2. 气动执行元件

气动系统常用的执行元件为气缸和气马达。气缸用于实现直线往复运动；气马达用于实现连续回转运动。

气缸主要由缸筒、活塞杆、前后端盖及密封件等组成。图 2-31 所示为普通型单活塞双作用气缸结构。

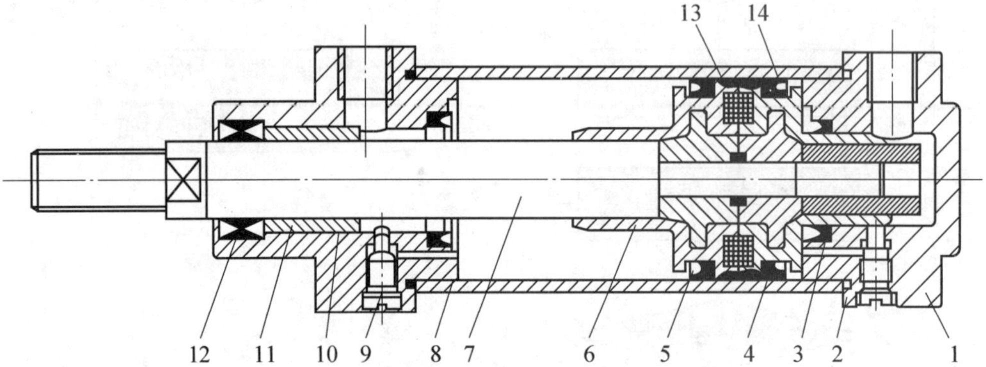

1—后缸盖；2—密封圈；3—缓冲密封圈；4—活塞密封圈；5—活塞；6—缓冲柱塞；7—活塞杆；8—缸筒；9—缓冲节流阀；10—导向套；11—前缸盖；12—防尘密封圈；13—磁铁；14—导向环

图 2-31　普通型单活塞双作用气缸结构图

双作用气缸是指活塞的往复运动均由压缩空气来推动。图 2-32 所示为标准双作用气缸的半剖面图。图 2-32 中，气缸的两个端盖上都设有进排气通口，从无杆侧端盖气口进气时，推动活塞向前运动；反之，从杆侧端盖气口进气时，推动活塞向后运动。

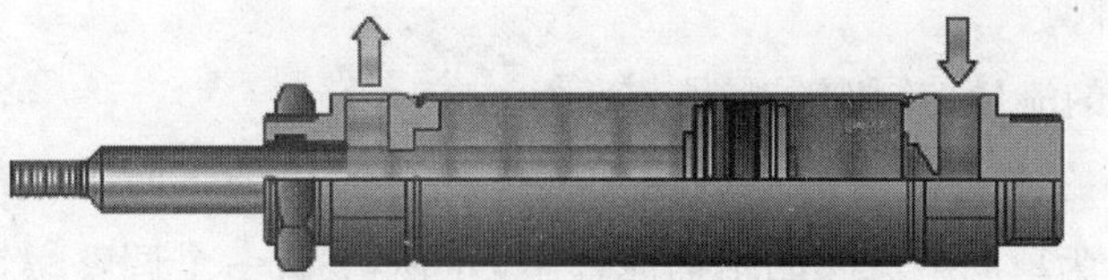

图 2 - 32　标准双作用气缸的半剖面图

双作用气缸具有结构简单、输出力稳定、可根据需要选择行程等优点，但由于它是利用压缩空气交替作用于活塞上实现伸缩运动的，回缩时压缩空气的有效作用面积较小，所以产生的力小于伸出时产生的推力。

3. 气动控制元件

本系统中使用的气动控制元件，按其作用和功能分为压力控制阀、流量控制阀、方向控制阀。

（1）压力控制阀。

本系统中使用的压力控制阀主要是减压阀。减压阀如图 2 - 33 所示。

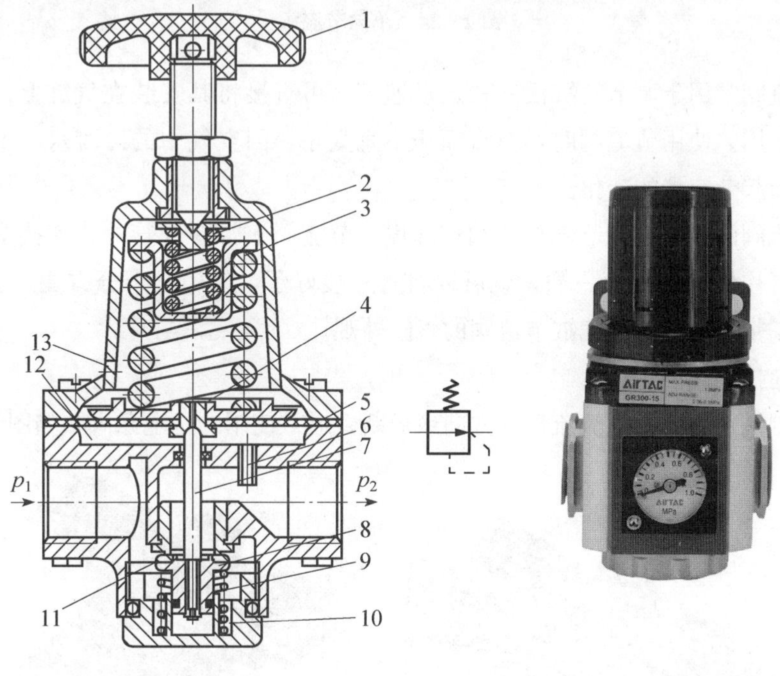

1—手柄；2、3—调压弹簧；4—溢流孔；5—膜片；6—阻尼孔；7—阀杆；8—阀座；
9—阀芯；10—复位弹簧；11—阀口；12—膜片室；13—排气口

图 2 - 33　减压阀

减压阀的作用是降低由空气压缩机带来的压力，从而满足每台气动设备的需要，并使这部分压力保持稳定。

（2）流量控制阀。

本系统中使用的流量控制阀主要是节流阀。

节流阀将空气的流通截面缩小以增加气体的流通阻力，而降低气体的压力和流量。图 2－34（a）所示为单向节流阀的结构原理图，阀体上有一个调整螺钉，可以调节节流阀的开度（无级调节），并可保持其开度不变，此类阀称为可调节开口节流阀。

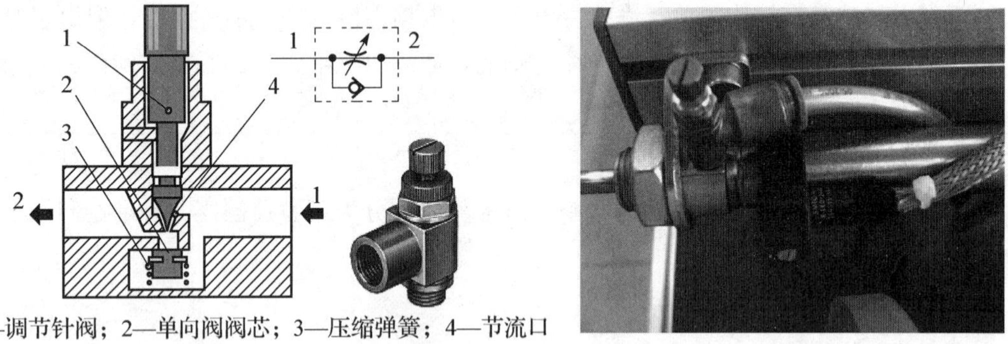

1—调节针阀；2—单向阀阀芯；3—压缩弹簧；4—节流口

（a）

（b）

图 2－34　单向节流阀

可调节流阀常用于调节气缸活塞的运动速度，可直接将其安装在气缸上。这种节流阀有双向节流作用。使用节流阀时，节流面积不宜太小，因空气中的冷凝水、尘埃等塞满阻流口通路会引起节流量的变化。

气缸节流阀的作用是调节气缸的动作速度。节流阀上带有气管的快速接头，只要将合适外径的气管往快速接头上一插，就可以将管连接好了，使用时十分方便。图 2－34（b）所示为安装了带快速接头的气缸节流阀的气缸外观。

（3）方向控制阀。

方向控制阀用来改变气流流动的方向或通断，通常使用的是电磁阀，如图 2－35 所示。

图 2－35　电磁阀

利用电磁线圈通电时，静铁心对动铁心产生电磁吸力使阀切换以改变气流方向的阀称为电磁控制换向阀，简称电磁阀。这种阀易于实现电—气联合控制，能实现远距离操作，故被广泛应用。

阀的连接方式有管式连接、板式连接、集装式连接和法兰连接等。

2.4.3　穿销单元安装技能训练

1. 穿销单元的机械装配与调整

首先把穿销单元各零件组合成整体安装时的组件，然后对组件进行组装。所组合成的组件包括轴向凸轮旋转机构组件等。

为实现穿销单元的控制功能，在结构的相应位置装设了电感式传感器、光纤式传感器、磁性接近开关等检测与传感装置，并配备了直流电动机、标准气缸等执行机构和电磁阀等控制元件。穿销单元如图 2－36 所示。

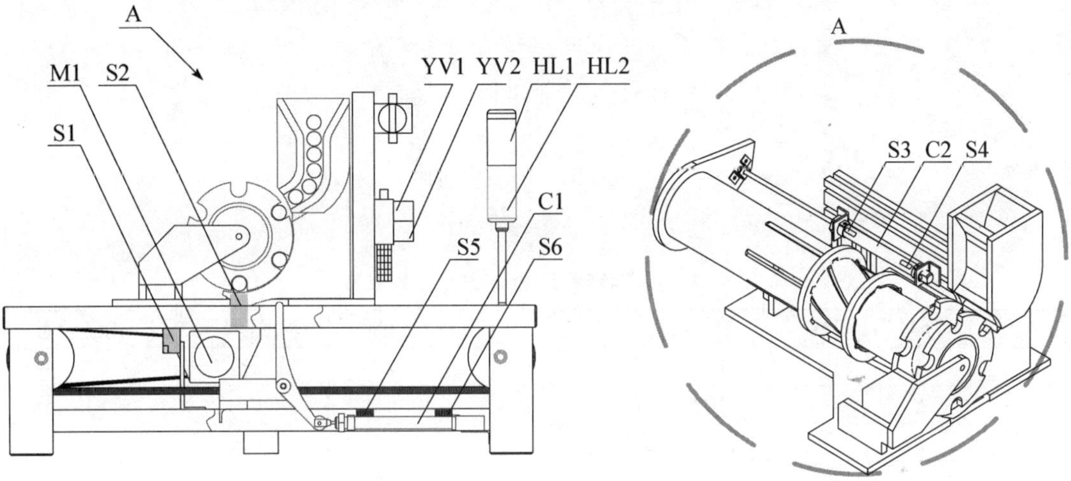

S1—托盘检测；S2—销钉检测；S3—销钉气缸复位；S4—销钉气缸到位；S5—止动气缸到位；S6—止动气缸复位；C1—止动气缸；C2—销钉气缸；M1—传送电动机；YV1—止动气缸电磁阀；YV2—销钉气缸电磁阀；HL1—红色指示灯；HL2—绿色指示灯

图 2－36　穿销单元

2. 穿销单元 PLC 的安装与接线

气动控制回路是本工作单元的执行机构之一，由 PLC 控制。气动控制回路的工作原理如图 2－37 所示。气缸的两个极限工作位置安装了磁感应接近开关；穿销单元的阀组由两个二位五通的电磁阀组成。电磁阀安装在汇流板上，汇流板中两个排气口的末端均连接了消声器。电磁阀对气缸进行控制，以改变动作状态。

要实现 PLC 对穿销单元运行过程的控制，首先要绘制系统电气原理图并进行基本的 I/O 分配，然后进行软件程序的编制。穿销单元 PLC 的 I/O 分配见表 2－6。穿销单元电气原理图如图 2－38 所示。

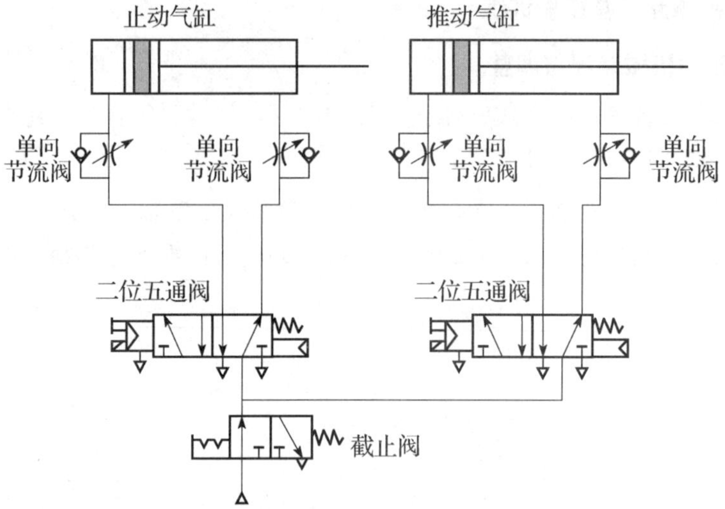

图 2-37　穿销单元气动控制回路的工作原理图

表 2-6　穿销单元 PLC 的 I/O 分配表

形式	序号	名称	PLC 地址	编号	地址设置
输入	1	销钉检测	I0.0	S2	EM277 总线模块设置的站号为 14，与总站通信的地址为 6~7
	2	托盘检测	I0.1	S1	
	3	销钉气缸到位	I0.2	S4	
	4	销钉气缸复位	I0.3	S3	
	5	止动气缸到位	I0.4	S5	
	6	止动气缸复位	I0.5	S6	
	7	手动/自动按钮	I2.0	SA	
	8	起动按钮	I2.1	SB1	
	9	停止按钮	I2.2	SB2	
	10	急停按钮	I2.3	SB3	
	11	复位按钮	I2.4	SB4	
输出	1	止动气缸	Q0.0	C1	
	2	绿色指示灯	Q0.1	HL2	
	3	销钉气缸	Q0.2	C2	
	4	传送电动机	Q0.3	M1	
	5	红色指示灯	Q0.4	HL1	
	6	蜂鸣器 1	Q1.6	HA1	
	7	蜂鸣器 2	Q1.7	HA2	
发送地址		V2.0~V3.7（200PLC→300PLC）			
接收地址		V0.0~V1.7（200PLC←300PLC）			

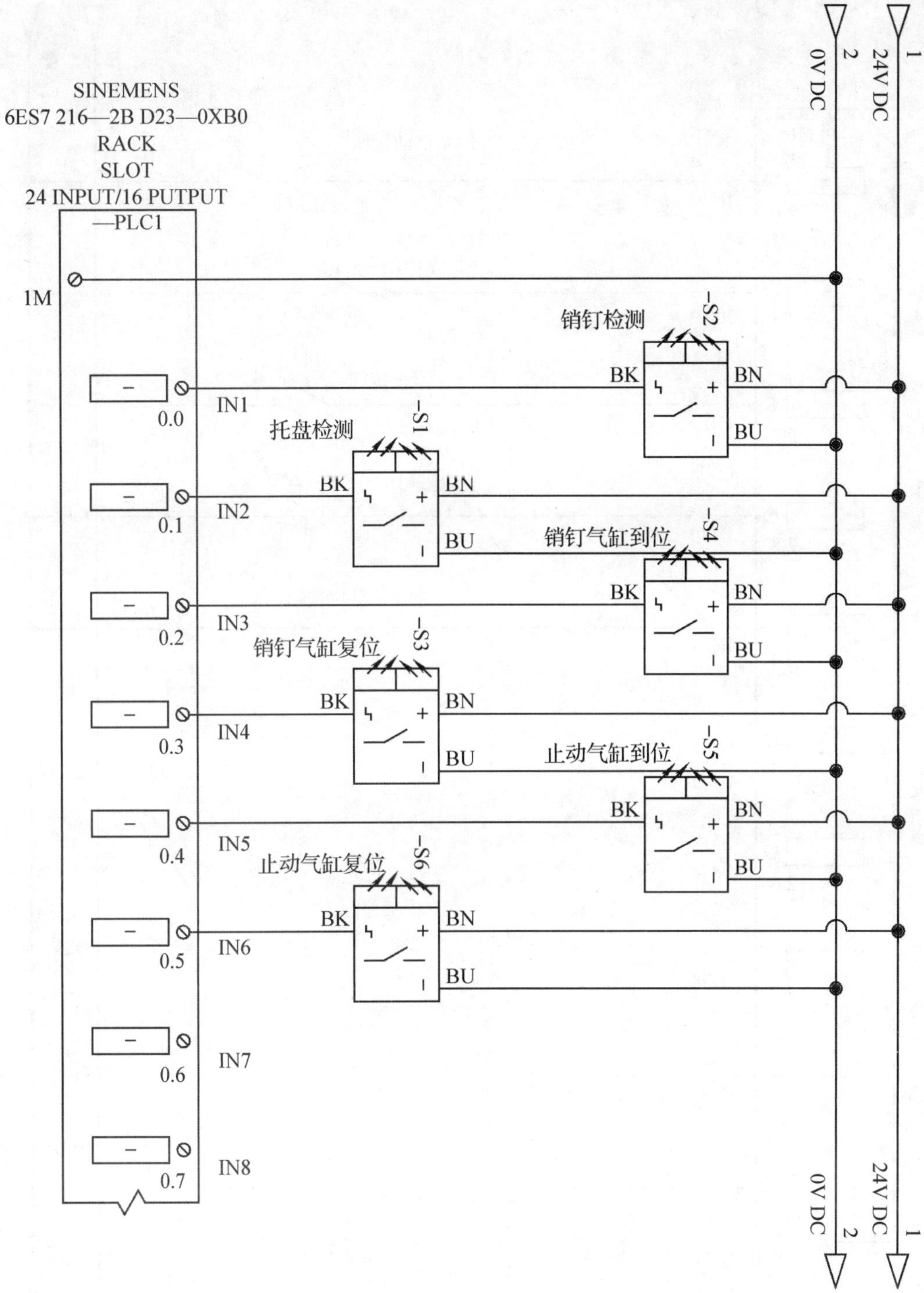
SINEMENS
6ES7 216—2B D23—0XB0
RACK
SLOT
24 INPUT/16 PUTPUT
—PLC1
1M
0V DC
2
24V DC
1
销钉检测
–S2
托盘检测
–S1
销钉气缸到位
–S4
销钉气缸复位
–S3
止动气缸到位
–S5
止动气缸复位
–S6
BK
BN
BU
IN1
IN2
IN3
IN4
IN5
IN6
IN7
IN8
0.0
0.1
0.2
0.3
0.4
0.5
0.6
0.7

（a）

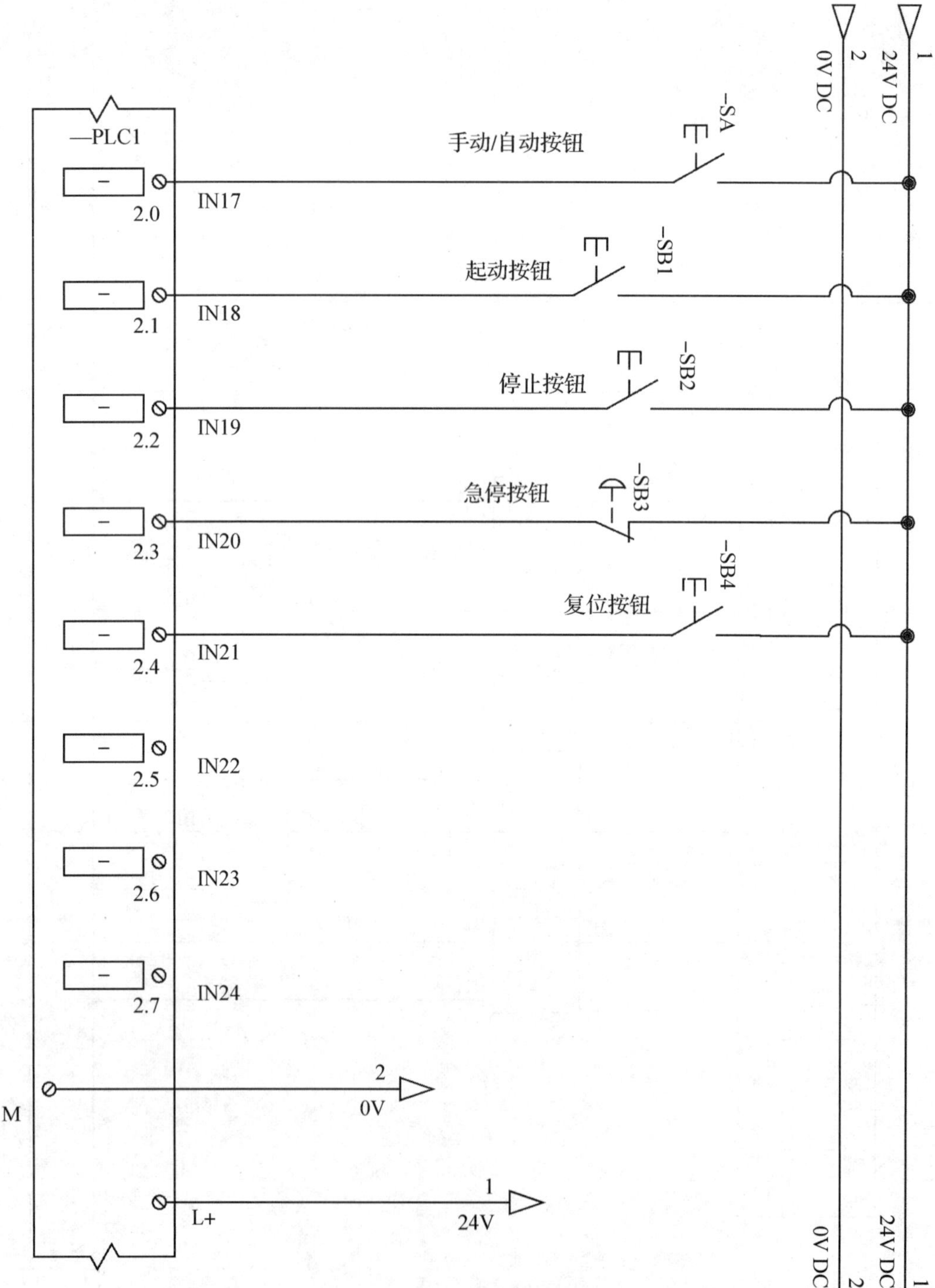
—PLC1
2.0
2.1
2.2
2.3
2.4
2.5
2.6
2.7
IN17
IN18
IN19
IN20
IN21
IN22
IN23
IN24
M
L+
2
0V
1
24V
手动/自动按钮
-SA
起动按钮
-SB1
停止按钮
-SB2
急停按钮
-SB3
复位按钮
-SB4
1
24V DC
2
0V DC

（b）

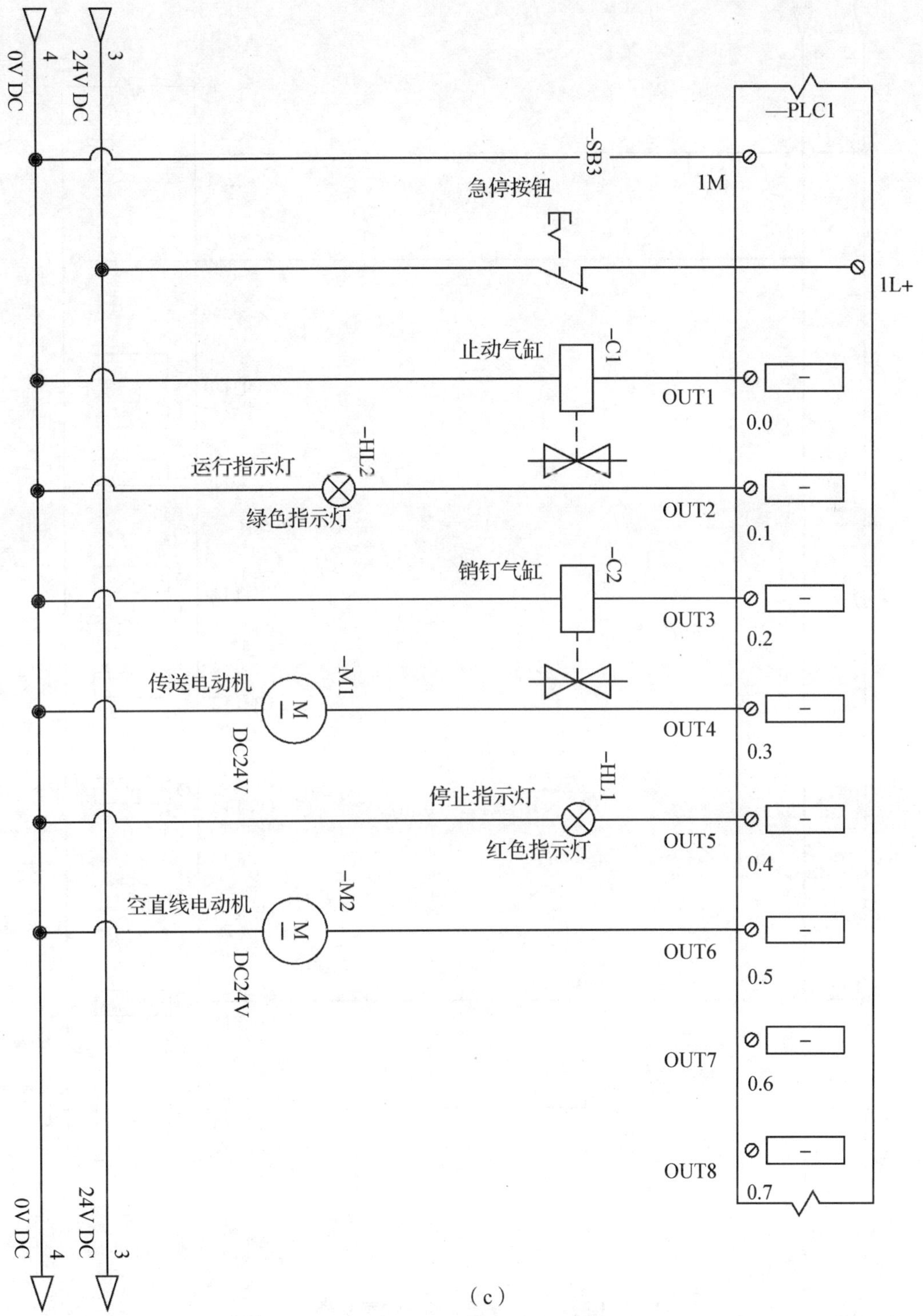
0V DC
4
24V DC
3
—PLC1
-SB3
1M
急停按钮
1L+
止动气缸
-C1
OUT1
0.0
运行指示灯
-HL2
绿色指示灯
OUT2
0.1
销钉气缸
-C2
OUT3
0.2
传送电动机
-M1
M
DC24V
OUT4
0.3
停止指示灯
-HL1
红色指示灯
OUT5
0.4
空直线电动机
-M2
OUT6
0.5
OUT7
0.6
OUT8
0.7

(c)

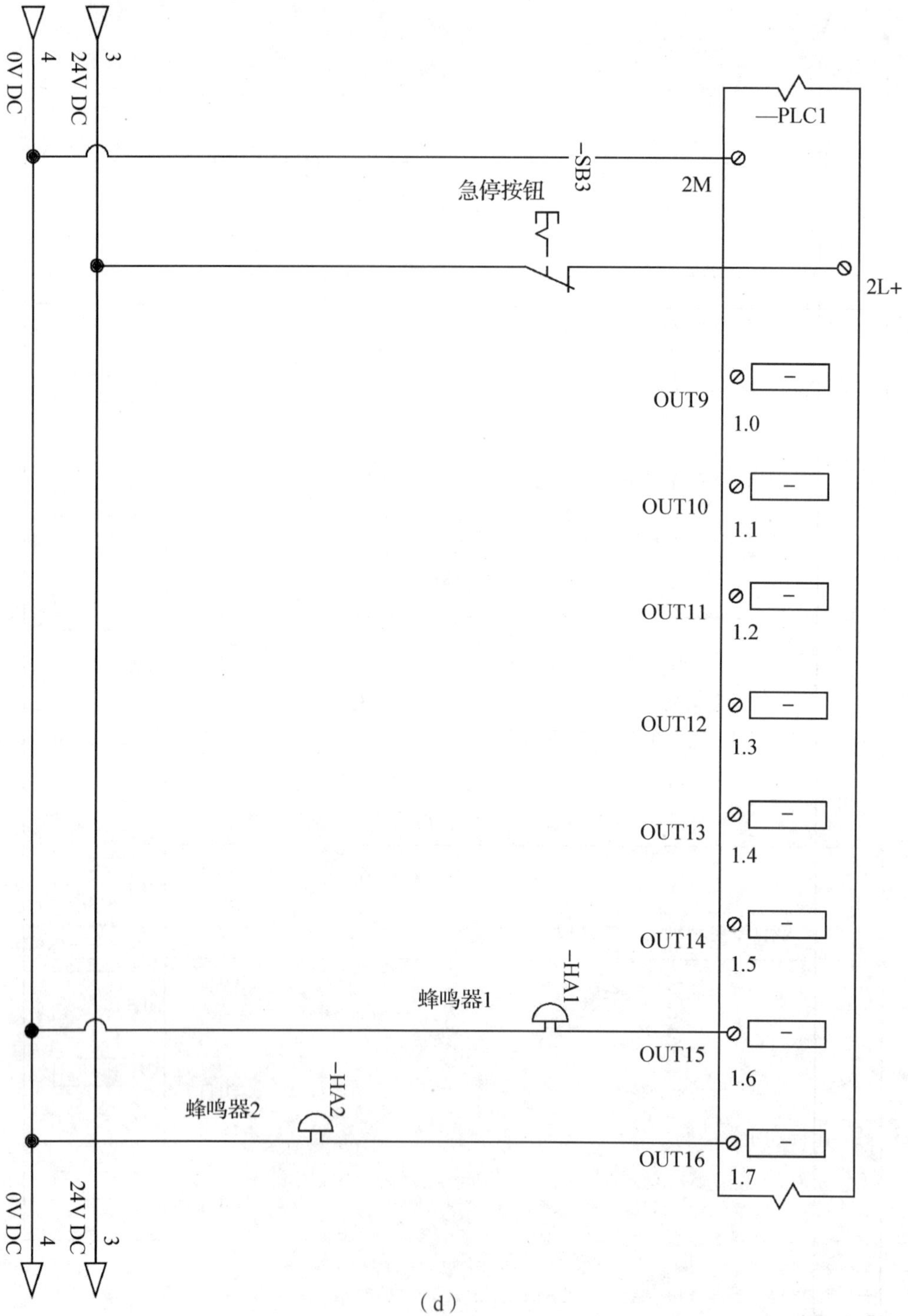

（d）

图 2-38　穿销单元电气原理图

2.4.4 穿销单元的编程与单机调试

1. 编程要求

初始状态：传送电动机处于停止状态；销钉气缸处于原位（即旋转推筒处于退回状态）；限位杆竖起禁行；工作指示灯熄灭。

系统起动运行后，本单元红色指示灯发光；传送电动机驱动传送带开始运转且始终保持运行状态（分单元运行时可选用与 PLC 运行/停止同状态的特殊继电器保持传送电动机的运行状态）。

系统运行期间：

（1）当托盘载工件到达定位口时，托盘传感器发出检测信号，且确认无销钉信号后，绿色指示灯亮，红色指示灯灭，经 3s 确认后，销钉气缸推进执行装销钉动作。

（2）当销钉气缸发出置位检测信号后结束推进动作，延时 2s 后自动退回。

（3）气缸退回至复位状态且接收到销钉检测信号后，进行 3s 延时，止动气缸动作使限位杆落下，将托盘放行（若销钉安装为空操作，2s 后销钉检测传感器仍无信号，销钉气缸再次推进执行安装动作，直到销钉安装到位）。

（4）放行 3s 后，限位杆竖起，处禁行状态，绿色指示灯灭，红色指示灯亮。系统回到初始状态。

若本系统中销钉连续穿三次后，传感器还未检测到有销钉穿入，则报警器报警，此时应在销钉下料仓内加入销钉。

2. 穿销单元程序流程图

穿销单元程序流程图如图 2－39 所示。

2.5 综合检测单元安装与调试

2.5.1 认识综合检测单元

综合检测单元的主要功能是运用各类检测传感装置，对装配好的工件成品进行全面检测（包括上盖及销钉的装配情况、销钉材质、标签有无等），并将检测结果送至 PLC 进行处理，以此作为选择后续站控制方式的依据（如分拣站依标签有无判别正品、次品；仓库站依销钉材质确定库位）。

综合检测单元的主体结构组成包括多种传感与检测装置、直线单元、工作指示灯等，如图 2－40 所示。

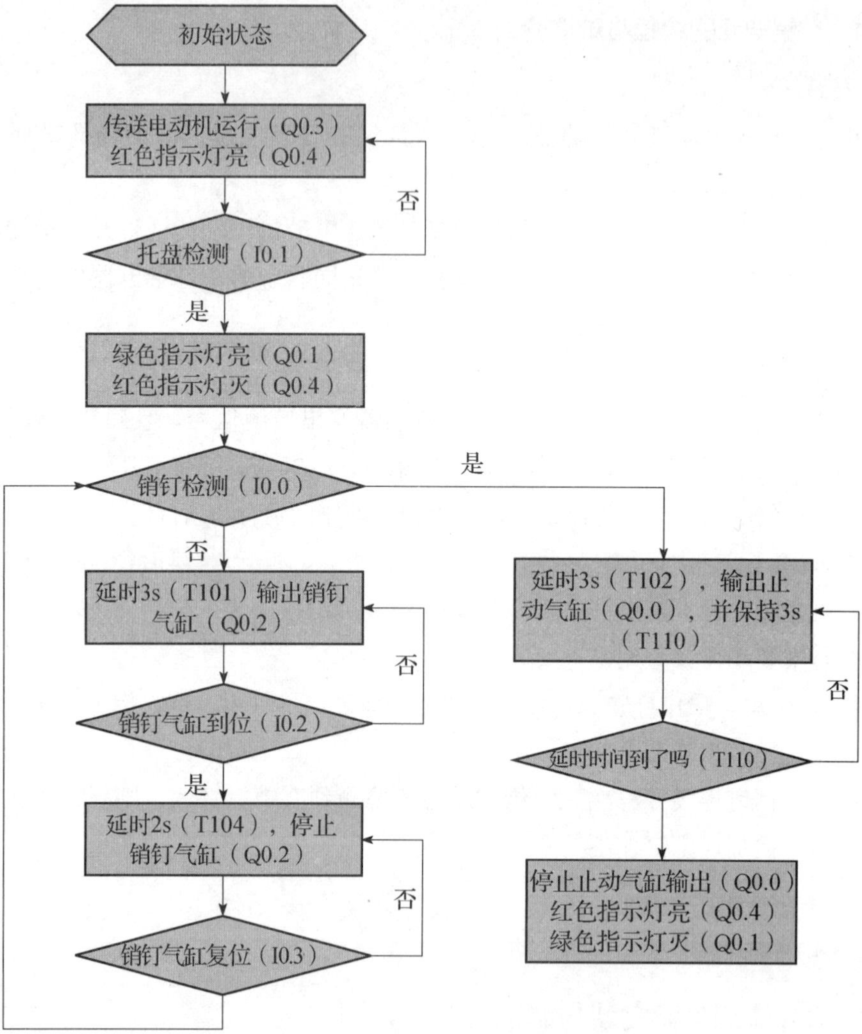

图 2－39　穿销单元程序流程图

图 2－40　综合检测单元的主体结构组成

为实现本单元的控制功能，在本站结构的相应位置装设了电感式传感器、电容式传感器、激光传感器、色差传感器等检测与传感装置，并配备了传送电动机、直流电磁铁等执行机构。综合检测单元检测元件、控制机构安装位置如图 2-41 所示。

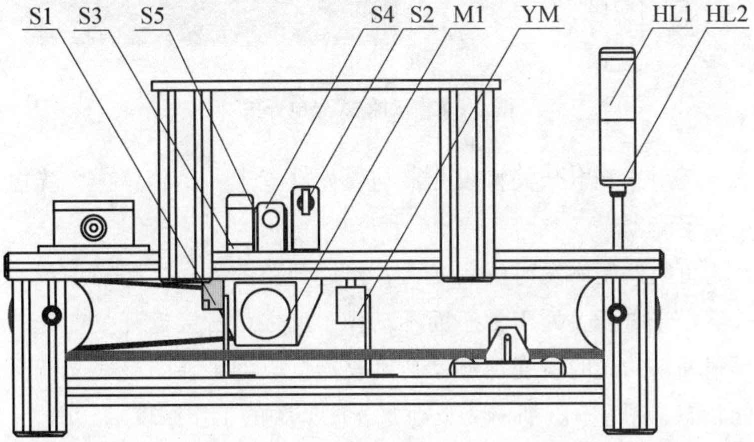

S1—托盘检测；S2—上盖检测；S3—材质检测；S4—标签检测；S5—销钉检测；
M1—传送电动机；YM—直流电磁铁；HL1—红色指示灯；HL2—绿色指示灯

图 2-41　综合检测单元检测元件、控制机构安装位置示意图

2.5.2　相关知识点：传感器认知及应用

1. 磁性开关（干簧管接近开关）及应用

在自动化生产线中，磁性开关用于各类气缸的位置检测。磁性开关是一种非接触式位置检测开关，这种非接触位置检测不会磨损和损伤检测对象物，响应速度高。磁性开关用于检测磁石的存在，安装方式有导线引出型、接插件式、接插件中继型；根据安装场所环境的要求，接近开关可选择屏蔽式或非屏蔽式。

当有磁性物质接近磁性开关时，传感器动作，并输出开关信号。实际应用中，在被测物体（如气缸活塞或活塞杆）上安装磁性物质，在气缸缸筒两端各安装一个磁性开关，就可以检测气缸运动的两个位置，从而确定工件是否被推出或气缸是否返回。

2. 光电开关及应用

光电接近开关（本书中简称光电开关）通常在环境条件比较好、无粉尘污染的场合下使用。光电开关工作时对被测对象几乎无任何影响，因此其在生产线上被广泛地使用。

光电开关的原理是投光器发出光来，被物体阻断或部分反射，受光器最终据此做出判断反应。

(1) 对射式：对射式光电开关将投光器与受光器置于相对的位置，光束在相对的两个装置之间，穿过投光器与受光器之间的物体会阻断光束并起动受光器。对射式光电开关如图 2-42 所示。综合检测单元就使用了这种传感器。

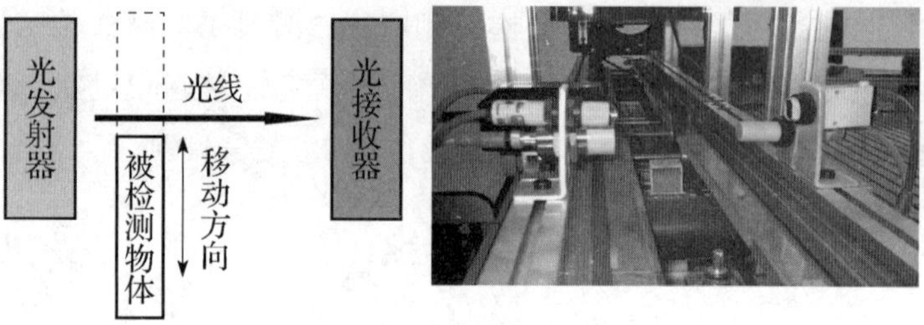

图 2-42　对射式光电开关

（2）反射式：反射式光电开关将投光器与受光器置于一个箱体内，光电开关反射的光被检测物体反射回受光器。

在工作时，光发射器始终发射检测光，若接近开关前方一定距离内没有物体，则没有光被反射到接收器，光电开关处于常态而不动作；反之，若接近开关前方的一定距离内出现物体，只要反射回来的光的强度足够，则接收器接收到足够的漫射光就会使接近开关动作而改变输出的状态。图 2-43 所示为反射式光电开关的工作原理示意图。

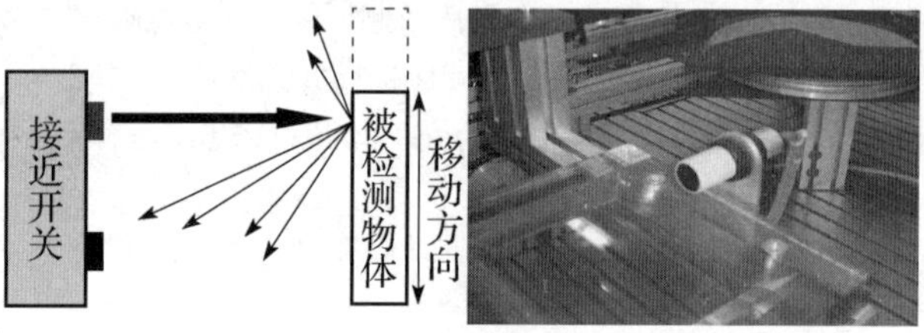

图 2-43　反射式光电开关的工作原理示意图

3. 电容式接近开关

电容式接近开关的检测物体并不限于金属导体，也可以是绝缘的液体或粉状物体。

电容式接近开关的感应面（见图 2-44）由两个同轴金属电极构成，很像“打开的”电容器的电极，电极 A 和 B 连接在高频振子的反馈回路中。

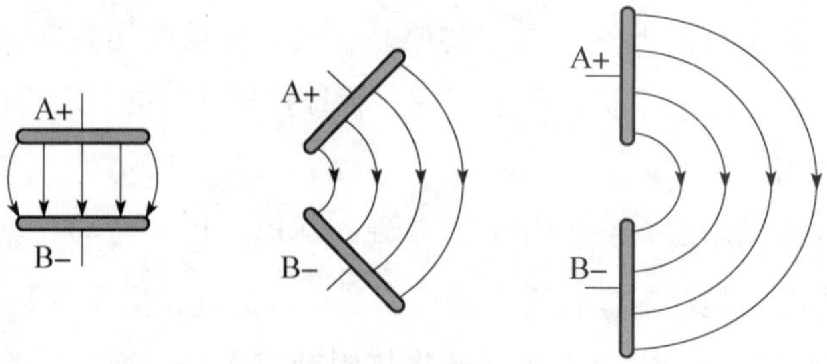

图 2-44　感应面图

无测试目标时该高频振子不感应。当测试目标进入传感器表面时，它就进入了由这两个电极构成的电场，引起 A、B 之间的耦合电容增加，电路开始振荡。每一振荡的振幅均由一数据分析电路测得，并形成开关信号。电容式接近开关的工作原理如图 2-45 所示。

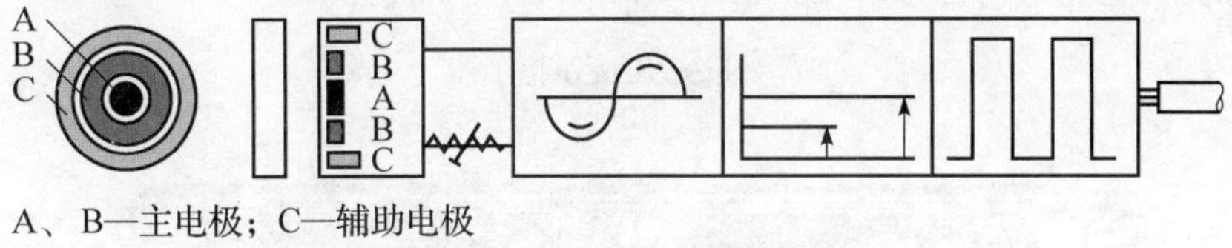

图 2-45　电容式接近开关的工作原理

4. 电感式接近开关

电感式接近开关所能检测的物体必须是金属物体。

电感式接近开关是利用电涡流效应制成的有开关量输出的位置传感器，由 LC 高频振荡器和放大处理电路组成，金属物体在接近这个能产生电磁场的振荡感应头时，物体内部产生电涡流。这个电涡流反作用于接近开关，使接近开关的振荡能力衰减，内部电路的参数发生变化，由此识别出有无金属物体接近，进而控制开关的通或断。本系统中加盖单元导轨下方使用的是电感式接近开关。

5. 光纤式光电接近开关及应用

光纤传感器由光纤检测头、放大器两部分组成，放大器和光纤检测头是分离的两部分，光纤检测头的尾端部分分成两条光纤，使用时分别插入放大器的两个光纤孔。光纤传感器组件如图 2-46 所示。

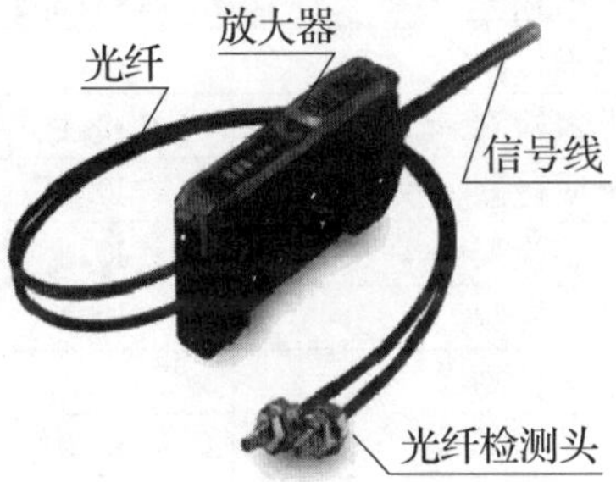

图 2-46　光纤传感器组件

光纤传感器是光电传感器的一种。光纤传感器具有下述优点：抗电磁干扰、可工作于恶劣环境，传输距离远，使用寿命长。此外，由于光纤头具有较小的体积，可以安装在很小的空间内。

光纤式光电接近开关的放大器的灵敏度调节范围较大。当光纤传感器灵敏度调得较小时，对于反射性较差的黑色物体，光电探测器无法接收到反射信号；而对于反射性较好的白色物体，光电探测器可以接收到反射信号。反之，若调高光纤传感器的灵敏度，则即使对反射性较差的黑色物体，光电探测器也可以接收到反射信号。

图 2-47 为光纤传感器放大器单元的俯视图，调节其中部的 8 旋转灵敏度高速旋钮就

能进行放大器灵敏度调节（顺时针旋转灵敏度增大）。调节时，会看到入光量显示灯发光的变化。当探测器检测到物料时，动作显示灯亮，提示检测到物料。

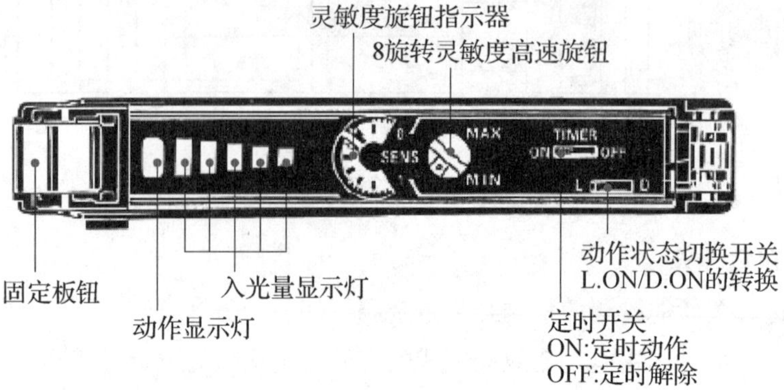

图 2-47　光纤传感器放大器单元的俯视图

2.5.3　综合检测单元安装技能训练

本单元装设了电感式传感器、电容式传感器、激光传感器、色差传感器等检测与传感装置。要实现 PLC 对综合检测单元运行过程的控制，首先要绘制系统电气原理图并进行基本的 I/O 分配，然后进行软件程序的编制。综合检测单元 I/O 分配见表 2-7。综合检测单元电气原理图如图 2-48 所示。

表 2-7　综合检测单元 I/O 分配表

形式	序号	名称	PLC 地址	编号	地址设置
输入	1	托盘检测	I0.0	S1	EM277 总线模块设置的站号为 18，与总站通信的地址为 08～09
	2	上盖检测	I0.1	S2	
	3	材质检测	I0.2	S3	
	4	标签检测	I0.3	S4	
	5	销钉检测	I0.4	S5	
	6	废料检测	I1.1	S6	
	7	手动/自动按钮	I2.0	SA	
	8	起动按钮	I2.1	SB1	
	9	停止按钮	I2.2	SB2	
	10	急停按钮	I2.3	SB3	
	11	复位按钮	I2.4	SB4	
输出	1	直流电磁铁	Q0.0	YM	
	2	传送电动机	Q0.1	M1	
	3	绿色指示灯	Q0.2	HL2	
	4	红色指示灯	Q0.3	HL1	
	5	蜂鸣器 1	Q1.6	HA1	
	6	蜂鸣器 2	Q1.7	HA2	
发送地址		V2.0～V3.7（200PLC→300PLC）			
接收地址		V0.0～V1.7（200PLC←300PLC）			

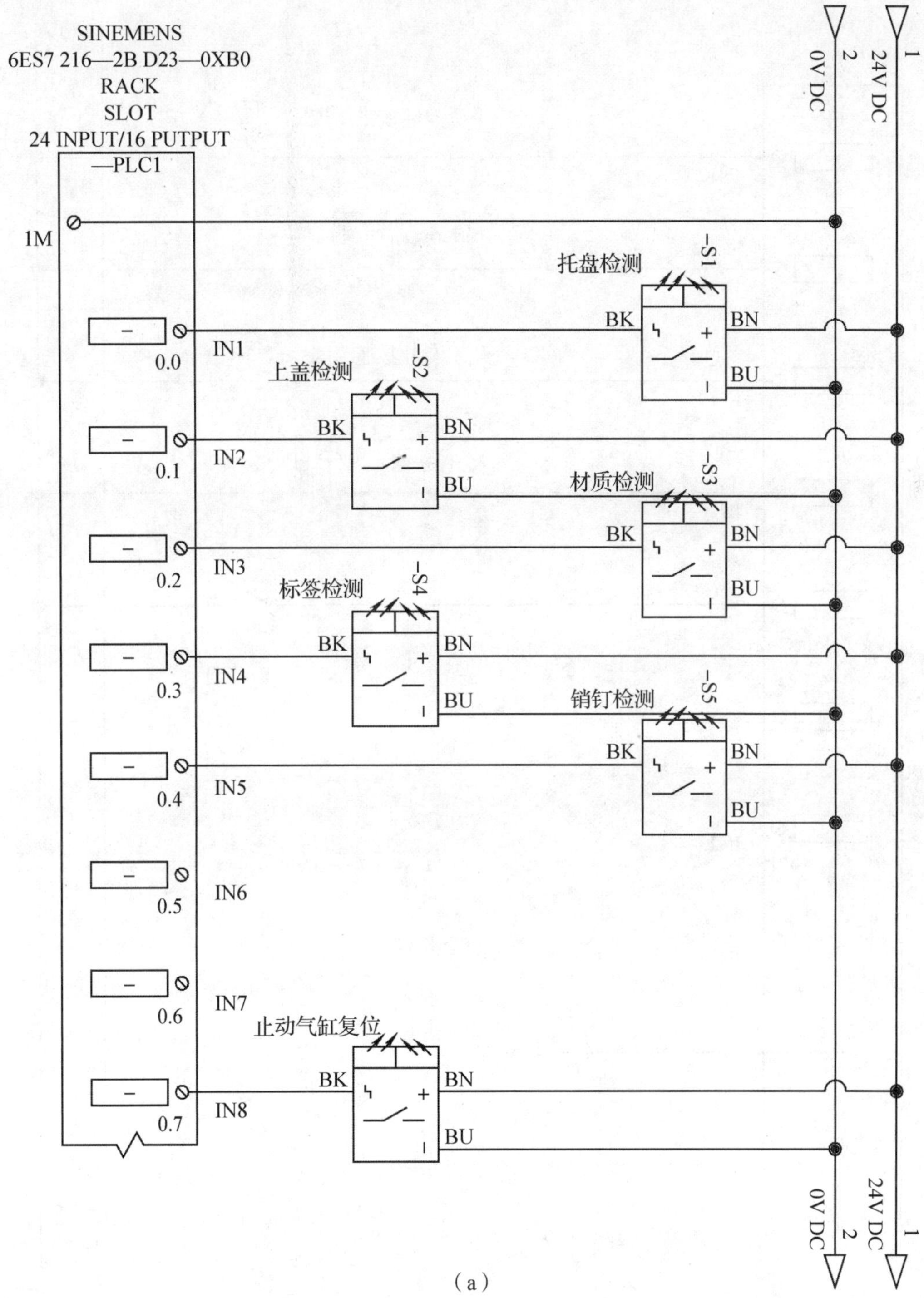
SINEMENS
6ES7 216—2B D23—0XB0
RACK
SLOT
24 INPUT/16 PUTPUT
—PLC1
1M
0.0
IN1
0.1
IN2
0.2
IN3
0.3
IN4
0.4
IN5
0.5
IN6
0.6
IN7
0.7
IN8
托盘检测
–S1
上盖检测
–S2
材质检测
–S3
标签检测
–S4
销钉检测
–S5
止动气缸复位
BK
BN
BU
0V DC
2
24V DC
1

（a）

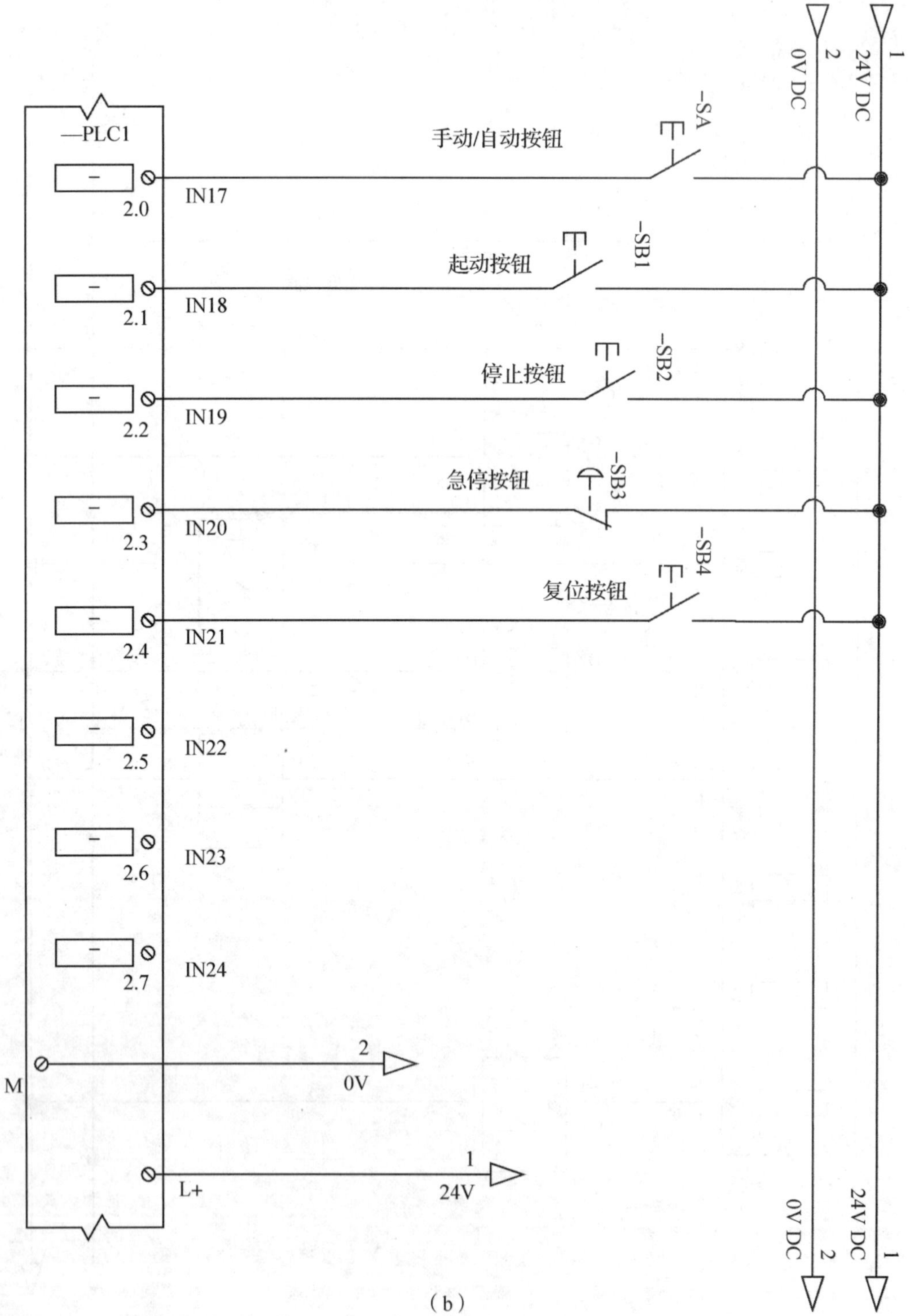
—PLC1
2.0
IN17
2.1
IN18
2.2
IN19
2.3
IN20
2.4
IN21
2.5
IN22
2.6
IN23
2.7
IN24
M
2
0V
L+
1
24V
手动/自动按钮
-SA
起动按钮
-SB1
停止按钮
-SB2
急停按钮
-SB3
复位按钮
-SB4
2
0V DC
1
24V DC

(b)

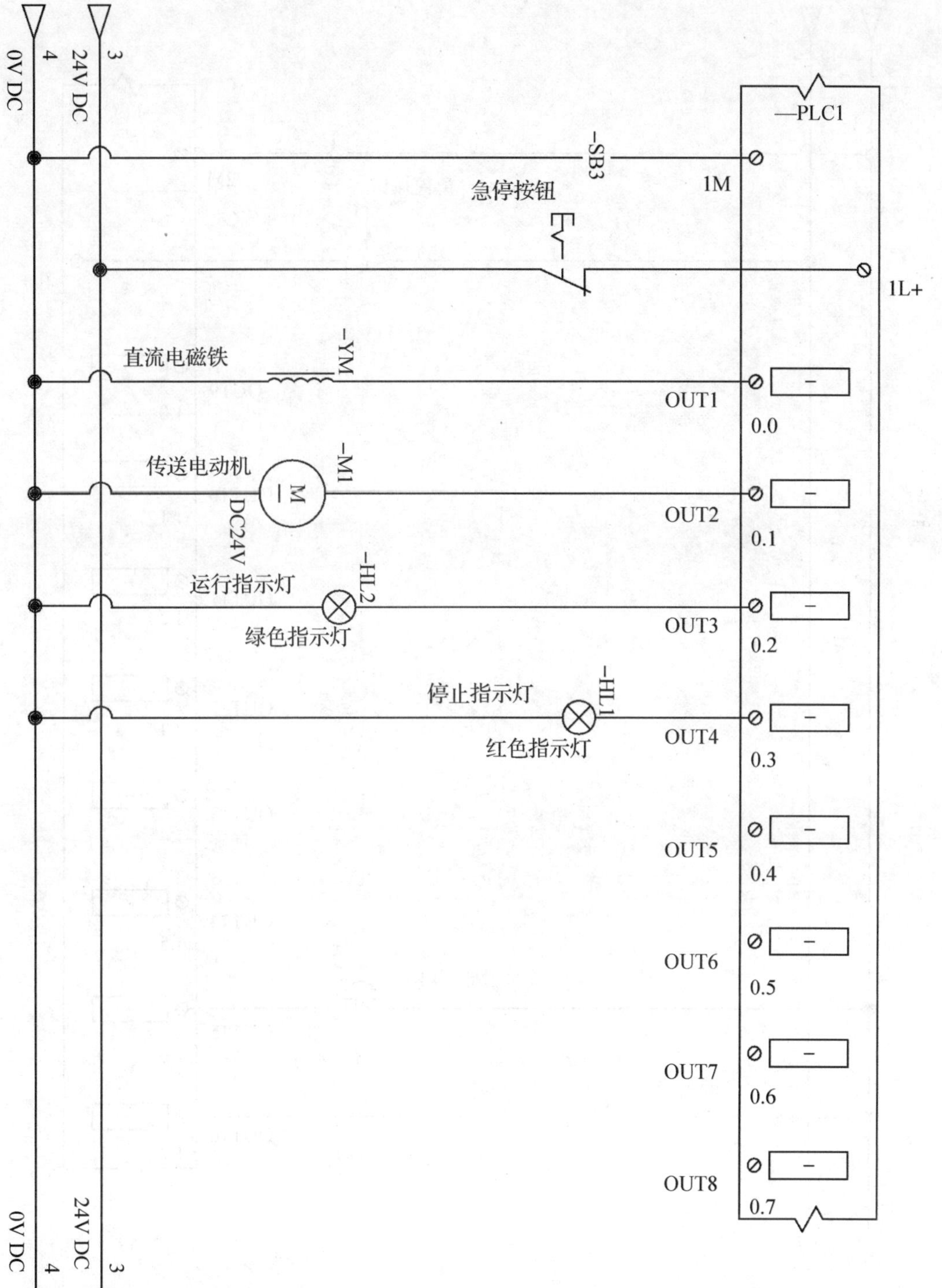
0V DC
4
24V DC
3
—PLC1
-SB3
1M
急停按钮
1L+
直流电磁铁
-YM
OUT1
0.0
传送电动机
-M1
M
DC24V
OUT2
0.1
运行指示灯
-HL2
绿色指示灯
OUT3
0.2
停止指示灯
-HL1
红色指示灯
OUT4
0.3
OUT5
0.4
OUT6
0.5
OUT7
0.6
OUT8
0.7

（c）

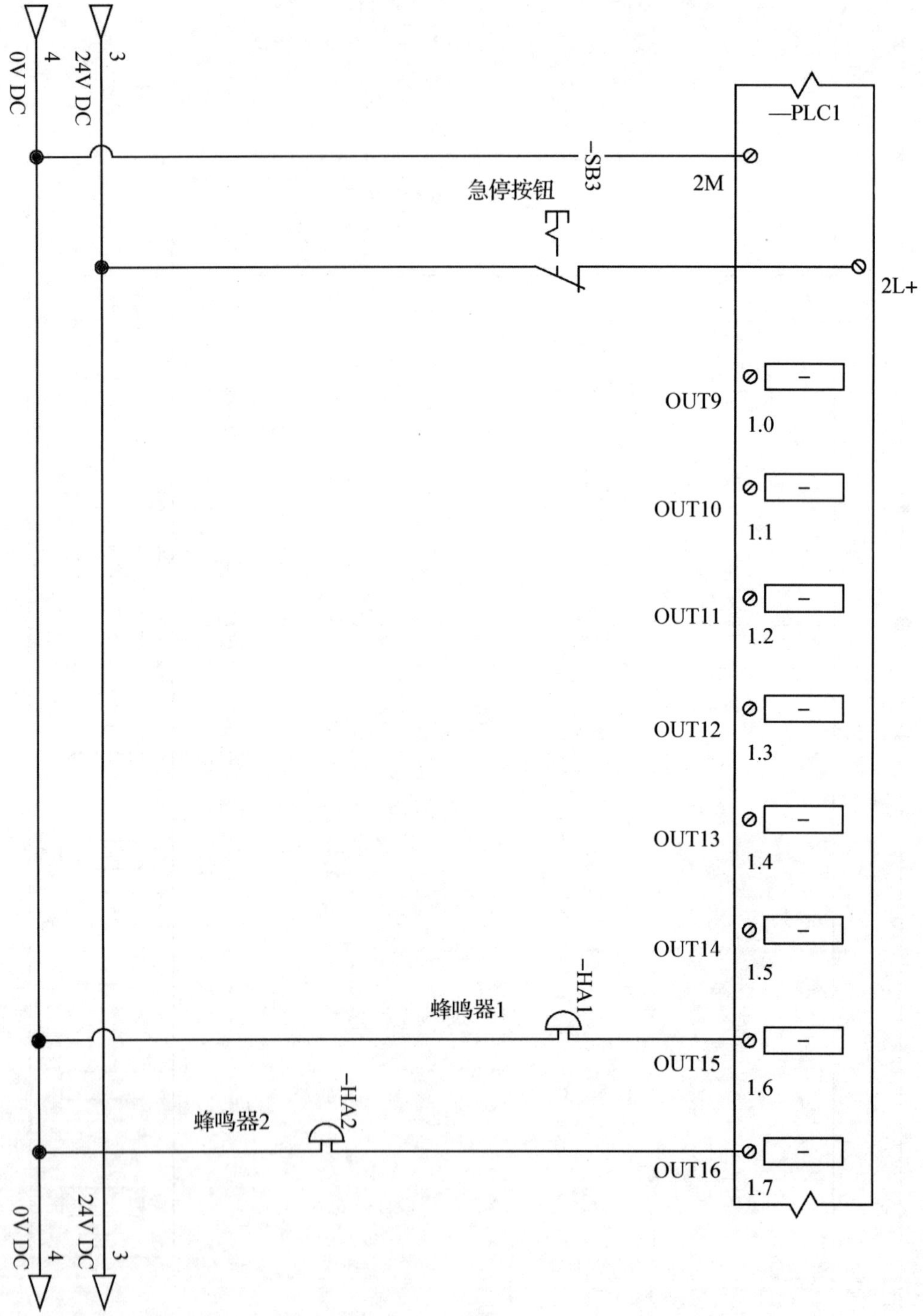

（d）

图 2-48　综合检测单元电气原理图

2.5.4 综合检测单元的编程与单机调试

1. 编程要求

初始状态：传送电动机处于静止状态；直流电磁铁竖起禁行；工作指示灯熄灭。

系统起动运行后，本单元红色指示灯发光；传送电动机驱动传送带开始运转且始终保持运行状态（分单元运行时，可选用与 PLC 运行/停止同状态的特殊继电器保持传送电动机的运行状态）。

系统运行期间：

(1) 当托盘带工件进入本站后，进行 3s 延时；绿色指示灯发光、红色指示灯熄灭；产品检测工作开始。

产品检测要求如下。

- 上盖检测（上盖为 1/无上盖为 0）；
- 销钉材质检测（金属为 1/非金属为 0）；
- 色差检测（贴签为 1/未贴签为 0）；
- 销钉检测（穿销为 1/未穿销为 0）。

(2) 产品检测工作开始 3s 后，直流电磁铁吸合下落放行托盘。

(3) 放行托盘 3s 后，直流电磁铁释放伸出，恢复禁行状态。此时系统恢复初始状态，红色指示灯发光、绿色指示灯熄灭。

2. 综合检测单元程序流程图

综合检测单元程序流程图如图 2-49 所示。

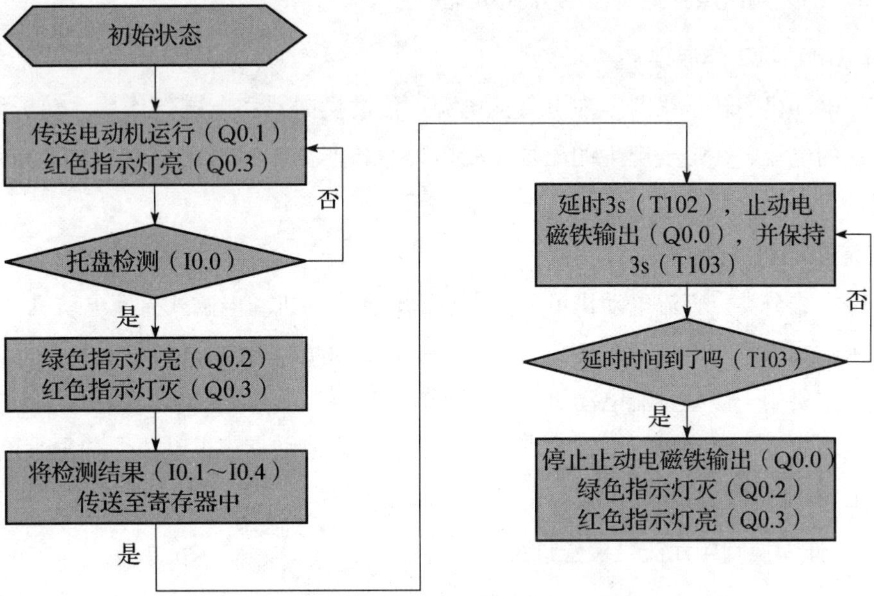

图 2-49 综合检测单元程序流程图

2.6 伸缩换向单元安装与调试

2.6.1 认识伸缩换向单元

伸缩换向单元的主要功能是将前站传送过来的托盘及组装好的工件经换向、提升、旋转、下落后伸送至传送带，向下站传送。

伸缩换向单元的主体结构组成包括托盘转向机构、托盘转向扇齿轮齿条传动机构、伸缩机构、旋转换向齿轮减速机构、气缸提升机构、托盘直线传送单元Ⅰ、托盘直线传送单元Ⅱ、托盘转向气缸、气动电磁阀组、限位开关、工作指示灯等，如图 2-50 所示。

图 2-50 伸缩换向单元的主体结构组成

2.6.2 相关知识点：直流电动机认知及应用

1. 直流电动机工作原理

在直流电动机的转子线圈上加上直流电源，借助换向器和电刷的作用，转子线圈中流过方向交变的电流，在定子产生的磁场中受电磁力，产生方向恒定不变的电磁转矩，使转子朝确定的方向连续旋转。

2. 直流电动机的分类

按励磁方式分类，直流电动机可分为永磁式直流电动机和电磁式直流电动机。

（1）永磁式直流电动机：永磁式直流电动机的磁场是由磁性材料本身提供的，不需要线圈励磁，主要用于微型直流电动机或一些具有特殊要求的直流电动机。

（2）电磁式直流电动机：电磁式直流电动机又分为他励直流电动机、并励直流电动机、串励直流电动机和复励直流电动机。

2.6.3 伸缩换向单元安装技能训练

1. 伸缩换向单元的机械装配与调整

首先把伸缩换向单元的各零件组合成整体安装时的组件，然后对组件进行组装。所组合成的组件包括平面连杆平移机构组件、扇齿轮齿条传动机构组件、张紧机构组件等。

为实现本单元的控制功能，在主体结构的相应位置装设了光电开关、电感式传感器、微动开关等检测与传感装置，并配备了直流电动机等执行机构，以及电磁阀、继电器等控制元件。伸缩换向单元检测元件、控制机构安装位置如图 2－51 所示。

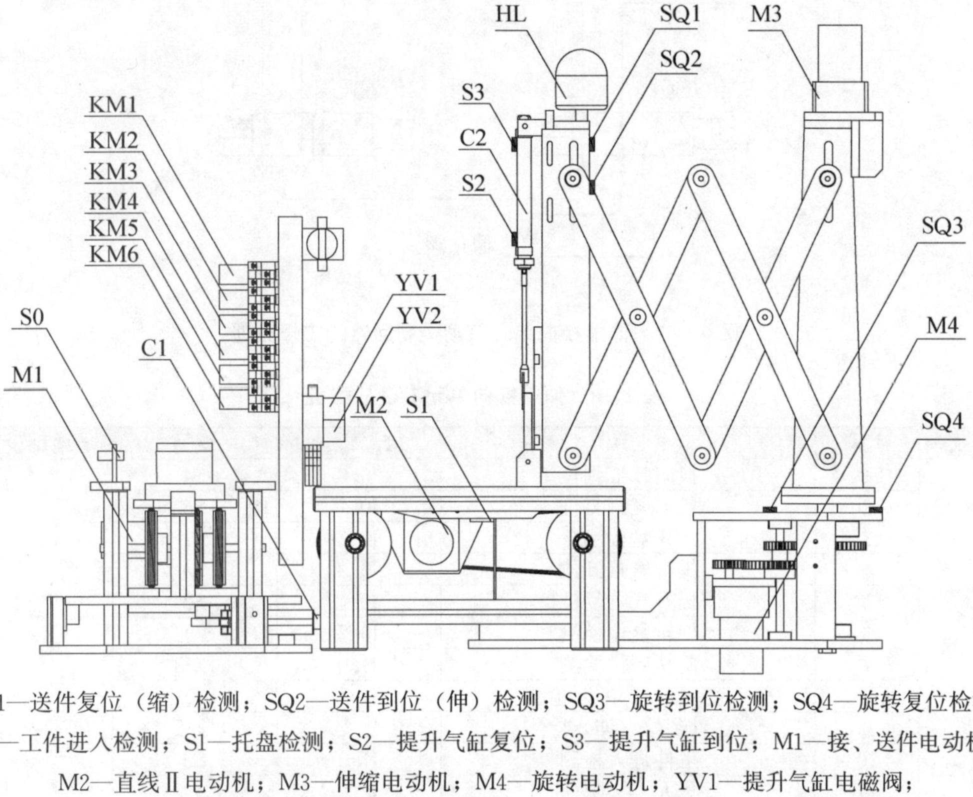

SQ1—送件复位（缩）检测；SQ2—送件到位（伸）检测；SQ3—旋转到位检测；SQ4—旋转复位检测；
S0—工件进入检测；S1—托盘检测；S2—提升气缸复位；S3—提升气缸到位；M1—接、送件电动机；
M2—直线Ⅱ电动机；M3—伸缩电动机；M4—旋转电动机；YV1—提升气缸电磁阀；
YV2—换向气缸电磁阀；C1—旋转气缸；C2—提升气缸；HL—工作指示灯；
KM1—伸缩电动机复位（缩）继电器；KM2—伸缩电动机到位（送）继电器；
KM3—旋转电动机复位继电器；KM4—旋转电动机到位继电器；KM5—换向电动机接件继电器；
KM6—换向电动机送件继电器

图 2－51　伸缩换向单元检测元件、控制机构安装位置示意图

2. 伸缩换向单元 PLC 的安装与接线

气动控制回路是本工作单元的执行机构之一，由 PLC 控制。伸缩换向单元气动控制回路的工作原理如图 2－52 所示。气缸的两个极限工作位置上安装了磁感应接近开关；穿销单元的阀组由两个二位五通的电磁阀组成。电磁阀安装在汇流板上，汇流板中两个排气口末端均连接了消声器。电磁阀对气缸进行控制，以改变动作状态。

要实现 PLC 对伸缩换向单元运行过程的控制，首先要绘制系统电气原理图并进行基本的 I/O 分配，然后进行软件程序的编制。伸缩换向单元 I/O 分配见表 2－8。伸缩换向单元电气原理图如图 2－53 所示。

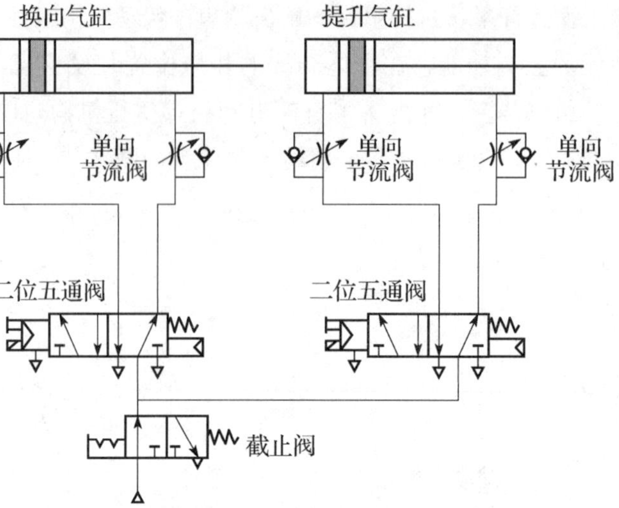

图 2-52　伸缩换向单元气动控制回路的工作原理

表 2-8　伸缩换向单元 I/O 分配表

形式	序号	名称	PLC 地址	编号	地址设置
输入	1	换向气缸到位	I0.0	S4	EM277 总线模块设置的站号为 20，与总站通信的地址为 22～25
	2	换向气缸复位	I0.1	S5	
	3	托盘检测	I0.2	S1	
	4	提升气缸到位	I0.3	S3	
	5	提升气缸复位	I0.4	S2	
	6	旋转复位检测	I0.7	SQ4	
	7	旋转到位检测	I1.0	SQ3	
	8	送件复位（缩）检测	I1.1	SQ1	
	9	送件到位（伸）检测	I1.2	SQ2	
	10	工件进入检测	I1.3	S0	
	11	手动/自动按钮	I2.0	SA	
	12	起动按钮	I2.1	SB1	
	13	停止按钮	I2.2	SB2	
	14	急停按钮	I2.3	SB3	
	15	复位按钮	I2.4	SB4	
输出	1	换向气缸电磁阀	Q0.0	YV2	
	2	换向电动机接件继电器	Q0.1	KM5	
	3	换向电动机送件继电器	Q0.2	KM6	
	4	直线Ⅱ电动机	Q0.3	M2	
	5	提升气缸电磁阀	Q0.4	YV1	
	6	旋转电动机到位继电器	Q0.5	KM4	
	7	旋转电动机复位继电器	Q0.6	KM3	
	8	伸缩电动机到位（送）继电器	Q0.7	KM2	
	9	伸缩电动机复位（缩）继电器	Q1.0	KM1	
	10	工作指示灯	Q1.1	HL	
	11	直线Ⅰ电动机	Q1.2	M0	
	12	蜂鸣器 1	Q1.6	HA1	
	13	蜂鸣器 2	Q1.7	HA2	
发送地址		V4.0～V7.7（200PLC→300PLC）			
接收地址		V0.0～V3.7（200PLC←300PLC）			

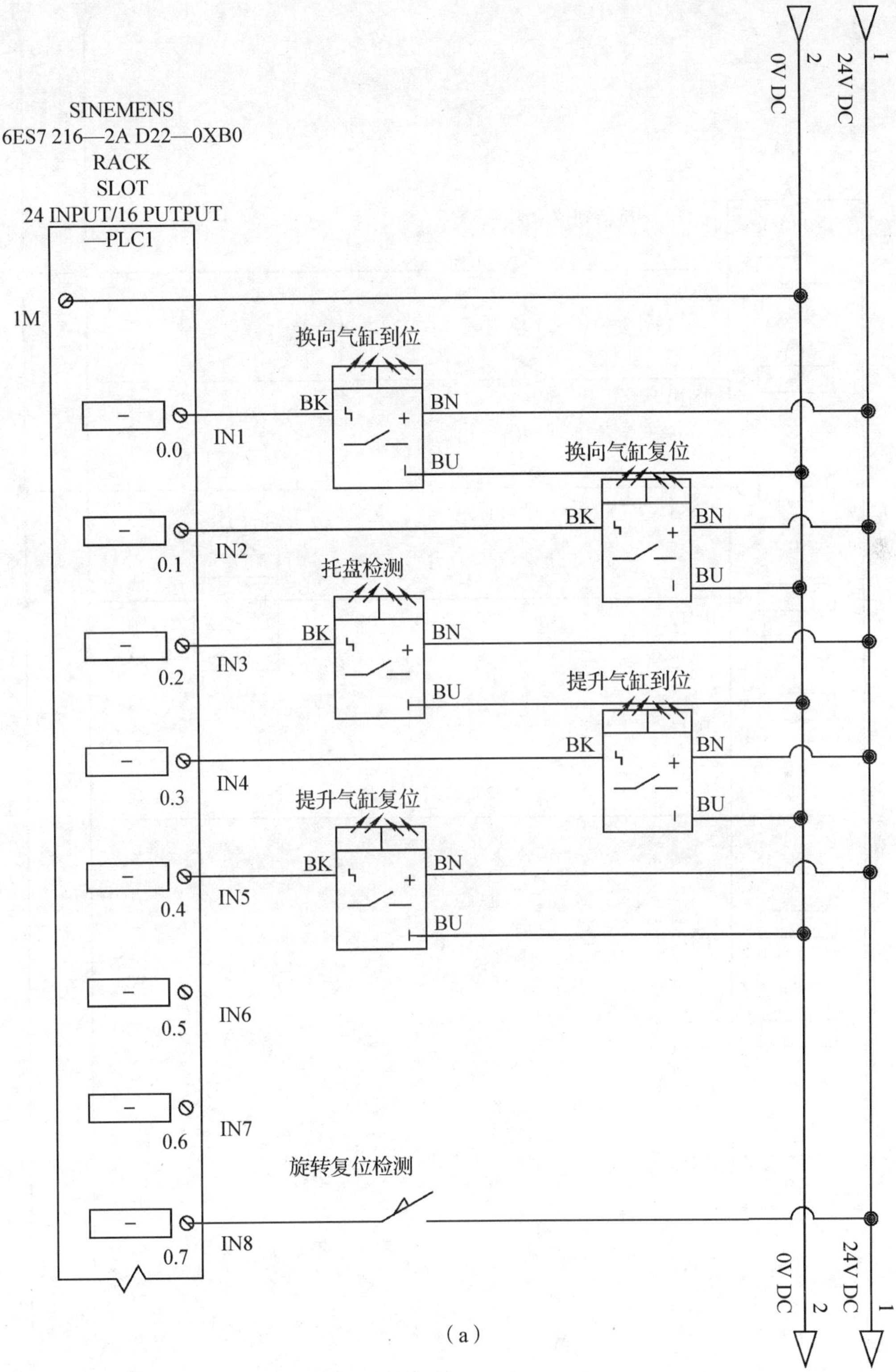
SINEMENS
6ES7 216—2A D22—0XB0
RACK
SLOT
24 INPUT/16 PUTPUT
—PLC1
1M
0.0
IN1
0.1
IN2
0.2
IN3
0.3
IN4
0.4
IN5
0.5
IN6
0.6
IN7
0.7
IN8
换向气缸到位
换向气缸复位
托盘检测
提升气缸到位
提升气缸复位
旋转复位检测
BK
BN
BU
0V DC
24V DC
1
2

（a）

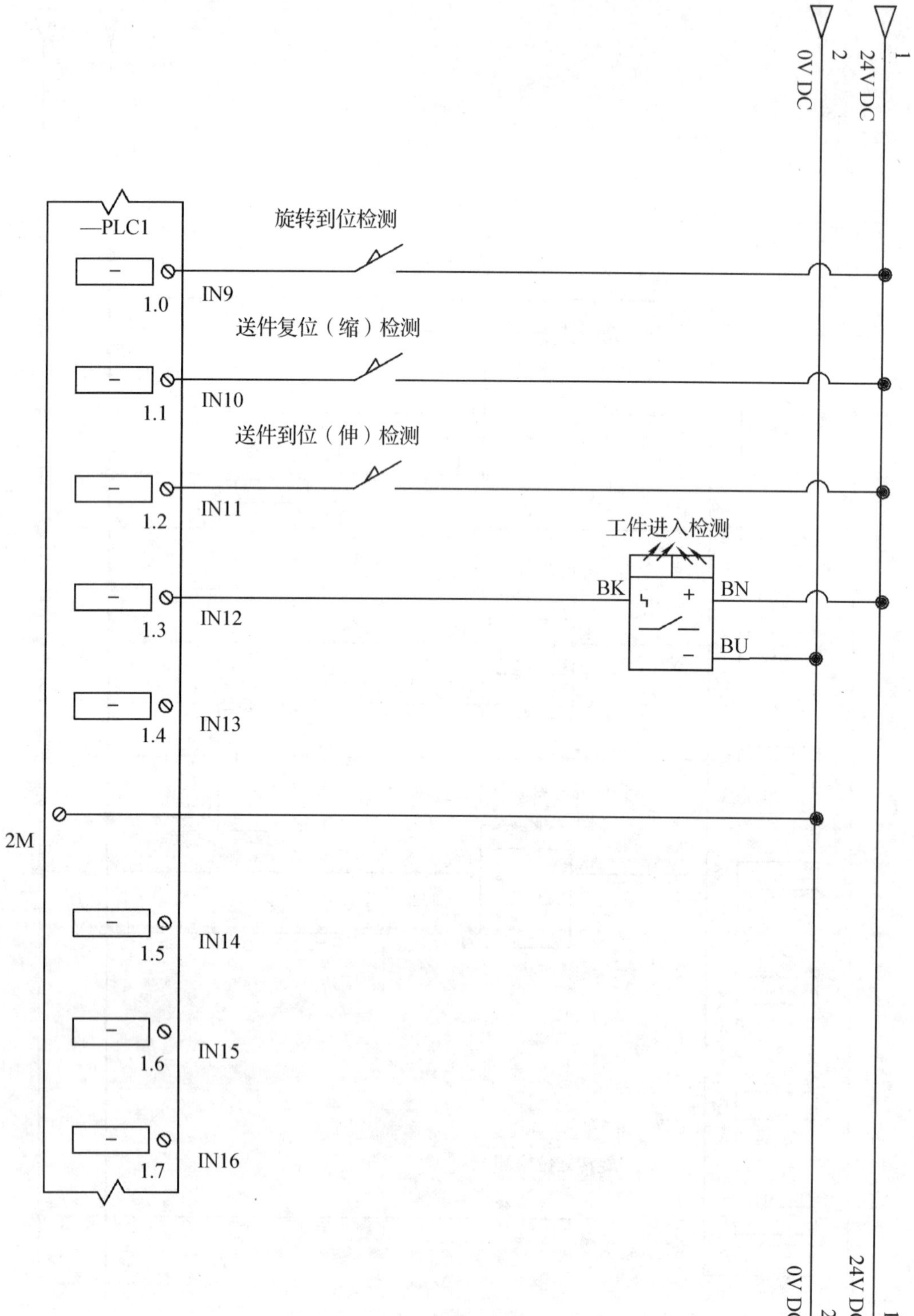

1
24V DC
2
0V DC
—PLC1
旋转到位检测
1.0
IN9
送件复位（缩）检测
1.1
IN10
送件到位（伸）检测
1.2
IN11
工件进入检测
BK
BN
BU
1.3
IN12
1.4
IN13
2M
1.5
IN14
1.6
IN15
1.7
IN16

（b）

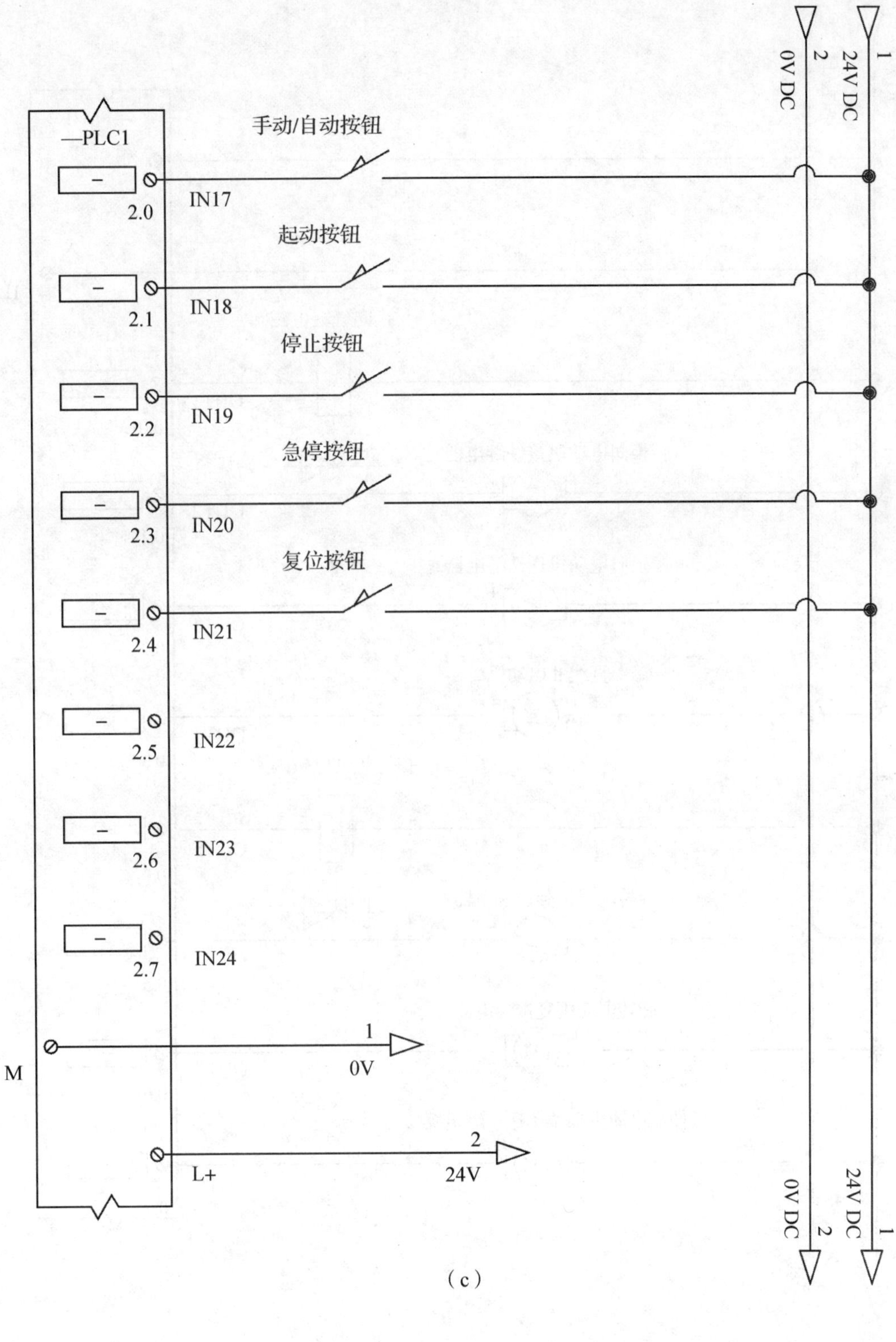
—PLC1
手动/自动按钮
起动按钮
停止按钮
急停按钮
复位按钮
2.0
IN17
2.1
IN18
2.2
IN19
2.3
IN20
2.4
IN21
2.5
IN22
2.6
IN23
2.7
IN24
M
1
0V
L+
2
24V
1
24V DC
2
0V DC

（c）

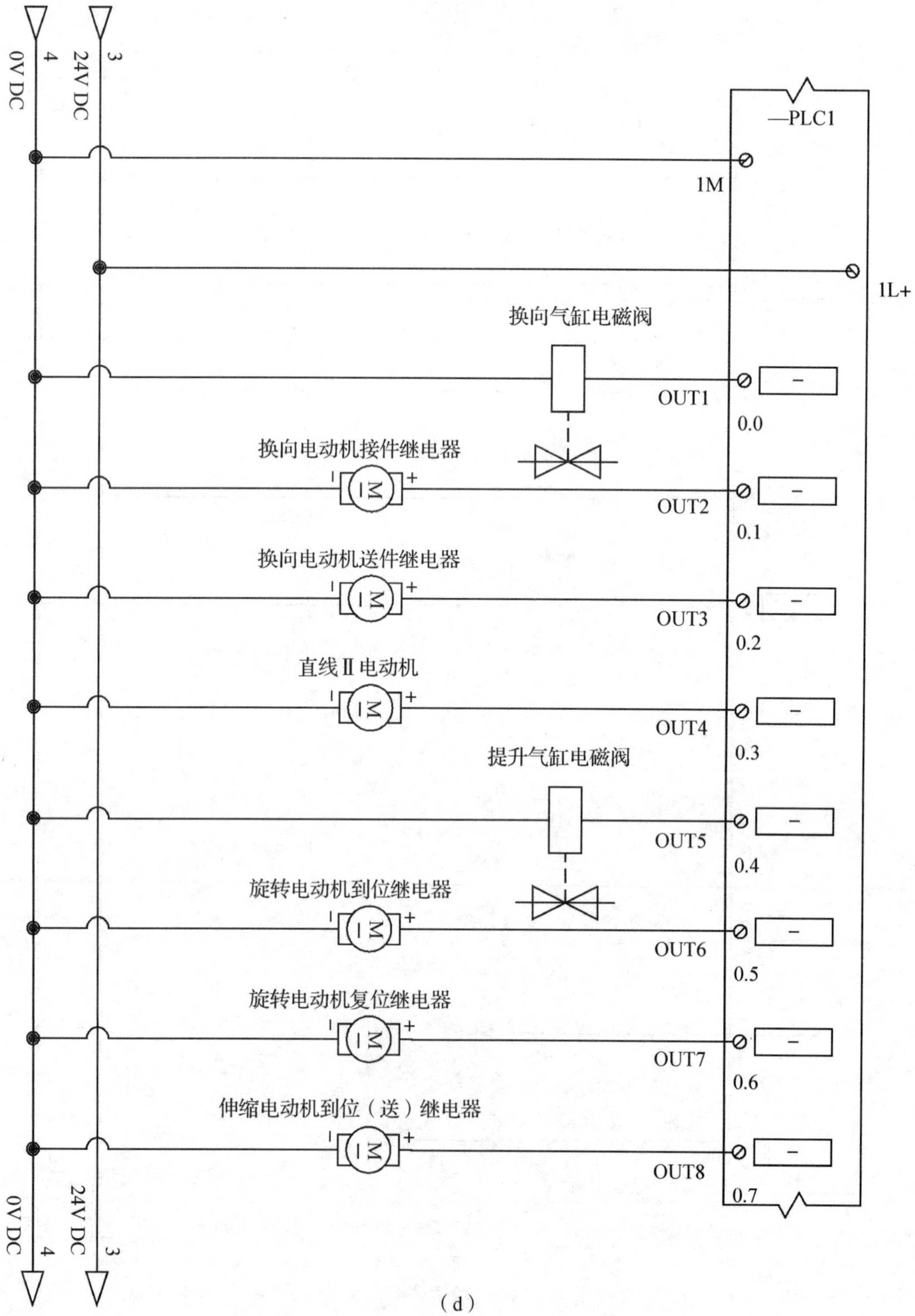
0V DC
4
24V DC
3
—PLC1
1M
1L+
换向气缸电磁阀
OUT1
0.0
换向电动机接件继电器
OUT2
0.1
换向电动机送件继电器
OUT3
0.2
直线Ⅱ电动机
OUT4
0.3
提升气缸电磁阀
OUT5
0.4
旋转电动机到位继电器
OUT6
0.5
旋转电动机复位继电器
OUT7
0.6
伸缩电动机到位（送）继电器
OUT8
0.7
0V DC
4
24V DC
3

（d）

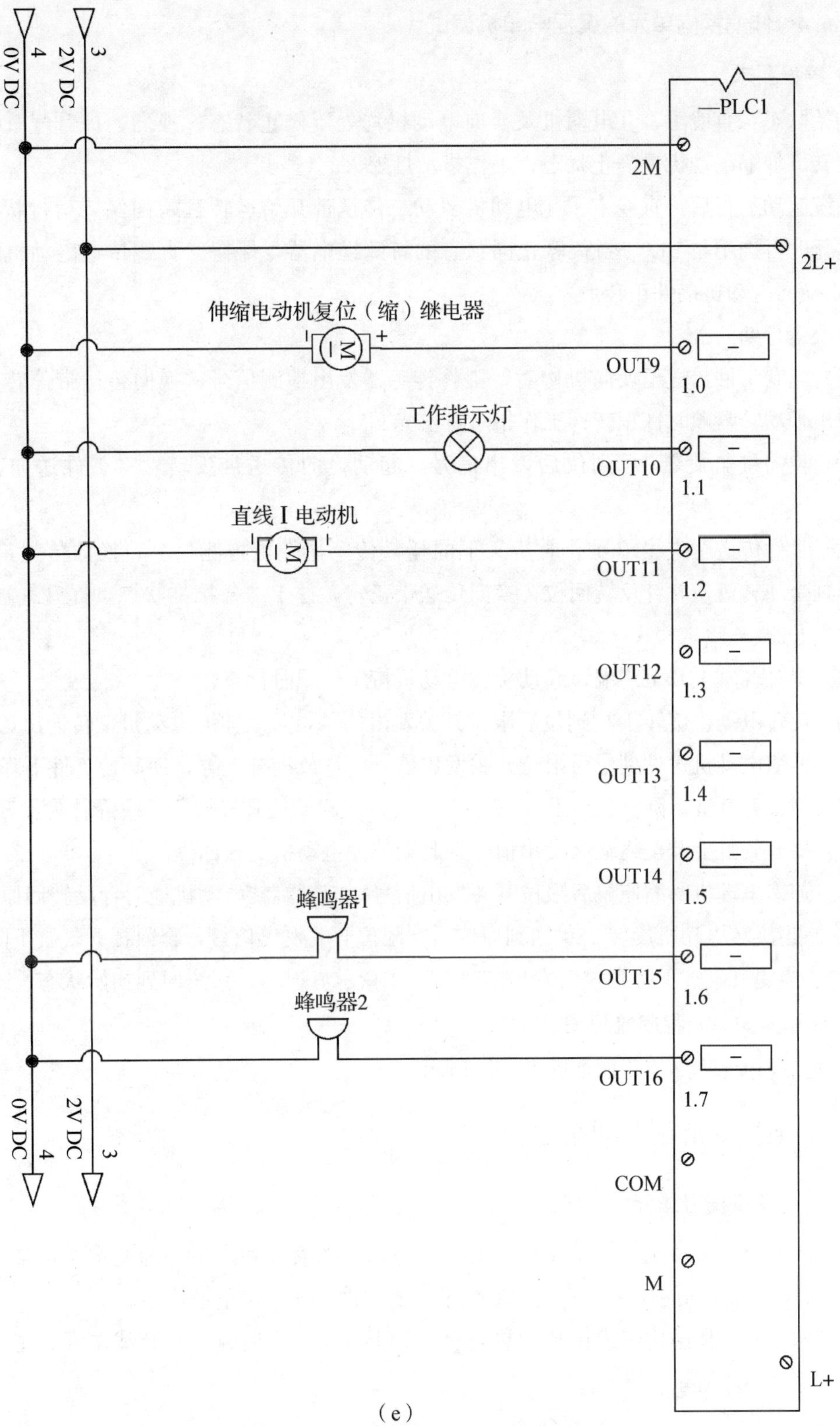

（e）

图 2－53　伸缩换向单元电气原理图

2.6.4 伸缩换向单元的编程与单机调试

1. 编程要求

初始状态：直线Ⅰ、Ⅱ电动机及换向电动机均处于停止状态；换向、提升气缸处于原位；旋转、伸缩电动机呈静止状态；工作指示灯熄灭。

系统起动运行后，直线Ⅰ、Ⅱ电动机驱动二传送带开始运转且始终保持运行状态（分单元运行时可选用与PLC运行/停止同状态的特殊继电器，保持二直线传送电动机的运行状态）；换向电动机接件正转。

系统运行期间：

（1）当有工件传送至换向机构时，工件传感器发出检测信号，换向传送带停转；换向气缸输出带动转盘顺时针正转；工作指示灯发光。

（2）换向气缸旋转90°到位后发出信号，起动换向传送带反转，将工件送向直线单元Ⅱ。

（3）工件传送至直线单元Ⅱ时货叉下的托盘传感器发出检测信号，换向传送带停转；换向气缸带动转盘逆时针反转回位，换向传送带正转，处于准备接件状态，提升气缸起动，持工件上升。

（4）提升气缸上升至终端，起动旋转电动机持工件顺时针正转。

（5）旋转电动机旋转180°到位后限位开关发出信号，起动伸缩电动机正转伸出送件。

（6）伸缩电动机送件到位后限位开关发出信号，释放提升气缸，使其持工件下降。

（7）当提升气缸下降到位后发出信号，3s后再次起动提升气缸，由下降转为上升。

（8）提升气缸上升至终端后发出信号，起动伸缩电动机反转回缩。

（9）伸缩电动机回缩原位后限位开关发出信号，起动旋转电动机逆时针反转回原位。

（10）当旋转电动机旋转180°回到原位后，限位开关发出信号，释放提升气缸下降。

（11）当提升气缸下降到位后发出信号，工作指示灯熄灭。系统回到初始状态。

2. 伸缩换向单元程序流程图

伸缩换向单元程序流程图如图2-54所示。

2.7 模拟单元安装与调试

2.7.1 认识模拟单元

模拟单元的主要功能是对完成装配的工件进行模拟喷漆和烘干，为此本站增加了模拟量控制的PLC特殊功能模块，完成喷漆烘干后的工件随托盘向下站传送。

模拟单元的主体结构组成包括加热装置、烘干装置、温度显示、直线单元、工作指示灯等，如图2-55所示。

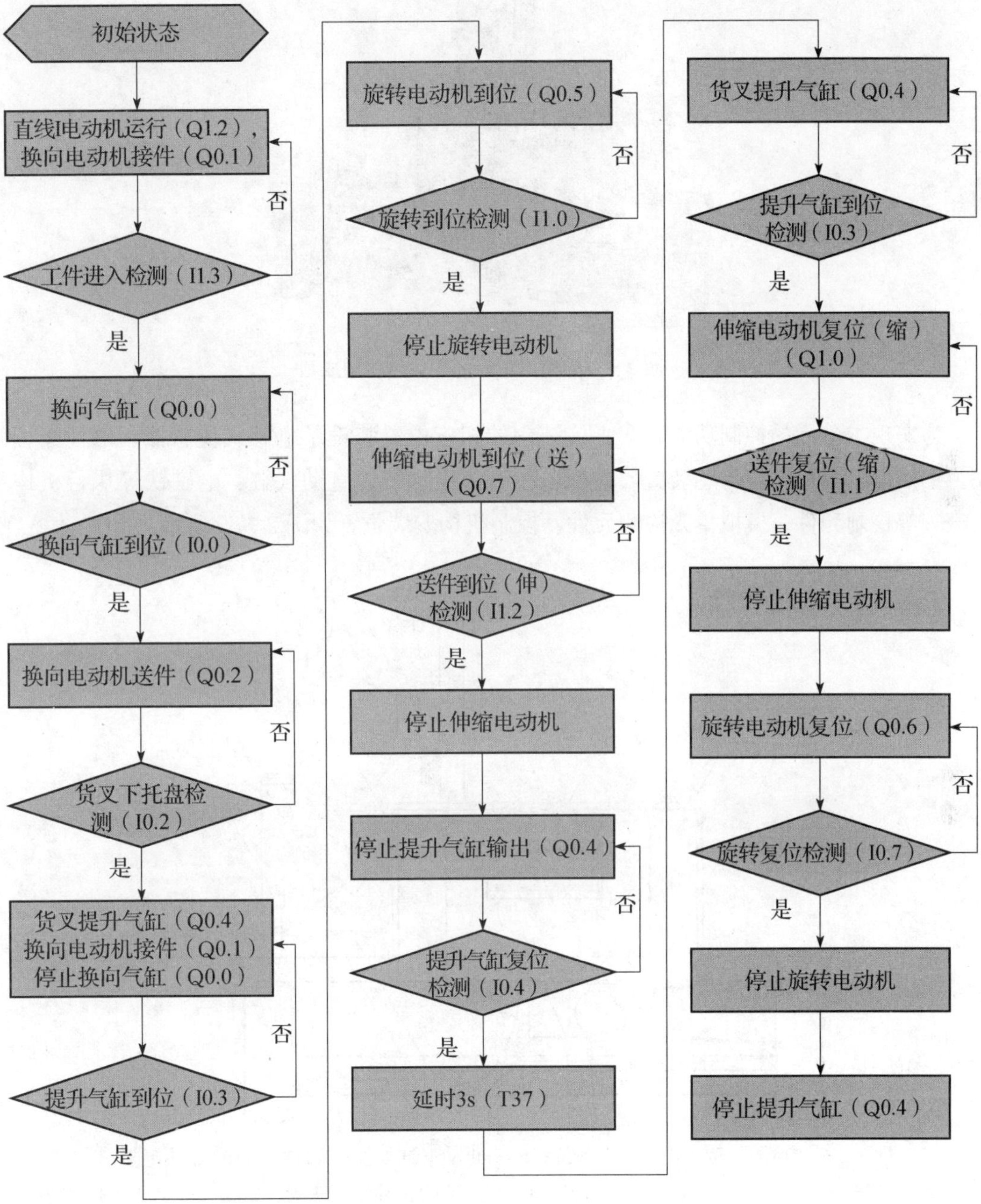

图 2-54　伸缩换向单元程序流程图

图 2-55　模拟单元的主体结构组成

为实现本单元的控制功能，在主体结构的相应位置装设了电感式传感器、磁性接近开关、铂热电阻等检测与传感装置，并配备了直流电动机、直动气缸、电磁铁等执行机构和电磁阀等控制元件。模拟单元检测元件、控制机构安装位置如图 2-56 所示。

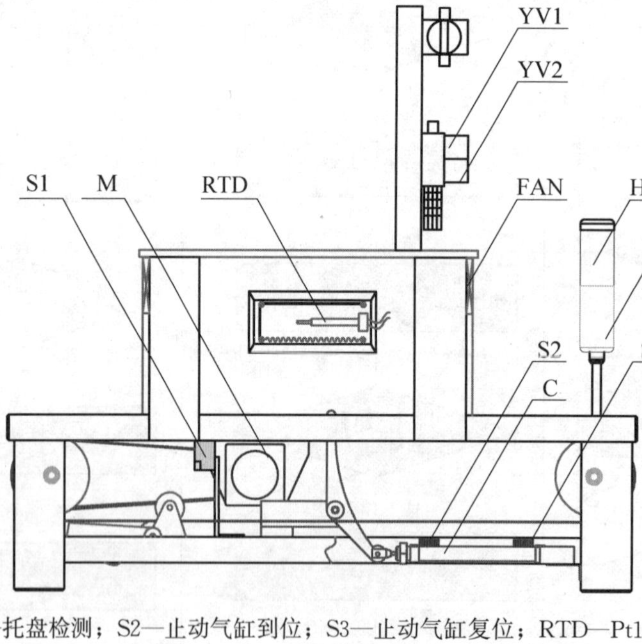

S1—托盘检测；S2—止动气缸到位；S3—止动气缸复位；RTD—Pt100 铂热电阻；
FAN—烘干风扇；C—止动气缸；M—传送电动机；YV1—喷漆电磁阀；YV2—止动气缸电磁阀；
HL1—红色指示灯；HL2—绿色指示灯

图 2-56　模拟单元检测元件、控制机构安装位置示意图

2.7.2 相关知识点：S7-200 PLC 模拟量模块认知及应用

S7-200 系列 PLC 主要有三种模拟量扩展模块，扩展模块的型号、输入/输出点数及消耗电流见表 2－9。

表 2－9 模拟量扩展模块的型号、输入/输出点数及消耗电流

名称	型号	输入/输出点数	模块消耗电流/mA	
			＋5V DC	＋24V DC
输入模块	EM231	4 路模拟量输入	20	60
输出模块	EM232	2 路模拟量输出	20	70
混合模块	EM235	4 路模拟量输入/1 路模拟量输出	30	60

1. 模拟量扩展模块的种类和连接

扩展单元没有 CPU，作为基本单元输入/输出点数的扩充，只能与基本单元连接使用，不能单独使用。S7-200 的扩展单元包括数字量扩展单元、模拟量扩展单元、热电偶及热电阻扩展模块、PROFIBUS-DP 通信模块。

用户选用具有不同功能的扩展模块，可以满足不同的控制需要，节约投资费用。

连接时 CPU 模块放在最左侧，用扁平电缆将扩展模块与左侧的模块相连，扩展模块如图 2－57 所示。CPU222 最多连接两个扩展模块，CPU224/CPU226 最多连接 7 个扩展模块。

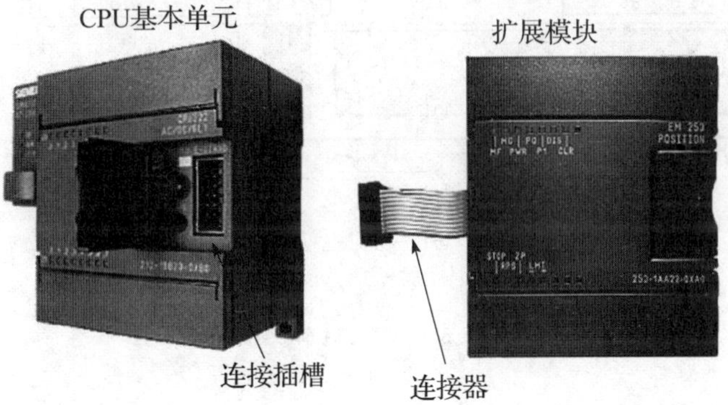

图 2－57 扩展模块

2. 模拟量输出模块的地址和技术规范

模拟量输出在 CPU221 和 CPU222 中，其表示形式为 AQW0、AQW2、…、AQW30，共有 16 个字，总共允许 16 路模拟量输出；在 CPU224 和 CPU226 中，其表示形式为 AQW0、AQW2、…、AQW62，共有 32 个字，总共允许 32 路模拟量输出。

3. 模拟量输入模块的地址和技术规范

模拟量输入在 CPU221 和 CPU222 中，其表示形式为 AIW0、AIW2、…、AIW30，共有 16 个字，总共允许 16 路模拟量输入；在 CPU224 和 CPU226 中，其表示形式为 AIW0、

AIW2、…、AIW62，共有 32 个字，总共允许 32 路模拟量输入。

EM231 外部接线如图 2-58 所示。上部有 12 个端子，每 3 个点为一组，共 4 组，每组可作为 1 路模拟量的输入通道（电压信号或电流信号）。输入信号为电压信号时，用 2 个端子（如 A+、A−）；输入信号为电流信号时，用 3 个端子（如 RC、C+、C−），其中 RC 与 C+端子短接；未用的输入通道应短接（如 B+、B−）。4 路模拟量地址分别是 AIW0、AIW2、AIW4 和 AIW6。

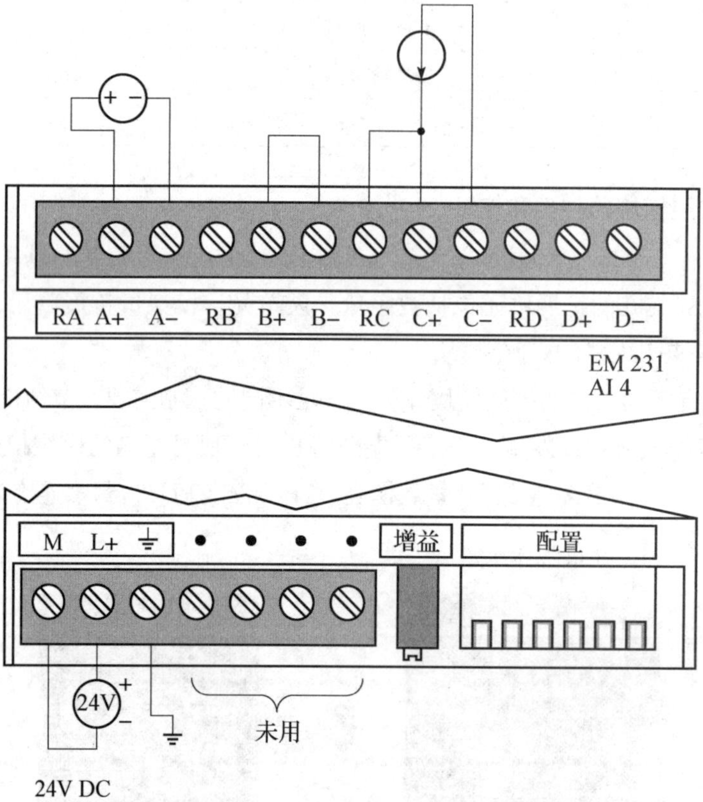

图 2-58 EM231 外部接线

4. 模拟量混合模块 EM235

EM235 外部接线如图 2-59 所示。上部有 12 个端子，每 3 个点为一组，共 4 组，每组可作为 1 路模拟量的输入通道。下部电源右边的 3 个端子是 1 路模拟量输出（电压或电流信号），V0 端接电压负载，I0 端接电流负载，M0 端为公共端。

4 路输入模拟量地址分别是 AIW0、AIW2、AIW4 和 AIW6；1 路输出模拟量地址是 AQW0。

5. 热电偶、热电阻扩展模块

EM231 热电偶、热电阻扩展模块是为 S7-200 CPU222、CPU224 和 CPU226/226XM 设计的模拟量扩展模块。

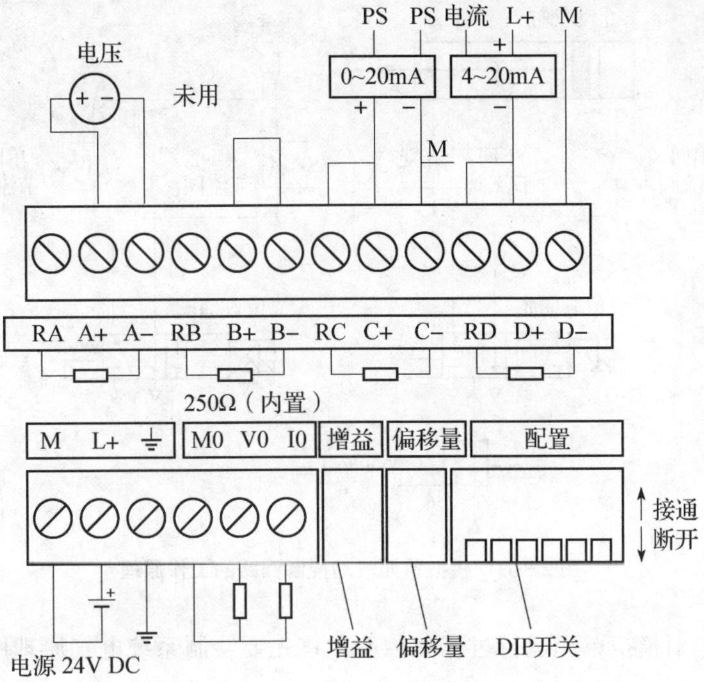

图 2－59　EM235 外部接线

EM231 热电阻模块提供了 S7-200 与多种热电阻的连接接口。用户可以通过 DIP 开关来选择热电阻的类型。所有连接到模块上的热电阻必须是相同类型的。DIP 组态开关位于模块的下部，EM231 模块 DIP 开关如图 2－60 所示。为使 DIP 开关设置起作用，用户需要给 PLC 和/或用户 24V 电源断电，再通电。

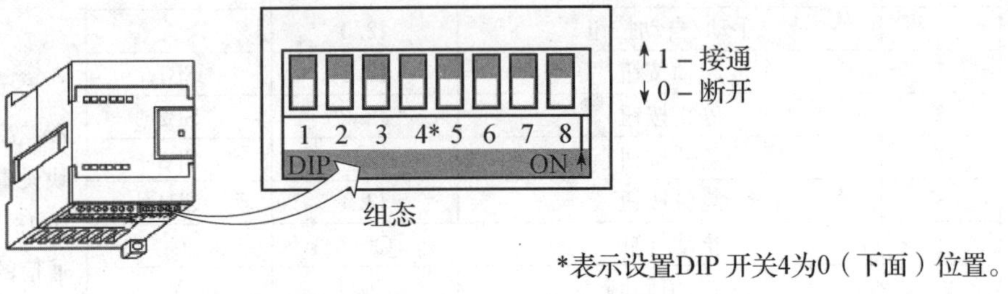

图 2－60　EM231 模块 DIP 开关

通过设置相应 RTD 的 DIP 开关 1、2、3、4、5 来选择热电阻类型。

2.7.3　模拟单元安装技能训练

气动控制回路是本工作单元的执行机构之一，由 PLC 控制。模拟单元气动控制回路的工作原理如图 2－61 所示。气缸的两个极限工作位置上安装了磁感应接近开关；模拟单元的阀组由两个二位五通的电磁阀组成。电磁阀安装在汇流板上，汇流板中两个排气口末端均连接了消声器。电磁阀对气缸进行控制，以改变动作状态。喷气阀完成对工件的模拟喷漆。

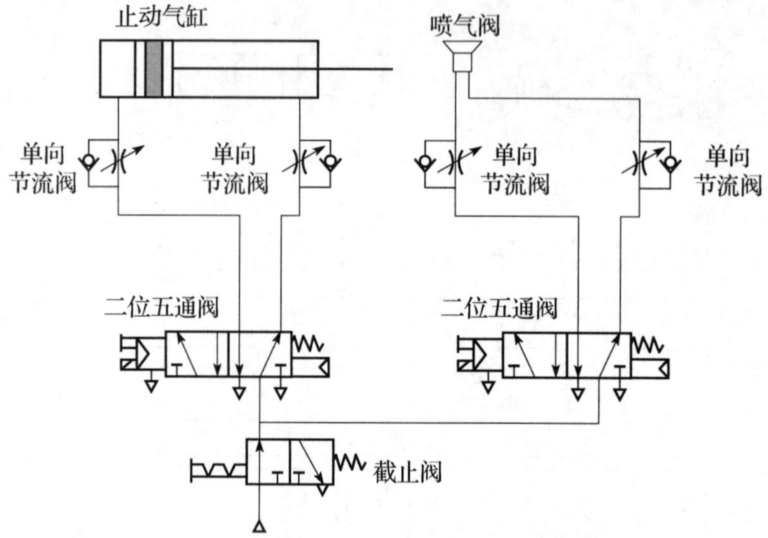

图 2-61　模拟单元气动控制回路的工作原理

要实现 PLC 对模拟单元运行过程的控制，首先要绘制系统电气原理图并进行基本的 I/O 分配，然后进行软件程序的编制。模拟单元 I/O 分配见表 2-10。模拟单元电气原理图如图 2-62 所示。

表 2-10　模拟单元 I/O 分配表

形式	序号	名称	PLC 地址	编号	地址设置
输入	1	托盘检测	I0.0	S1	EM277 总线模块设置的站号为 16，与总站通信的地址为 14～15
	2	止动气缸到位	I0.1	S2	
	3	止动气缸复位	I0.2	S3	
	4	手动/自动按钮	I2.0	SA	
	5	起动按钮	I2.1	SB1	
	6	停止按钮	I2.2	SB2	
	7	急停按钮	I2.3	SB3	
	8	复位按钮	I2.4	SB4	
输出	1	止动气缸	Q0.0	C	
	2	喷漆电磁阀	Q0.1	YV1	
	3	烘干风扇	Q0.2	FAN	
	4	传送电动机	Q0.3	M	
	5	绿色指示灯	Q0.4	HL2	
	6	红色指示灯	Q0.5	HL1	
	7	蜂鸣器 1	Q1.6	HA1	
	8	蜂鸣器 2	Q1.7	HA2	
发送地址		V2.0～V3.7（200PLC→300PLC）			
接收地址		V0.0～V1.7（200PLC←300PLC）			

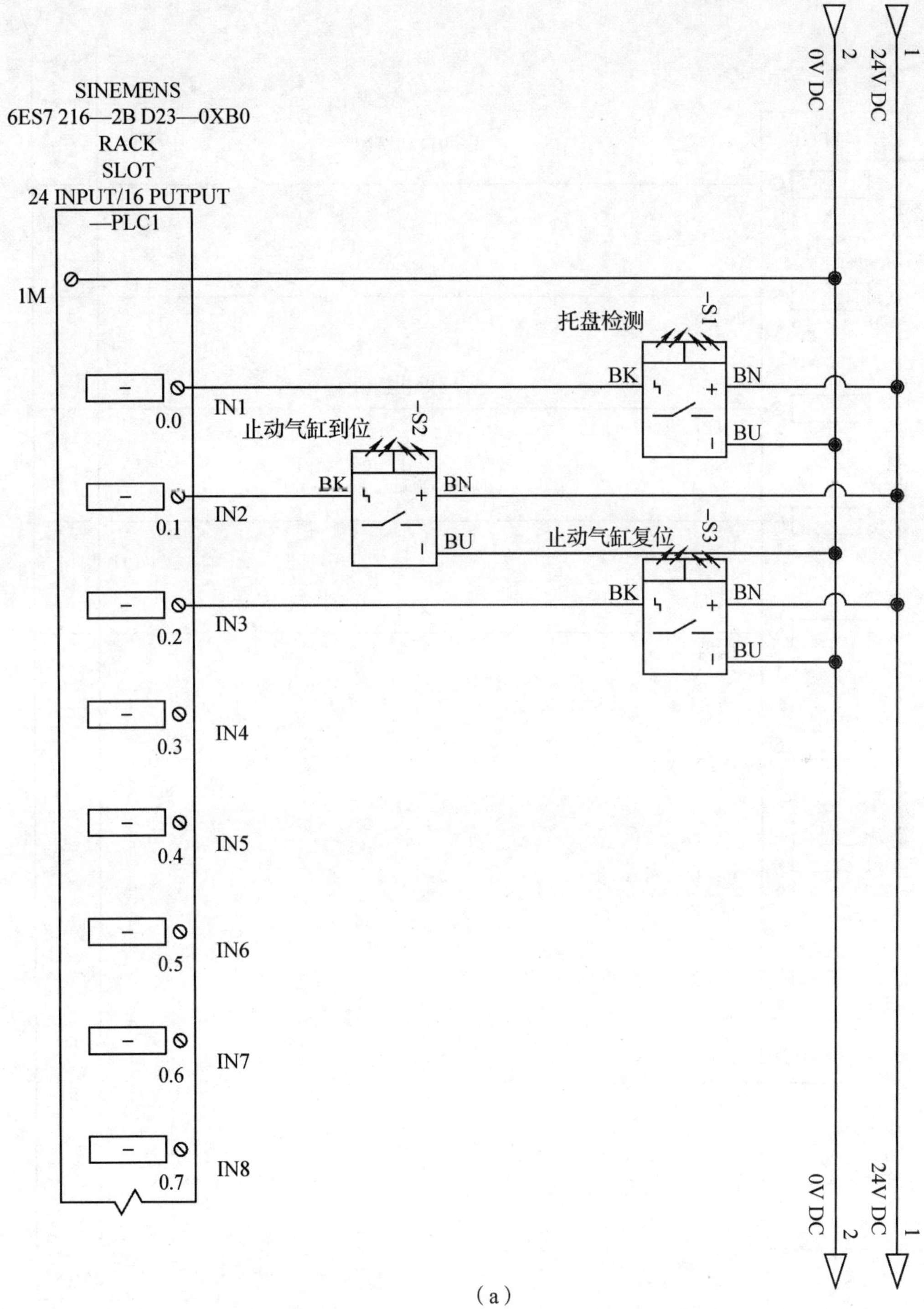
SINEMENS
6ES7 216—2B D23—0XB0
RACK
SLOT
24 INPUT/16 PUTPUT
—PLC1
1M
0.0
IN1
0.1
IN2
0.2
IN3
0.3
IN4
0.4
IN5
0.5
IN6
0.6
IN7
0.7
IN8
托盘检测
−S1
止动气缸到位
−S2
止动气缸复位
−S3
BK
BN
BU
1
24V DC
2
0V DC

（a）

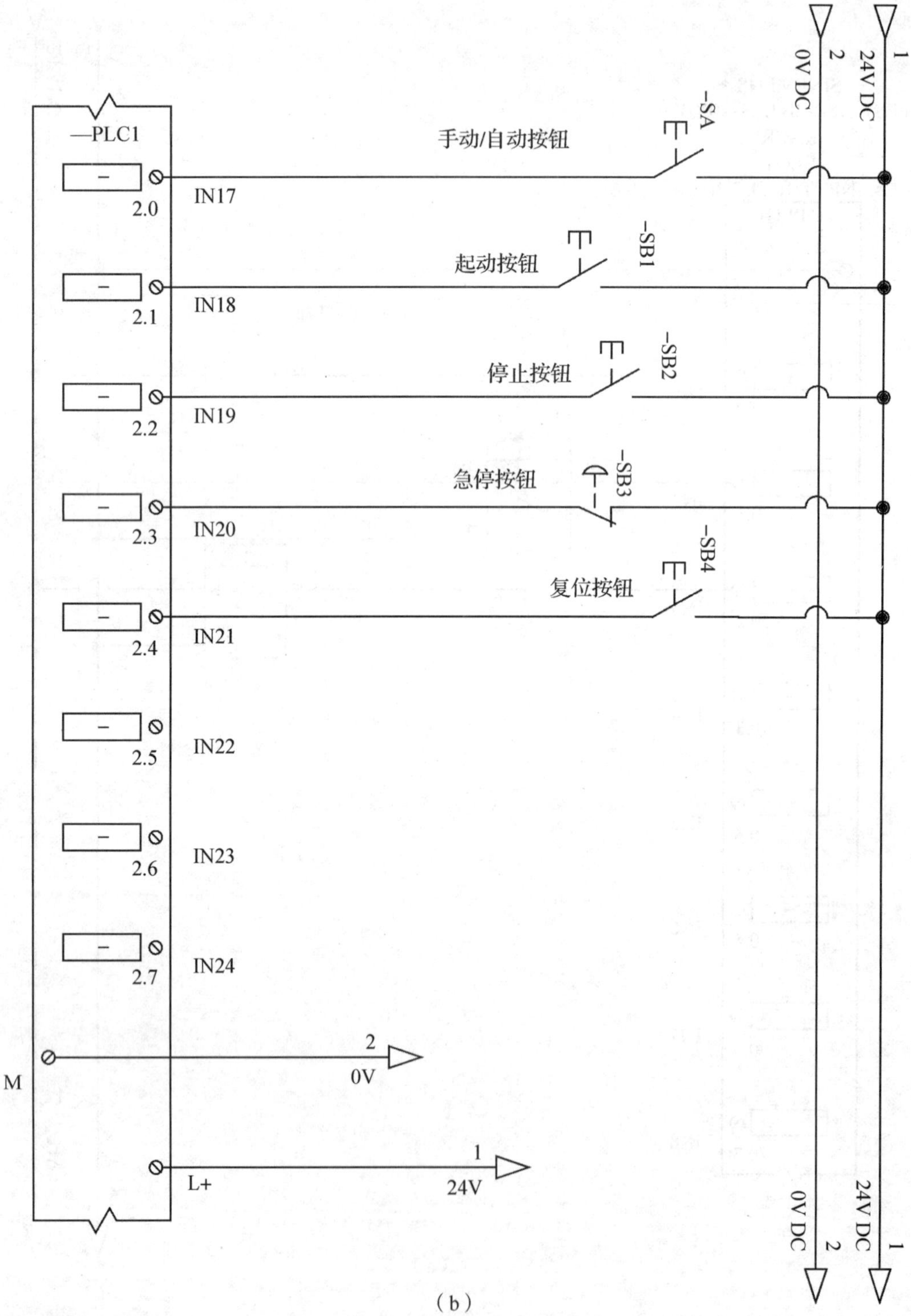

—PLC1
2.0
IN17
2.1
IN18
2.2
IN19
2.3
IN20
2.4
IN21
2.5
IN22
2.6
IN23
2.7
IN24
M
2
0V
L+
1
24V
手动/自动按钮
-SA
起动按钮
-SB1
停止按钮
-SB2
急停按钮
-SB3
复位按钮
-SB4
1
24V DC
2
0V DC

（b）

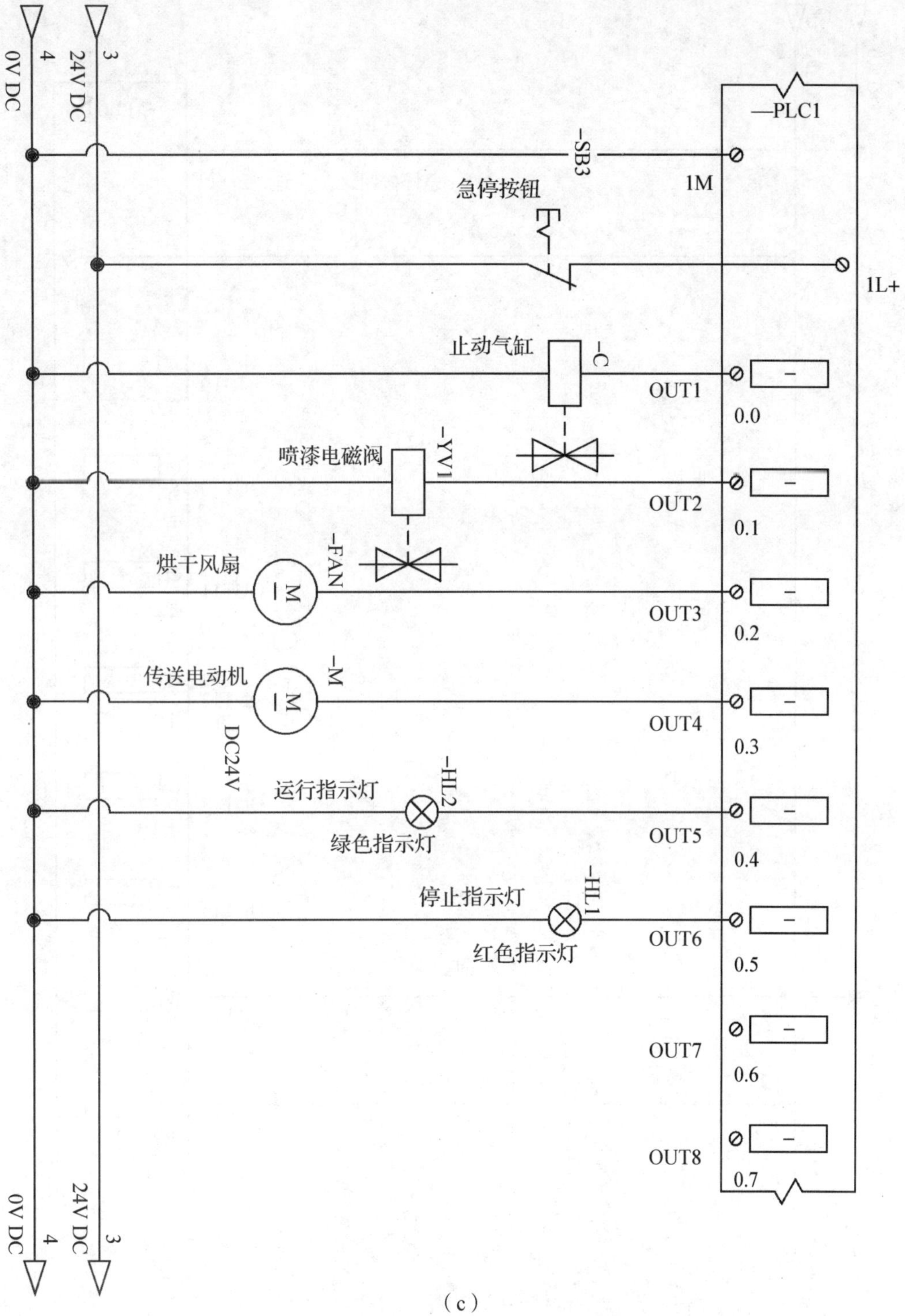
0V DC
4
24V DC
3
—PLC1
-SB3
1M
急停按钮
1L+
止动气缸
-C
OUT1
0.0
喷漆电磁阀
-YV1
OUT2
0.1
烘干风扇
-FAN
M
OUT3
0.2
传送电动机
-M
M
DC24V
OUT4
0.3
运行指示灯
-HL2
绿色指示灯
OUT5
0.4
停止指示灯
-HL1
红色指示灯
OUT6
0.5
OUT7
0.6
OUT8
0.7
0V DC
4
24V DC
3

（c）

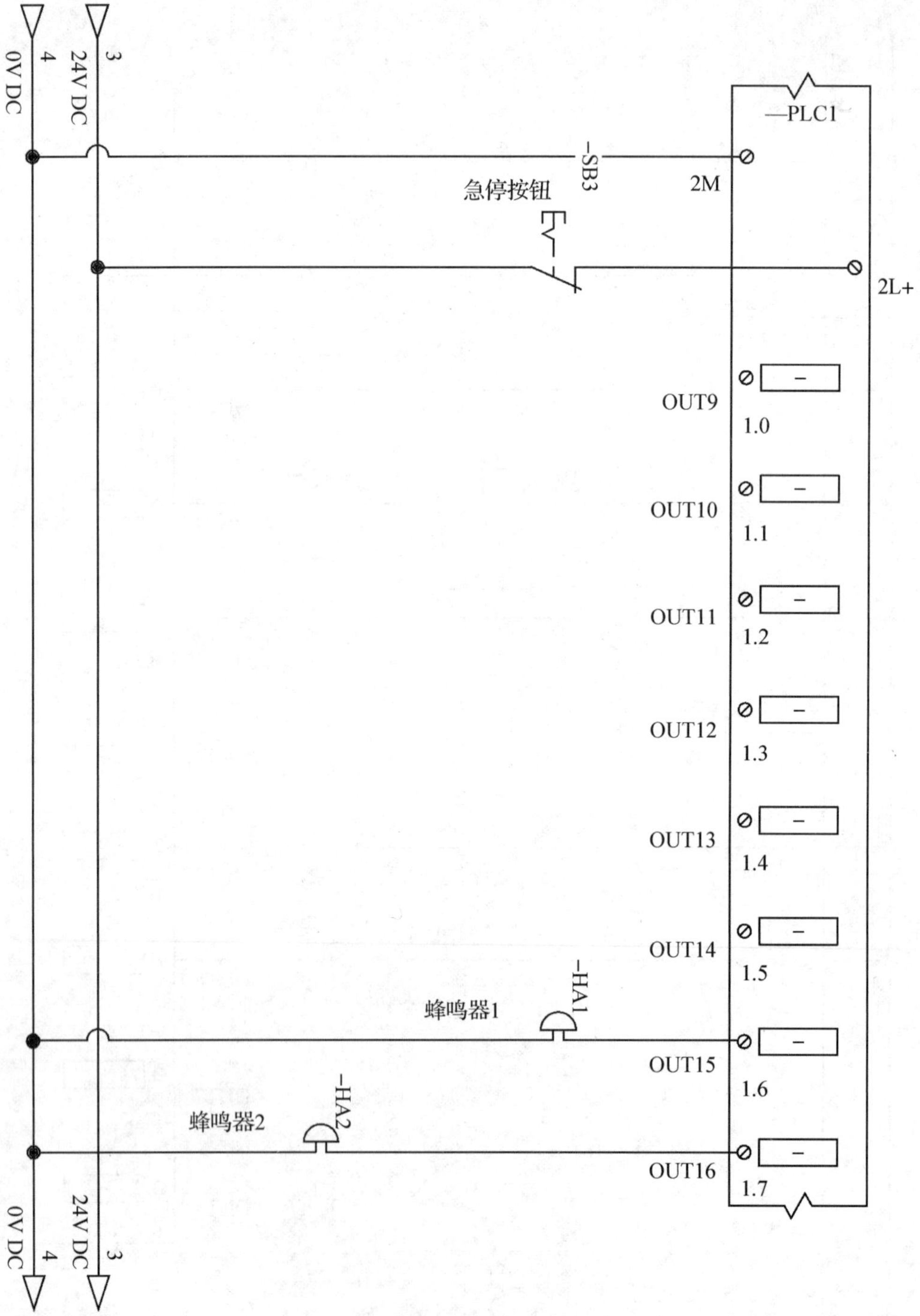
0V DC
4
24V DC
3
—PLC1
-SB3
急停按钮
2M
2L+
OUT9
1.0
OUT10
1.1
OUT11
1.2
OUT12
1.3
OUT13
1.4
OUT14
1.5
-HA1
蜂鸣器1
OUT15
1.6
-HA2
蜂鸣器2
OUT16
1.7
0V DC
4
24V DC
3

（d）

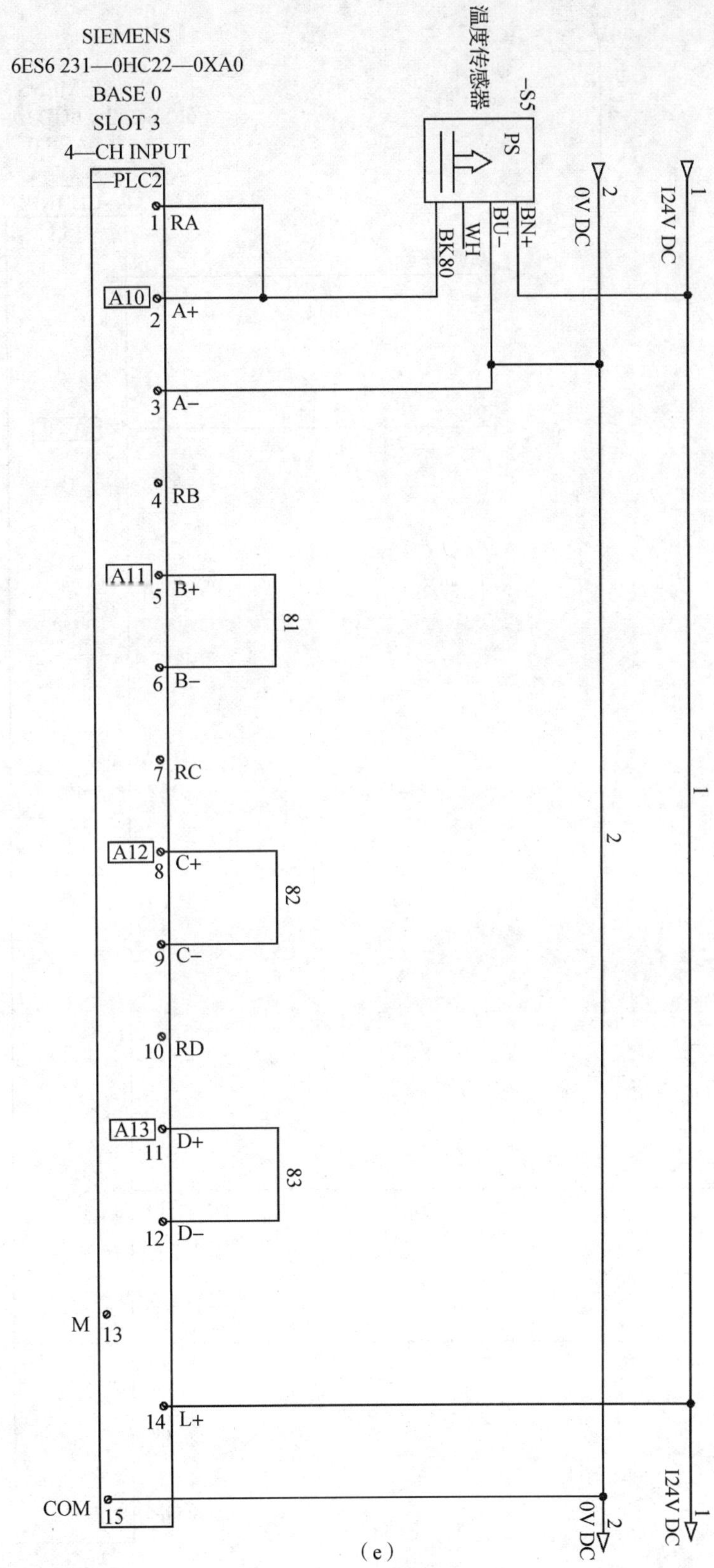
SIEMENS
6ES6 231—0HC22—0XA0
BASE 0
SLOT 3
4—CH INPUT
—PLC2
温度传感器
-S5
PS
BK80
WH
BU-
BN+
2
0V DC
1
I24V DC
1 RA
A10
2 A+
3 A-
4 RB
A11
5 B+
81
6 B-
7 RC
A12
8 C+
82
9 C-
10 RD
A13
11 D+
83
12 D-
M 13
14 L+
COM 15

（e）

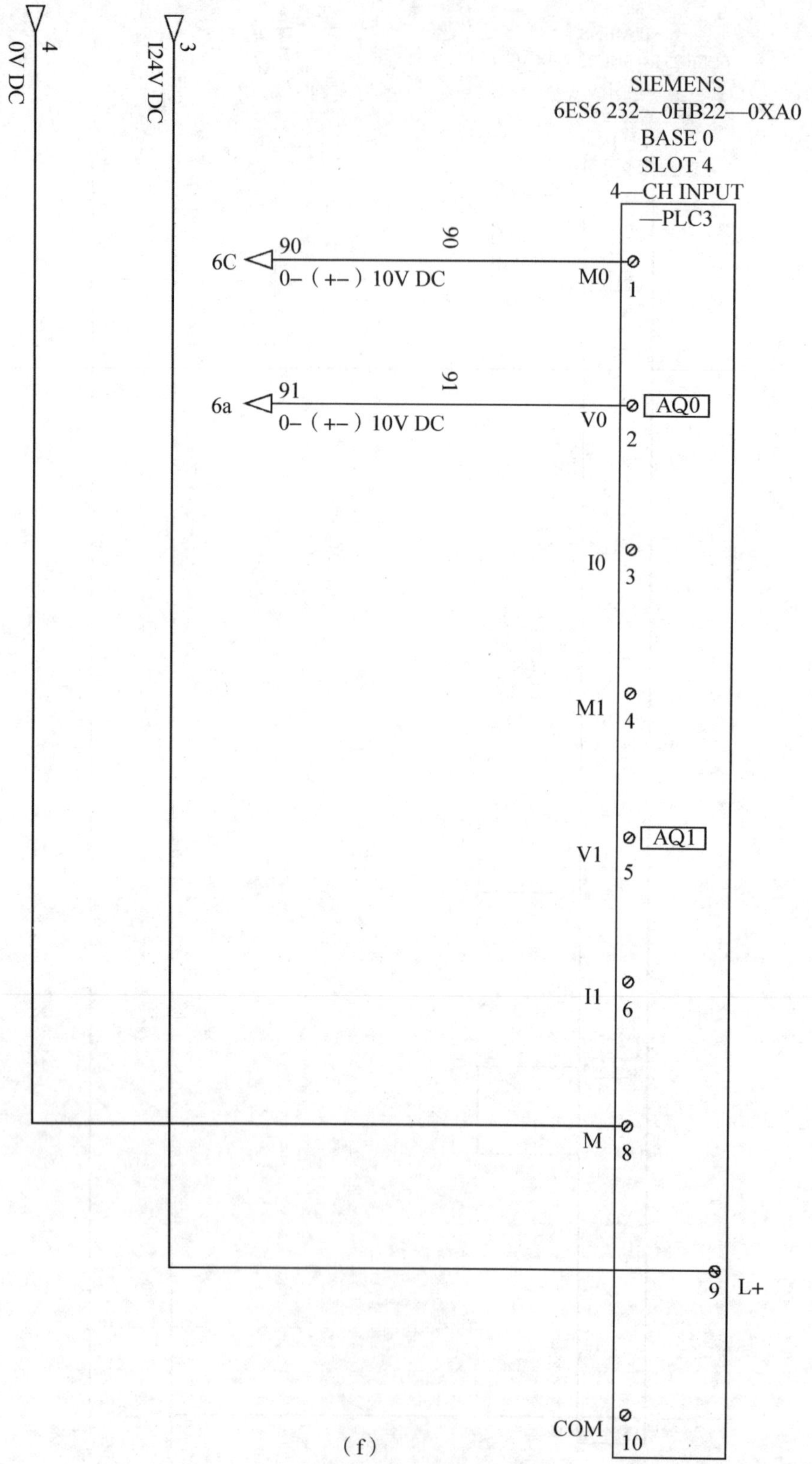

（f）

图 2－62 模拟单元电气原理图

2.7.4 模拟单元的编程与单机调试

1. 编程要求

初始状态：传送电动机、喷气阀、风扇均处于停止状态；限位杆竖起禁行；工作指示灯熄灭。

系统起动运行后，本单元红色指示灯发光；传送电动机驱动传送带开始运转且始终保持运行状态（分单元运行时可选用与PLC运行/停止同状态的特殊继电器，保持传送电动机的运行状态）。

系统运行期间：

（1）托盘带工件下行至此站定位口处，由电感式传感器检测托盘，发出检测信号；绿色指示灯亮，红色指示灯灭。

（2）3s后起动喷漆电磁阀，进行模拟喷漆。

（3）500ms后关闭喷漆电磁阀，此时用最高强度加热。

（4）加热过程中，循环读取输入温度（将铂热电阻的输入值和设定值比较，若小于设定值则继续加热，一直加热到循环读取的输入值大于或等于设定值时，跳出）。当循环读取的输入值大于或等于设定值时停止加热，并起动风扇进行烘干。

（5）风扇停止5s后止动气缸放行，托盘带工件下行。

（6）放行3s后，止动气缸复位，循环标志和采样标志清零。绿色指示灯灭，红色指示灯亮。系统恢复初始状态。

2. 模拟单元的程序流程图

模拟单元的程序流程图如图2-63所示。

2.8 液压单元安装与调试

2.8.1 认识液压单元

液压单元的主要功能是通过液压换向回路实现对工件的盖章操作，完成对托盘进件、出件后再经90°旋转换向送至下一单元的工作流程。液压单元的主体结构组成包括缸驱动四连杆机构、大油缸、小油缸、链条传送机构，如图2-64所示。

2.8.2 相关知识点：液压控制系统认知

液压控制系统以电动机提供动力基础，以液压油为工作介质，使用液压泵将机械能转化为压力能，推动液压油，通过液压控制元件改变液压油的压力、流量、方向，从而推动液压缸和液压马达实现各种设备的不同的动作需要，具有传递功率大、结构小、响应快的特点。

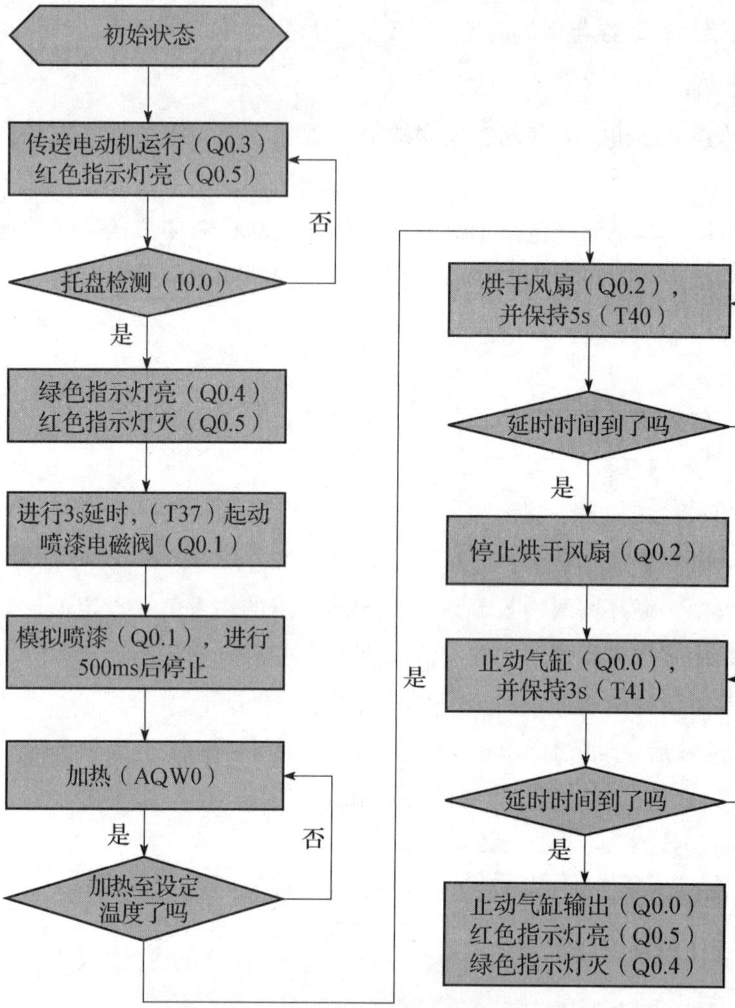

图 2-63　模拟单元的程序流程图

图 2-64　液压单元的主体结构组成

本单元控制系统以 PLC 为核心，编译工作程序，控制电磁阀的起动和停止，从而控制液压缸的伸缩，完成工作行程。

2.8.3 液压单元安装技能训练

1. 液压单元的机械装配与调整

液压单元由压紧、前推和旋转三个双作用液压缸构成。压紧缸驱动四连杆机构，实现刻章动作；前推缸驱动链条机构，实现本单元对托盘的进件和出件操作；旋转缸是由一个摆动缸带动整体液压单元，进行 90°换向。

为实现本单元的控制功能，在主体结构的相应位置装设了光电开关、微动开关等检测元件，并配备了液压缸等执行机构和电磁阀等控制元件。液压单元检测元件、控制机构安装位置如图 2-65 所示。

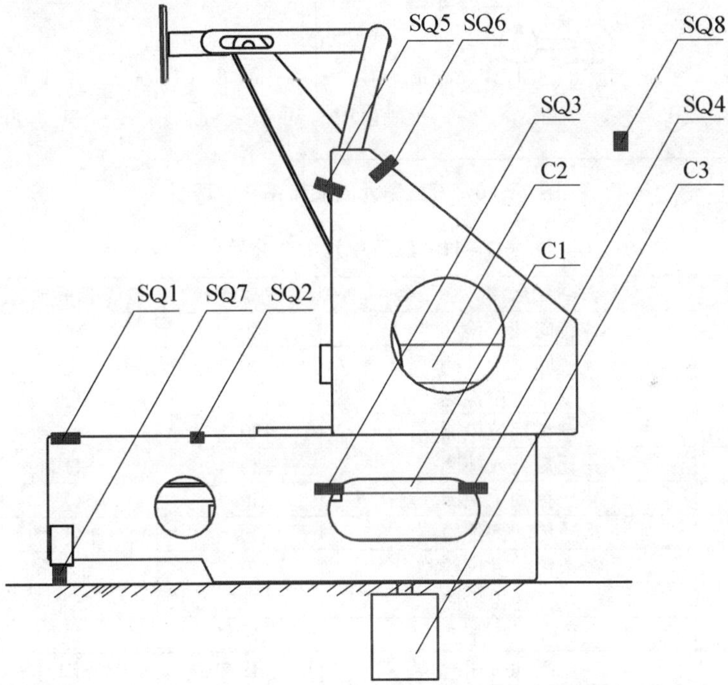

SQ1—托盘进入检测；SQ2—托盘到位检测；SQ3—链条传动到位检测；SQ4—链条传动复位检测；
SQ5—刻章到位检测；SQ6—刻章复位检测；SQ7—转向复位检测；SQ8—转向到位检测；
C1—链条液压缸；C2—刻章液压缸；C3—摆动液压缸

图 2-65 液压单元检测元件、控制机构安装位置示意图

2. 液压单元 PLC 的安装与接线

液压单元的液压系统原理图如图 2-66 所示。

要实现 PLC 对液压单元运行过程的控制，首先要绘制系统电气原理图并进行基本的 I/O 分配，然后进行软件程序的编制。液压单元 I/O 分配见表 2-11。液压单元电气原理图如图 2-67 所示。

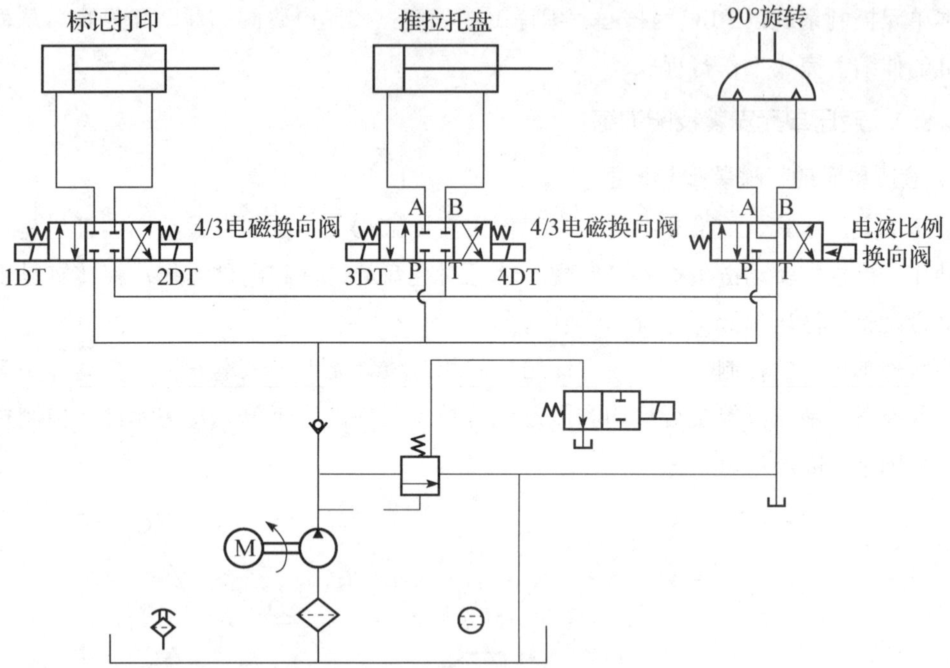

图 2-66　液压单元的液压系统原理图

表 2-11　液压单元 I/O 分配表

形式	序号	名称	PLC 地址	编号	地址设置
输入	1	转向到位检测	I0.0	SQ8	EM277 总线模块设置的站号为 22，与总站通信的地址为 18～21
	2	转向复位检测	I0.1	SQ7	
	3	刻章复位检测	I0.2	SQ6	
	4	刻章到位检测	I0.3	SQ5	
	5	托盘进入检测	I0.4	SQ1	
	6	托盘到位检测	I0.5	SQ2	
	7	链条传动到位检测	I0.6	SQ3	
	8	链条传动复位检测	I0.7	SQ4	
	9	托盘送出检测	I1.0	S3	
	10	手动/自动按钮	I2.0	SA	
	11	起动按钮	I2.1	SB1	
	12	停止按钮	I2.2	SB2	
	13	急停按钮	I2.3	SB3	
	14	复位按钮	I2.4	SB4	
输出	1	转向到位	Q0.0	YV3-1	
	2	转向复位	Q0.1	YV3-2	
	3	刻章到位	Q0.2	YV2-2	
	4	刻章复位	Q0.3	YV2-1	
	5	链条传动复位	Q0.4	YV1-1	
	6	链条传动到位	Q0.5	YV1-2	
	7	液压电磁断路	Q0.7	K1	
发送地址		V4.0～V7.7（200PLC→300PLC）			
接收地址		V0.0～V3.7（200PLC←300PLC）			

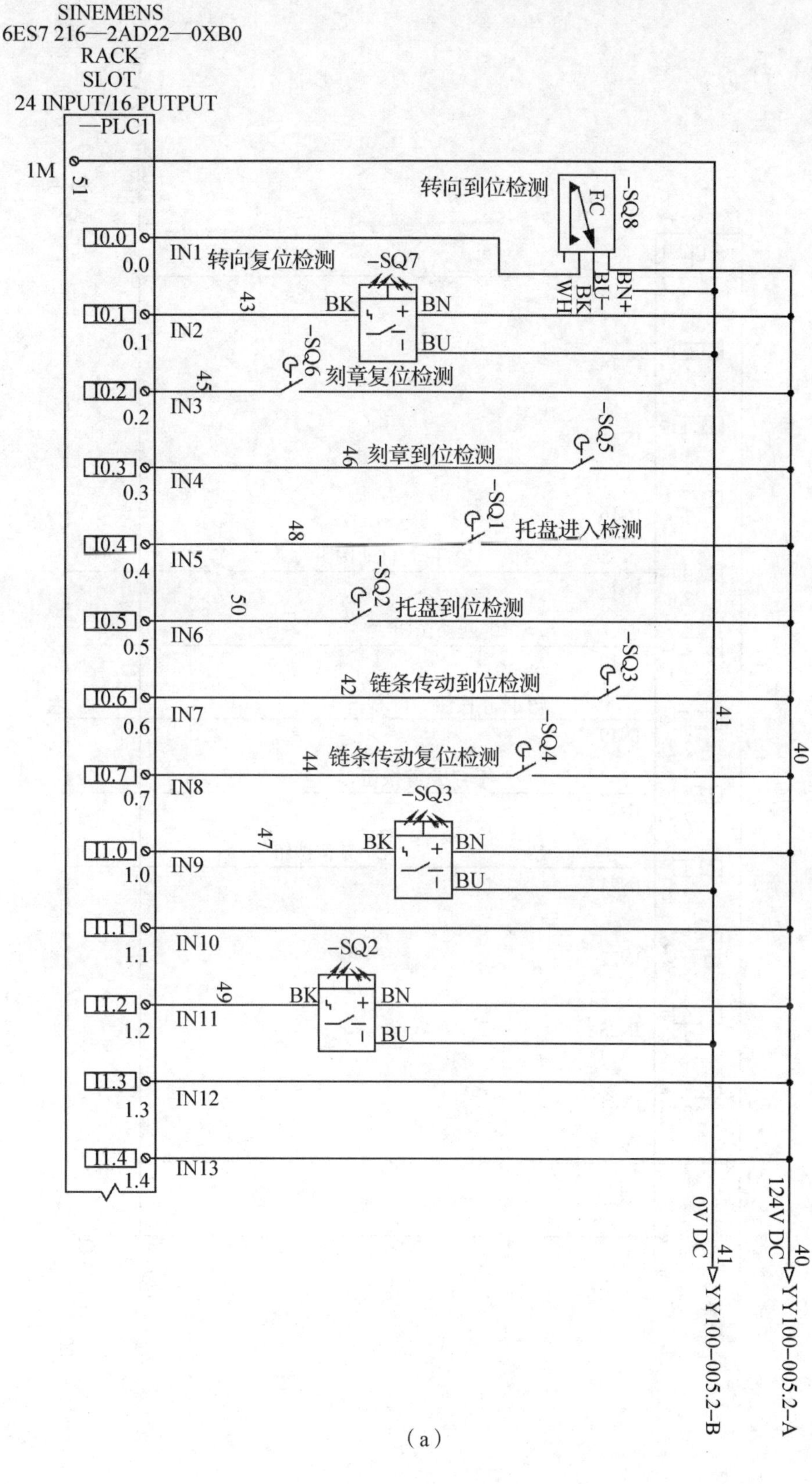
SINEMENS
6ES7 216—2AD22—0XB0
RACK
SLOT
24 INPUT/16 PUTPUT
—PLC1
1M
51
I0.0 0.0 IN1 转向复位检测
转向到位检测
–SQ8
FC
BN+
BU–
BK
WH
–SQ7
BK
BN
BU
43
I0.1 0.1 IN2
–SQ6
45
刻章复位检测
I0.2 0.2 IN3
–SQ5
46 刻章到位检测
I0.3 0.3 IN4
–SQ1
48
托盘进入检测
I0.4 0.4 IN5
–SQ2
50
托盘到位检测
I0.5 0.5 IN6
–SQ3
42 链条传动到位检测
I0.6 0.6 IN7
–SQ4
44 链条传动复位检测
I0.7 0.7 IN8
–SQ3
47
BK
BN
BU
I1.0 1.0 IN9
I1.1 1.1 IN10
–SQ2
49
BK
BN
BU
I1.2 1.2 IN11
I1.3 1.3 IN12
I1.4 1.4 IN13
41
40
0V DC
124V DC
41
40
YY100–005.2–B
YY100–005.2–A

（a）

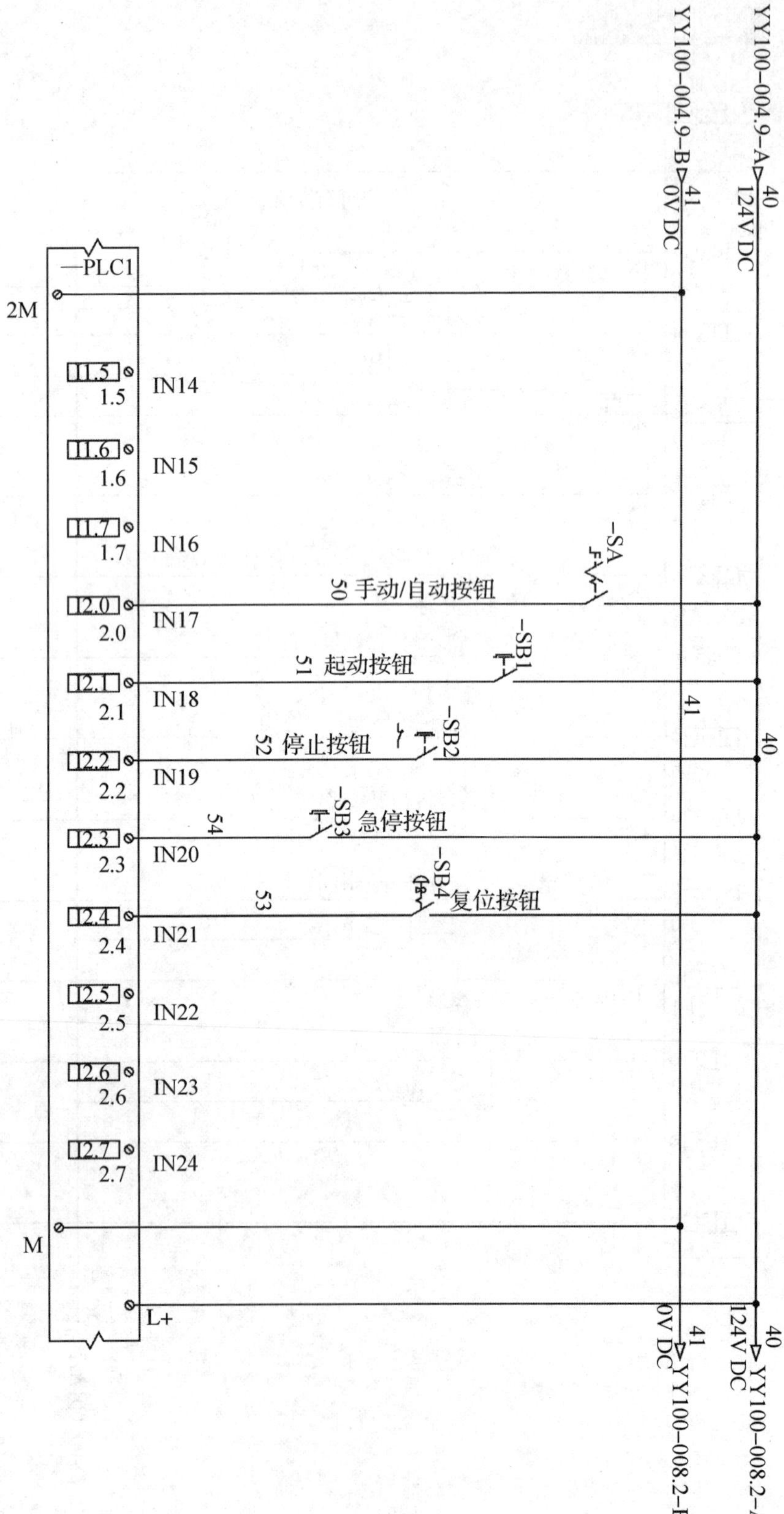
YY100–004.9–B
41
0V DC
YY100–004.9–A
40
124V DC
—PLC1
2M
I1.5
1.5
IN14
I1.6
1.6
IN15
I1.7
1.7
IN16
–SA
50 手动/自动按钮
I2.0
2.0
IN17
–SB1
51 起动按钮
I2.1
2.1
IN18
41
–SB2
52 停止按钮
40
I2.2
2.2
IN19
54
–SB3
急停按钮
I2.3
2.3
IN20
–SB4
53
复位按钮
I2.4
2.4
IN21
I2.5
2.5
IN22
I2.6
2.6
IN23
I2.7
2.7
IN24
M
L+
41
0V DC
YY100–008.2–B
40
124V DC
YY100–008.2–A

（b）

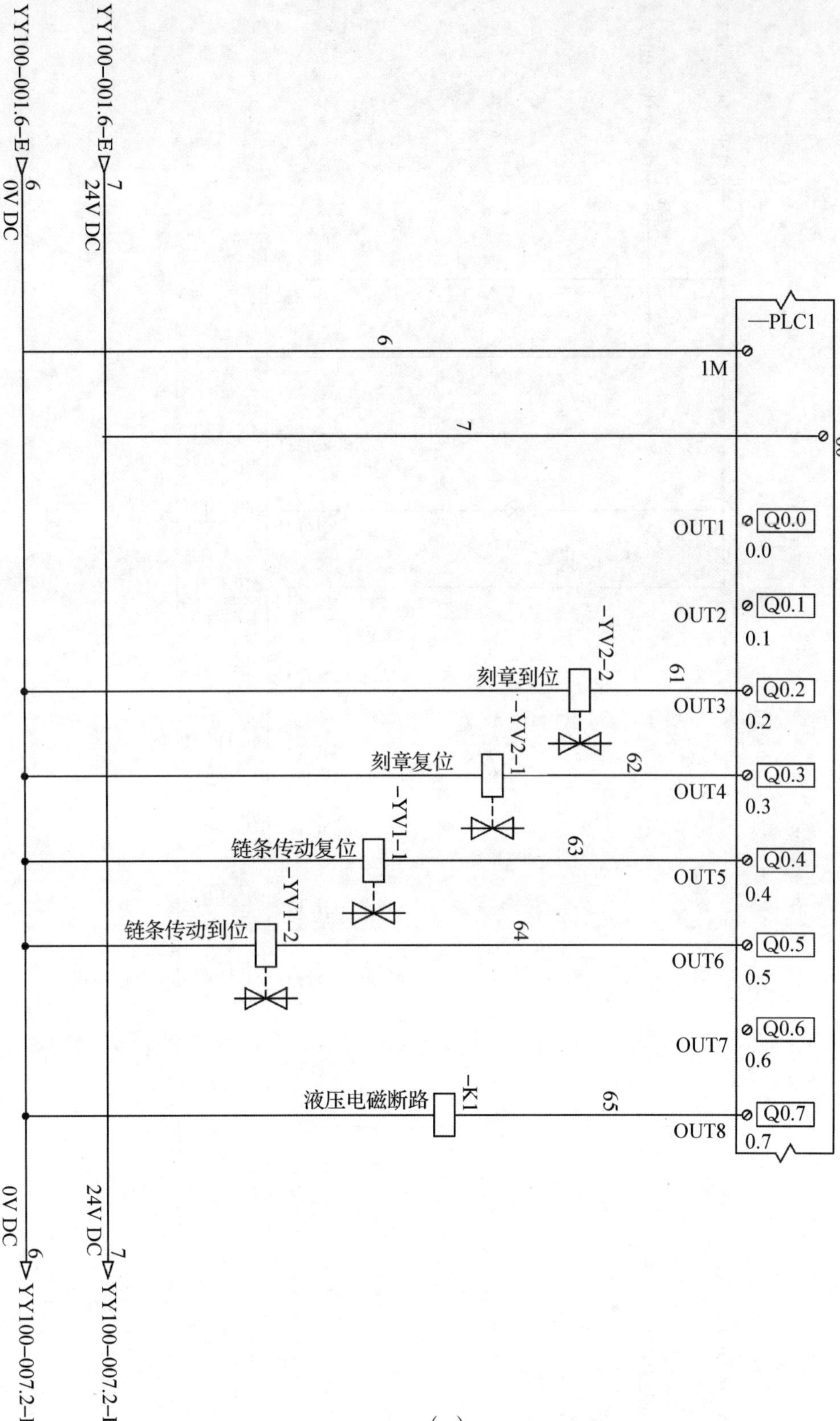
YY100–001.6–E
0V DC
YY100–001.6–E
24V DC
—PLC1
1M
1L+
OUT1
Q0.0
0.0
OUT2
Q0.1
0.1
刻章到位
–YV2–2
OUT3
Q0.2
0.2
刻章复位
–YV2–1
OUT4
Q0.3
0.3
链条传动复位
–YV1–1
OUT5
Q0.4
0.4
链条传动到位
–YV1–2
OUT6
Q0.5
0.5
OUT7
Q0.6
0.6
液压电磁断路
-K1
OUT8
Q0.7
0.7
0V DC
YY100–007.2–F
24V DC
YY100–007.2–E

（c）

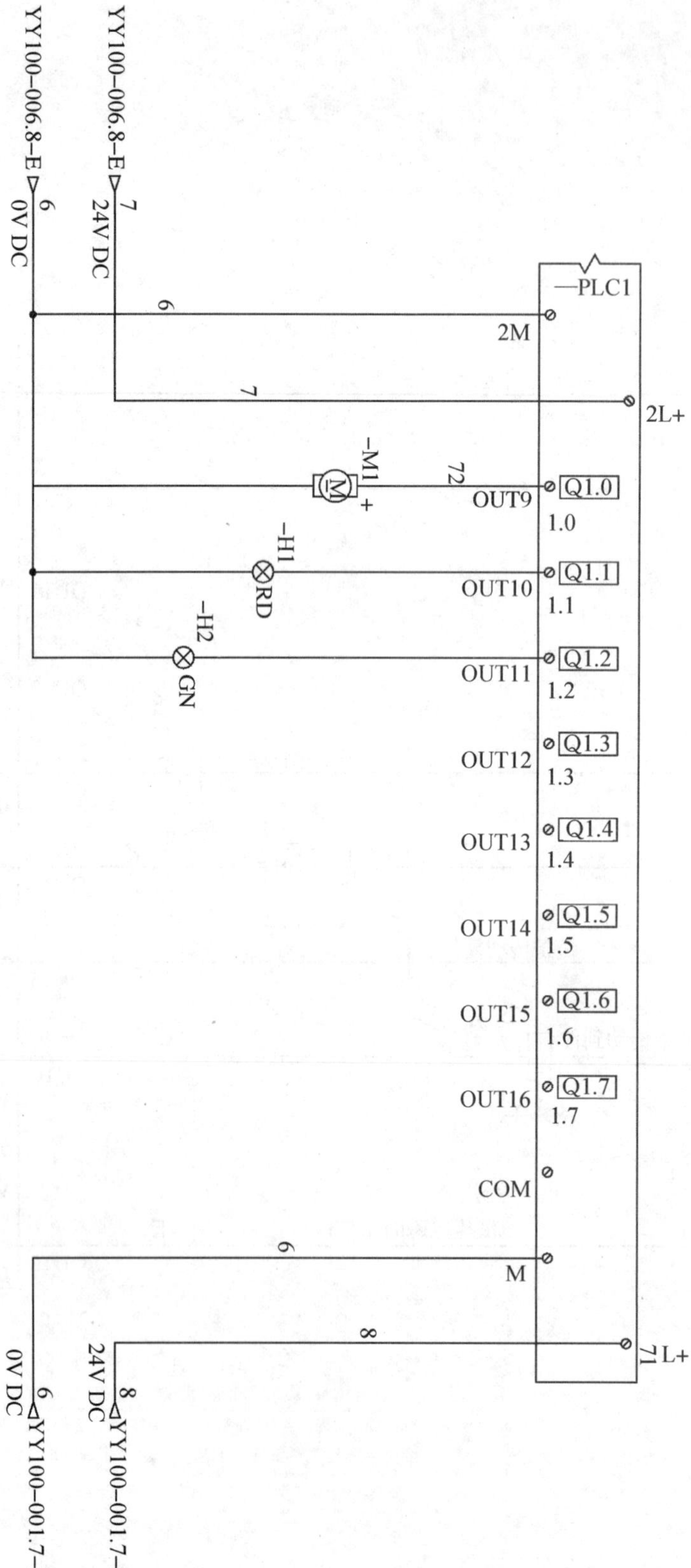
YY100–006.8–E
YY100–006.8–E
24V DC
0V DC
PLC1
2M
2L+
-M1
M
-H1
RD
-H2
GN
OUT9
OUT10
OUT11
OUT12
OUT13
OUT14
OUT15
OUT16
COM
M
1L+
Q1.0
Q1.1
Q1.2
Q1.3
Q1.4
Q1.5
Q1.6
Q1.7
1.0
1.1
1.2
1.3
1.4
1.5
1.6
1.7
72
24V DC
0V DC
YY100–001.7–E
YY100–001.7–E

(d)

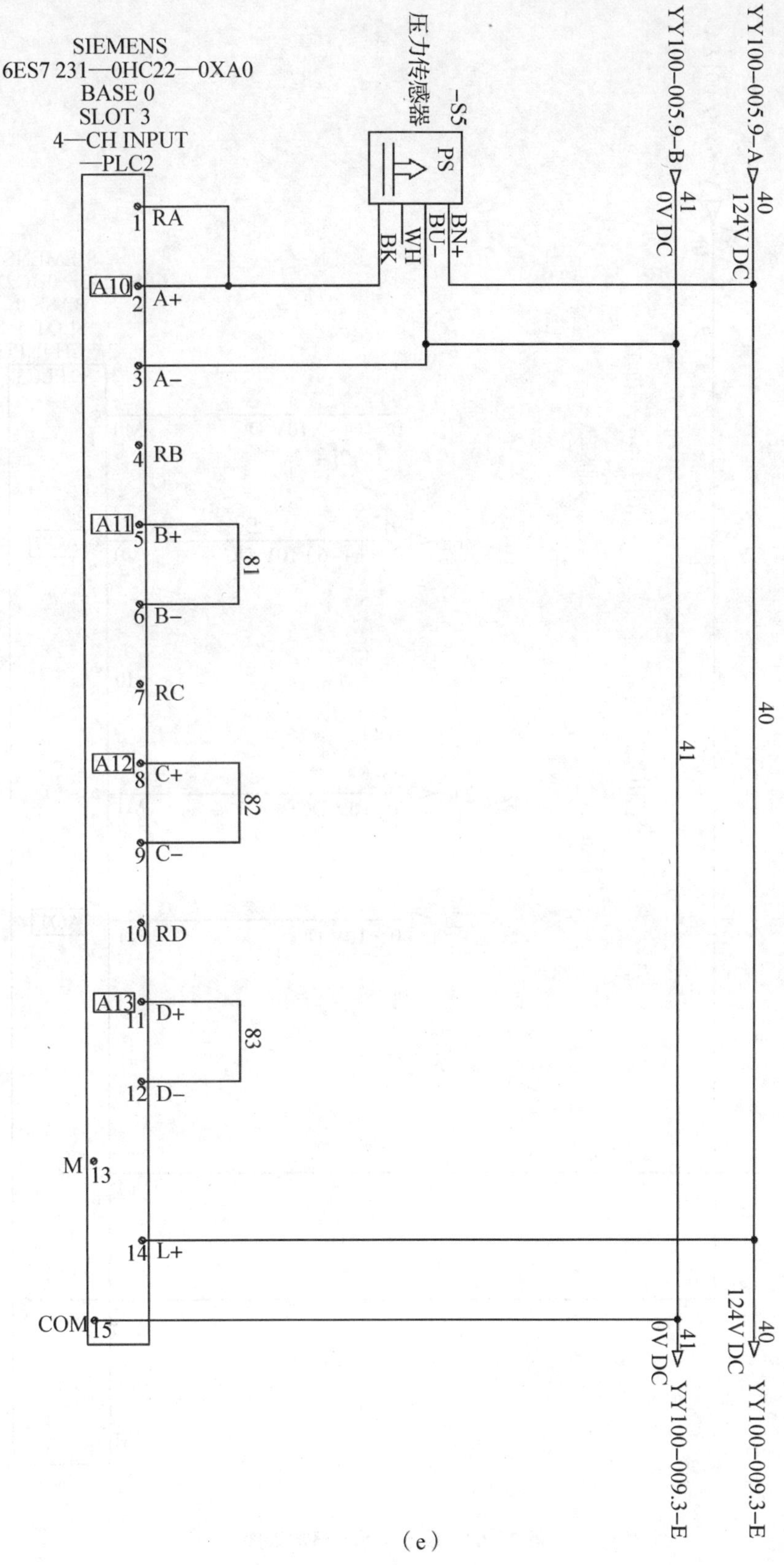
SIEMENS
6ES7 231—0HC22—0XA0
BASE 0
SLOT 3
4—CH INPUT
—PLC2
-S5
压力传感器
PS
BN+
BU-
WH
BK
YY100-005.9-A
40
124V DC
YY100-005.9-B
41
0V DC
1 RA
A10 2 A+
3 A-
4 RB
A11 5 B+
6 B-
81
7 RC
A12 8 C+
9 C-
82
10 RD
A13 11 D+
12 D-
83
M 13
14 L+
COM 15
40
41
124V DC
0V DC
YY100-009.3-E
YY100-009.3-E

(e)

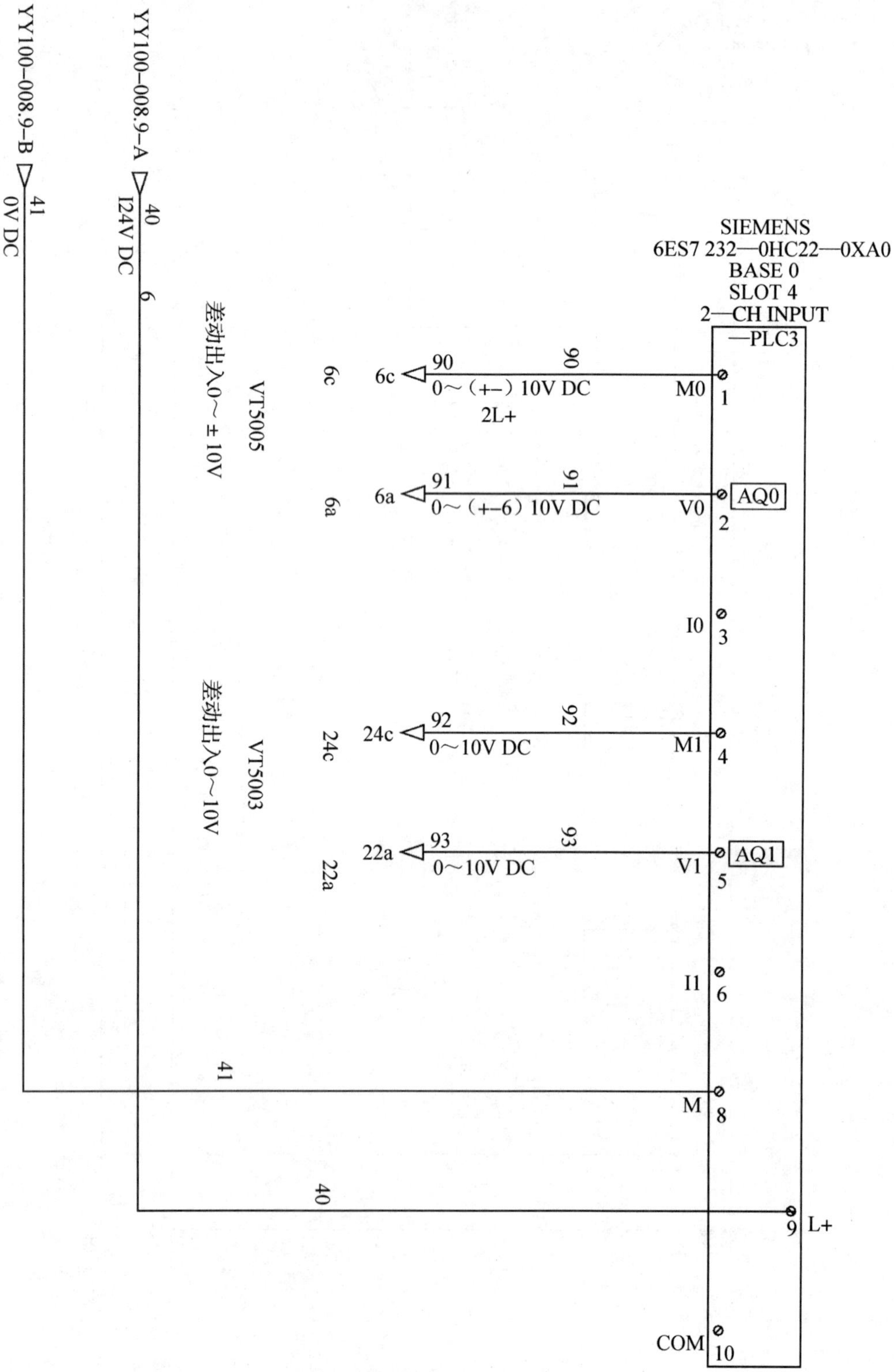

（f）

图 2－67　液压单元电气原理图

2.8.4 液压单元的编程与单机调试

1. 编程要求

初始状态：液压单元的链条传动检测、转向检测、刻章检测均处于复位状态，液压电磁断路失电。

系统运行期间：

（1）托盘进入发出检测信号后，链条传动到位，电磁阀与液压电磁断路同时得电，链条带动托盘及工件进入本单元。

（2）链条传动到位后，链条传动到位检测微动开关发出信号，此时链条传动到位电磁阀与液压电磁断路同时失电，链条传动停止。

（3）托盘入位后托盘到位检测微动开关发出信号，刻章到位电磁阀与液压电磁断路同时得电，对托盘上的工件进行刻章动作。

（4）刻章到位检测微动开关有信号时，刻章到位电磁阀失电停止动作，此时刻章复位电磁阀得电，使刻章臂复位。

（5）刻章复位检测有信号时，该电磁阀失电结束动作，此时转向到位电磁阀得电，摆动液压缸带动液压单元整体进行 90°旋转。

（6）当碰到转向到位检测的微动开关时，该电磁阀失电停止动作，此时链条传动复位电磁阀得电，将工件送出。

（7）链条传动复位检测到有信号时，该电磁阀与液压电磁断路同时失电。

（8）当托盘送出检测的光电开关发出检测信号时，表示托盘已经完全离开液压单元。此时转向复位电磁阀与液压电磁断路同时得电，使液压单元复位。

（9）转向复位检测微动开关发出信号时，转向复位电磁阀与液压电磁断路同时失电，系统恢复初始状态。

说明：以上控制过程在转向、刻章、链条传动任何一个输出点动作时，液压电磁断路都为得电状态，反之则为失电状态。

2. 液压单元程序流程图

液压单元程序流程图如图 2－68 所示。

2.9 图像识别单元安装与调试

2.9.1 认识图像识别单元

图像识别单元的主要功能是运用计算机识别技术将前站传送来的工件进行数字化处理（通过图形摄取装置采集工件的当前画面，与原设置结果进行比较），并将其判定结果输出。经检验处理后，工件随托盘向下站传送。

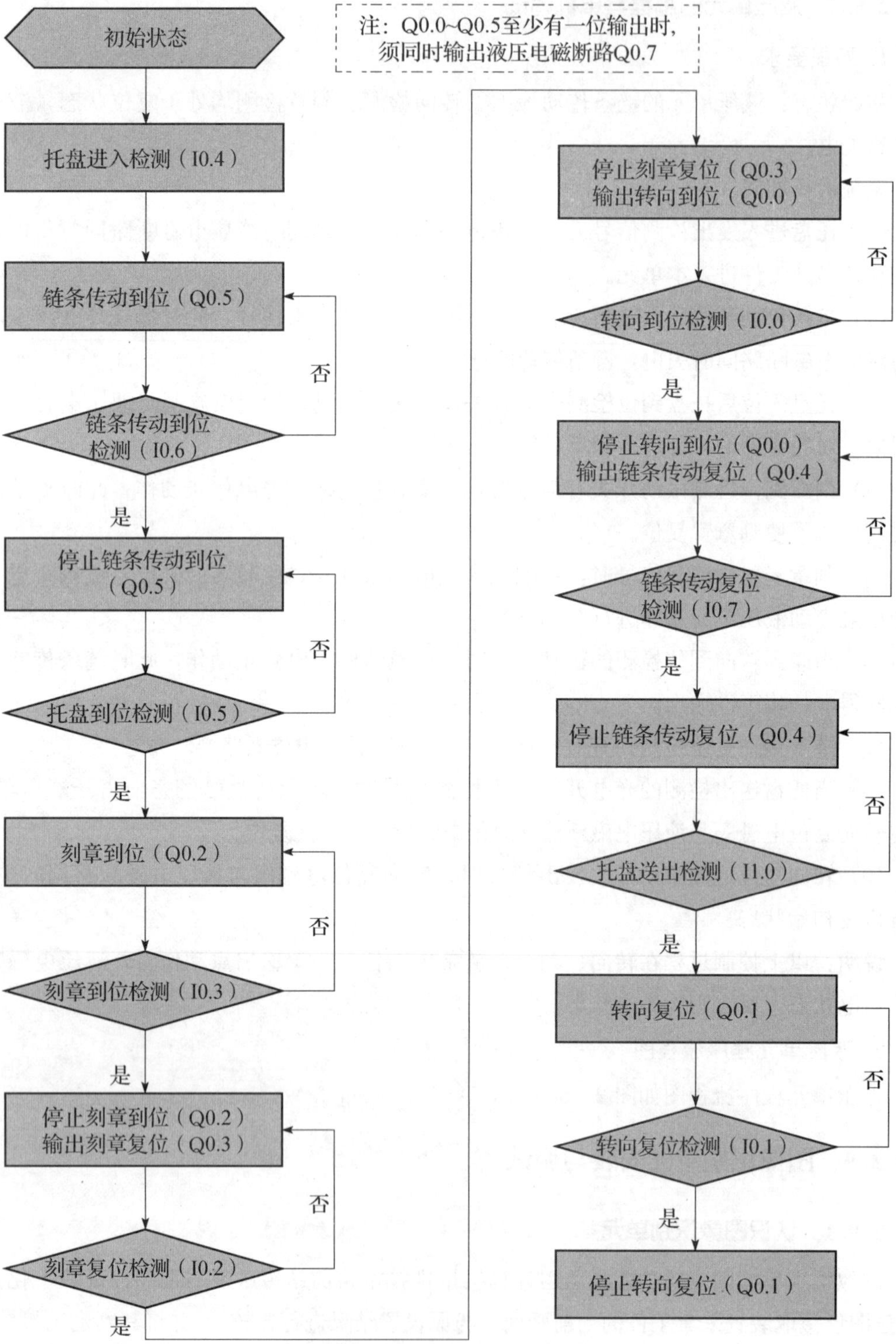

图 2－68　液压单元程序流程图

图像识别单元的主体结构组成包括彩色高速相机、操作键盘、彩色监视器电缆、16mm锁定镜头、液晶显示器、直线单元、工作指示灯等，如图 2-69 所示。

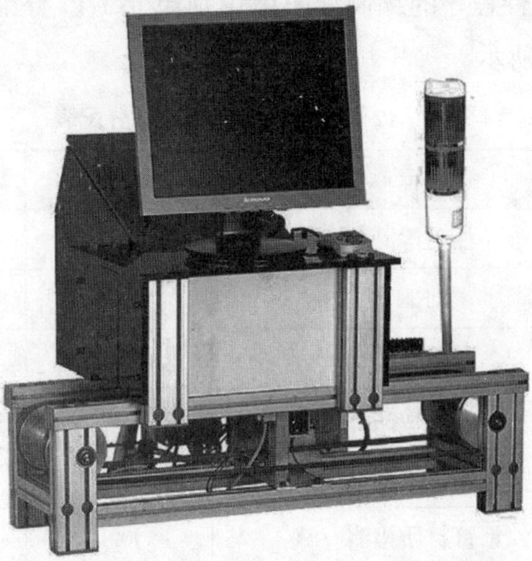

图 2-69　图像识别单元的主体结构组成

为实现本单元的控制功能，在主体结构的相应位置装设了电感式传感器等检测与传感装置，并配备了直流电动机、电磁铁等执行机构和继电器等控制元件。图像识别单元检测元件、控制机构安装位置如图 2-70 所示。

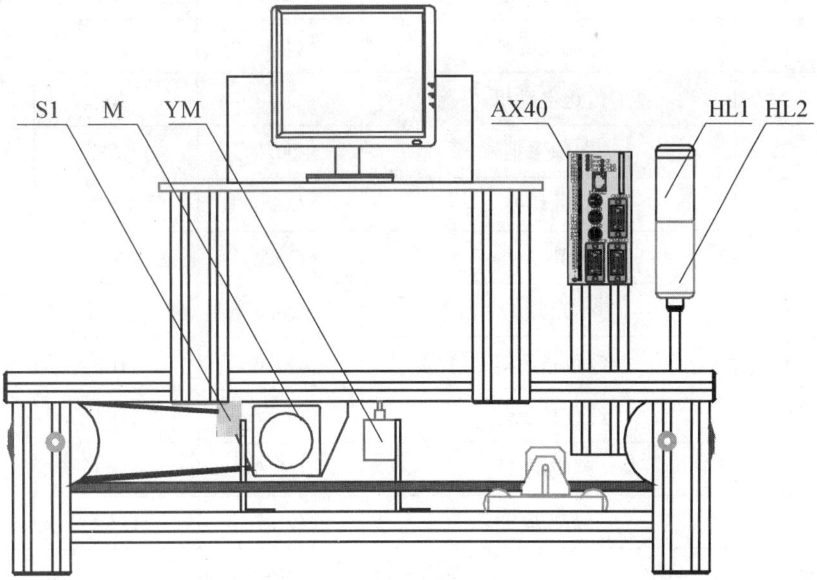

S1—托盘检测；M—传送电动机；YM—直流电磁铁；
AX40—图像检测装置；HL1—红色指示灯；HL2—绿色指示灯

图 2-70　图像识别单元检测元件、控制机构安装位置示意图

2.9.2　图像识别安装技能训练

要实现PLC对图像识别单元运行过程的控制，首先要绘制系统电气原理图并进行基本的I/O分配，然后进行软件程序的编制。图像识别单元I/O分配见表2-12。图像识别单元电气原理图如图2-71所示。

表2-12　图像识别单元I/O分配表

形式	序号	名称	PLC地址	编号	地址设置
输入	1	托盘检测	I0.0	S1	EM277总线模块设置的站号为28，与总站通信的地址为26～29
	2	REN	I0.1	REN	
	3	上盖检测	I0.2	D1	
	4	标签检测	I0.3	D2	
	5	销钉检测	I0.4	D3	
	6	销钉材质检测	I0.5	D4	
	7	手动/自动按钮	I2.0	SA	
	8	起动按钮	I2.1	SB1	
	9	停止按钮	I2.2	SB2	
	10	急停按钮	I2.3	SB3	
	11	复位按钮	I2.4	SB4	
输出	1	直流电磁铁	Q0.0	YM	
	2	传送电动机	Q0.1	M	
	3	图像采集	Q0.2	ACK	
	4	品种切换	Q0.3	TYP	
	5	IN1	Q0.4	IN1	
	6	光源	Q0.5		
	7	绿色指示灯	Q0.6	HL2	
	8	红色指示灯	Q0.7	HL1	
	9	蜂鸣器1	Q1.6	HA1	
	10	蜂鸣器2	Q1.7	HA2	
发送地址		V4.0～V7.7（200PLC→300PLC）			
接收地址		V0.0～V3.7（200PLC←300PLC）			

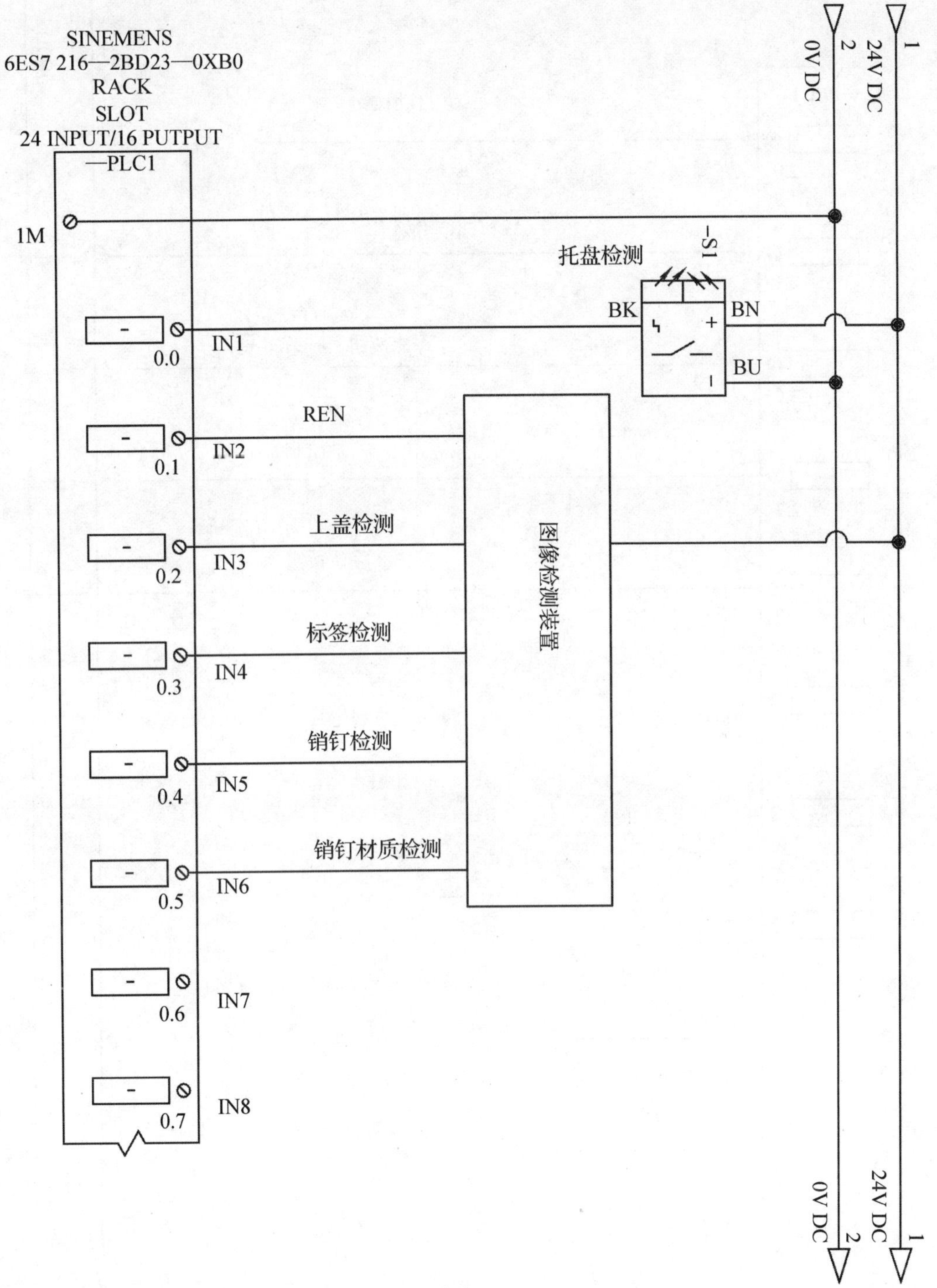
SINEMENS
6ES7 216—2BD23—0XB0
RACK
SLOT
24 INPUT/16 PUTPUT
—PLC1
1M
0.0
IN1
0.1
IN2
0.2
IN3
0.3
IN4
0.4
IN5
0.5
IN6
0.6
IN7
0.7
IN8
托盘检测
-S1
BK
BN
BU
REN
上盖检测
标签检测
销钉检测
销钉材质检测
图像检测装置
24V DC
0V DC
1
2

（a）

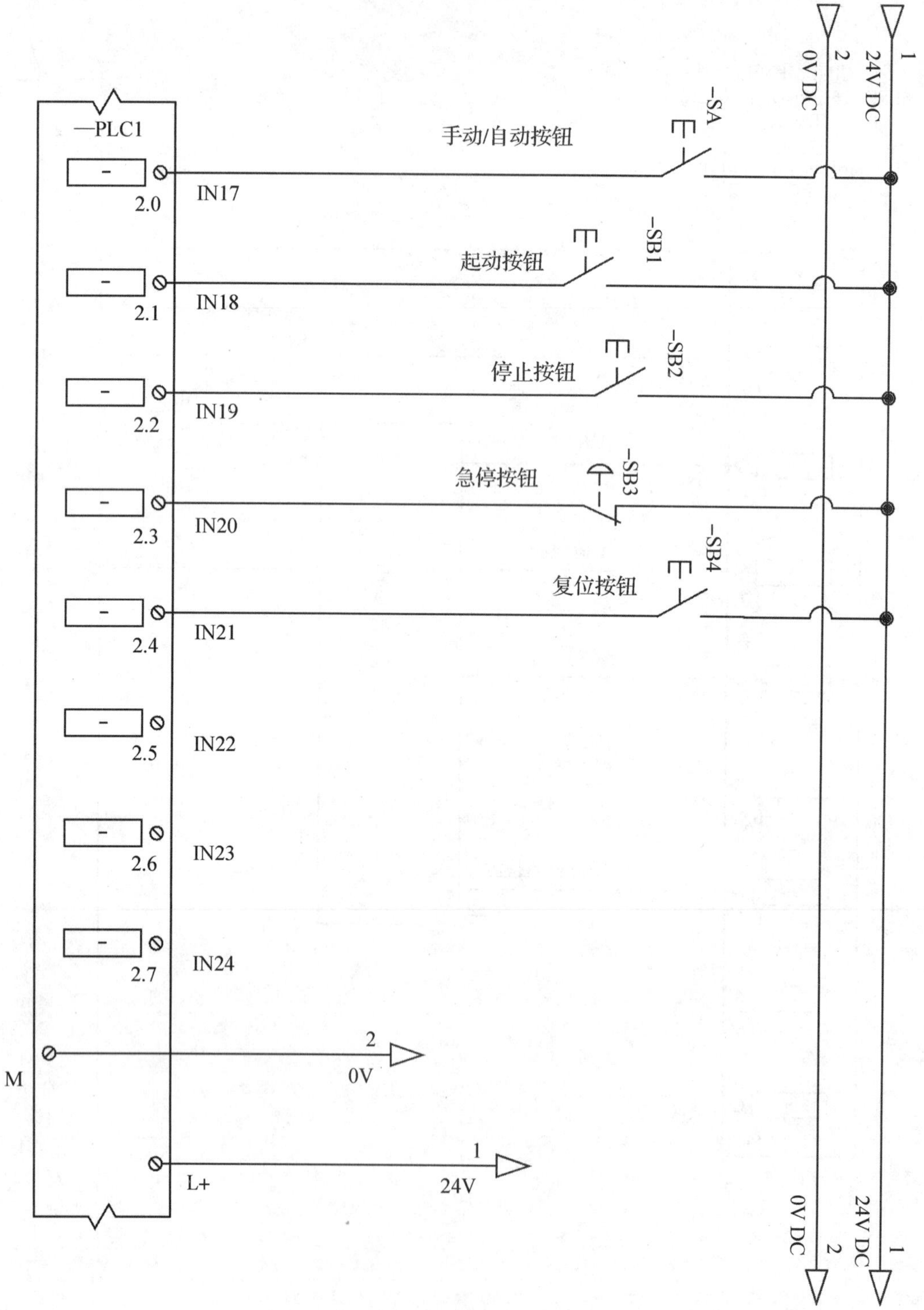
—PLC1
2.0
IN17
2.1
IN18
2.2
IN19
2.3
IN20
2.4
IN21
2.5
IN22
2.6
IN23
2.7
IN24
M
2
0V
L+
1
24V
手动/自动按钮
-SA
起动按钮
-SB1
停止按钮
-SB2
急停按钮
-SB3
复位按钮
-SB4
2
0V DC
1
24V DC

（b）

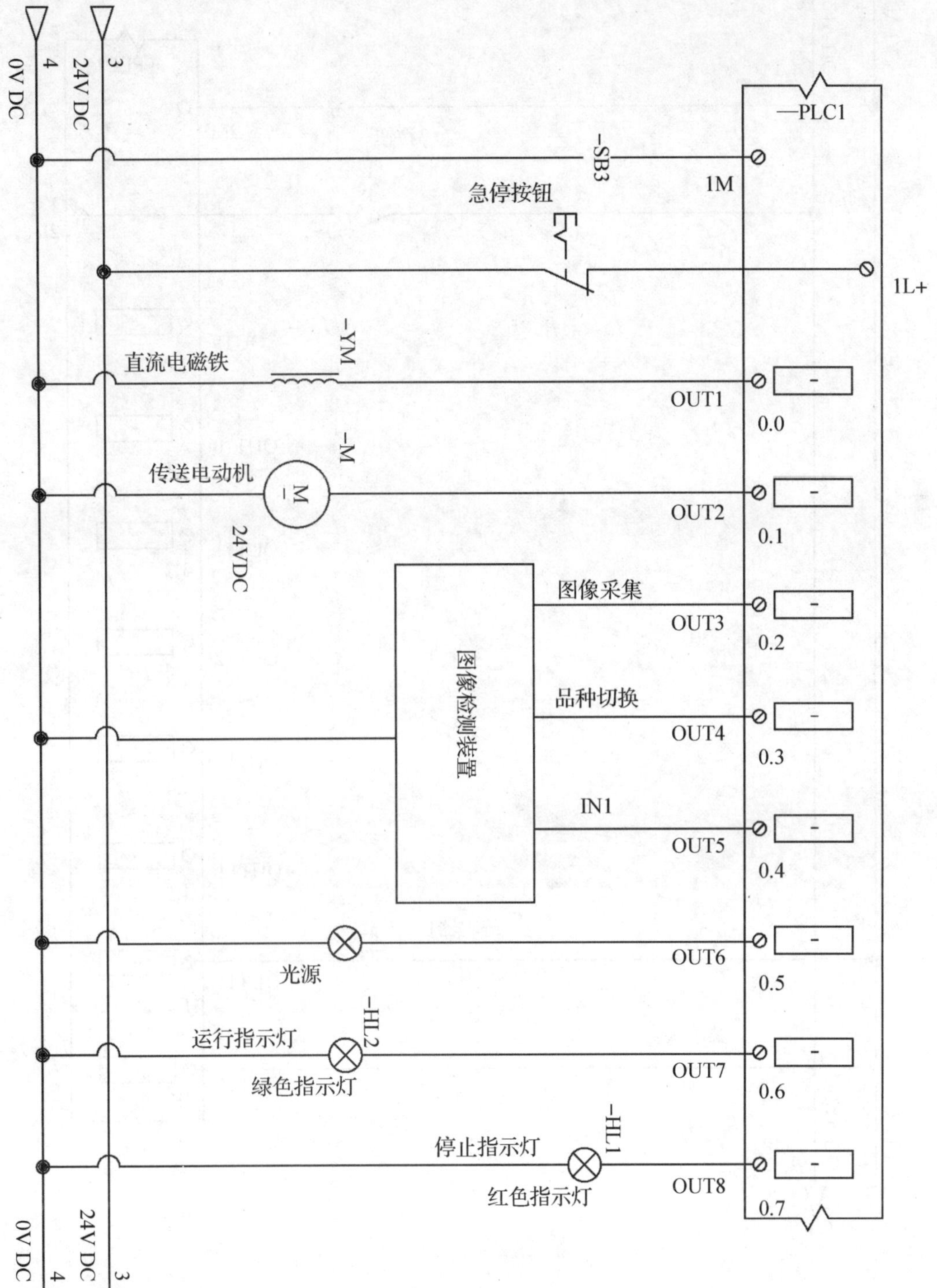
0V DC
4
24V DC
3
—PLC1
-SB3
1M
急停按钮
1L+
-YM
直流电磁铁
OUT1
0.0
-M
传送电动机
M
24VDC
OUT2
0.1
图像采集
OUT3
0.2
图像检测装置
品种切换
OUT4
0.3
IN1
OUT5
0.4
光源
OUT6
0.5
-HL2
运行指示灯
绿色指示灯
OUT7
0.6
-HL1
停止指示灯
红色指示灯
OUT8
0.7
0V DC
4
24V DC
3

（c）

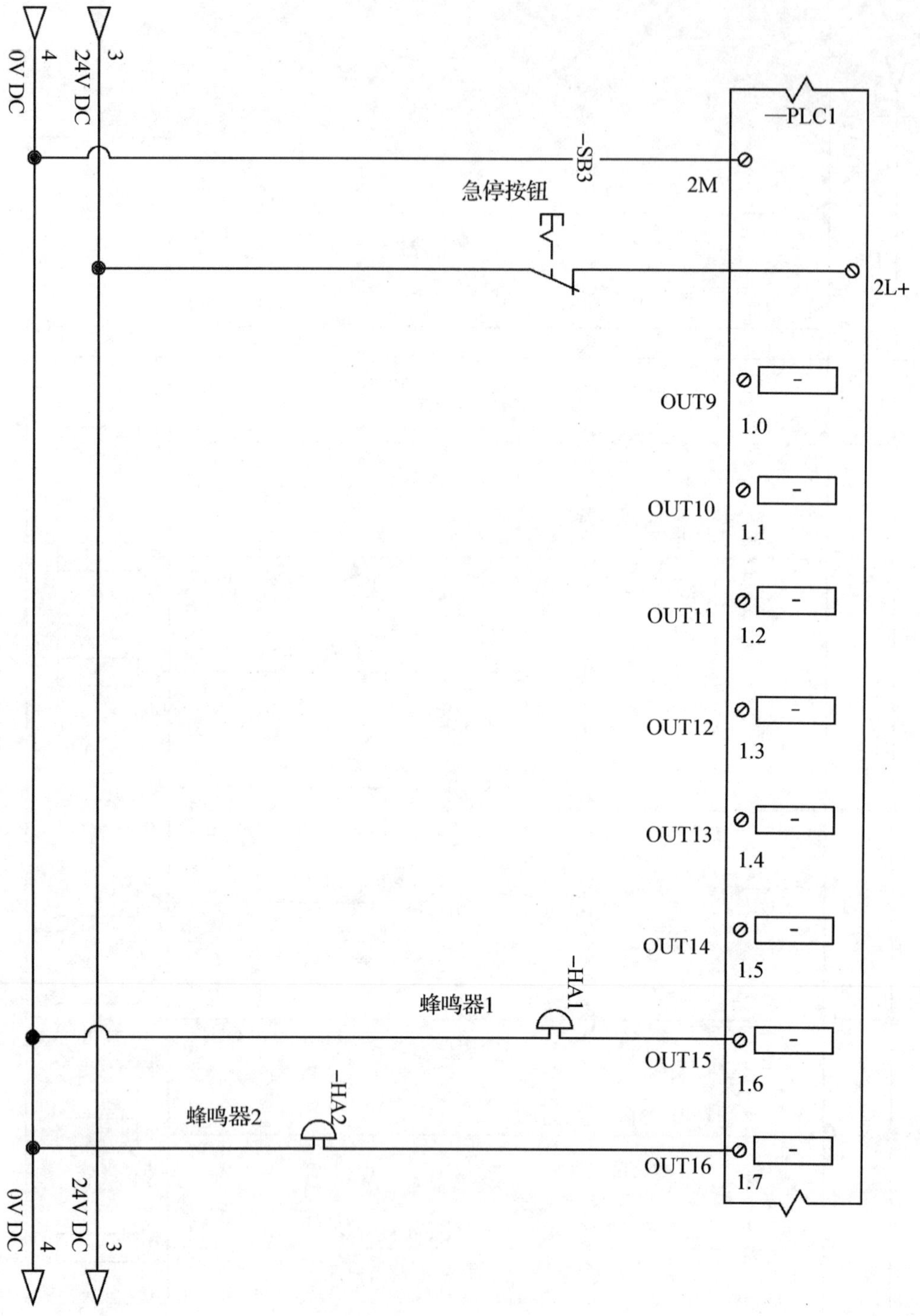

（d）

图 2-71　图像识别单元电气原理图

2.9.3 图像识别单元的编程与单机调试

1. 编程要求

初始状态：直线传送电动机处于停止状态；直流电磁铁竖起禁行；工作指示灯熄灭。

系统起动运行后，本单元红色指示灯发光；直线电动机驱动传送带开始运转且始终保持运行状态（分单元运行时可选用与PLC运行/停止同状态的特殊继电器，保持直线传送电动机的运行状态）。

系统运行期间：

（1）当托盘载工件到达定位口时，托盘传感器发出检测信号，绿色指示灯发光、红色指示灯熄灭；开启图像采集信号，产品检测工作开始。

（2）产品检测工作是通过彩色相机对工件进行整体监控的，判定主体、上盖、销钉的装配情况，测试销钉材质、标签有无等相关参数，测试后经彩色显示器输出图像显示结果和数据。

（3）完成产品检测工作后系统发出信号，延时2s进行品种切换（短脉冲），直流电磁铁吸合下落放行托盘。

（4）放行托盘3s后，直流电磁铁释放伸出，恢复禁行状态，红色指示灯发光、绿色指示灯熄灭，此时系统恢复初始状态。

2. 图像识别单元程序流程图

图像识别单元程序流程图如图2-72所示。

2.10 分拣单元安装与调试

2.10.1 认识分拣单元

分拣单元的主要功能是根据检测单元的检测结果（标签有无），采用气动机械手对工件进行分类，合格产品随托盘进入下一站，入库；不合格产品进入废品线，空托盘向下站传送。

分拣单元的主体结构组成包括分拣单元主体框架、垂直移动气缸、直线单元、水平移动气缸、摆动气缸、气动电磁阀组、工作指示灯等，如图2-73所示。

2.10.2 相关知识点：气动控制回路分析

电气—气动控制系统主要控制电磁阀的换向，其特点是响应快、动作准确，在气动自动化中应用相当广泛。

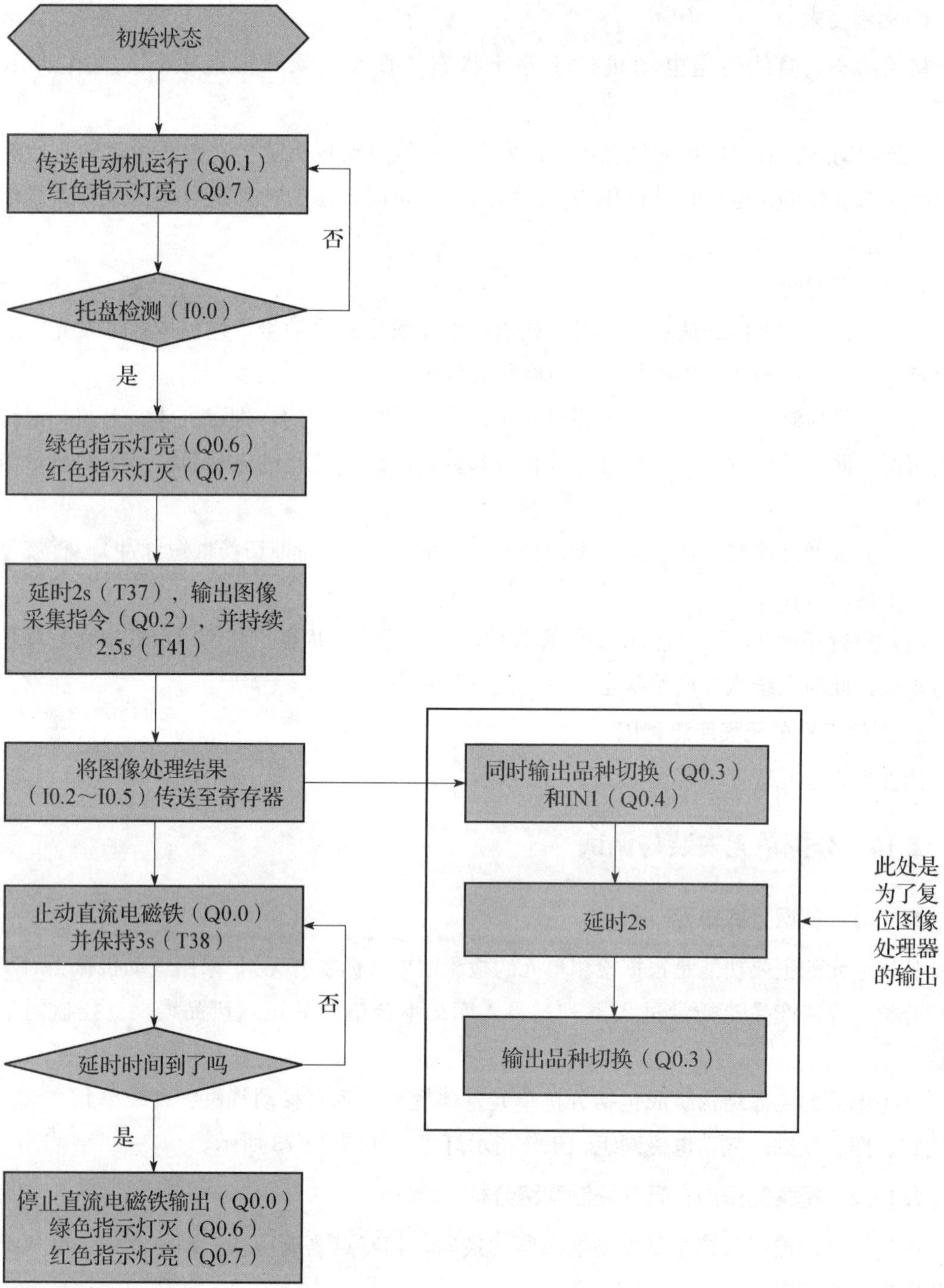

图 2－72　图像识别单元程序流程图

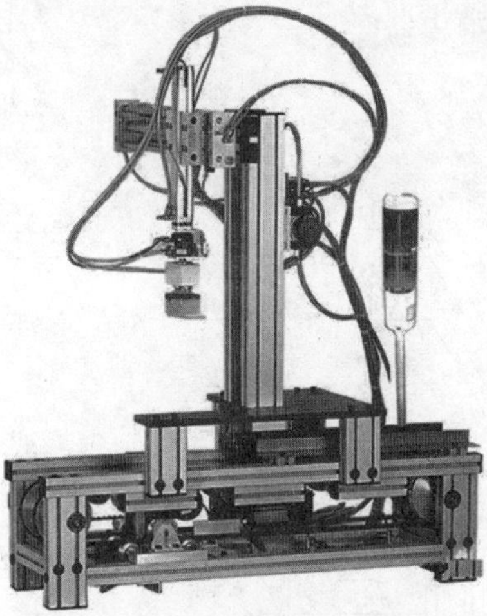

图 2-73　分拣单元的主体结构组成

电气—气动控制回路包括气动回路和电气回路两部分，如图 2-74 所示。

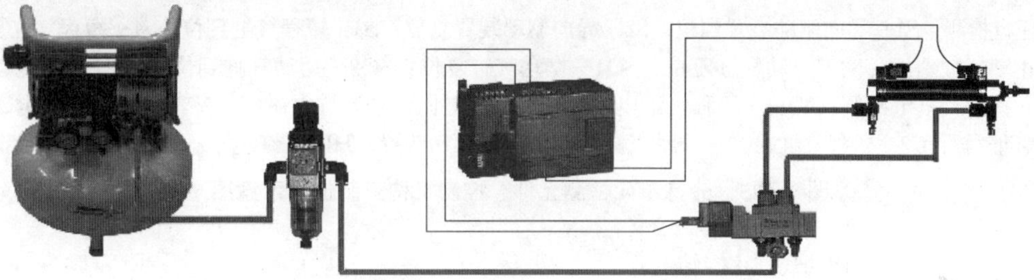

图 2-74　电气—气动控制回路

气动回路一般指动力部分，电气回路则为控制部分。通常在设计电气回路之前，一定要先设计气动回路，按照动力系统的要求，选择采用何种形式的电磁阀来控制气动执行件的运动，从而设计电气回路。在设计中，气动回路图和电气回路图必须分开绘制。在整个系统设计中，按照习惯将气动回路图放置于电气回路图的上方或左侧。

2.10.3　分拣单元安装技能训练

1. 分拣单元的机械装配与调整

为实现本单元的控制功能，在本站结构的相应位置装设了电感式传感器、磁性开关等检测与传感装置，并配备了直流电动机、直动气缸、短程气缸、导向驱动装置、摆动气缸、真空开关等执行机构和电磁阀等控制元件。分拣单元检测元件、控制机构安装位置如图 2-75 所示。

2. 分拣单元 PLC 的安装与接线

气动控制回路是本工作单元的执行机构之一，包括垂直移动气缸、水平移动气缸、摆动气缸。分拣单元气动控制回路的工作原理如图 2-76 所示。气缸的两个极限工作位置安装了磁感应接近开关；阀组由两个二位五通的电磁阀组成。电磁阀安装在汇流板上，汇流板中两个排气口末端均连接了消声器。

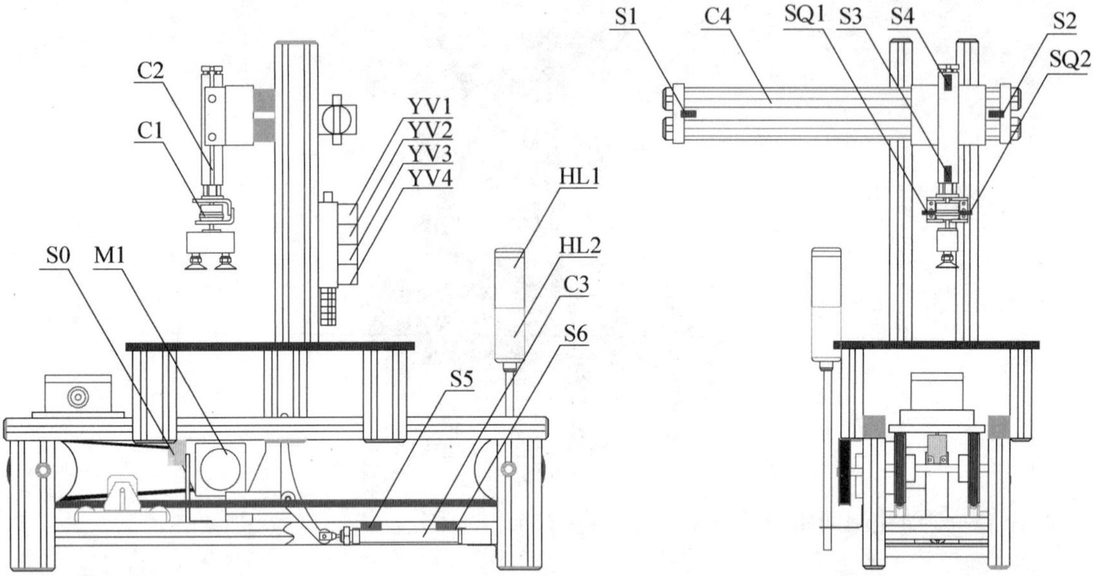

S0—托盘检测；S1—导向驱动装置到位；S2—导向驱动装置复位；S3—短程气缸到位；S4—短程气缸复位；S5—止动气缸到位；S6—止动气缸复位；SQ1—摆动气缸复位；SQ2—摆动气缸到位；M1—传送电动机；YV1—摆动气缸电磁阀；YV2—短程气缸电磁阀；YV3—导向驱动装置电磁阀；YV4—止动气缸电磁阀；C1—摆动气缸；C2—短程气缸；C3—止动气缸；C4—导向驱动装置；HL1—红色指示灯；HL2—绿色指示灯

图 2-75 分拣单元检测元件、控制机构安装位置示意图

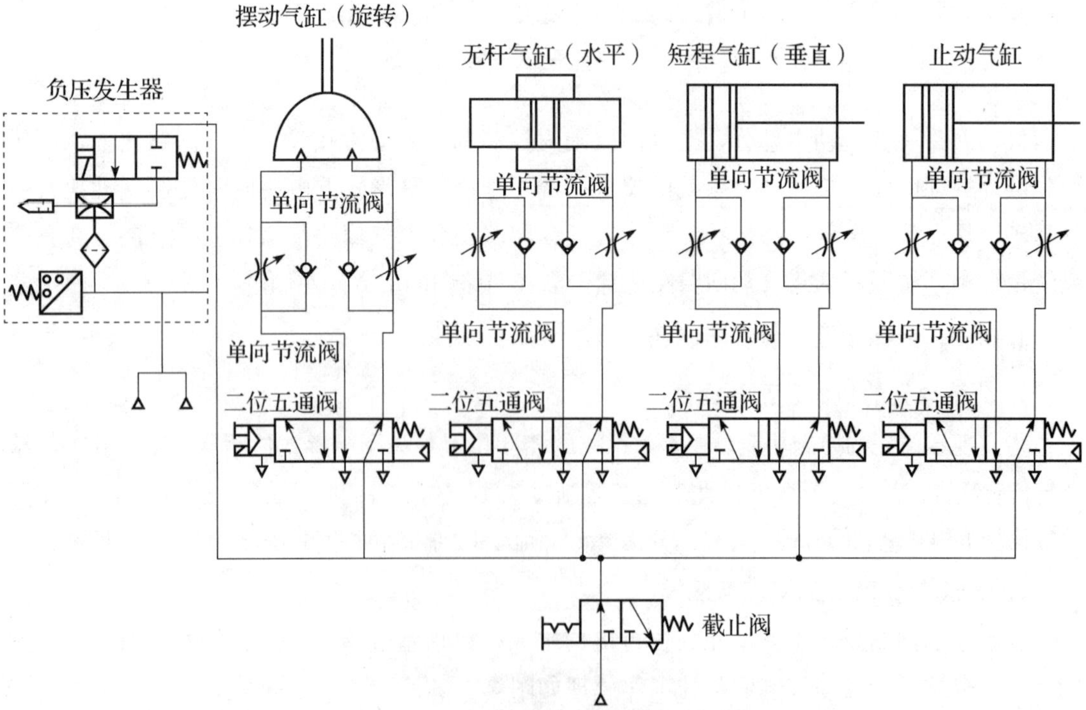

图 2-76 分拣单元气动控制回路的工作原理图

要实现 PLC 对分拣单元运行过程的控制，首先要绘制系统电气原理图并进行基本的 I/O 分配，然后进行软件程序的编制。分拣单元 I/O 分配见表 2－13。分拣单元电气原理图如图 2－77 所示。

表 2－13　分拣单元 I/O 分配表

形式	序号	名称	PLC 地址	编号	地址设置
输入	1	导向驱动装置到位	I0.0	S1	EM277 总线模块设置的站号为 24，与总站通信的地址为 10～11
	2	导向驱动装置复位	I0.1	S2	
	3	短程气缸到位	I0.2	S3	
	4	短程气缸复位	I0.3	S4	
	5	摆动气缸到位	I0.4	SQ2	
	6	摆动气缸复位	I0.5	SQ1	
	7	真空开关	I0.6		
	8	托盘检测	I0.7	S0	
	9	止动气缸到位	I1.0	S5	
	10	止动气缸复位	I1.1	S6	
	11	手动/自动按钮	I2.0	SA	
	12	起动按钮	I2.1	SB1	
	13	停止按钮	I2.2	SB2	
	14	急停按钮	I2.3	SB3	
	15	复位按钮	I2.4	SB4	
	16	KEY2	I2.5	SB6	
	17	KEY1	I2.6	SB5	
输出	1	止动气缸	Q0.0	YV4	
	2	摆动气缸（旋转）	Q0.1	YV1	
	3	导向驱动装置（水平）	Q0.2	YV3	
	4	短程气缸（垂直）	Q0.3	YV2	
	5	真空发生器	Q0.4		
	6	传送电动机	Q0.5	M1	
	7	绿色指示灯	Q0.6	HL2	
	8	空直线电动机	Q0.7	M2	
	9	红色指示灯	Q1.0	HL1	
发送地址	V2.0～V3.7（200PLC→300PLC）				
接收地址	V0.0～V1.7（200PLC←300PLC）				

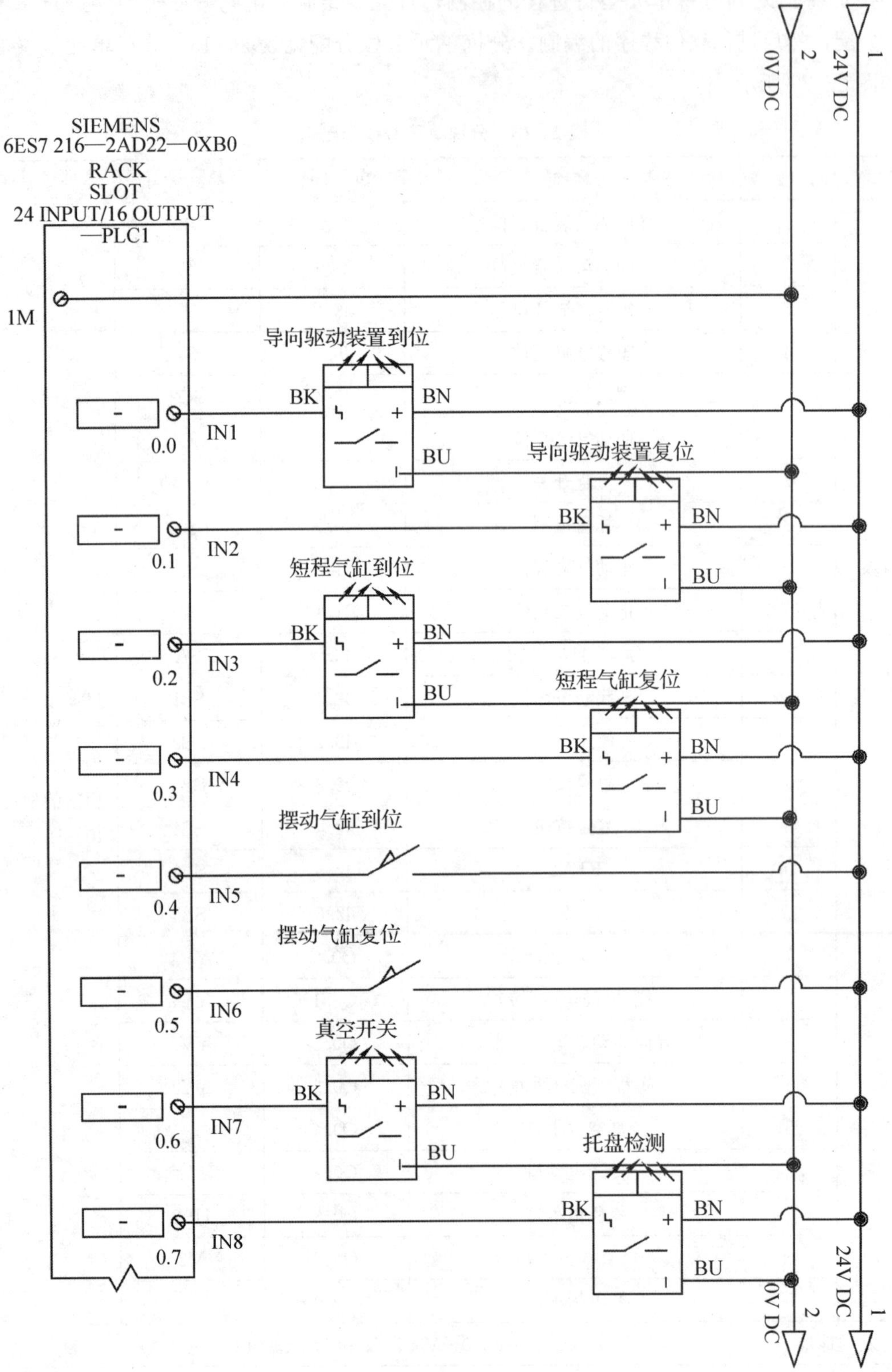
SIEMENS
6ES7 216—2AD22—0XB0
RACK
SLOT
24 INPUT/16 OUTPUT
—PLC1
1M
0V DC
24V DC
导向驱动装置到位
导向驱动装置复位
短程气缸到位
短程气缸复位
摆动气缸到位
摆动气缸复位
真空开关
托盘检测
BK
BN
BU
IN1
IN2
IN3
IN4
IN5
IN6
IN7
IN8
0.0
0.1
0.2
0.3
0.4
0.5
0.6
0.7

（a）

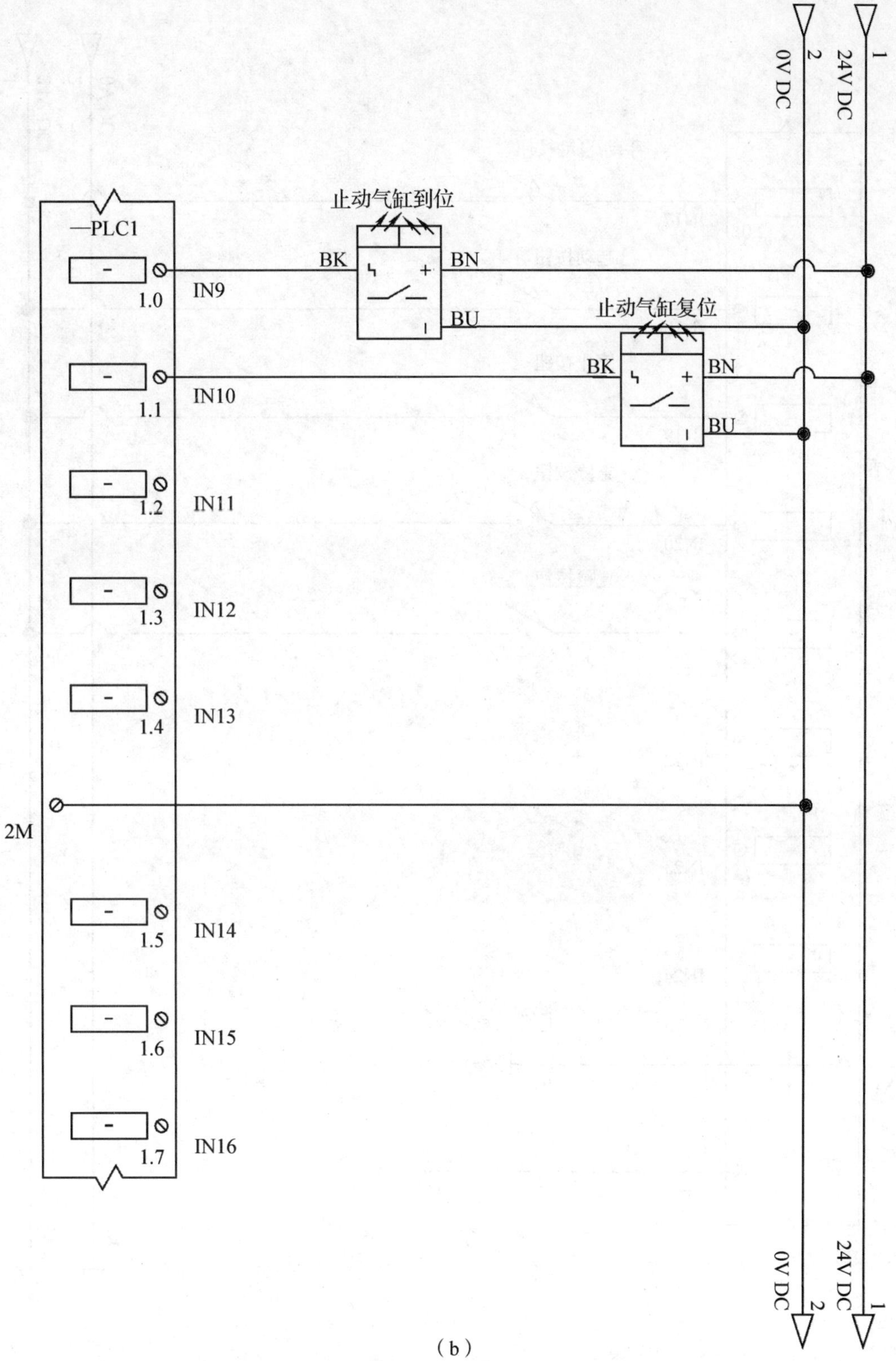
—PLC1
1.0
IN9
1.1
IN10
1.2
IN11
1.3
IN12
1.4
IN13
2M
1.5
IN14
1.6
IN15
1.7
IN16
止动气缸到位
BK
BN
BU
止动气缸复位
BK
BN
BU
2
0V DC
1
24V DC

（b）

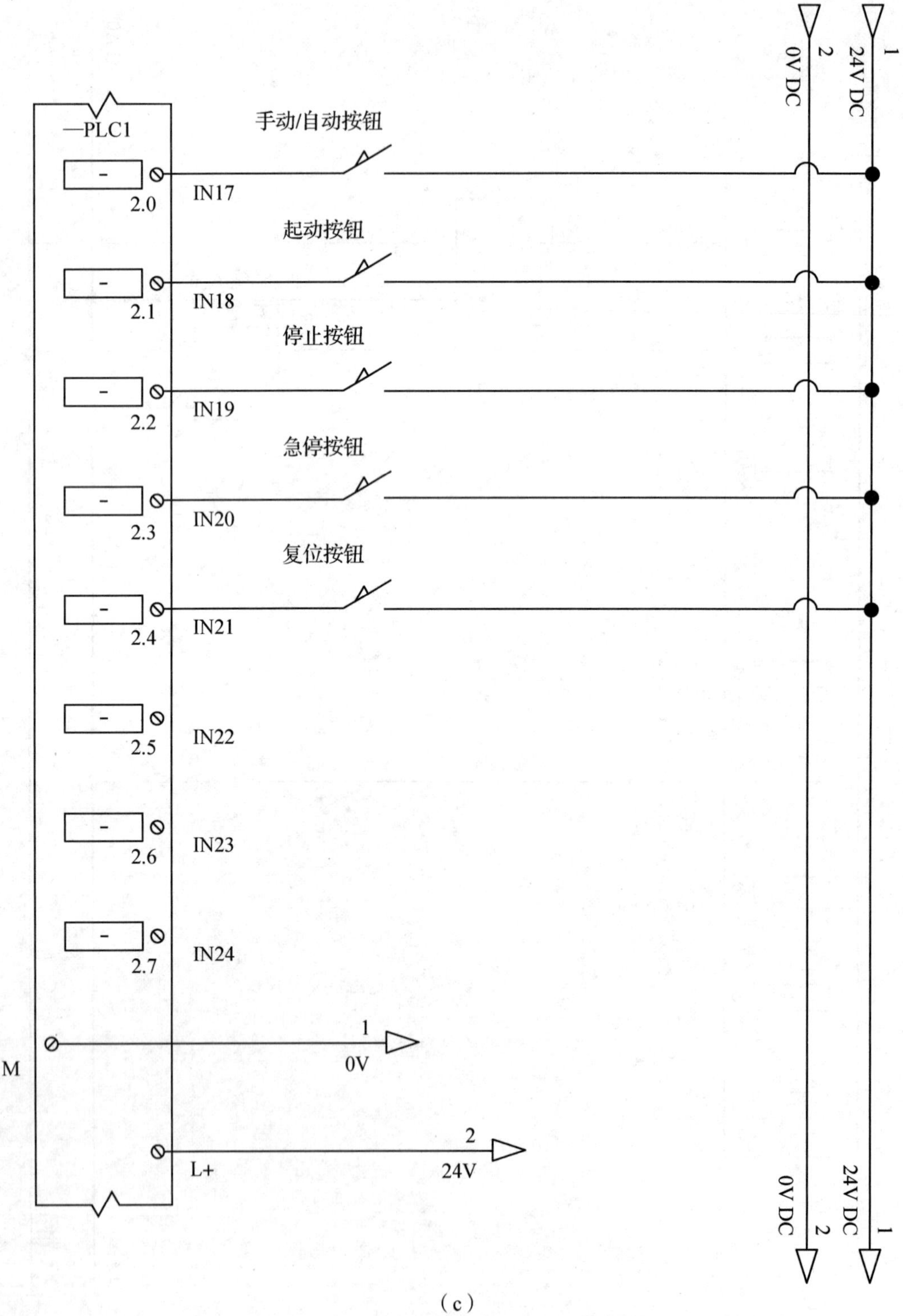

1
24V DC
2
0V DC
—PLC1
手动/自动按钮
2.0
IN17
起动按钮
2.1
IN18
停止按钮
2.2
IN19
急停按钮
2.3
IN20
复位按钮
2.4
IN21
2.5
IN22
2.6
IN23
2.7
IN24
M
1
0V
L+
2
24V
0V DC
2
24V DC
1

（c）

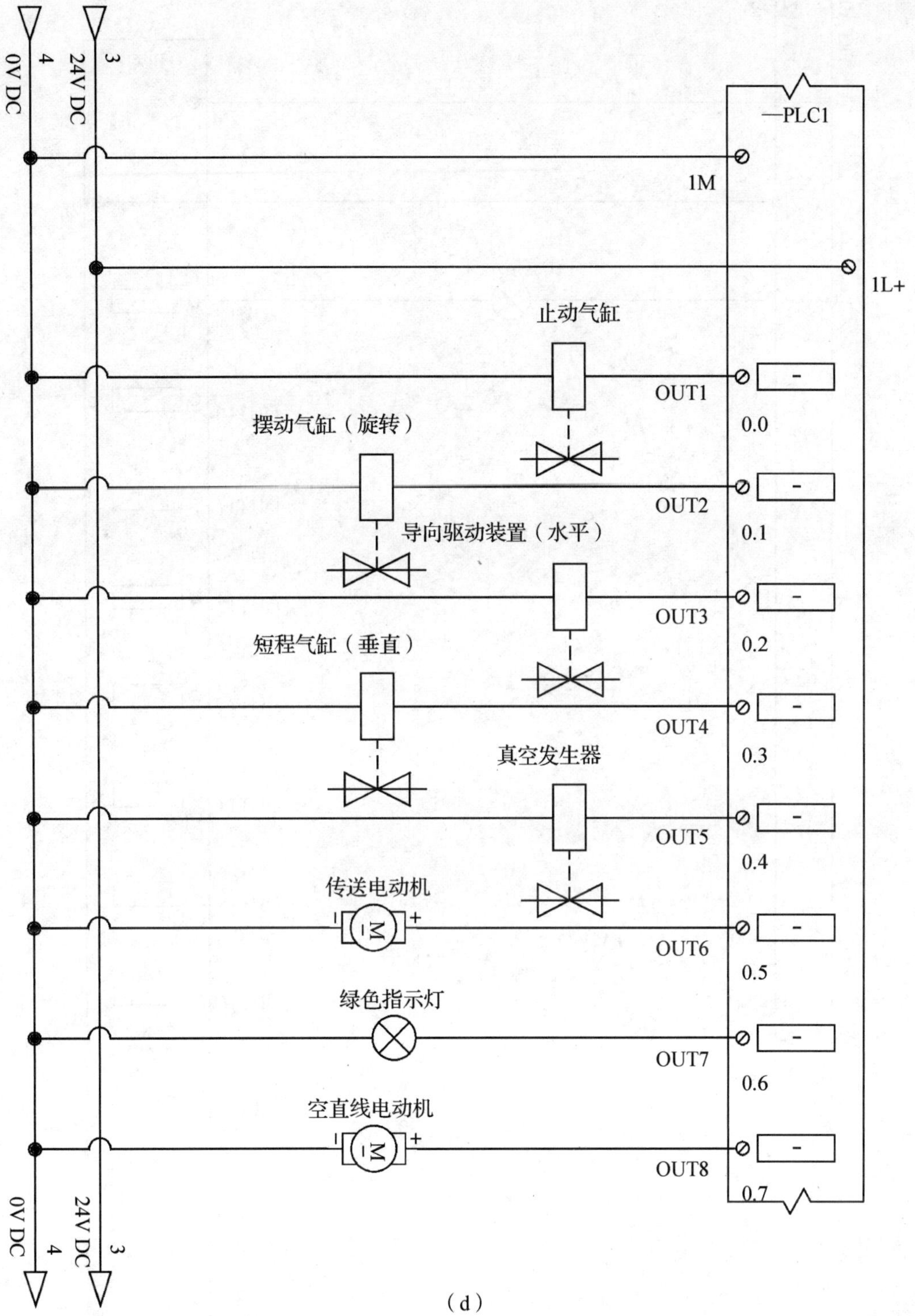
3
24V DC
4
0V DC
—PLC1
1M
1L+
止动气缸
OUT1
0.0
摆动气缸（旋转）
OUT2
0.1
导向驱动装置（水平）
OUT3
0.2
短程气缸（垂直）
OUT4
0.3
真空发生器
OUT5
0.4
传送电动机
M
OUT6
0.5
绿色指示灯
OUT7
0.6
空直线电动机
M
OUT8
0.7
0V DC
4
24V DC
3

（d）

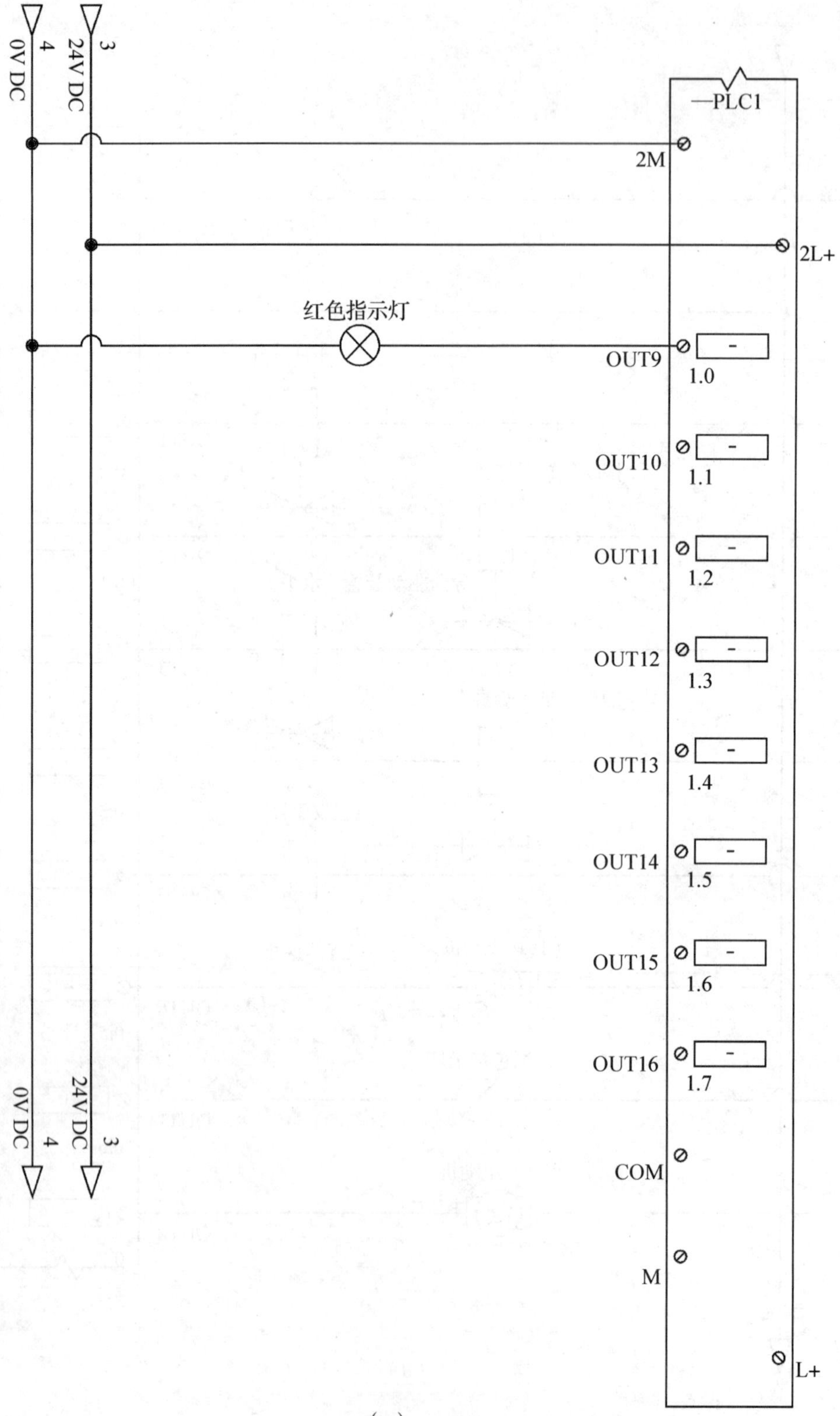

(e)

图 2-77　分拣单元电气原理图

2.10.4　分拣单元的编程与单机调试

1. 编程要求

初始状态：短程气缸（垂直）、无杆气缸（水平）、摆动气缸（旋转）均为复位，机械手处于原始状态，限位杆竖起禁止为止动状态；真空开关不工作；传送电动机处于停止状态；工作指示灯熄灭。

系统起动运行后，本单元红色指示灯发光；传送电动机驱动传送带开始运转且始终保持运行状态（分单元运行时可选用与 PLC 运行/停止同状态的特殊继电器，保持传送电动机的运行状态）。

系统运行期间，需根据检测单元的检测结果选择 A、B 两种不同的控制过程。

(1) 若检测结果为合格产品，则：

①当托盘载合格产品到达定位口时，托盘传感器发出检测信号，红色指示灯熄灭，绿色指示灯发光，经 3s 确认后，止动气缸动作使限位杆落下放行。

②放行 3s 后止动气缸复位，限位杆恢复竖直禁行状态。

③当限位杆恢复止动状态后，红色指示灯发光、绿色指示灯熄灭。此时系统恢复初始状态。

注：V＊. ＊为本站接收的检测单元传送的合格产品的检测信号。

(2) 若检测结果为不合格产品，则：

①当托盘载不合格产品到达定位口时，托盘传感器发出检测信号，红色指示灯熄灭，绿色指示灯发光，经 3s 确认后起动短程气缸垂直下行。

②短程气缸垂直下行到位发出信号，开启真空开关，皮碗压紧工件。

③接收到真空检测信号（皮碗吸紧工件）后，短程气缸持工件垂直上行。

④短程气缸持工件上行到位（返回原位）后，摆动气缸动作使工件转动 90°。

⑤机械手持工件转动 90°到位后，无杆气缸动作使机械手水平左行。

⑥机械手水平左行到位后，起动短程气缸垂直下行。

⑦短程气缸垂直下行到位发出信号，停止真空开关，皮碗失真空，使工件下落。

⑧真空检测信号消失后，短程气缸垂直上行。

⑨短程气缸上行到位（返回原位）后，无杆气缸动作使机械手水平右行返回，同时摆动气缸动作使其回转 90°。

⑩摆动气缸（旋转）、无杆气缸（水平）均复位后，延时 3s，止动气缸输出使限位杆下落，放行托盘。

⑪止动气缸到位 3s 后停止输出。

⑫限位杆恢复竖直禁行状态，红色指示灯发光、绿色指示灯熄灭。系统恢复初始状态。

2. 分拣单元程序流程图

分拣单元程序流程图如图 2－78 所示。

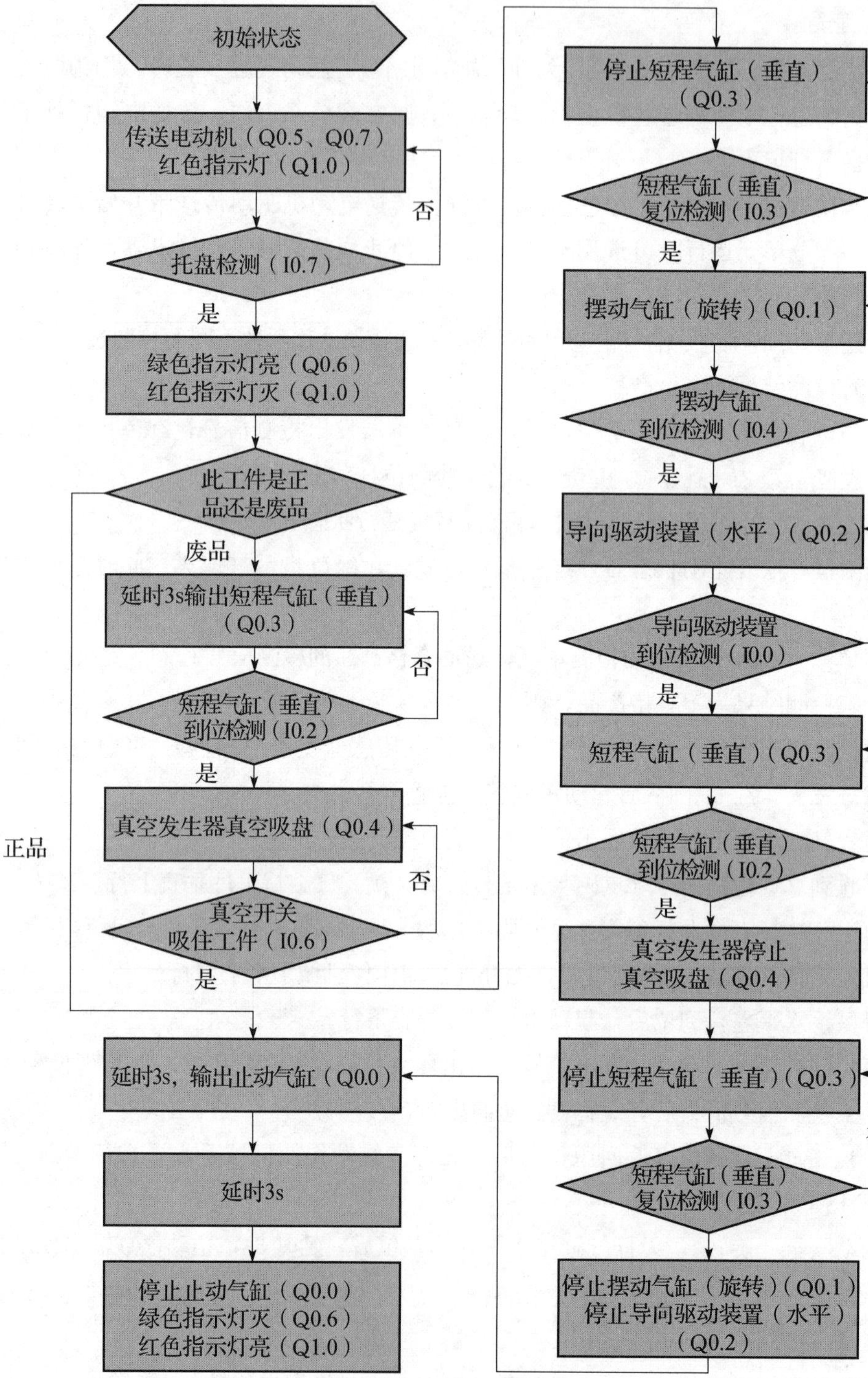

图 2-78　分拣单元程序流程图

2.11 升降梯立体仓库单元安装与调试

2.11.1 认识升降梯立体仓库单元

本站由升降梯与立体仓库两部分组成，可进行两个不同生产线的入库和出库。在本装配生产线中可根据检测单元对销钉材质的检测结果将工件进行分类入库（金属销钉和尼龙销钉分别入不同的仓库）。若传送至本单元的为分拣后的空托盘，则将其放行。

升降梯立体仓库单元的主体结构组成包括仓库（左、右各一）、升降步进电动机、水平移动导轨、水平移动伺服电动机、垛机传送装置、凸轮传动机构、垛机换向机构、垛机传动直流电动机、垛机换向气缸、电磁阀、传感器、限位开关、光栅、光栅显示器、工作指示灯等，如图 2-79 所示。

图 2-79 升降梯立体仓库单元的主体结构组成

2.11.2 相关知识点：伺服电动机认知及应用

伺服控制系统一般由伺服控制器、伺服驱动器、执行机构（伺服电动机）、被控对象（工作台）、测量/反馈环节五部分组成。伺服电动机结构组成如图 2-80 所示。

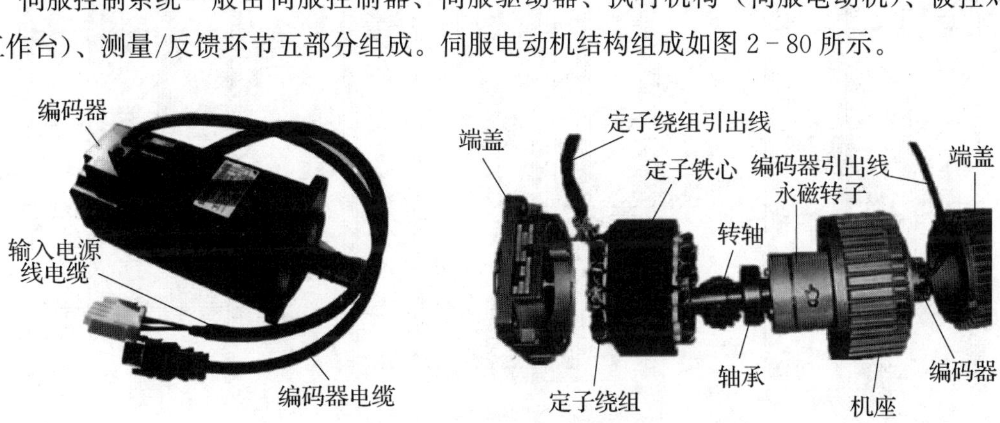

图 2-80 伺服电动机结构组成

现代高性能的伺服系统，大多采用永磁交流伺服系统，包括永磁同步交流伺服电动机和全数字交流永磁同步伺服驱动器两部分。永磁同步交流伺服电动机由定子、转子和编码器构成。

伺服系统主要有三种控制模式，分别是位置控制模式、速度控制模式、转矩控制模式。

位置控制模式是伺服中最常用的控制方式，它一般是通过外部输入脉冲的频率来确定伺服电动机转动的速度，通过脉冲数来确定伺服电动机转动的角度，所以它一般用于定位装置。

速度控制模式是通过控制输出电源的频率对电动机进行调速的。无须输入脉冲信号，伺服驱动器也可以正常工作，故可取消伺服控制器，此时的伺服驱动器类似于变频器。

转矩控制模式是通过外部模拟量输入控制电动机的输出转矩的。伺服驱动器无须输入脉冲信号也可以正常工作，故可取消伺服控制器，通过操作伺服驱动器的输入电位器，可以调节伺服电动机的输出转矩。

2.11.3　升降梯立体仓库单元安装技能训练

1. 升降梯立体仓库单元的机械装配及调整

本单元在结构设计方面涉及丝杠及丝母升降机构、齿轮齿条差动升降机构、链轮链条差动升降机构、齿轮齿条升降梯水平移动机构、丝杠及丝母升降梯水平移动机构等相关的机械原理、机械零件知识。

为实现本单元的控制功能，主体结构的相应位置装设了光电开关、电感式传感器、微动开关等检测与传感装置，并配备了直流电动机等执行机构和电磁阀、继电器等控制元件。升降梯立体仓库单元检测元件、控制机构安装位置如图 2－81 所示。

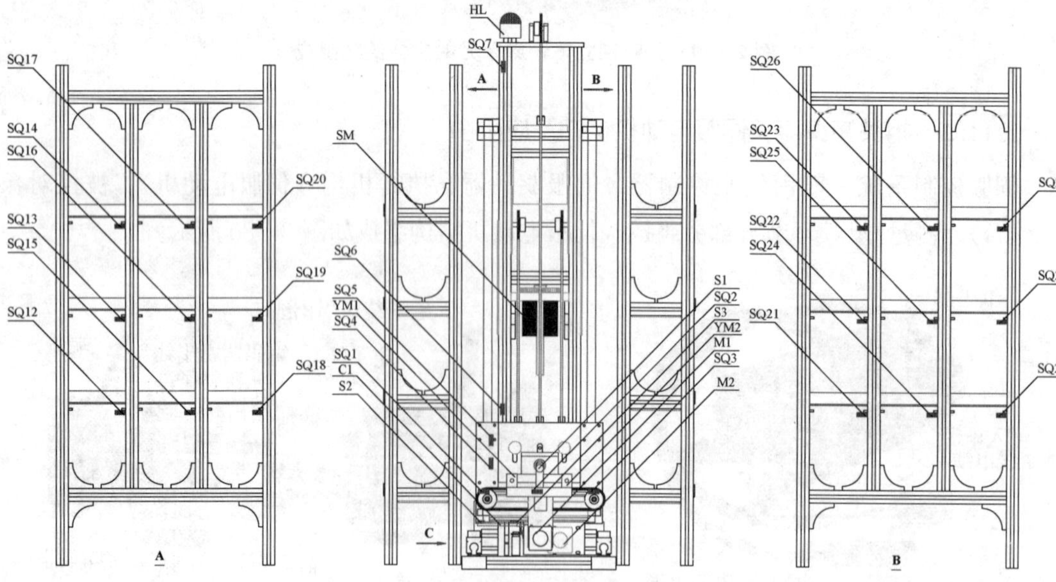

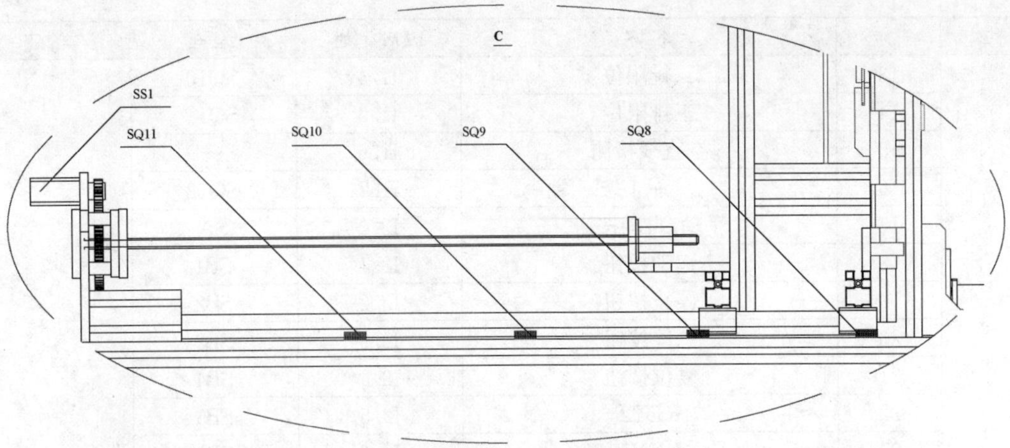

S1—垛机工件检测；S2—旋转气缸复位；S3—旋转气缸到位；SQ1—垛机左侧限位；SQ2—垛机中间限位；SQ3—垛机右侧限位；SQ4—凸轮下限位；SQ5—凸轮上限位；SQ6—底层限位；SQ7—高层限位；SQ8—外限位；SQ9——排限位；SQ10—二排限位；SQ11—三排限位；SQ12—库 1；SQ13—库 2；SQ14—库 3；SQ15—库 4；SQ16—库 5；SQ17—库 6；SQ18—库 7；SQ19—库 8；SQ20—库 9；SQ21—库 10；SQ22—库 11；SQ23—库 12；SQ24—库 13；SQ25—库 14；SQ26—库 15；SQ27—库 16；SQ28—库 17；SQ29—库 18；SM—步进电动机；C1—换向气缸；HL—工作指示灯；M1—垛机接、送件电动机；M2—凸轮电动机；YM1—垛机左库接件限位电磁铁；YM2—垛机右库接件限位电磁铁；SS1—伺服电动机

图 2-81　升降梯立体仓库单元检测元件、控制机构安装位置示意图

2. 升降梯立体仓库单元 PLC 的安装与接线

要实现 PLC 对升降梯立体仓库单元运行过程的控制，首先要绘制系统电气原理图并进行基本的 I/O 分配，然后进行软件程序的编制。升降梯立体仓库单元 I/O 分配见表 2-14。升降梯立体仓库单元电气原理图如图 2-82 所示。

表 2-14　升降梯立体仓库单元 I/O 分配表

形式	序号	名称	PLC 地址	编号	备注
输入	1	底层限位	I0.0	SQ6	EM277 总线模块设置的站号为 26，与总站通信的地址为 32～35
	2	高层限位	I0.1	SQ7	
	3	垛机工件检测	I0.2	S1	
	4	垛机左侧限位	I0.3	SQ1	
	5	垛机中间限位	I0.4	SQ2	
	6	垛机右侧限位	I0.5	SQ3	
	7	旋转气缸到位	I0.6	S3	
	8	旋转气缸复位	I0.7	S2	
	9	凸轮上限位	I1.0	SQ5	
	10	凸轮下限位	I1.1	SQ4	
	11	外限位	I1.2	SQ8	
	12	一排限位	I1.3	SQ9	

续表

形式	序号	名称	PLC 地址	编号	备注
输入	13	二排限位	I1.4	SQ10	
	14	三排限位	I1.5	SQ11	
	15	空直线检测	I1.6		
	16	库 1	I1.7	SQ12	
	17	手动/自动按钮	I2.0	SA	
	18	起动按钮	I2.1	SB1	
	19	停止按钮	I2.2	SB2	
	20	急停按钮	I2.3	SB3	
	21	复位按钮	I2.4	SB4	
	22	KEY2	I2.5	SB5	
	23	KEY1	I2.6	SB6	
	24	库 2	I2.7	SQ13	
	25	库 3	I3.0	SQ14	
	26	库 4	I3.1	SQ15	
	27	库 5	I3.2	SQ16	
	28	库 6	I3.3	SQ17	
	29	库 7	I3.4	SQ18	
	30	库 8	I3.5	SQ19	
	31	库 9	I3.6	SQ20	
	32	库 10	I3.7	SQ21	
	33	库 11	I4.0	SQ22	
	34	库 12	I4.1	SQ23	
	35	库 13	I4.2	SQ24	
	36	库 14	I4.3	SQ25	
	37	库 15	I4.4	SQ26	
	38	库 16	I4.5	SQ27	
	39	库 17	I4.6	SQ28	
	40	库 18	I4.7	SQ29	
输出	1	伺服电动机内进	Q0.0	KM3	
	2	步进脉冲	Q0.1	M3：P	
	3	步进方向	Q0.2	M3：P+D	
	4	伺服电动机外送	Q0.3	KM4	
	5	垛机接件（左）	Q0.4	KM1	
	6	垛机送件（右）	Q0.5	KM2	
	7	凸轮电动机	Q0.6	M2	
	8	换向气缸	Q1.0	YV	
	9	垛机左库接件限位电磁铁	Q1.1	YM1	
	10	垛机右库接件限位电磁铁	Q1.2	YM2	
	11	工作指示灯	Q1.3	HL	
发送地址		V4.0～V7.7（200PLC→300PLC）			
接收地址		V0.0～V3.7（200PLC←300PLC）			

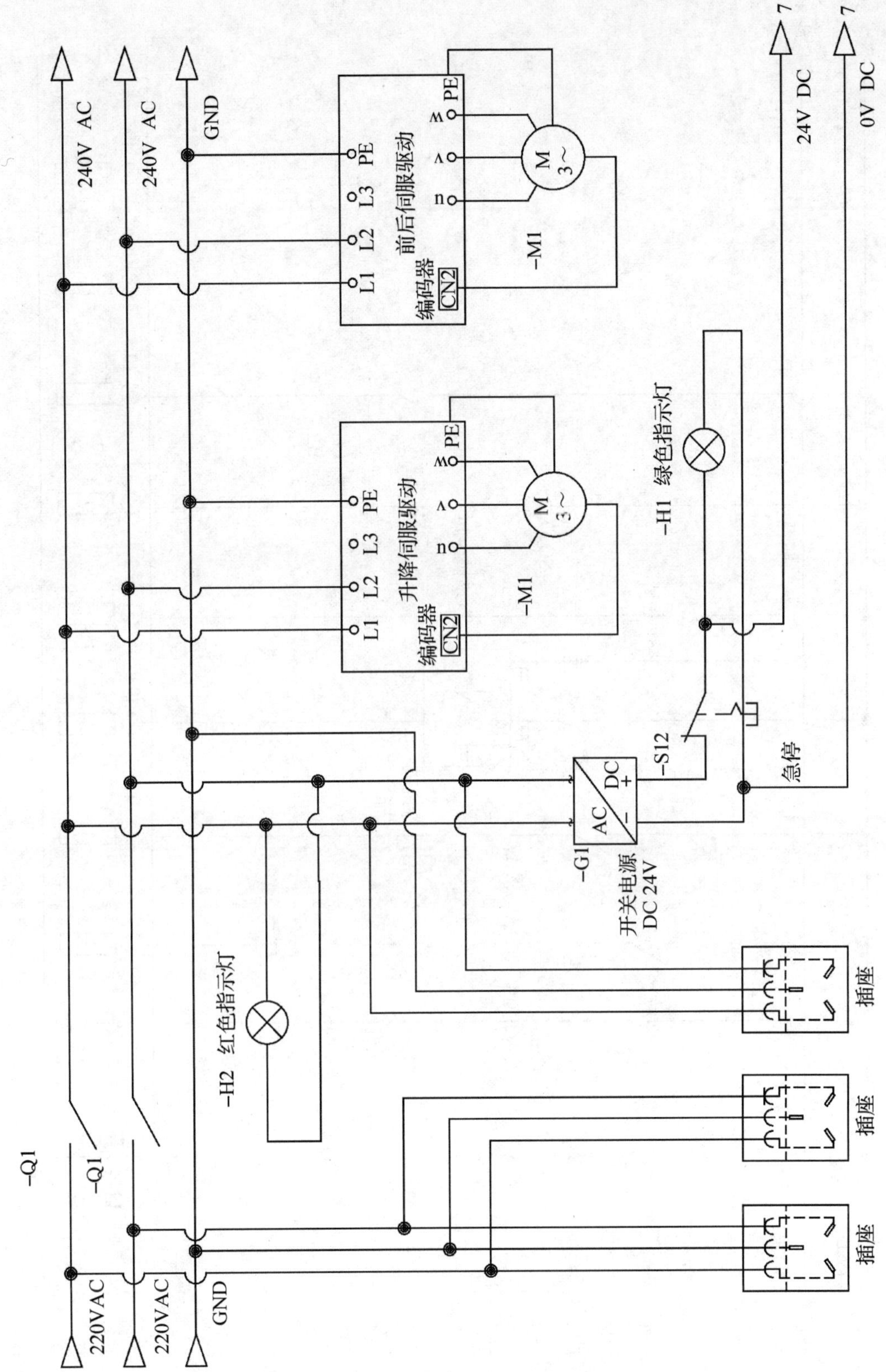
240V AC
240V AC
GND
前后伺服驱动
编码器
CN2
L1
L2
L3
PE
u
v
w
PE
M
3~
-M1
升降伺服驱动
编码器
CN2
L1
L2
L3
PE
u
v
w
PE
M
3~
-M1
-H1 绿色指示灯
24V DC
0V DC
7
7
-S12
急停
-G1
AC
DC
+
-
开关电源
DC 24V
插座
插座
插座
-H2 红色指示灯
-Q1
-Q1
220VAC
220VAC
GND

(a)

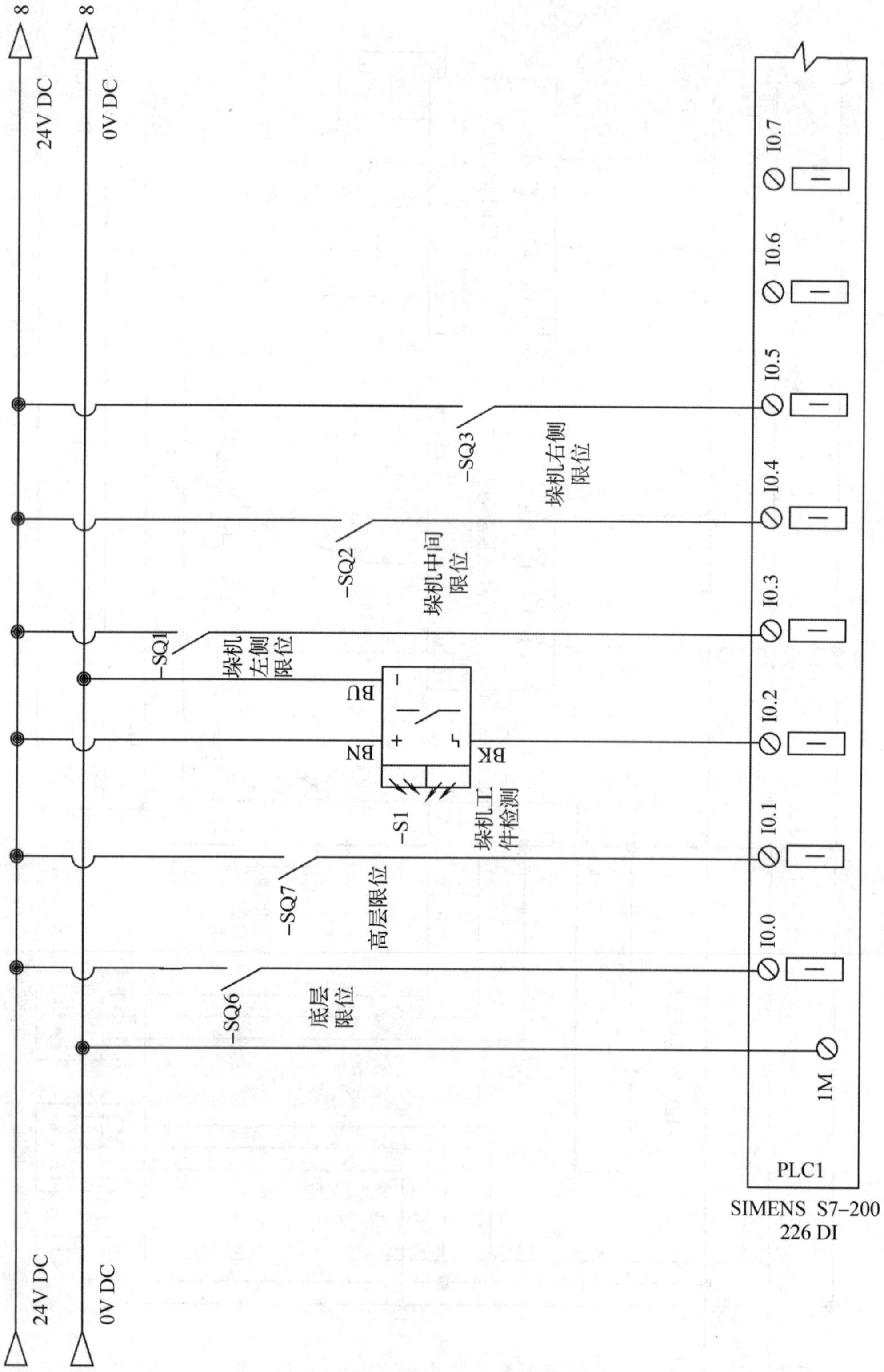
8
8
24V DC
0V DC
–SQ3
垛机右侧限位
–SQ2
垛机中间限位
–SQ1
垛机左侧限位
BU
BN
BK
–S1
垛机工件检测
–SQ7
高层限位
–SQ6
底层限位
I0.0
I0.1
I0.2
I0.3
I0.4
I0.5
I0.6
I0.7
1M
PLC1
SIMENS S7–200
226 DI
24V DC
0V DC

（b）

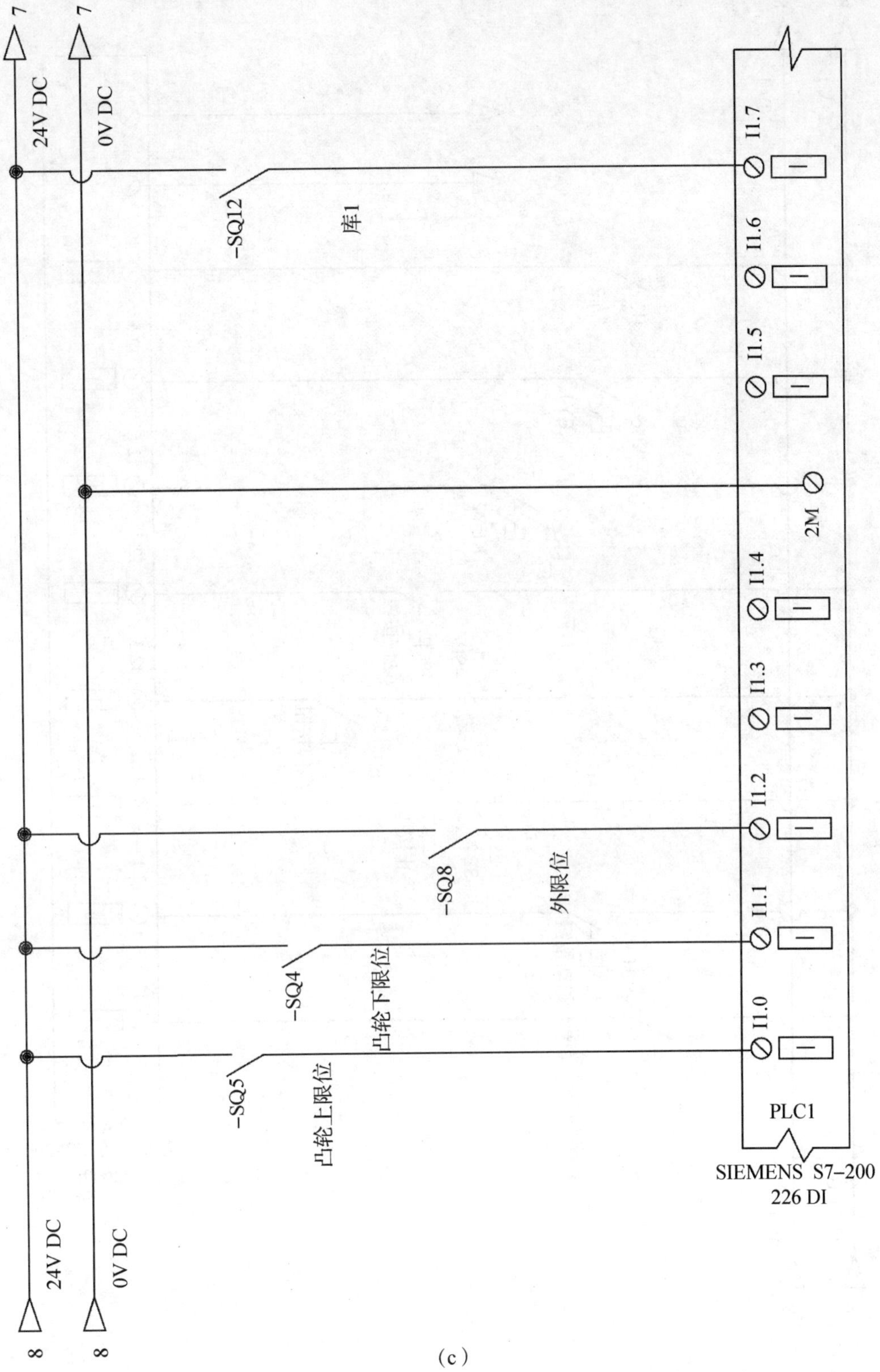
7
7
24V DC
0V DC
-SQ12
库1
I1.7
I1.6
I1.5
2M
I1.4
I1.3
I1.2
-SQ8
外限位
I1.1
-SQ4
凸轮下限位
I1.0
-SQ5
凸轮上限位
PLC1
SIEMENS S7-200
226 DI
24V DC
0V DC
8
8

（c）

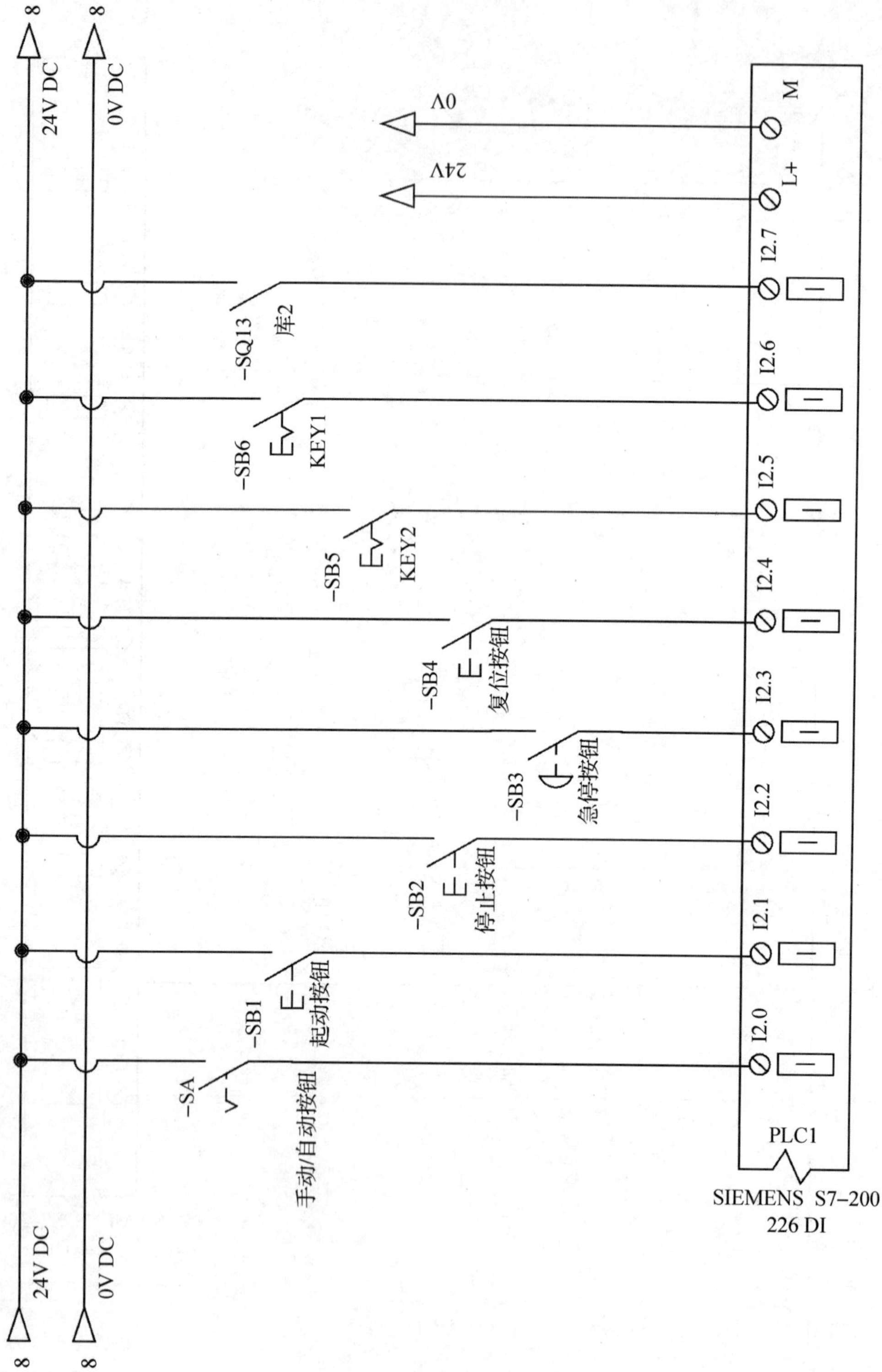
24V DC
0V DC
8
0V
24V
M
L+
I2.7
I2.6
I2.5
I2.4
I2.3
I2.2
I2.1
I2.0
-SQ13
库2
-SB6
KEY1
-SB5
KEY2
-SB4
复位按钮
-SB3
急停按钮
-SB2
停止按钮
-SB1
起动按钮
-SA
手动/自动按钮
PLC1
SIEMENS S7-200
226 DI

（d）

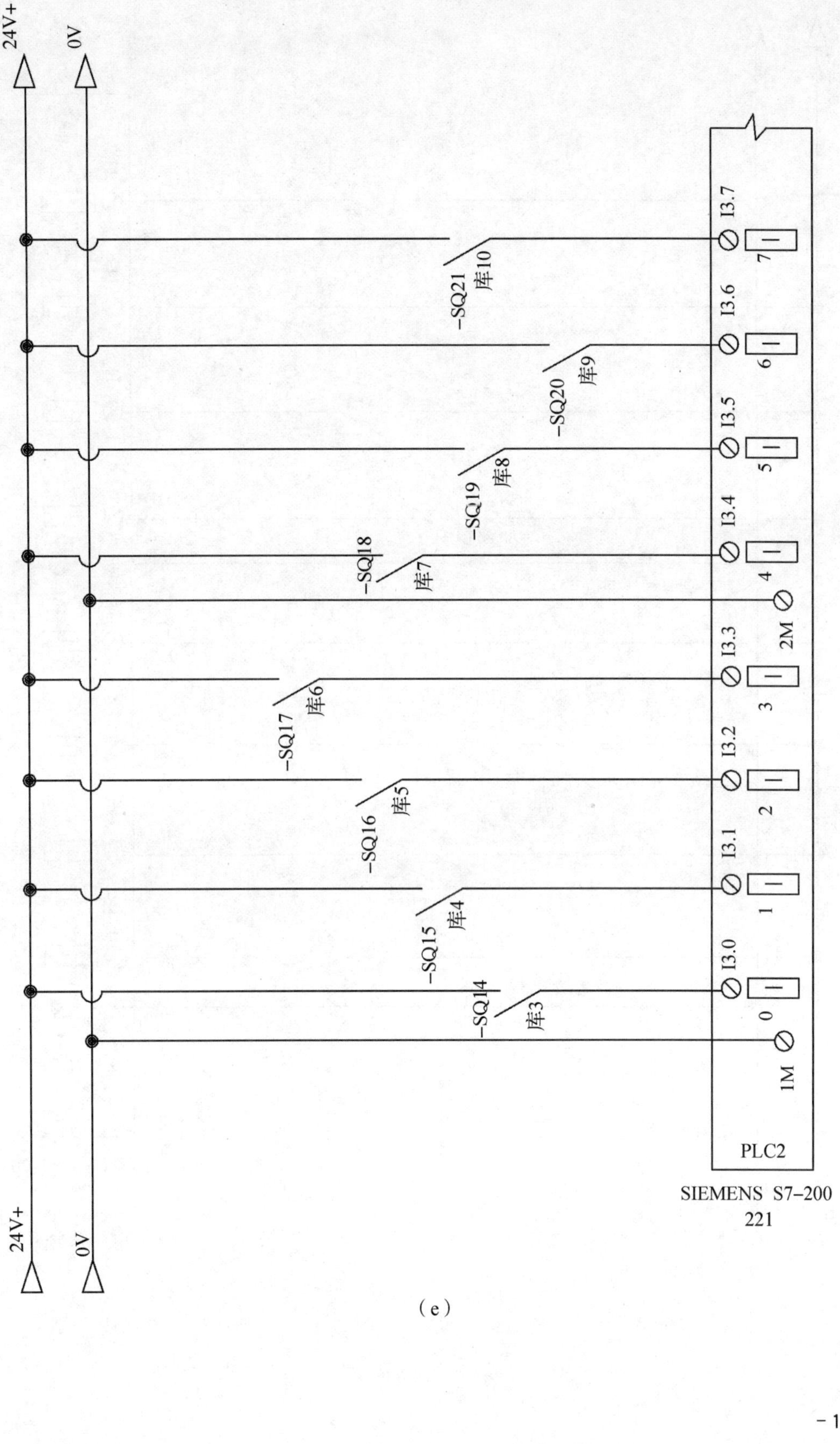
24V+
0V
-SQ14
库3
-SQ15
库4
-SQ16
库5
-SQ17
库6
-SQ18
库7
-SQ19
库8
-SQ20
库9
-SQ21
库10
I3.0
I3.1
I3.2
I3.3
I3.4
I3.5
I3.6
I3.7
0
1
2
3
4
5
6
7
1M
2M
PLC2
SIEMENS S7-200
221

（e）

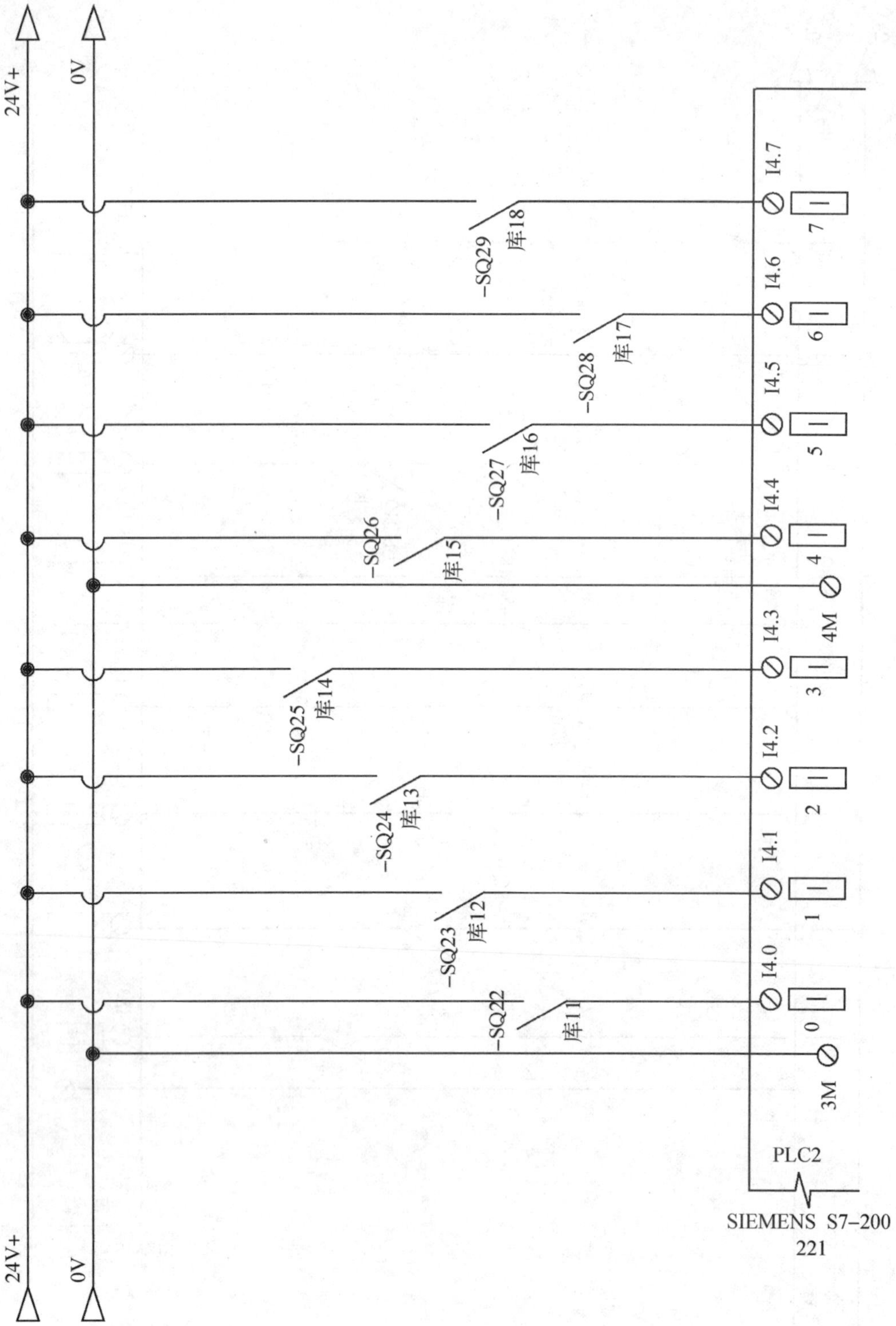
24V+
0V
-SQ22
库11
-SQ23
库12
-SQ24
库13
-SQ25
库14
-SQ26
库15
-SQ27
库16
-SQ28
库17
-SQ29
库18
I4.0
I4.1
I4.2
I4.3
I4.4
I4.5
I4.6
I4.7
0
1
2
3
4
5
6
7
3M
4M
PLC2
SIEMENS S7-200
221
24V+
0V

（f）

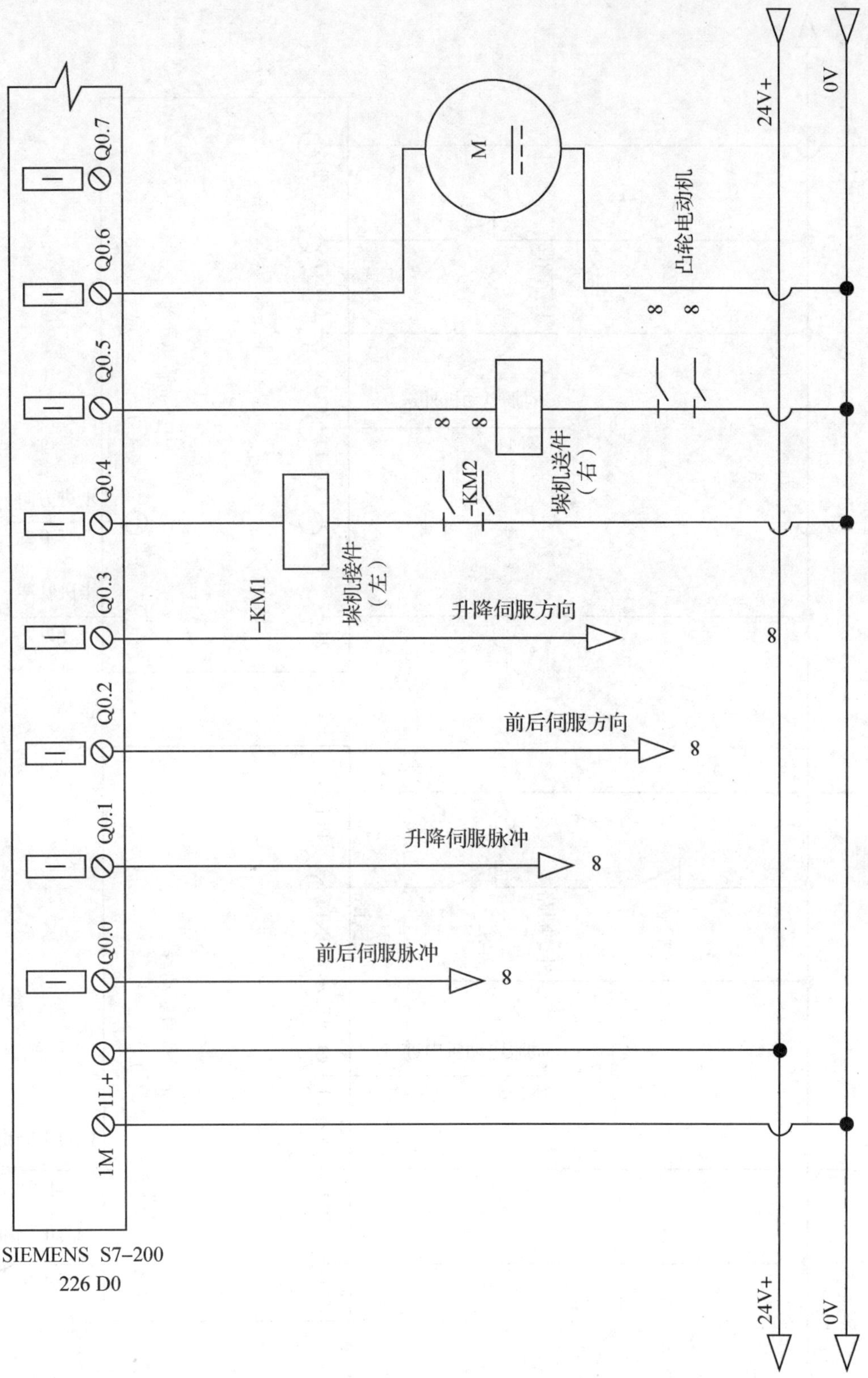
24V+
0V
M
凸轮电动机
垛机送件（右）
垛机接件（左）
-KM1
-KM2
升降伺服方向
前后伺服方向
升降伺服脉冲
前后伺服脉冲
Q0.7
Q0.6
Q0.5
Q0.4
Q0.3
Q0.2
Q0.1
Q0.0
1L+
1M
SIEMENS S7-200
226 D0

（g）

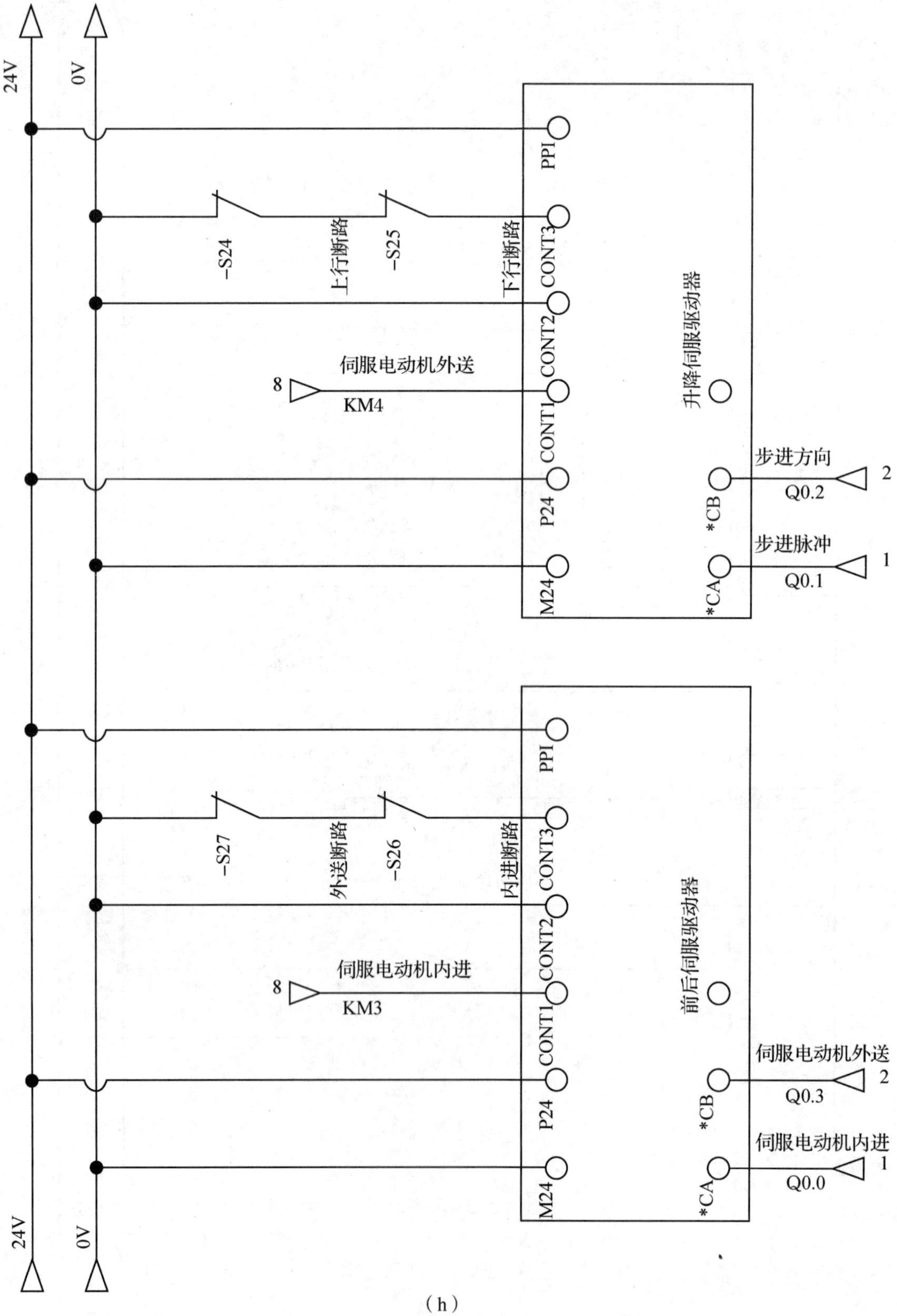
24V
0V
PPI
CONT3
CONT2
CONT1
P24
M24
-S24
上行断路
-S25
下行断路
伺服电动机外送
8
KM4
升降伺服驱动器
*CB
*CA
步进方向
Q0.2
2
步进脉冲
Q0.1
1
PPI
CONT3
CONT2
CONT1
P24
M24
-S27
外送断路
-S26
内进断路
伺服电动机内进
8
KM3
前后伺服驱动器
*CB
*CA
伺服电动机外送
Q0.3
2
伺服电动机内进
Q0.0
1
24V
0V

（h）

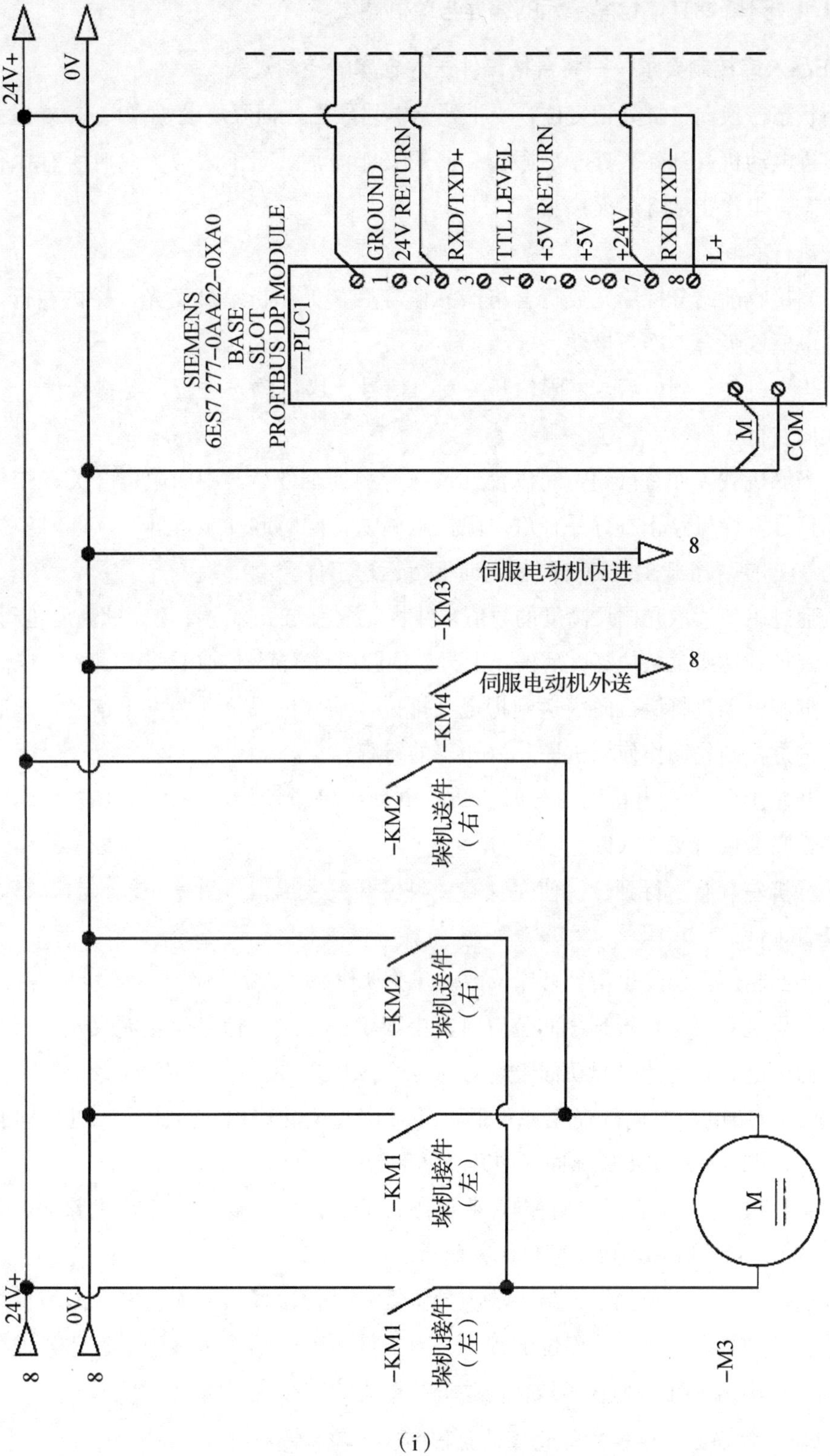

（i）

图 2 - 82　升降梯立体仓库单元电气原理图

2.11.4 升降梯立体仓库单元的编程与单机调试

1. 正品入库控制要求——将合格工件送入仓库的控制过程

初始状态：换向气缸处于复位；垛机处于中间限位；伺服电动机（内进/外退）处于外限位；步进电动机（升降）处于底限位；凸轮（库内）处于下限位。此时所有执行机构均为停止状态，工作指示灯熄灭。

系统运行期间：

（1）当接收前站分拣单元放行合格产品信号后，工作指示灯发光，垛机左行，同时垛机左限位电磁铁吸合，准备接件。

（2）当垛机左行到位后，左限位开关发出信号，垛机停止左行，等待接件，3.5s 后垛机接件换向右行。

（3）当垛机载工件右行到中间位置且系统检测到工件后，中间限位开关和工件检测传感器发出信号，垛机停止右行并释放左限位电磁铁，同时起动步进脉冲（此时步进方向向上输出为 0），使垛机载工件随升降梯定向上行运送工件。

（4）通过串口读取光栅尺高度的数值，并将此数值与目标仓库单元的高度进行比较后，垛机随升降梯到达指定层位高度后停止上行，伺服电动机起动向内运送工件。

（5）伺服电动机将垛机向内送到指定某排位，某排位限位开关发出信号，此时伺服电动机停止内进，凸轮动作使垛机提升 30mm 的行程。

（6）凸轮上限位发出检测信号时，凸轮电动机停止动作，垛机左（右）行，左（右）限位电磁铁吸合放行工件入库。

（7）垛机左（右）行到位，使左（右）限位开关发出信号后停止左（右）行，凸轮动作放置托盘工件。

（8）当凸轮下限位发出信号且库位微动开关动作后，入库动作结束，垛机右（左）行。

（9）当垛机右（左）行到中间位置时，中限位开关发出信号停止右（左）行，并释放左（右）限位电磁铁，此时起动伺服电动机向外退出。

（10）当伺服电动机向外退至原位后，外限位开关动作停止外退，步进方向转为向下（输出为 1），并同时起动步进脉冲，使升降梯下行。

（11）升降梯下行至底层（原位），底层限位开关动作，此时停止步进脉冲，并使步进方向输出为 0，将升降梯停放在原位，工作指示灯熄灭。

说明：①当系统需要根据控制要求的具体规定自行选择入库库位时，需另行编制自动选择方向（左/右库）、层位、库位的程序，而工件入库的动作步骤同上；②若进行单站控制的实训，可用 KEY1 按钮信号取代前站分拣单元的正品放行信号。

2. 合格工件送入升降梯立体仓库单元程序控制流程图

合格工件送入升降梯立体仓库单元程序控制流程图如图 2-83 所示。

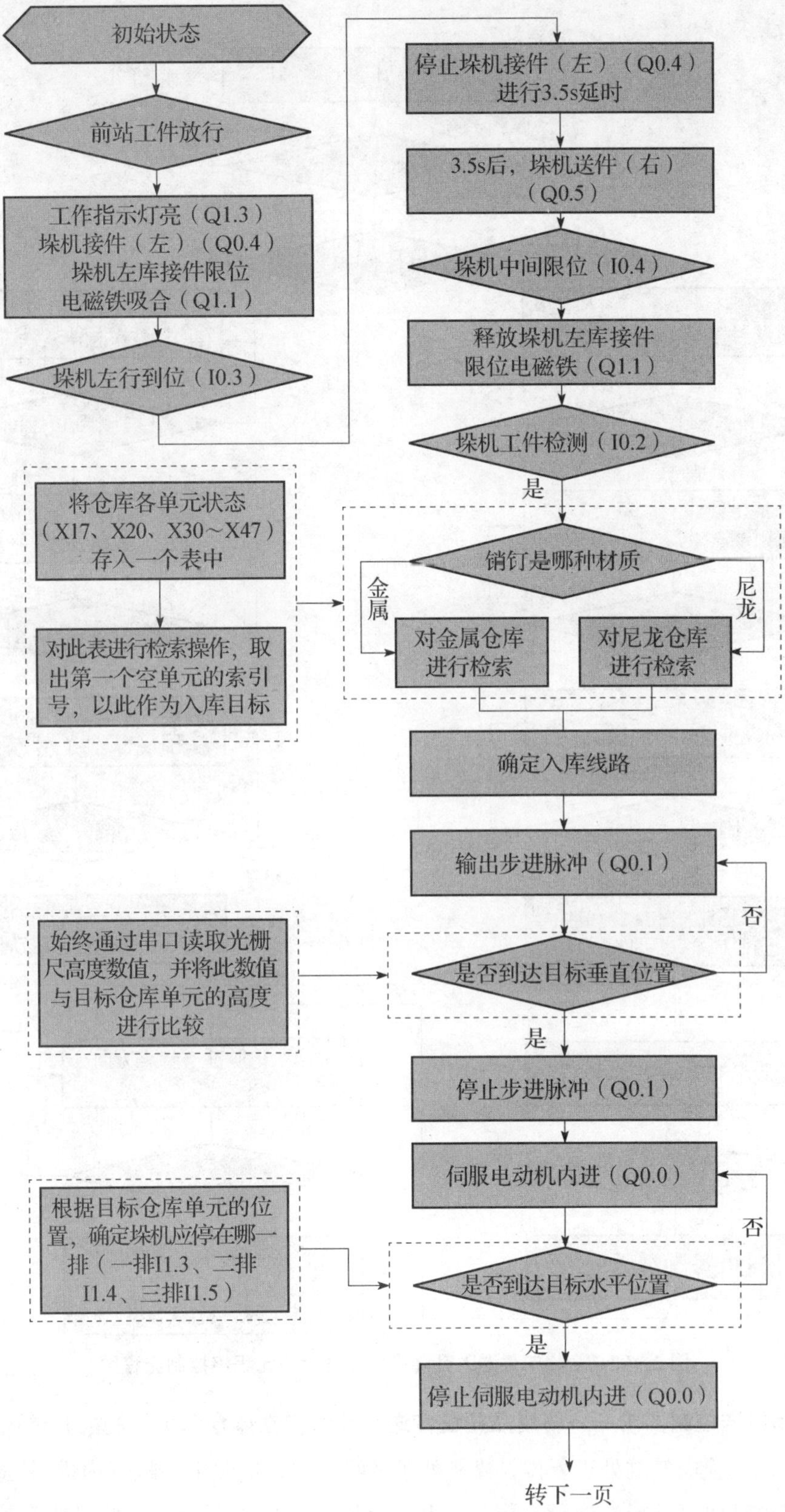
初始状态
前站工件放行
工作指示灯亮（Q1.3）
垛机接件（左）（Q0.4）
垛机左库接件限位
电磁铁吸合（Q1.1）
垛机左行到位（I0.3）
停止垛机接件（左）（Q0.4）
进行3.5s延时
3.5s后，垛机送件（右）
（Q0.5）
垛机中间限位（I0.4）
释放垛机左库接件
限位电磁铁（Q1.1）
垛机工件检测（I0.2）
是
将仓库各单元状态
（X17、X20、X30～X47）
存入一个表中
对此表进行检索操作，取出第一个空单元的索引号，以此作为入库目标
销钉是哪种材质
金属
尼龙
对金属仓库
进行检索
对尼龙仓库
进行检索
确定入库线路
输出步进脉冲（Q0.1）
否
始终通过串口读取光栅尺高度数值，并将此数值与目标仓库单元的高度进行比较
是否到达目标垂直位置
是
停止步进脉冲（Q0.1）
伺服电动机内进（Q0.0）
否
根据目标仓库单元的位置，确定垛机应停在哪一排（一排I1.3、二排I1.4、三排I1.5）
是否到达目标水平位置
是
停止伺服电动机内进（Q0.0）
转下一页

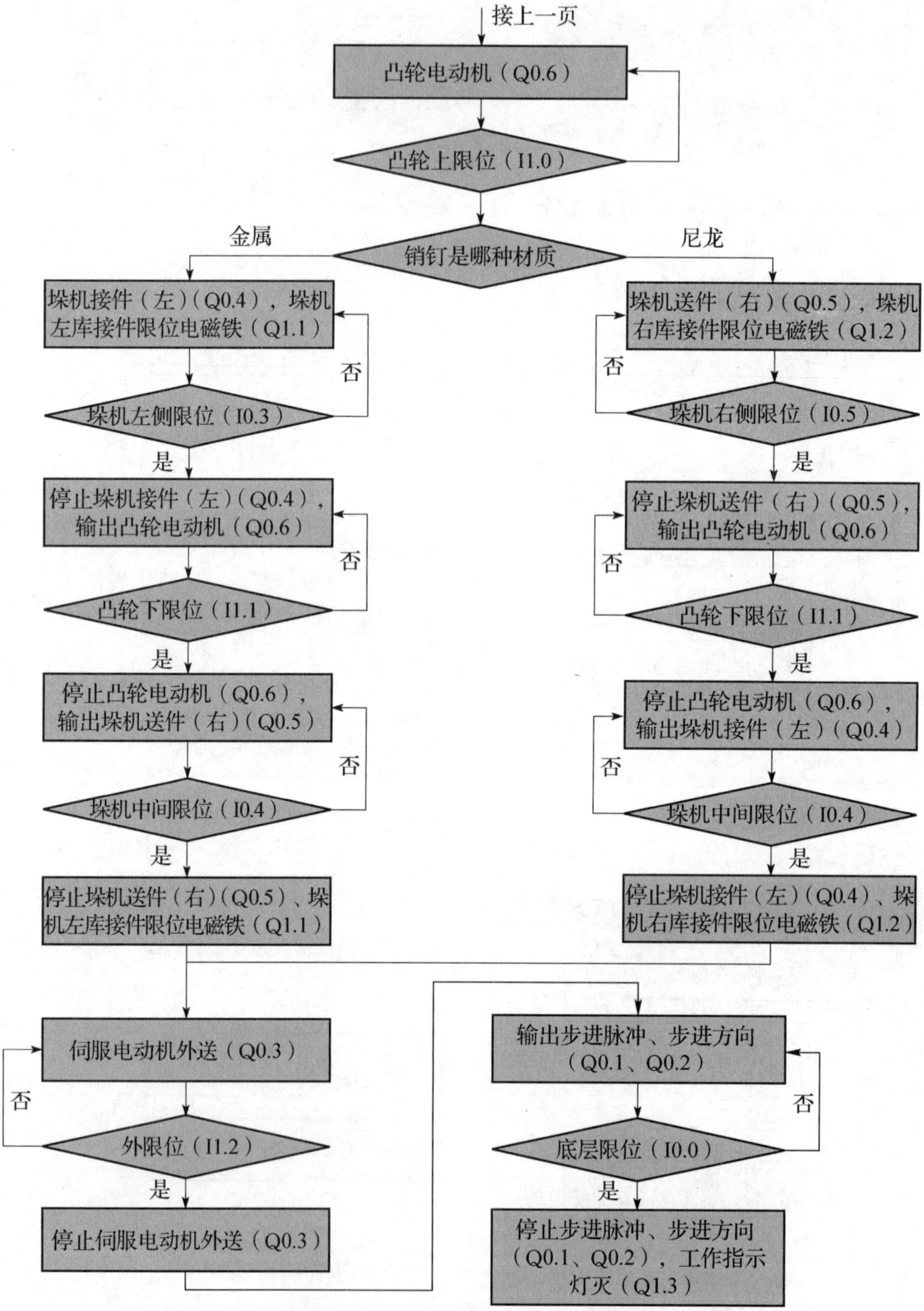

图 2－83　合格工件送入升降梯立体仓库单元程序控制流程图

3. 废品传送控制要求——将废品托盘传送至升降梯立体仓库单元的控制过程

初始状态：换向气缸处于复位；垛机处于中间限位；伺服电动机（内进/外退）处于外限位；步进电动机（升降）处于底限位；凸轮（库内）处于下限位。此时所有执行机构均为停止状态，工作指示灯熄灭。

系统运行期间：

（1）当接收前站分拣单元放行托盘信号后，工作指示灯发光，垛机左行，同时垛机左库接件限位电磁铁吸合，准备接件。

（2）当垛机左行到位后，左限位开关发出信号，垛机停止左行，等待接件，3.5s 后垛机接件换向右行。

（3）当垛机载托盘右行到中间位置后，中间限位开关发出信号，垛机释放垛机左库接件限位电磁铁，延时 2s 后垛机右库接件限位电磁铁吸合，准备送件。

（4）垛机右行到位使右限位开关发出信号后停止右行，完成送件工作。5s 后垛机左行并释放垛机右库接件限位电磁铁。

（5）当垛机左行到中间位置时，中限位开关发出信号，停止左行，等待下次动作，工作指示灯熄灭。

4. 废品托盘传送至升降梯立体仓库单元程序控制流程图

废品托盘传送至升降梯立体仓库单元程序控制流程图如图 2－84 所示。

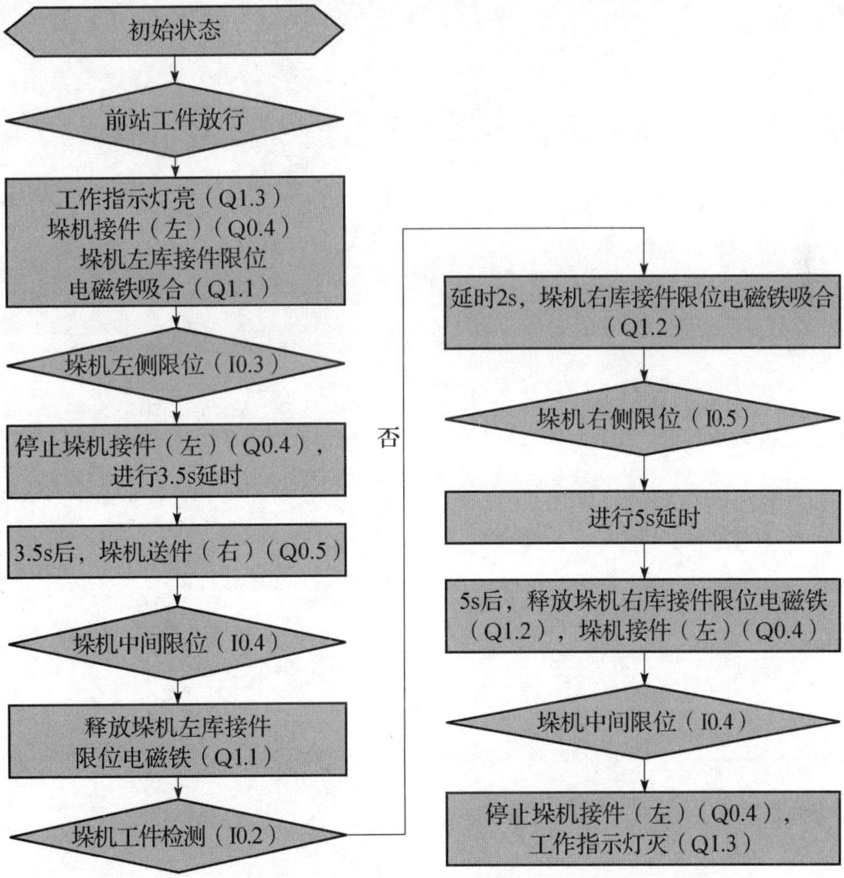

图 2－84　废品托盘传送至升降梯立体仓库单元程序控制流程图

项目小结

本项目系统阐述了自动化生产线各单元的结构与功能，构建起完整的生产线框架。为后续深入学习生产线系统调试提供了理论支撑与实践指引。

项目3

柔性制造生产线系统安装与调试

能力目标

1. 了解主控平台的板面布置及各部件的功能。
2. 了解系统总电源系统、总气路系统的设计思路及连接方法。
3. 理解主站的通信控制和管理功能。
4. 了解PROFIBUS协议结构，熟悉硬件组态方法。

素养目标

1. 具备良好的交往与沟通能力。
2. 逐步养成严谨、规范的操作习惯。
3. 培养爱岗敬业、吃苦耐劳、乐于奉献的品质。

在完成装配生产线各分站运行控制的基础上，可以进一步实现整个系统的全程连续控制。本柔性制造生产线采用SIMATIC S7-300系列PLC作上位机，由多个S7-200系列PLC和变频器作下位机，由下位机控制各站的执行元件，由上位机通过PROFIBUS总线对下位机和各执行元件进行连接和控制。

3.1 S7-300 PLC在柔性制造生产线中的应用

S7-300 PLC是模块化的中小型PLC系统，可满足中等性能要求的应用。各种单独的模块之间可进行组合，用于扩展。

S7-300 PLC系统一般由电源模块、中央处理单元、信号模块、接口模块、功能模块、通信模块和特殊模块组成，如图3-1所示。

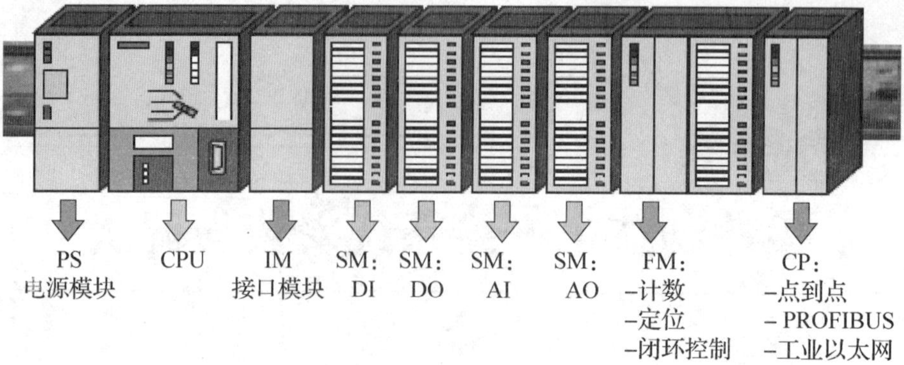

图 3-1 S7-300 PLC 系统组成

1. 中央处理单元（CPU）

各种 CPU 有各种不同的性能，有的 CPU 上集成了输入/输出点，有的 CPU 上集成了 PROFIBUS-DP 通信接口等。

2. 信号模块（SM）

用于数字量和模拟量的输入/输出。

3. 通信模块（CP）

用于连接网络和点对点连接。

4. 功能模块（FM）

用于高速计数，定位操作（开环或闭环）。

5. 电源模块（PS）

用于将 SIMATIC S7-300 连接到 220V 交流电源，给 PLC 系统提供 24V 直流电源。

6. 接口模块（IM）

用于多机架配置时连接主机架（CR）和扩展机架（ER）。S7-300 通过分布式的主机架（CR）和扩展机架，可以操作多达 32 个模块。

3.2 基于 PROFIBUS 通信的生产线联机调试

使用 PROFIBUS 系统时，在起动系统前先要对系统及各站点进行配置和参数化工作。完成此项工作的支持软件：SIMATIC S7，其主要设备的所有 PROFIBUS 通信功能都集成在 STEP 7 编程软件中。这种软件具备 PROFIBUS 系统及各站点的配置、参数化、文件、编制起动、测试、诊断等功能。

1. 硬件配置的目的

生成一个新项目，完成系统硬件配置文件并将其下载，完成系统配置。

2. 项目硬件配置步骤

（1）在应用前，首先进行 STEP 7 软件的安装。

（2）安装完成后，双击

图标，打开 STEP 7 主页面，系统将自动弹出“STEP 7 Wizard：‘New Project’”对话框，单击“Next”按钮，如图 3－2 所示。

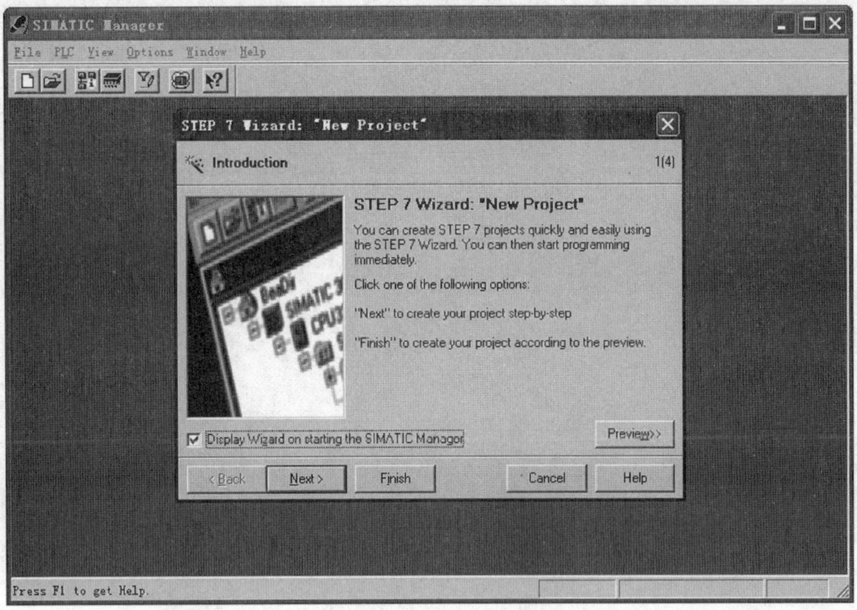

图 3－2　新建项目

（3）选择 CPU 类型，本系统中使用的 CPU 类型为“CPU315-2DP”，然后单击“Next”按钮，如图 3－3 所示。

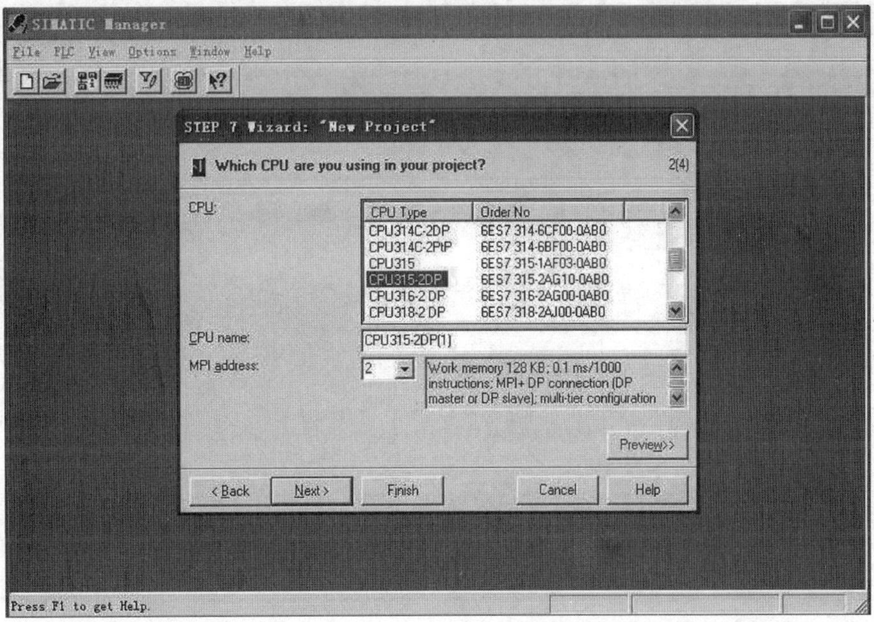

图 3－3　选择 CPU 类型

（4）选择组织块“OB1”，并且选择用梯形图的编程方式“LAD”，然后单击“Next”按钮，如图 3-4 所示。

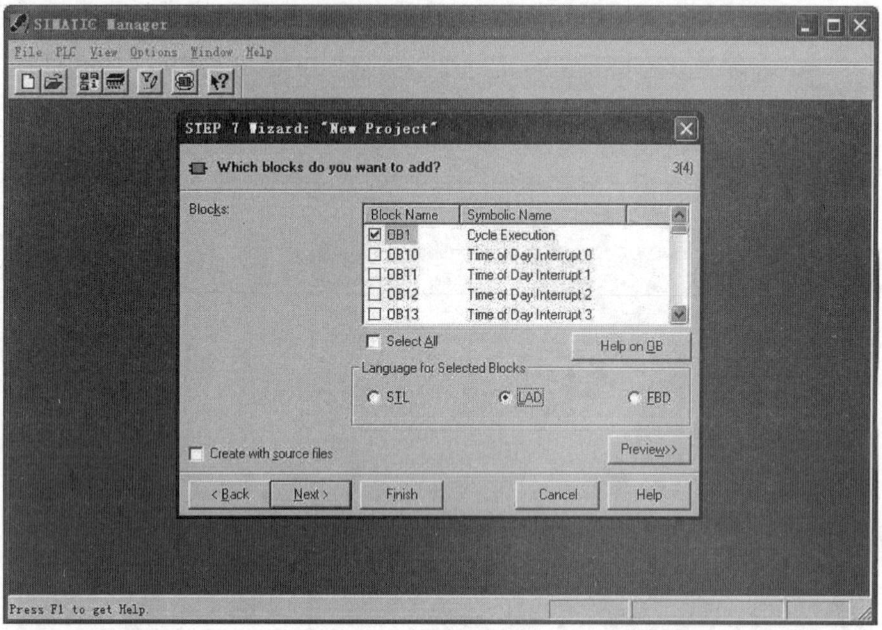

图 3-4　选择组织块

（5）在弹出的对话框中给新建项目起一个项目名称，如“test1”，单击“Finish”按钮后，新建项目完成，如图 3-5 所示。

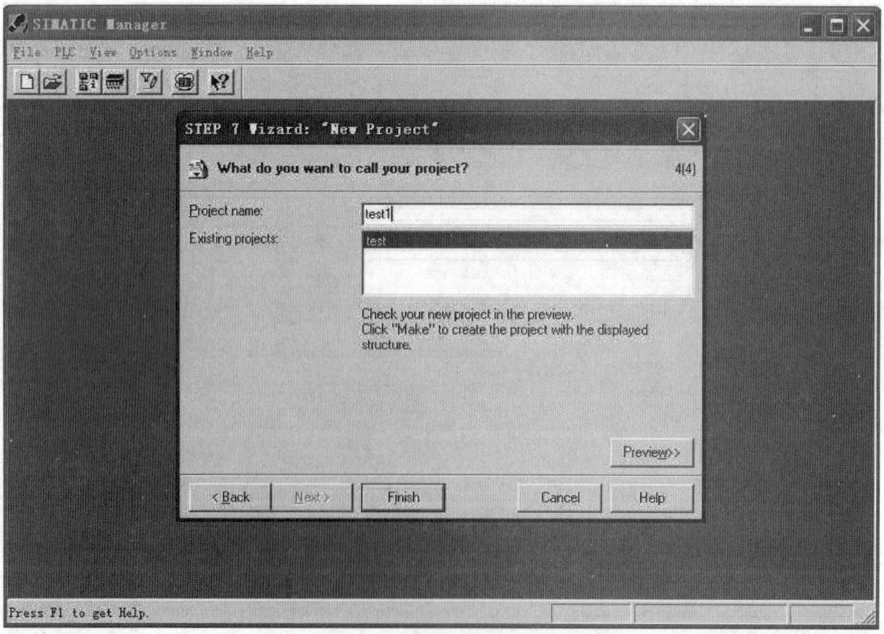

图 3-5　给项目命名

（6）单击“test1”左侧的“+”，选中“SIMATIC 300 Station”选项，然后选中“Hardware”并双击，或右击并选择“OPEN OBJECT”命令，即可打开硬件组态界面，如图 3－6 所示。

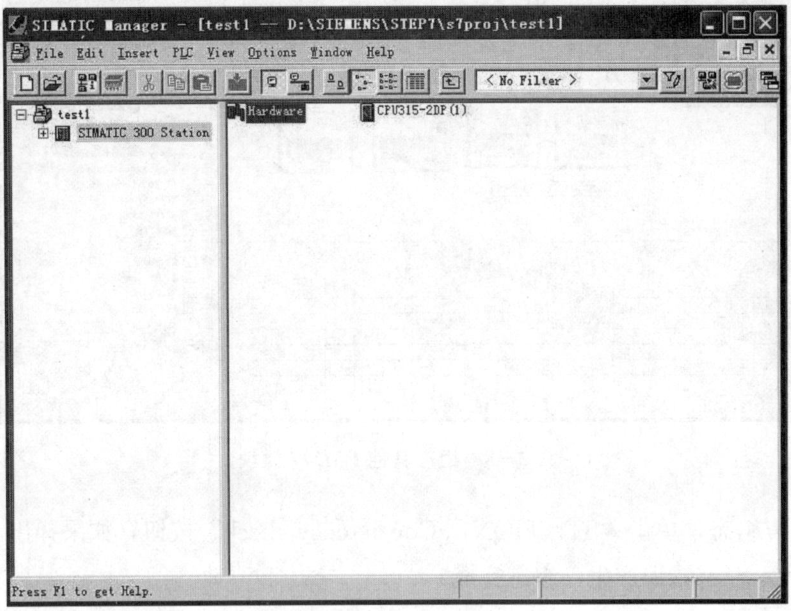

图 3－6　硬件组态

（7）配置 300 的电源模块：依次单击“SIMATIC 300”→“PS-300”选项，选中“PS 307 2A”选项，将其拖到机架“RACK”的第一个“SLOT”，如图 3－7 所示。

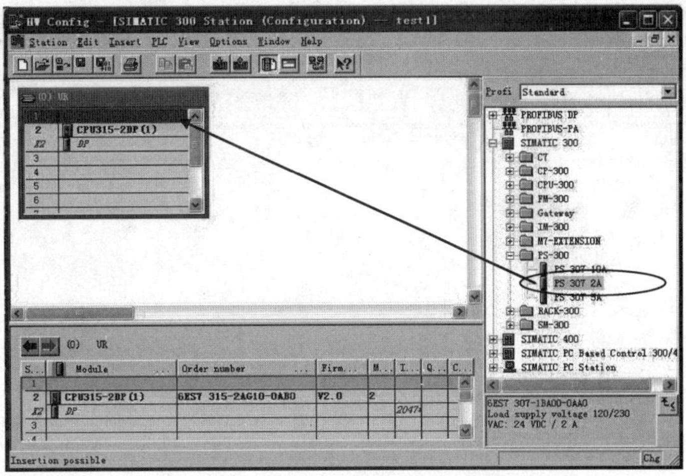

图 3－7　配置 300 的电源模块

（8）按照上面的步骤组态其他 EM277 模块，分配其地址，如图 3－8 所示。

（9）单击 (Save and Complice)，存盘并编译硬件组态，完成硬件组态工作。

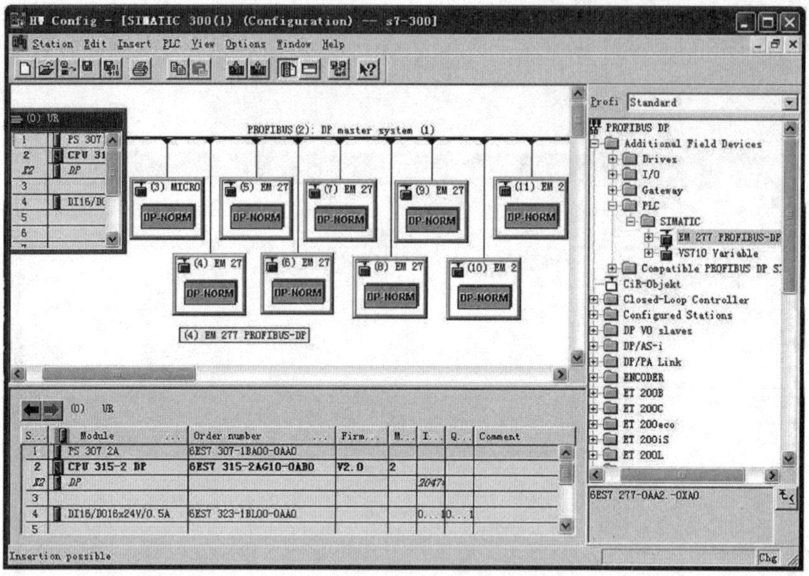

图 3-8　组态其他 EM277 模块

（10）检查组态，单击“STATION \ Consistency check”按钮，如果弹出“NO error”对话框，则表示没有错误产生，组态完成。

3. 软件编程

（1）依次单击“test1”左侧的“+”→“SIMATIC 300 Station”左侧的“+”→“CPU315-2DP（1）”左侧的“+”→“S7 Program（1）”左侧的“+”，选中“Blocks”选项，然后在如图 3-9 所示的窗口中双击“OB1”选项即可打开编程界面，如图 3-9 所示。

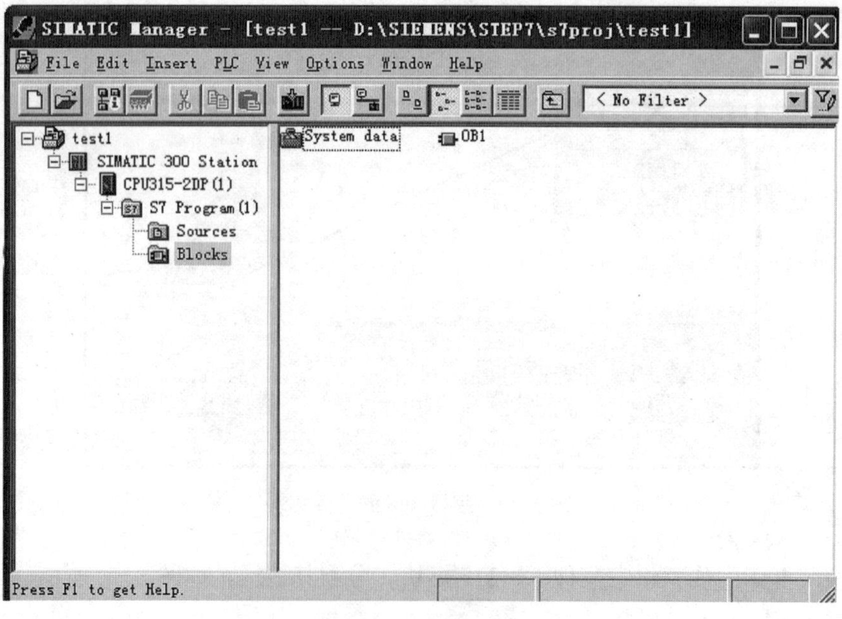

图 3-9　打开编程界面

(2) 在弹出的界面中进行编程，如图 3－10 所示。完成编程后选择 PLC 菜单中的“Download”命令即可将程序下载至 PLC 300 中。

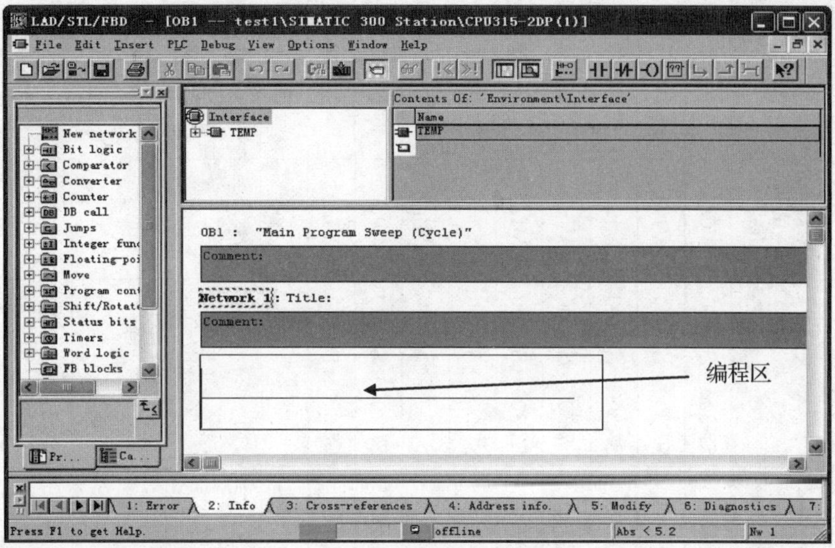

图 3－10　在弹出的界面中进行编程

柔性制造生产线总线站点地址设置见表 3－1。

表 3－1　柔性制造生产线总线站点地址设置一览表

序号	站点名称	总线站号	与总站通信地址	变量存储器地址	
				发送地址（S7-200→S7-300）	接收地址（S7-300→S7-200）
1	上料单元	10	16～17	V2.0～V3.7	V0.0～V1.7
2	下料单元	08	2～3	V2.0～V3.7	V0.0～V1.7
3	加盖单元	12	4～5	V2.0～V3.7	V0.0～V1.7
4	穿销单元	14	6～7	V2.0～V3.7	V0.0～V1.7
5	模拟单元	16	14～15	V2.0～V3.7	V0.0～V1.7
6	图像识别单元	28	26～29	V4.0～V7.7	V0.0～V3.7
7	伸缩换向单元	20	22～25	V4.0～V7.7	V0.0～V3.7
8	检测单元	18	8～9	V2.0～V3.7	V0.0～V1.7
9	液压单元	22	18～21	V4.0～V7.7	V0.0～V3.7
10	分拣单元	24	10～11	V2.0～V3.7	V0.0～V1.7
11	升降梯立体仓库单元	26	32～35	V4.0～V7.7	V0.0～V3.7

为便于全面了解本系统全程控制中信号间的内在联系，现将柔性制造生产线总线通信中相关联的地址编号列于表 3－2。

表 3-2 柔性制造生产线总线通信中相关联的地址编号

<table>
<tr><th colspan="5">发送站</th><th rowspan="2">传送方向</th><th colspan="2">主站</th><th rowspan="2">传送方向</th><th colspan="3">接收站</th></tr>
<tr><th>总线站号</th><th>站点名称</th><th>信号名称</th><th>本站地址</th><th>传送变量地址</th><th>主站地址</th><th>主站输出地址</th><th>接收变量地址</th><th>站点名称</th><th>总线站号</th></tr>
<tr><td>10</td><td>上料单元</td><td>往下料放件信号</td><td></td><td>V2.3</td><td>S7-200→S7-300</td><td>I16.3</td><td>Q2.3</td><td>S7-300→S7-200</td><td>V0.3</td><td>下料单元</td><td>08</td></tr>
<tr><td>08</td><td>下料单元</td><td>料槽工件检测</td><td>I0.2</td><td>V3.5</td><td>S7-200→S7-300</td><td>I3.5</td><td>Q17.1</td><td>S7-300→S7-200</td><td>V1.1</td><td>上料单元</td><td>10</td></tr>
<tr><td>12</td><td>加盖单元</td><td>托盘检测</td><td>I0.1</td><td>V3.0</td><td>S7-200→S7-300</td><td>I5.0</td><td>Q3.0</td><td>S7-300→S7-200</td><td>V1.0</td><td>下料单元</td><td>08</td></tr>
<tr><td>14</td><td>穿销单元</td><td>托盘检测</td><td>I0.1</td><td>V3.0</td><td>S7-200→S7-300</td><td>I7.0</td><td>Q5.0</td><td>S7-300→S7-200</td><td>V1.0</td><td>加盖单元</td><td>12</td></tr>
<tr><td>16</td><td>模拟单元</td><td>托盘检测</td><td>I0.0</td><td>V3.0</td><td>S7-200→S7-300</td><td>I15.0</td><td>Q7.0</td><td>S7-300→S7-200</td><td>V1.0</td><td>穿销单元</td><td>14</td></tr>
<tr><td>28</td><td>图像识别单元</td><td>托盘检测</td><td>I0.0</td><td>V4.0</td><td>S7-200→S7-300</td><td>I26.0</td><td>Q15.0</td><td>S7-300→S7-200</td><td>V1.0</td><td>模拟单元</td><td>16</td></tr>
<tr><td>20</td><td>伸缩换向单元</td><td>工作指示灯</td><td>Q1.1</td><td>V4.0</td><td>S7-200→S7-300</td><td>I22.0</td><td>Q27.0</td><td>S7-300→S7-200</td><td>V3.0</td><td>图像识别单元</td><td>28</td></tr>
<tr><td>18</td><td>检测单元</td><td>托盘检测</td><td>I0.0</td><td>V3.0</td><td>S7-200→S7-300</td><td>I9.0</td><td>Q22.7</td><td>S7-300→S7-200</td><td>V0.7</td><td>伸缩换向单元</td><td>20</td></tr>
<tr><td>22</td><td>液压单元</td><td>本站整体复位</td><td></td><td>V7.0</td><td>S7-200→S7-300</td><td>I21.0</td><td>Q9.0</td><td>S7-300→S7-200</td><td>V1.0</td><td>检测单元</td><td>18</td></tr>
<tr><td rowspan="5">24</td><td rowspan="5">分拣单元</td><td rowspan="2">托盘检测</td><td rowspan="2">I0.7</td><td rowspan="2">V3.0</td><td rowspan="5">S7-200→S7-300</td><td>I11.0</td><td>Q18.0</td><td rowspan="5">S7-300→S7-200</td><td>V0.0</td><td>液压单元</td><td>22</td></tr>
<tr><td rowspan="2">I11.0</td><td rowspan="2">Q32.0</td><td rowspan="2">V0.0</td><td rowspan="2">升降梯立体仓库单元</td><td rowspan="2">26</td></tr>
<tr><td rowspan="3">止动气缸</td><td rowspan="3">Q0.0</td><td rowspan="3">V3.3</td></tr>
<tr><td rowspan="2">I11.3</td><td rowspan="2">Q32.1</td><td rowspan="2">V0.1</td><td rowspan="2">升降梯立体仓库单元</td><td rowspan="2">26</td></tr>
<tr></tr>
<tr><td>26</td><td>升降梯立体仓库单元</td><td>本站整体复位</td><td></td><td>V4.7</td><td>S7-200→S7-300</td><td>I32.7</td><td>Q11.0</td><td>S7-300→S7-200</td><td>V1.0</td><td>分拣单元</td><td>24</td></tr>
</table>

4. 训练要求

(1) 了解主控平台的板面布置及各部件的功能，检查核对其电气安装接线。

(2) 对照电源系统总图和气路连接总图，理解总电源、总气源的引入方式、安全保护措施及分路电源、分路气源的分配方法。

(3) 依据 S7-300 PLC 控制接线图，熟悉其安装接线方法。

(4) 理解主控平台上 S7-300 PLC 作为一类主站所实现的总线通信控制与管理功能，体会主、从站间的硬件连接方式，熟悉总线通信系统的实际安装接线。

(5) 了解总线协议结构及 PROFIBUS 模板的特点；学习正确配置主站的硬件组态；学会设置与主站对应的下位机模块地址。

5. 主站控制的基本要求

主站控制按钮盒上的按钮为整个生产线的总控按钮，控制按钮盒控制功能的定义如下。

复位按钮：当按下此按钮时总站三色指示灯的黄灯亮，并且对各个分站进行初始化复位，所有标志位或计数器都将清零，重新计算。

起动按钮：当所有单元均处于预备工作状态时按下此按钮，首先起动本套柔性生产线的底层传送电动机，使其运转且点亮各分站的红色指示灯，此后根据系统设计程序，各分站按顺序进行相应的动作。

停止按钮：当按下此按钮时所有站的动作均处于停止状态，起动后可继续工作。

急停按钮：当发生事故时，应立即按急停按钮，系统将强制所有设备即刻处于停止工作状态（此时其他按钮都不起作用）。排除故障后须旋起急停按钮，并按复位按钮，待各机构恢复初始状态后按起动按钮，系统方可开始运行。

说明：出现故障时应检查每个分站的情况，若发现故障则在排除故障后重新起动系统，开始运行。

考虑到在不合格产品运送中分拣单元采用了变频器技术，因而本系统将其安排在主站控制，控制要求如下：废品单元的工件检测传感器连接到检测单元的 I1.1 的输入点上，当此传感器检测到废品线上有工件时输出一个中间变量（即 V＊.＊），传送至主站，总站接收到此信号后向变频器输出起动命令，驱动电动机使废品传送带运转 5s 后停止运行。

6. 系统全程控制中需注意的问题

系统全程控制时应满足下列条件：

(1) 设备电源（包括总电源及各分路电源）处于工作状态。

(2) 气泵气压达到 0.4～0.6MPa。

(3) 确认总线通信正常。

(4) 确认各站处于初始状态（若从站不在初始状态，可通过总站的复位按钮进行整体复位后方可再次按起动按钮，进行整体运行）。

系统全程运行时各分站程序需作以下补充或修改：

（1）根据主站控制按钮盒上总控按钮的功能定义修改程序。

（2）根据各分站中的要求补充修改程序。

项目小结

本项目采用 SIMATIC S7-300 系列 PLC 作为上位机，由多个 S7-200 系列 PLC 和变频器作为下位机，由下位机控制各站的执行元件，由上位机通过 PROFIBUS 总线对下位机和各执行元件进行连接和控制，从而实现整个系统的全程连续控制。

模块 2

YL-335B 型自动化生产线

项目4 了解 YL-335B 型自动化生产线

能力目标

1. 了解 YL-335B 型自动化生产线的基本组成和基本功能。
2. 了解 YL-335B 型自动化生产线的电气控制。
3. 了解 YL-335B 型自动化生产线的供电电源和气源处理装置。

素养目标

1. 具备安全生产、团队协作的职业素养。
2. 逐步养成严谨、规范的操作习惯。
3. 培养自主学习、创新的能力。

4.1 基本组成

自动化生产线实训考核装备由安装在铝合金导轨式实训台上的送料单元、加工单元、装配单元、输送单元和分拣单元 5 部分组成，实训台外观如图 4－1 所示。

其中，每一个工作单元都可自成一个独立的系统，同时也是一个机电一体化系统。各个单元的执行机构基本上以气动执行机构为主，但输送单元的机械手装置的整体运动则采用伺服电动机驱动、精密定位的位置控制，该驱动系统具有长行程、多定位点的特点，是典型的一维位置控制系统。分拣单元的传送带驱动则采用了通用变频器驱动三相异步电动机的交流传动装置。位置控制和变频器技术是现代工业企业应用较为广泛的电气控制技术。该装备应用了多种类型的传感器，分别用于判断物体的运动位置、物体通过的状态、物体的颜色及材质等。传感器技术是机电一体化技术中的关键技术之一，也是现代工业实现高度自动化的前提之一。

图 4-1　实训台外观图

在控制方面，该装备采用基于以太网通信的 PLC 网络控制方案，即每一个工作单元由一台 PLC 承担其控制任务，各 PLC 之间通过以太网通信实现互联的分布式控制方式。用户可根据需要选择不同厂家的 PLC 及其所支持的通信模式，组建成小型的 PLC 网络。小型 PLC 网络具有结构简单、价格低廉的特点，在小型自动化生产线中有着广泛的应用，在现代工业网络通信中仍占据相当的份额。掌握基于以太网通信的 PLC 网络技术，将为进一步学习工业通信技术等打下良好的基础。

4.2　基本功能

各工作单元在实训台上的分布如图 4-2 所示。

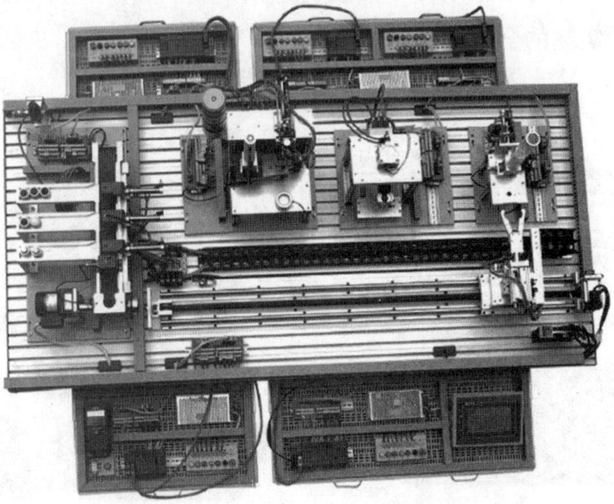

图 4-2　各工作单元在实训台上的分布

各单元的基本功能如下。

1. 供料单元的基本功能

供料单元是 YL-335B 中的起始单元，在整个系统中起着向其他单元提供原料的作用，其具体的功能是按照需要将放置在料仓中的待加工工件（原料）自动地推出到物料台上，以便输送单元的机械手将其抓取，输送到其他单元。供料单元实物的全貌如图 4-3 所示。

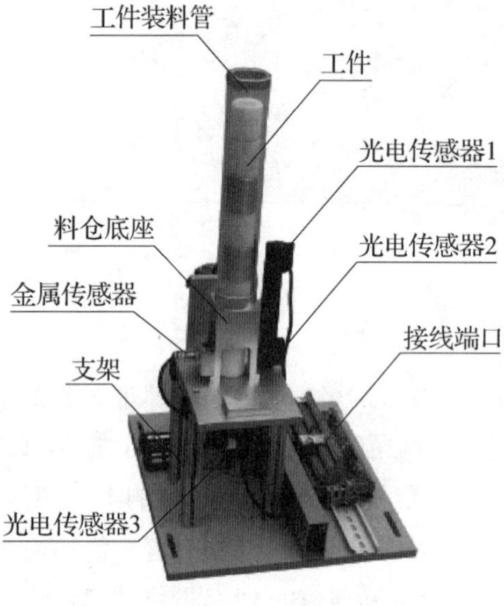

（a）正视图

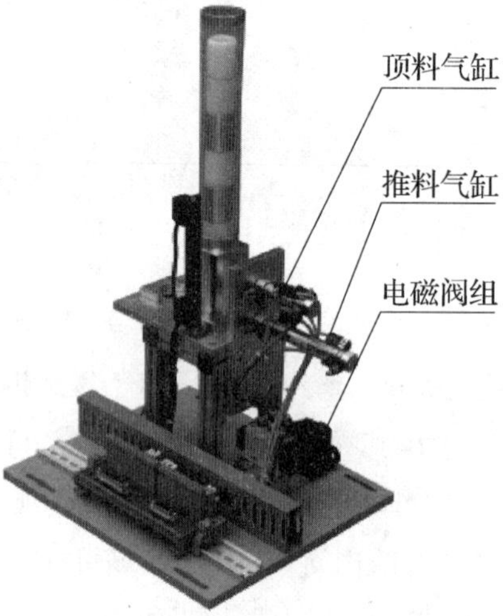

（b）侧视图

图 4-3　供料单元实物的全貌

2. 加工单元的基本功能

加工单元将该单元物料台上的工件（工件由输送单元的抓取机械手装置送来）送到冲压机构下面，完成一次冲压加工动作，然后再送回到物料台上，待输送单元的抓取机械手装置取出。加工单元实物的全貌如图 4-4 所示。

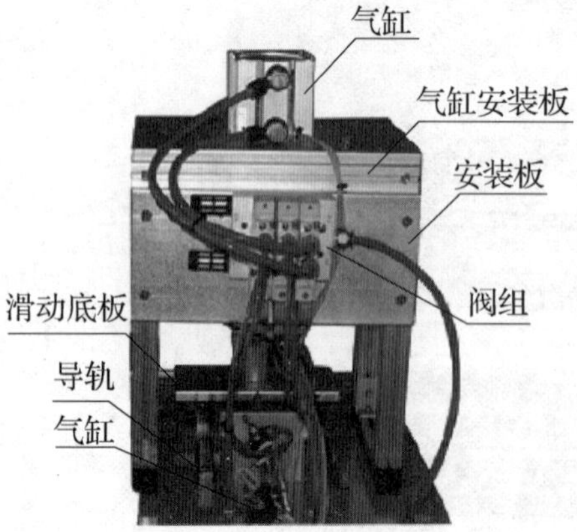

（a）背视图

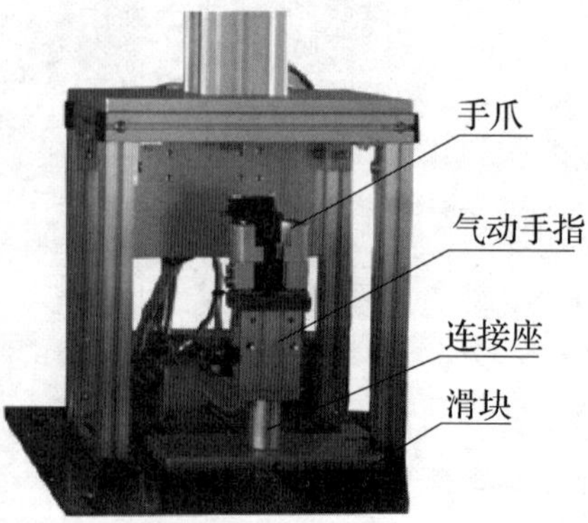

（b）前视图

图 4-4　加工单元实物的全貌

3. 装配单元的基本功能

将装配单元料仓内的黑色或白色小圆柱工件放入加工单元已加工的工件中。装配单元总装实物图如图 4－5 所示。

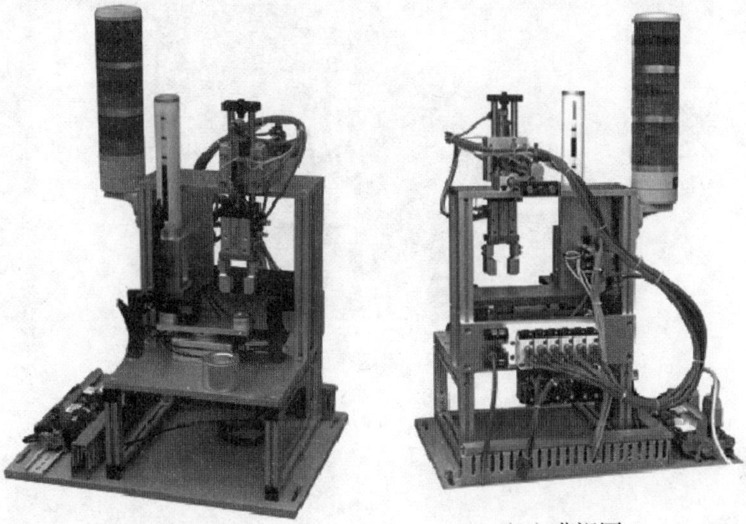

（a）前视图　（b）背视图

图 4－5　装配单元总装实物图

4. 分拣单元的基本功能

将上一单元送来的已加工、已装配的工件进行分拣，使不同颜色的工件从不同的料槽分流。分拣单元实物的全貌如图 4－6 所示。

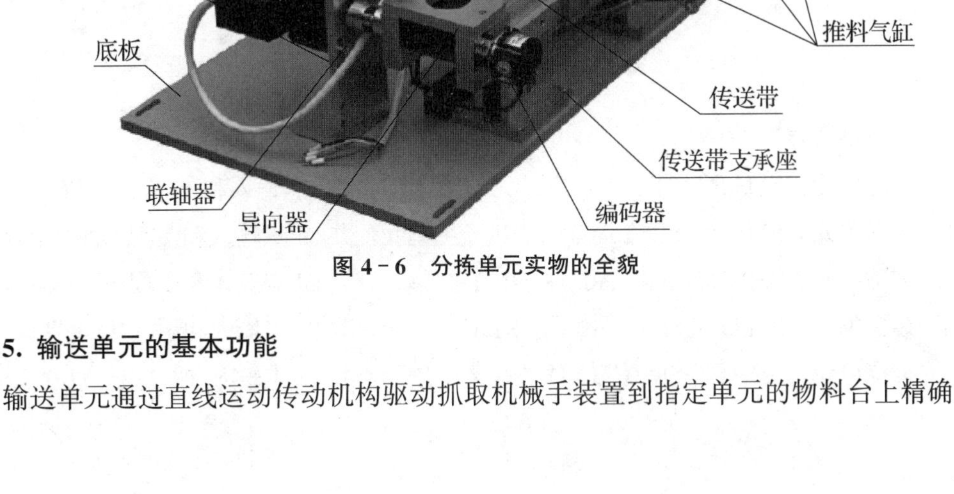

图 4－6　分拣单元实物的全貌

5. 输送单元的基本功能

输送单元通过直线运动传动机构驱动抓取机械手装置到指定单元的物料台上精确定位，

并在该物料台上抓取工件，把抓取到的工件输送到指定地点然后放下，实现传送工件的功能。输送单元的外观如图 4-7 所示。

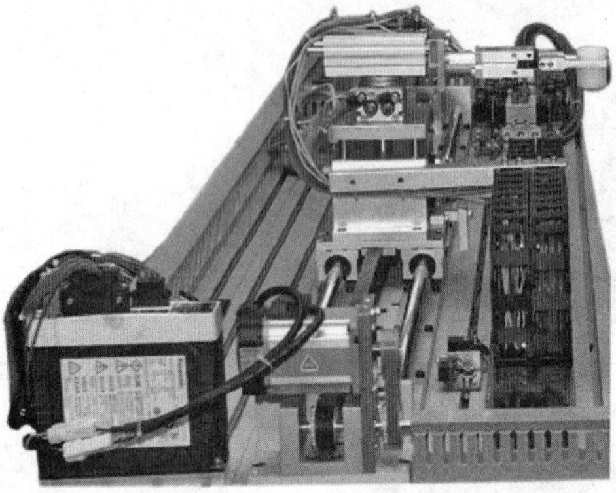

图 4-7 输送单元的外观

4.3 电气控制

1. 控制系统

当各工作单元通过网络互联构成一个分布式的控制系统时，对于采用西门子 SMART 200 系列 PLC 的设备，YL-335B 的标准配置是采用 TCP/IP 协议的通信方式。YL-335B 的以太网网络如图 4-8 所示。

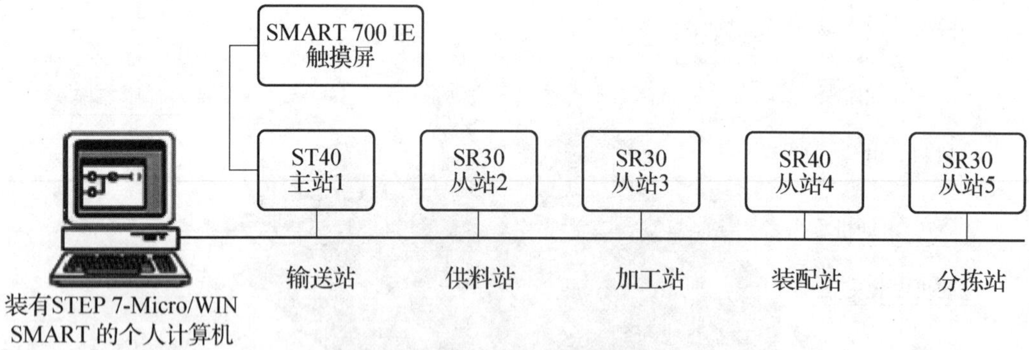

图 4-8 YL-335B 的以太网网络

各工作站的 PLC 配置如下：

（1）输送单元：SMART ST40 DC/DC/DC 主单元，共 24 点输入和 16 点晶体管输出。

（2）供料单元：SMART SR40 AC/DC/RLY 主单元，共 24 点输入和 16 点继电器输出。

（3）加工单元：SMART SR40 AC/DC/RLY 主单元，共 24 点输入和 16 点继电器输出。

（4）装配单元：SMART SR40 AC/DC/RLY 主单元，共 24 点输入和 16 点继电器输出。

（5）分拣单元：SMART SR40 AC/DC/RLY 主单元，共 18 点输入和 16 点继电器输出。

2. 人机界面

系统运行的主令信号（复位、起动、停止等）通过触摸屏人机界面给出。同时，人机界面上也显示系统运行的各种状态信息。

人机界面是操作员和机器设备之间进行双向沟通的桥梁。人机界面能够明确指示并告知操作员机器设备目前的状况，使操作变得简单生动，并且可以减少操作上的失误，即使是新手操作员，也可以很轻松地操作整个机器设备。使用人机界面还可以使机器的配线标准化、简单化，也能减少 PLC 控制器所需的 I/O 点数，降低生产成本，同时由于面板控制的小型化及高性能，提高了整套设备的附加价值。

YL-335B 采用了西门子 SMART 700 IE 触摸屏作为它的人机界面。SMART 700 IE 是一款以嵌入式低功耗 CPU 为核心（主频为 400MHz）的高性能嵌入式一体化工控机。该产品采用了高分辨率 64K 真彩宽屏显示，LED 背光降低设备功耗，延长设备使用寿命，具有以太网和串口通信功能，最大通信速率达到 187.5KB/s。SMART 700 IE 触摸屏的使用、人机界面的组态方法，将在“5.4 分拣单元安装与调试”中介绍。

4.4 供电电源

外部供电电源为三相五线制 AC 380V/220V，图 4－9 所示为供电电源模块一次回路原理图。在图 4－9 中，总电源开关选用 DZ47LE-32/C32 型三相四线漏电开关。系统各主要负载通过自动开关单独供电。其中，变频器电源通过 DZ47C16/3P 三相自动开关供电；各工作站 PLC 均采用 DZ47C5/1P 单相自动开关供电。此外，系统配置 4 台 DC24V6A 开关稳压电源，分别用作供料、加工、分拣及输送单元的直流电源。图 4－10 所示为配电箱设备安装图。

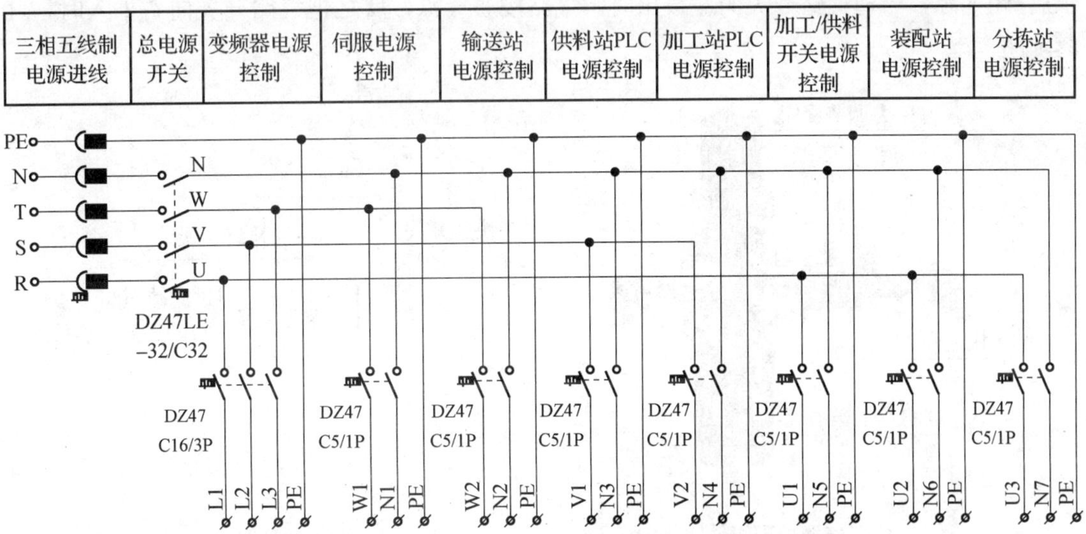

图 4－9　供电电源模块一次回路原理图

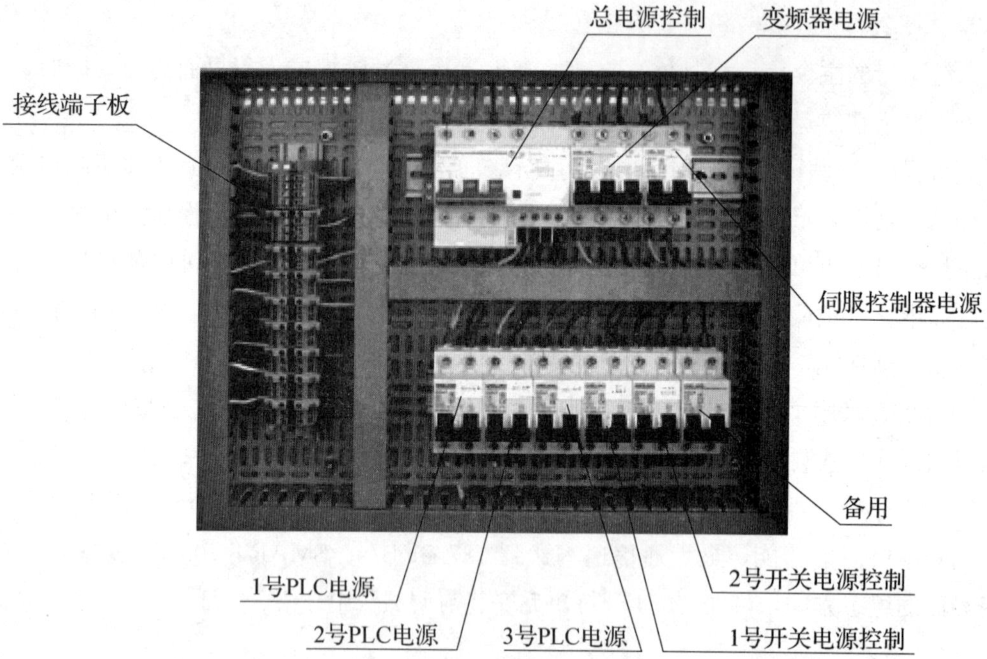

图 4-10　配电箱设备安装图

4.5　气源处理装置

YL-325 的气源处理组件及其回路原理图如图 4-11 所示。气源处理组件是气动控制系统中的基本组成器件，它的作用是除去压缩空气中所含的杂质及凝结水，调节并保持恒定的工作压力。在使用时，应注意经常检查过滤器中凝结水的水位，在超过最高标线以前，必须排放，以免凝结水被重新吸入。气源处理组件的气路入口处安装了一个快速开关，用于启/闭气源，当把气路开关向左拔出时，气路接通气源，反之把气路开关向右推入时，气路关闭。

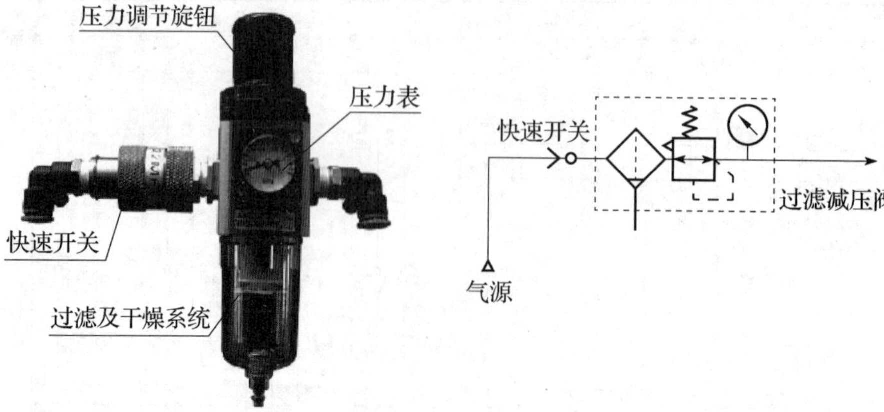

（a）气源处理组件实物图　　（b）气动原理图

图 4-11　YL-325 的气源处理组件及其回路原理图

气源处理组件输入气源来自空气压缩机，所提供的压力为 0.6～1.0MPa，输出压力为 0～0.8MPa，可调。输出的压缩空气通过快速三通接头和气管输送到各工作单元。

项目小结

本项目介绍了自动化生产线的基本功能，并对构成的设备进行说明。YL335B 自动化生产线可进行整体的联机运行，也可独立进行单站训练。

项目5

YL-335B型自动化生产线各单元安装与调试

能力目标

1. 了解 YL-335B 型自动化生产线各单元的工作流程。
2. 了解 YL-335B 型自动化生产线各单体的核心技术。
3. 掌握 YL-335B 型自动化生产线各单元的操作方法。

素养目标

1. 具备安全生产、团队协作的职业素养。
2. 逐步养成严谨、规范的操作习惯。
3. 培养自主学习、创新的能力。

5.1 供料单元安装与调试

5.1.1 认识供料单元

供料单元的主要结构组成为工件装料管、工件推出装置、支撑架、阀组、端子排组件、PLC、急停按钮和起动/停止按钮、走线槽、底板等。其中，机械部分的结构组成如图 5－1 所示。

管形料仓和工件推出装置用于储存工件原料，并在需要时将料仓中最下层的工件推出到出料台上。它主要由管形料仓、推料气缸、顶料气缸、磁感应接近开关、漫射式光电传感器组成。该部分的工作原理是：工件垂直叠放在料仓中，推料气缸处于料仓的底层且其活塞杆可从料仓的底部通过。当活塞杆在退回位置时，它与最下层工件处于同一水平位置，而顶料气缸则与次下层工件处于同一水平位置。当需要将工件推出到出料台上时，首先使

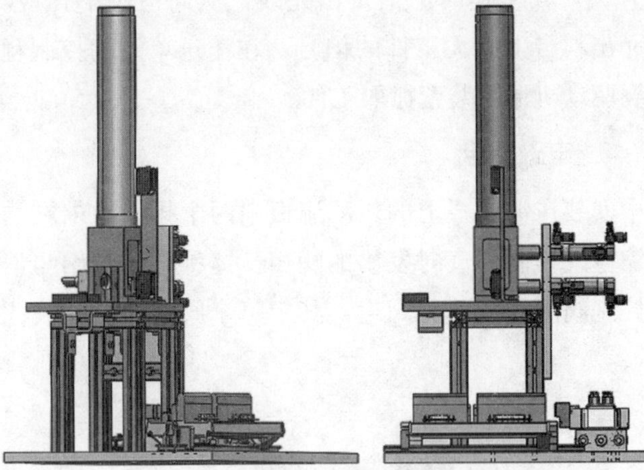

图 5－1　供料单元机械部分的结构组成

顶料气缸的活塞杆推出，压住次下层工件；然后使推料气缸活塞杆推出，从而把最下层工件推到出料台上。在推料气缸返回并从料仓底部抽出后，再使顶料气缸返回，松开次下层工件。这样，料仓中的工件在重力的作用下自动向下移动一个工件位，为下一次推出工件做好准备。供料操作示意图如图 5－2 所示。

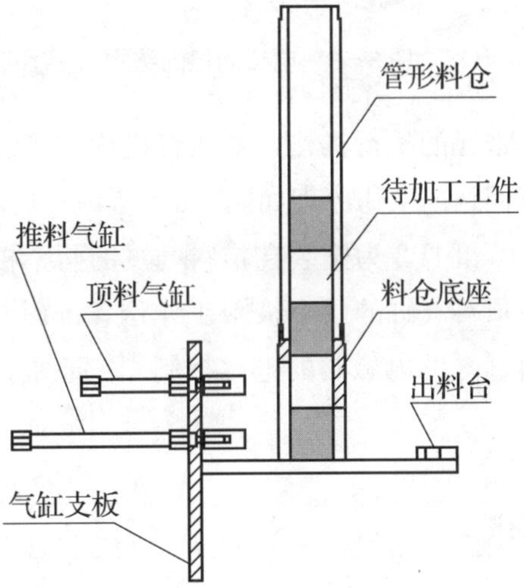

图 5－2　供料操作示意图

在底层和管形料仓第 4 层工件位置，分别安装一个漫射式光电接近开关。它们的功能是检测料仓中有无储料或储料是否足够。若该部分机构内没有工件，则处于底层和第 4 层位置的两个漫射式光电接近开关均处于常态；若仅在底层有 3 个工件，则底层处的漫射式光电接近开关动作而第 4 层处的漫射式光电接近开关处于常态，表明工件已经快用完了。这样，料仓中有无储料或储料是否足够，就可由这两个漫射式光电接近开关的信号状态反映出来。推料气缸把工件推出到出料台上。出料台面上有小孔，出料台下面设置了一个圆柱形漫射式光电接近开关，其工作时向上发出光线，从而透过小孔检测是否有工件存在，以便向系统提供本单元出料台上有无工件的信号，在输送单元的控制程序中，可以利用该信号状态判断是否需要驱动机械手装置抓取工件。

5.1.2 相关知识点：电磁阀组

两个电磁阀是集中安装在汇流板上的。汇流板中两个排气口末端均连接了消声器，消声器的作用是减少压缩空气排向大气时发出的噪声。这种将多个阀与消声器、汇流板等集中在一起构成的一组控制阀的集成称为阀组，其中每个阀的功能是彼此独立的。电磁阀组的结构如图 5-3 所示。

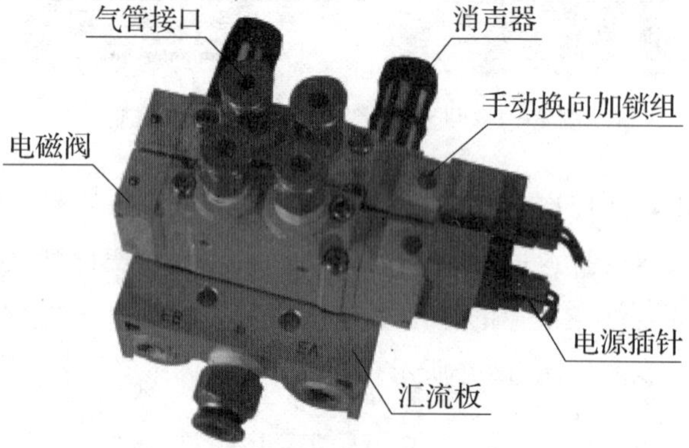

图 5-3 电磁阀组的结构

气动控制回路是本工作单元的执行机构，该执行机构的控制逻辑及控制功能是由 PLC 实现的。供料单元气动控制回路的工作原理如图 5-4 所示。在图 5-4 中，1A 和 2A 分别为推料气缸和顶料气缸。1B1 和 1B2 为安装在推料气缸的两个极限工作位置的磁感应接近开关，2B1 和 2B2 为安装在顶料气缸的两个极限工作位置的磁感应接近开关。1Y1 和 2Y1 分别为控制推料气缸和顶料气缸的电磁阀的电磁控制端。通常，在这两个气缸的初始位置均设定为缩回状态。

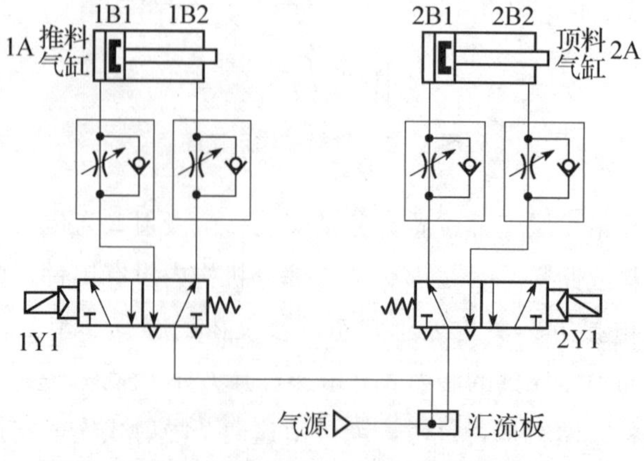

图 5-4 供料单元气动控制回路的工作原理

5.1.3 供料单元安装技能训练

知识微课堂：
供料单元的安装

1. 机械部分安装

首先把供料单元各零件组合成整体安装时的组件，然后把组件进行组装。供料单元组件包括铝合金型材支撑架组件、出料台及料仓底座组件、推料机构组件，如图 5-5 所示。

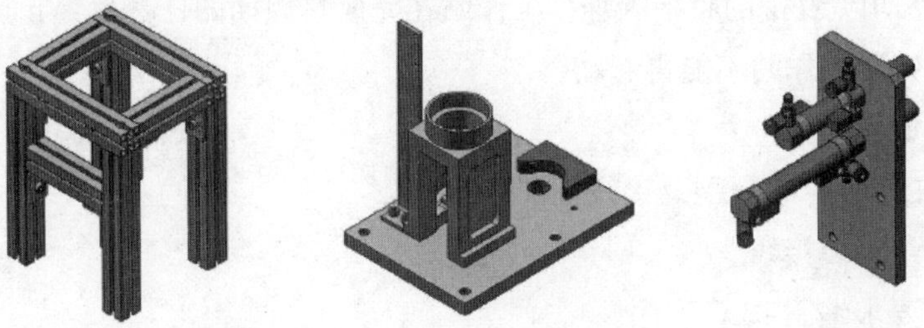

（a）铝合金型材支撑架　（b）出料台及料仓底座　（c）推料机构

图 5-5　供料单元组件

2. 气路连接和调试

连接步骤：从汇流板开始，按如图 5-4 所示的供料单元气动控制回路的工作原理图连接电磁阀、气缸。连接时注意气管走向应按顺序排布，均匀美观，不能交叉、打折；气管要在快速接头中插紧，不能有漏气现象。

气路调试包括：用电磁阀上的手动换向加锁钮验证顶料气缸和推料气缸的初始位置和动作位置是否正确；调整气缸节流阀以控制活塞杆的往复运动速度，伸出速度以活塞杆不推倒工件为宜。

3. 电气接线

电气接线包括：在工作单元装置侧完成各传感器、电磁阀、电源端子等引线到装置侧接线端口之间的接线；在 PLC 侧进行电源连接、I/O 点的接线等。

5.1.4 供料单元的编程与单机控制

1. 工作任务

本项目只考虑供料单元作为独立设备运行时的情况，供料单元工作的主令信号和工作状态显示信号来自 PLC 旁边的按钮/指示灯模块。按钮/指示灯模块上的工作方式选择开关 SA 应置于“单站方式”位置，具体的控制要求如下：

（1）设备上电和气源接通后，若工作单元的两个气缸均处于缩回位置，且料仓内有足够的待加工工件，则“正常工作”指示灯 HL1 常亮，表示设备已准备好。否则，该指示灯以 1Hz 的频率闪烁。

（2）若设备已准备好，则按下起动按钮，工作单元起动，“设备运行”指示灯 HL2 常亮。起动后，若出料台上没有工件，则应把工件推到出料台上。出料台上的工件被人工取出后，若没有停止信号，则进行下一次推出工件操作。

（3）若在运行中按停止按钮，则在完成本工作周期的任务后，各工作单元停止工作，HL2 指示灯熄灭。

（4）若在运行中料仓内工件不足，则工作单元继续工作，“正常工作”指示灯 HL1 以 1Hz 的频率闪烁，“设备运行”指示灯 HL2 保持常亮。若料仓内没有工件，则 HL1 指示灯和 HL2 指示灯均以 2Hz 的频率闪烁。工作站在完成本周期的任务后停止。除非向料仓补充足够的工件，否则工作站不能再起动。

要求完成如下任务：

- 规划 PLC 的 I/O 分配及接线端子分配。
- 进行系统安装接线。
- 按控制要求编制 PLC 程序。
- 进行调试与运行。

2. PLC 的 I/O 接线

根据工作单元装置的 I/O 信号分配和工作任务的要求，供料单元 PLC 选用 SMART SR40 AC/DC/RLY 主单元，共 24 点输入和 16 点继电器输出。供料单元 PLC 的 I/O 信号见表 5－1，接线原理图如图 5－6 所示。

表 5－1　供料单元 PLC 的 I/O 信号表

输入信号				输出信号			
序号	PLC 输入点	信号名称	信号来源	序号	PLC 输出点	信号名称	信号来源
1	I0.0	顶料气缸伸出到位	装置侧	1	Q0.0	顶料电磁阀	装置侧
2	I0.1	顶料气缸缩回到位		2	Q0.1	推料电磁阀	
3	I0.2	推料气缸伸出到位		3	Q0.2		
4	I0.3	推料气缸缩回到位		4	Q0.3		
5	I0.4	出料台物料检测		5	Q0.4		
6	I0.5	供料不足检测		6	Q0.5		
7	I0.6	缺料检测		7	Q0.6		
8	I0.7	金属工件检测		8	Q0.7		
9	I1.0			9	Q1.0	正常工作指示	按钮/指示灯模块
10	I1.1			10	Q1.1	运行指示	
11	I1.2	停止按钮	按钮/指示灯模块				
12	I1.3	起动按钮					
13	I1.4						
14	I1.5	工作方式选择					

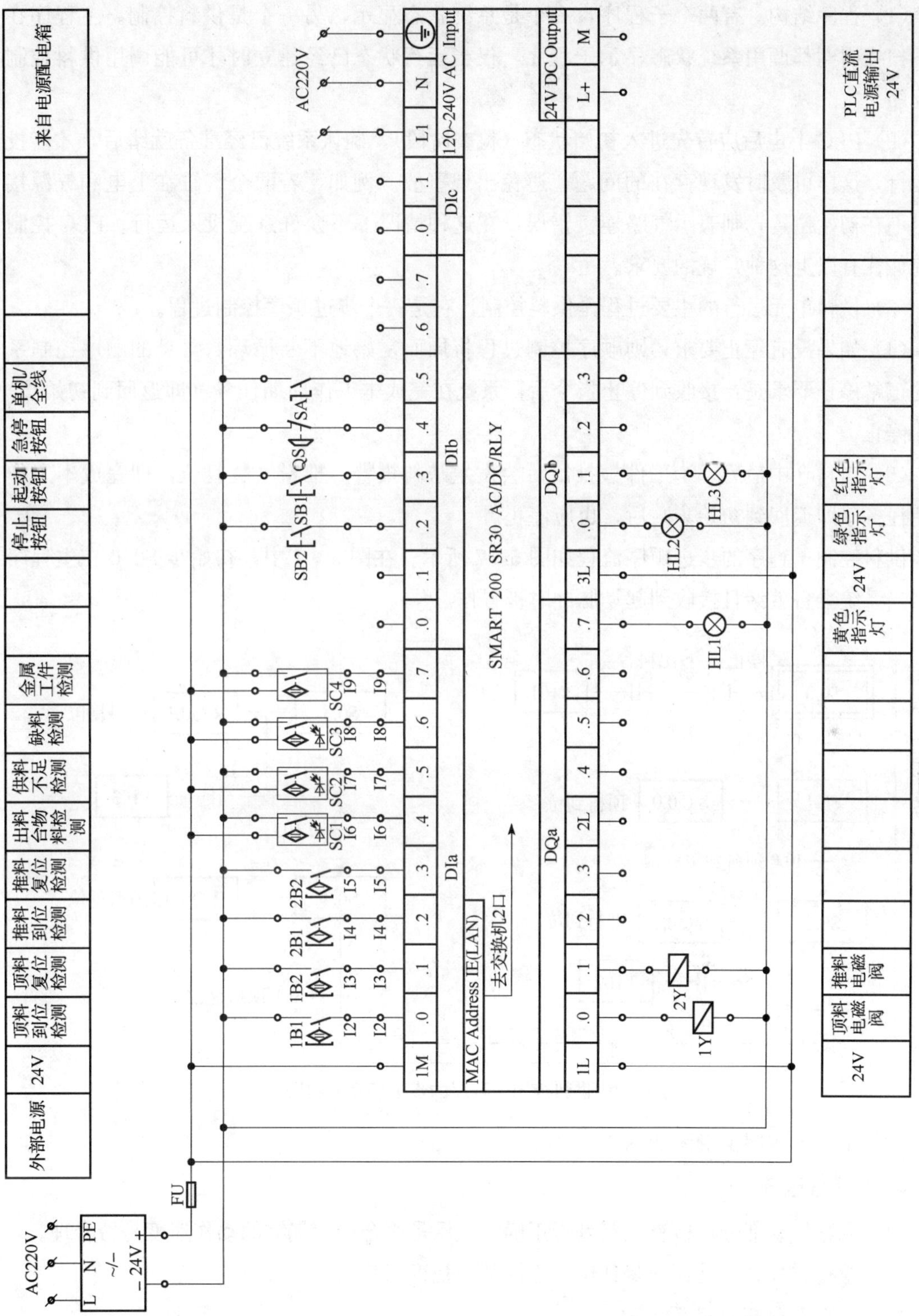

图 5－6　供料单元PLC的I/O接线原理图

3. 供料单元单站控制的编程思路

（1）程序结构：有两个子程序，一个是系统状态显示，另一个是供料控制。主程序在每一扫描周期都调用系统状态显示子程序，仅当运行状态已经建立时才可能调用供料控制子程序。

（2）PLC上电后应首先进入初始状态（检查阶段），确认系统已经准备就绪后，才能投入运行，这样可及时发现存在的问题，避免出现事故。例如，若两个气缸在上电和气源接入时不在初始位置，则表示气路连接错误，在这种情况下不允许系统投入运行。PLC控制系统往往有以上这种常规的要求。

（3）供料单元运行的主要过程是供料控制，它是一个步进顺序控制过程。

（4）如果没有停止要求，则顺序控制过程将周而复始地不断循环。常见的顺序控制系统的正常停止要求是：接收到停止指令后，系统在完成本工作周期任务（即返回到初始步）后才停止。

（5）当料仓中最后一个工件被推出后会发生缺料报警。推料气缸复位，即完成本工作周期任务（即返回到初始步）后，也应停止。

供料控制子程序的步进顺序流程如图5-7所示。在图5-7中，初始步S0.0在主程序中，当系统准备就绪且接收到起动脉冲时被置位。

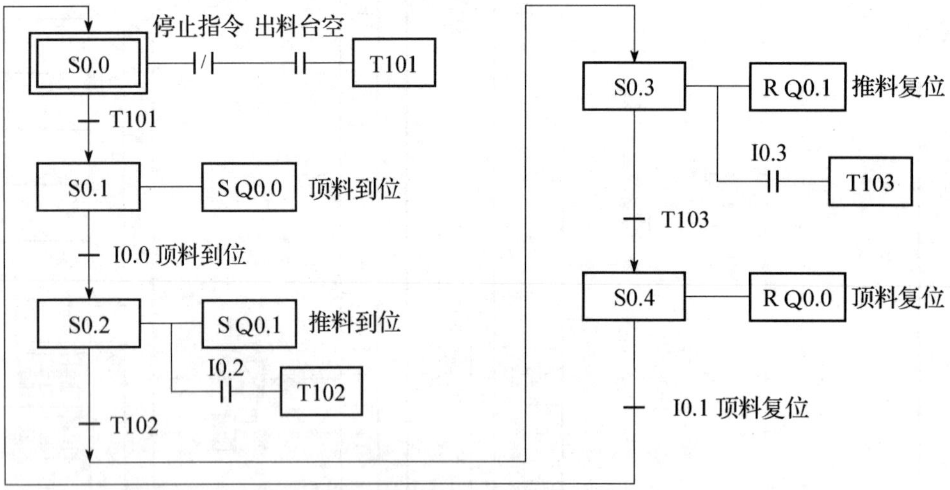

图5-7　供料控制子程序的步进顺序流程图

供料单元主程序梯形图如图5-8所示。

4. 调试与运行

（1）调整气动部分，检查气路是否正确、气压是否合理、气缸的动作速度是否合理。

（2）检查磁性开关是否安装到位，磁性开关是否正常工作。

（3）检查I/O接线是否正确。

（4）检查光电传感器是否安装合理、灵敏度是否合适，保证检测的可靠性。

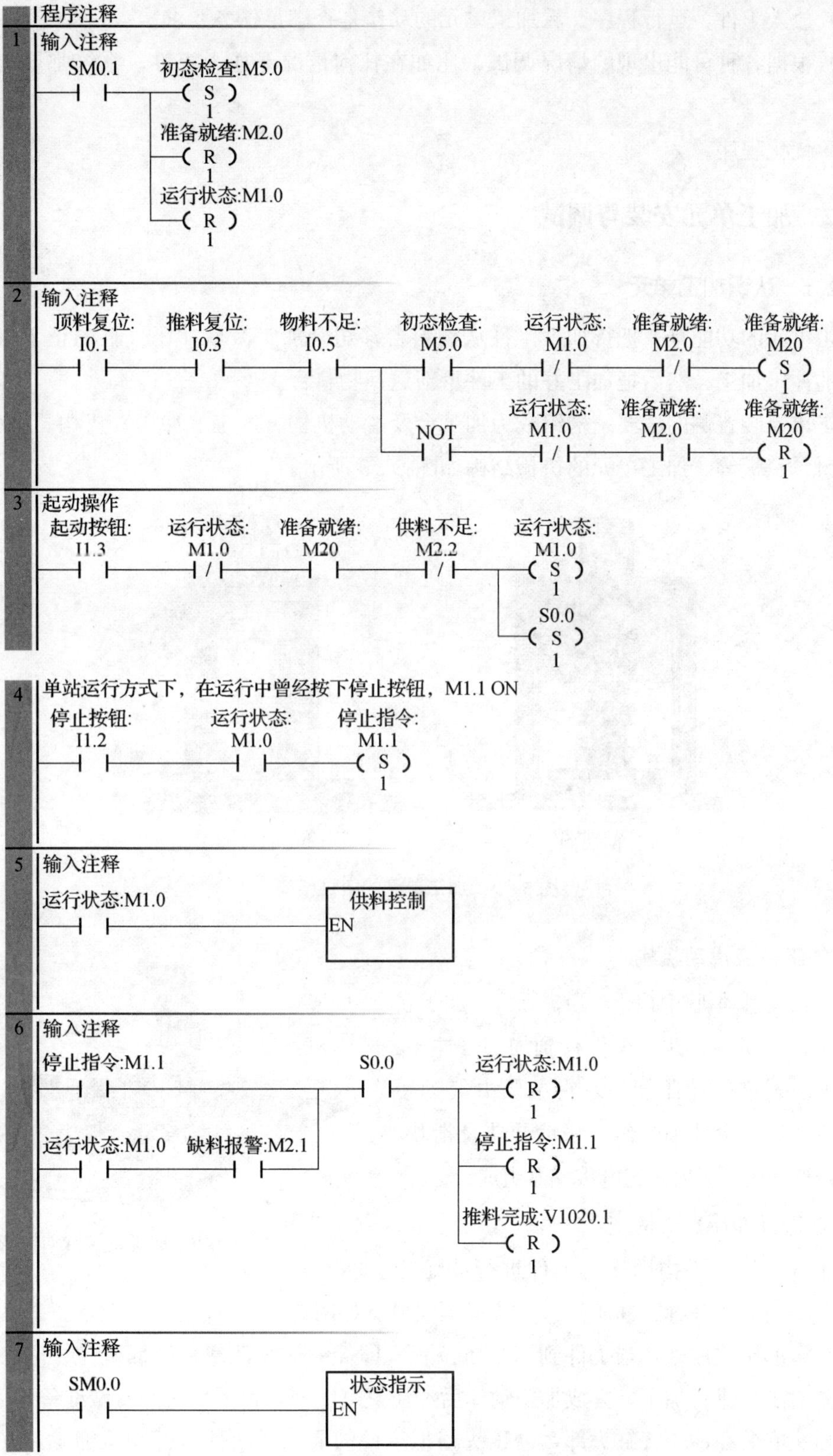

图 5-8 供料单元主程序梯形图

（5）放入工件，运行程序，看加工单元的动作是否满足任务要求。

（6）根据各种可能出现的情况调试，比如在任何情况下加入工件，系统都要能可靠地工作。

（7）优化程序。

5.2 加工单元安装与调试

5.2.1 认识加工单元

加工单元的功能是：把待加工工件从物料台移送到加工区域冲压气缸的正下方；完成对工件的冲压加工，然后把加工好的工件重新送回物料台。

加工单元装置侧的主要结构组成为加工台及滑动机构、加工（冲压）机构、电磁阀组、接线端口、底板等。加工单元的机械结构如图 5－9 所示。

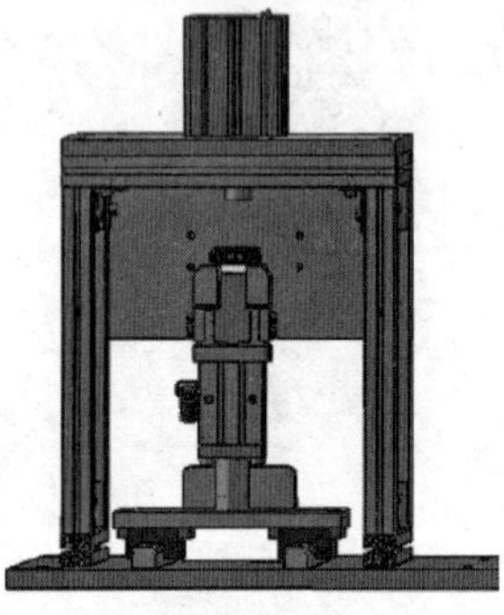

（a）前视图

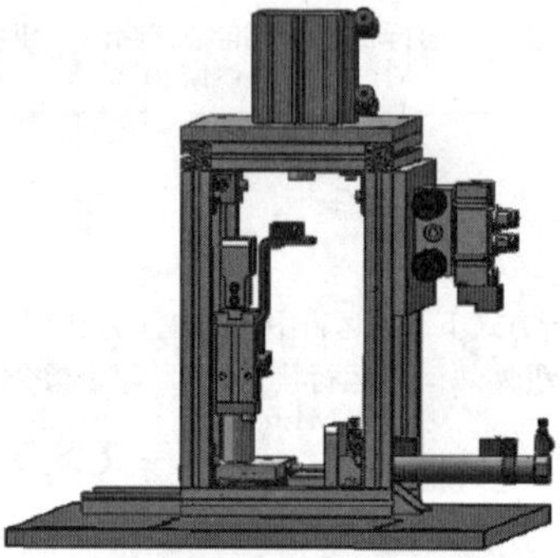

（b）右视图

图 5－9 加工单元的机械结构

1. 加工台及滑动机构

加工台及滑动机构如图 5－10 所示。加工台用于固定被加工件，并把工件移到加工（冲压）机构正下方，进行冲压加工。它主要由气动手指、手爪、加工台伸缩气缸、线性导轨及滑块、磁感应接近开关、漫射式光电传感器组成。

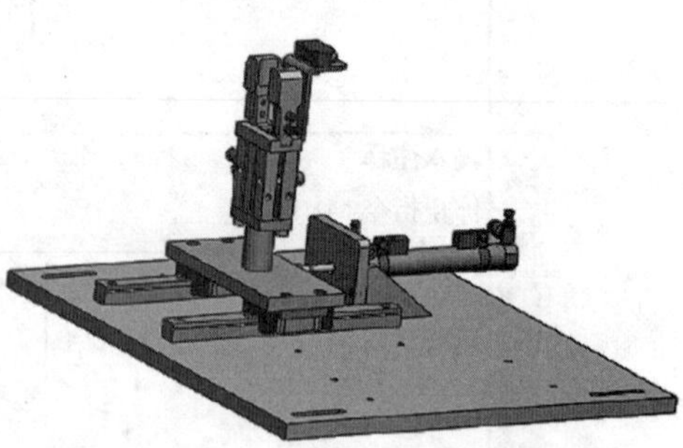

图 5－10 加工台及滑动机构

2. 加工（冲压）机构

加工（冲压）机构用于对工件进行冲压加工，它主要由冲压气缸、冲压头、安装板等组成，如图 5－11 所示。

冲压台的工作原理：当工件到达冲压位置（即伸缩气缸活塞杆缩回到位）时，冲压气缸伸出并对工件进行加工，完成加工动作后冲压气缸缩回，为下一次冲压做准备。

冲压头安装在冲压气缸头部，冲压头根据工件的要求对工件进行冲压加工。安装板用于安装冲压气缸，对冲压气缸进行固定。

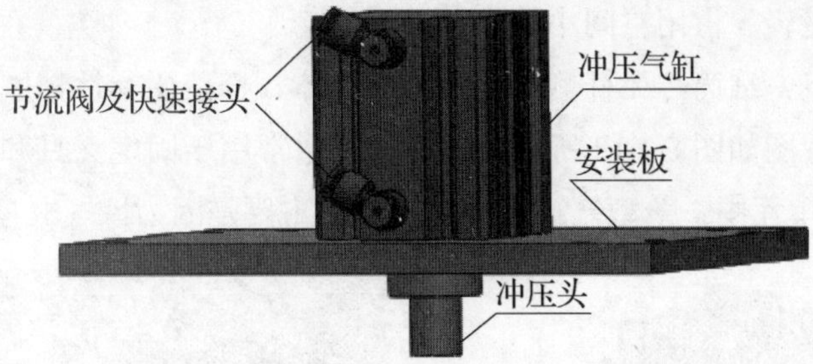

图 5－11　加工（冲压）机构

5.2.2　相关知识点：直线导轨和气爪

1. 了解直线导轨

直线导轨是一种滚动导引，由钢珠在滑块与导轨之间进行无限滚动循环，使负载平台能以高精度沿着导轨进行线性运动。直线导轨的摩擦系数可降至传统滑动导引的 1/50，使之能达到很高的定位精度。在直线传动领域中，直线导轨副一直是关键件的产品，目前它已成为各种机床、数控加工中心、精密电子机械的重要功能部件。

直线导轨副通常按照滚珠在导轨和滑块之间的接触牙型进行分类，主要有两列式和四列式两种。YL-335B 上均使用普通级精度的两列式直线导轨副，其接触角在运动中能保持不变，刚性也比较稳定。直线导轨副的截面图如图 5－12（a）所示；装配好的直线导轨副如图 5－12（b）所示。

（a）直线导轨副的截面图　　（b）装配好的直线导轨副

图 5－12　两列式直线导轨副

安装直线导轨副时应注意：要轻拿轻放，避免因磕碰影响导轨副的直线精度；不要将滑块拆离导轨或超过行程后又推回去。

加工单元移动料台滑动机构由直线导轨副和导轨构成，安装滑动机构时要注意调整两直线导轨平行。移动料台及滑动机构组件的安装方法将在“5.2.3 加工单元的安装技能训练”中讨论。

2. 加工单元的气动元件

加工单元所使用的气动执行元件包括标准直线气缸、薄型气缸和气动手指，下面只介绍前文未介绍的薄型气缸和气动手指。

（1）薄型气缸。

薄型气缸属于省空间的气缸，其轴向或径向尺寸相比标准气缸有较大减小。薄型气缸具有结构紧凑、重量轻、占用空间小等优点。

薄型气缸的特点：缸筒与无杆侧端盖压铸成一体，杆盖用弹性挡圈固定，缸体为方形。薄型气缸实物及剖视图如图 5-13 所示。这种气缸通常用于固定夹具和搬运中固定工件等。在 YL-335B 的加工单元中，薄型气缸用于冲压，这主要是因为该气缸具有行程短的特点。

（a）薄型气缸实物

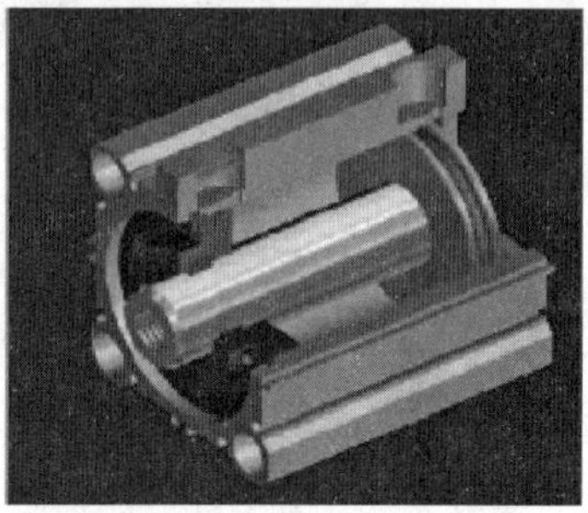
（b）剖视图

图 5-13　薄型气缸实物及剖视图

（2）气动手指（气爪）。

气动手指用于抓取、夹紧工件。气动手指通常有滑动导轨型、支点开闭型和回转驱动型等工作方式。YL-335B 的加工单元所使用的是滑动导轨型气动手指，如图 5-14（a）所示，其工作状态如图 5-14（b）和图 5-14（c）所示。

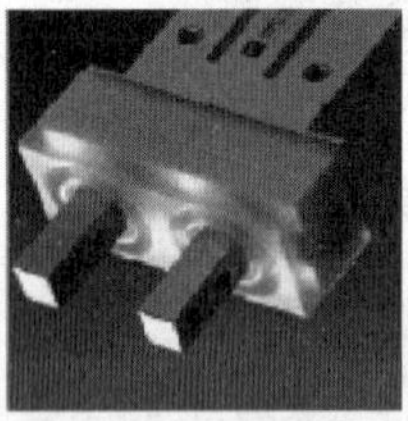
（a）滑动导轨型气动手指实物

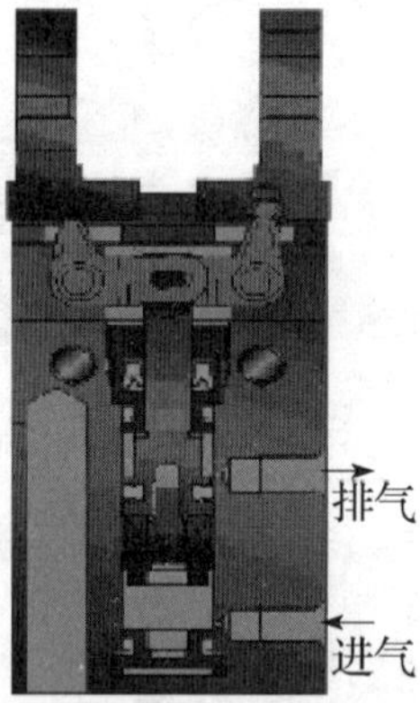

（b）滑动导轨型气动手指松开状态

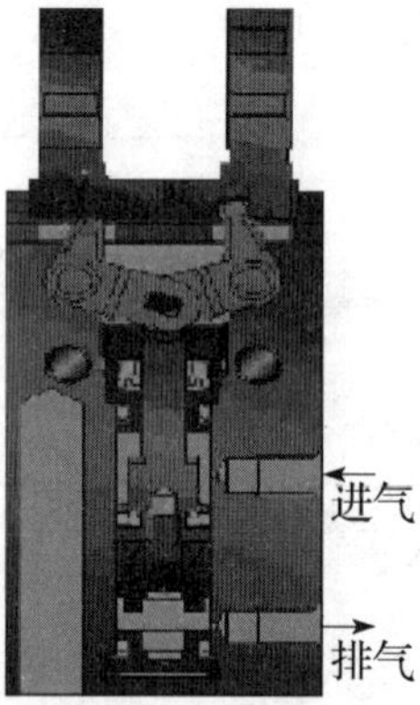

（c）滑动导轨型气动手指夹紧状态

图 5-14　滑动导轨型气动手指实物和工作状态

（3）气动控制回路。

加工单元的气动控制元件均采用二位五通单电控电磁换向阀，各电磁阀均带有手动换向和加锁钮。它们集中安装成阀组，固定在冲压支撑架后面。

加工单元气动控制回路的工作原理如图 5-15 所示。1B1 和 1B2 为安装在冲压气缸的两个极限工作位置的磁感应接近开关，2B1 和 2B2 为安装在加工台伸缩气缸的两个极限工作位置的磁感应接近开关，3B1 和 3B2 为安装在气动手指气缸工作位置的磁感应接近开关。1Y1、2Y1

和 3Y1 分别为控制冲压气缸、加工台伸缩气缸和气动手指气缸的电磁阀的电磁控制端。

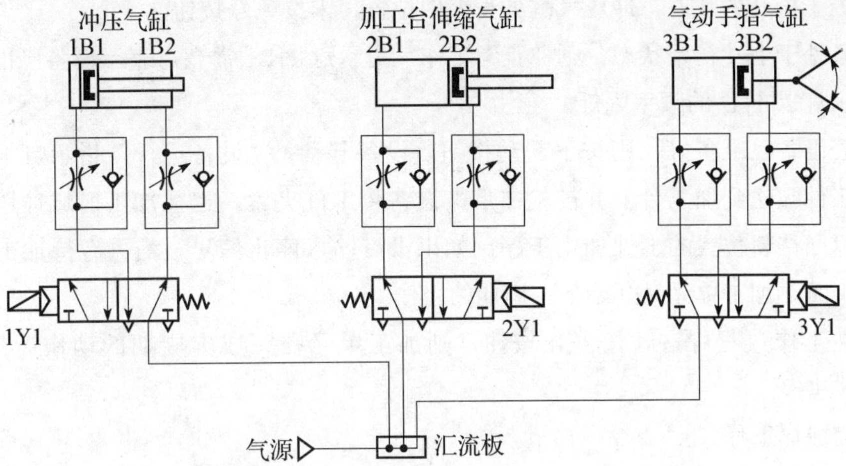

图 5-15 加工单元气动控制回路的工作原理

5.2.3 加工单元的安装技能训练

加工单元的装配过程包括两部分：一是加工机构组件装配；二是滑动加工台组件装配。然后进行总装。

在完成以上各组件的装配后，首先将物料夹紧、运动送料部分和整个安装底板连接固定，再将铝合金支撑架安装在大底板上，最后将加工组件部分固定在铝合金支撑架上，完成该单元的装配。加工单元组装图如图 5-16 所示。

知识微课堂：
加工单元的安装

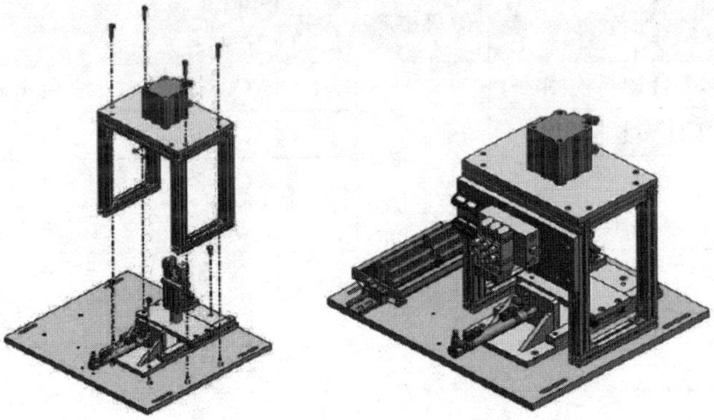

图 5-16 加工单元组装图

5.2.4 加工单元的编程与单机控制

1. 工作任务

只考虑加工单元作为独立设备运行时的情况，本单元的按钮/指示灯模块上的工作方式选择开关应置于“单站方式”位置，具体的控制要求如下：

（1）初始状态：设备上电和气源接通后，滑动加工台伸缩气缸处于伸出位置，加工台气动手指处于松开的状态，冲压气缸处于缩回位置，未按急停按钮。

若设备处于上述初始状态，则“正常工作”指示灯 HL1 常亮，表示设备已准备好。否则，该指示灯以 1Hz 的频率闪烁。

（2）若设备已准备好，则按下起动按钮，设备起动，“设备运行”指示灯 HL2 常亮。当待加工工件被送到加工台上并被检出后，设备将工件夹紧，送往加工区域冲压，完成冲压动作后返回待料位置的工件加工工序。如果没有输入停止信号，当再有待加工工件被送到加工台上时，加工单元又开始下一周期的工作。

（3）在工作过程中，若按停止按钮，则加工单元在完成本周期的动作后停止工作。HL2 指示灯熄灭。

要求完成如下任务：

- 规划 PLC 的 I/O 分配及接线端子分配。
- 进行系统安装接线和气路连接。
- 编制 PLC 程序。
- 进行调试与运行。

2. PLC 的 I/O 分配及系统安装接线

加工单元选用 SMART SR40 AC/DC/RLY 主单元，共 24 点输入和 16 点继电器输出。加工单元 PLC 的 I/O 信号见表 5－2，接线原理图如图 5－17 所示。

表 5－2　加工单元 PLC 的 I/O 信号表

输入信号				输出信号			
序号	PLC 输入点	信号名称	信号来源	序号	PLC 输出点	信号名称	信号来源
1	I0.0	加工台物料检测	装置侧	1	Q0.0	夹紧电磁阀	装置侧
2	I0.1	工件夹紧检测		2	Q0.1		
3	I0.2	加工台伸出到位		3	Q0.2	加工台伸缩电磁阀	
4	I0.3	加工台缩回到位		4	Q0.3	加工压头电磁阀	
5	I0.4	加工压头上限		5	Q0.4		
6	I0.5	加工压头下限		6	Q0.5		
7	I0.6			7	Q0.6		
8	I0.7			8	Q0.7		
9	I1.0			9	Q1.0	正常工作指示	按钮/指示灯模块
10	I1.1			10	Q1.1	运行指示	
11	I1.2	停止按钮	按钮/指示灯模块				
12	I1.3	起动按钮					
13	I1.4	急停按钮					
14	I1.5	单机/全线					

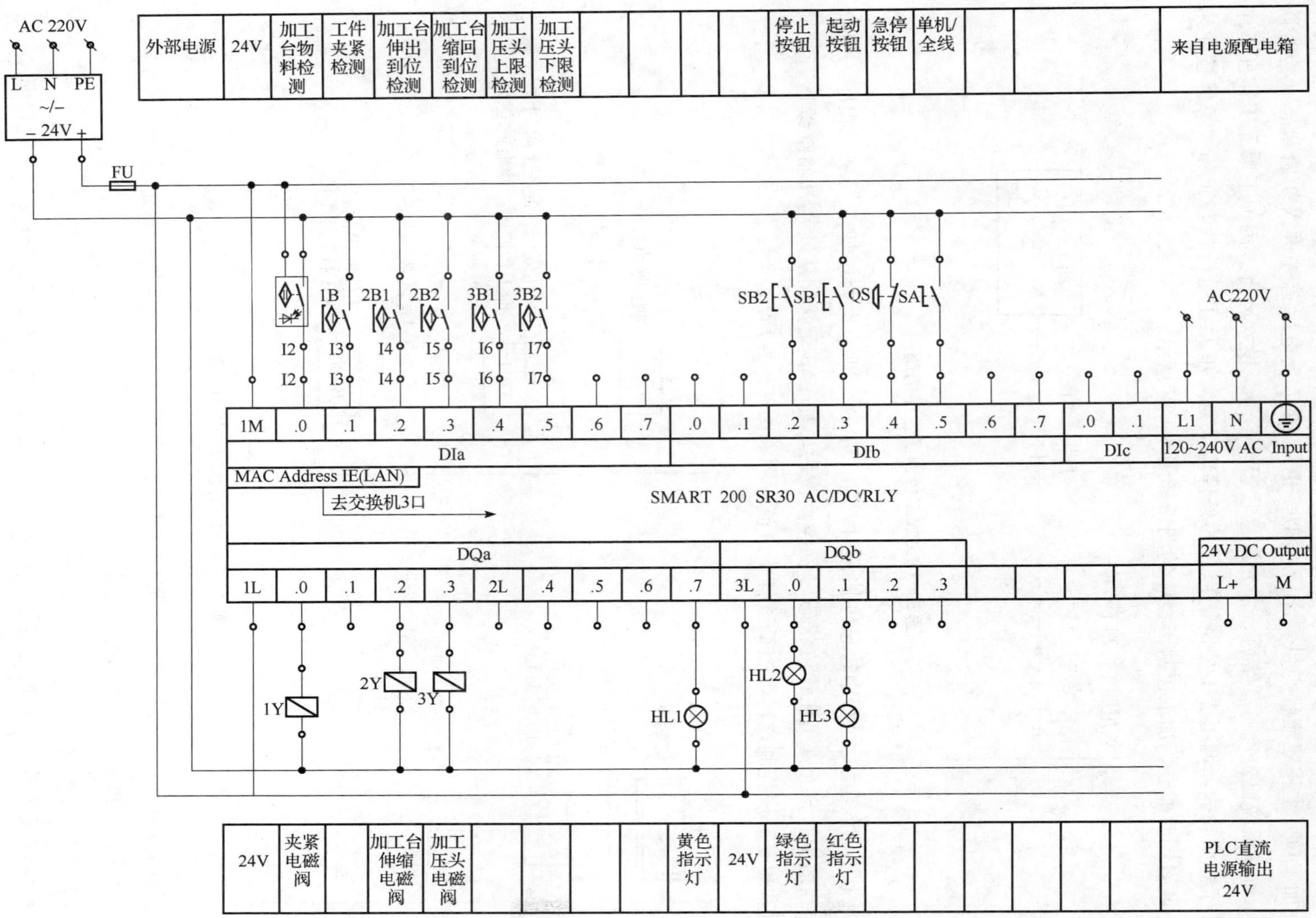

图 5-17 加工单元PLC的I/O接线原理图

3. 编写和调试 PLC 控制程序

（1）编写程序的思路。

加工单元主程序流程与供料单元类似，也是 PLC 上电后首先进入初始状态（检查阶段），确认系统已经准备就绪后，才允许接收起动信号，投入运行。因加工单元工作任务中增加了急停功能，调用加工控制子程序的条件应该是"单元在运行状态"和"急停按钮未按"两者同时成立。加工控制子程序的调用如图 5-18 所示。

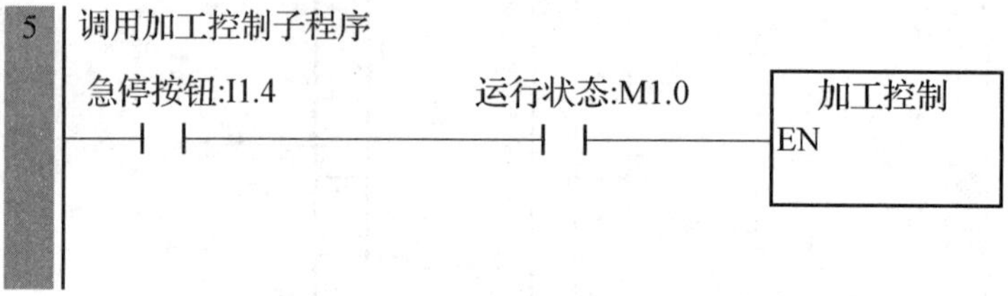

图 5-18　加工控制子程序的调用

因此，当在运行过程中按急停按钮时，加工单元立即停止调用加工控制子程序，但急停前当前步的 S 元件仍在置位状态，急停复位后，加工单元就能从断点开始继续运行。加工过程也是顺序控制过程，加工过程步进流程图如图 5-19 所示。

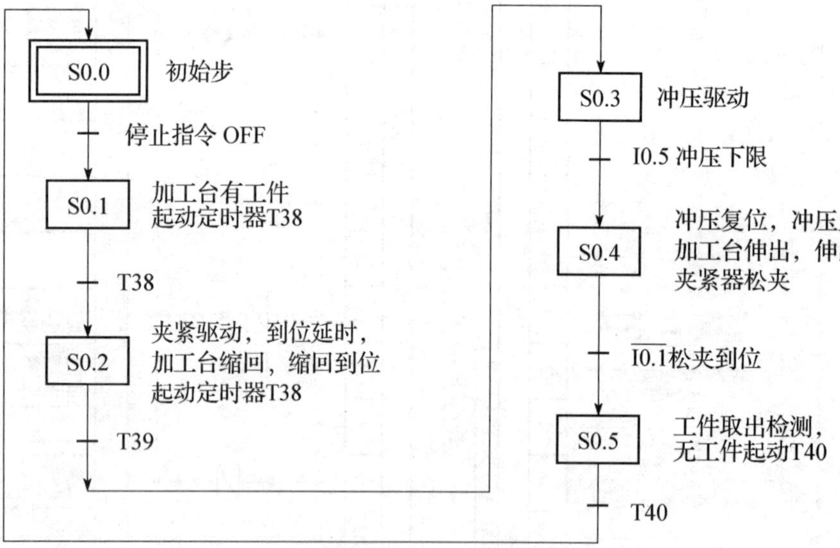

图 5-19　加工过程步进流程图

从流程图可以看出，一个加工周期结束，只有当加工好的工件被取走后，程序才能返回 S0.0 步，这就避免了重复加工工件。

（2）调试与运行。

- 调整气动部分，检查气路是否正确、气压是否合理、气缸的动作速度是否合理。
- 检查磁性开关的安装位置是否到位，磁性开关是否正常工作。

- 检查 I/O 接线是否正确。
- 检查光电传感器安装是否合理、灵敏度是否合适，保证检测的可靠性。
- 放入工件，运行程序，看加工单元的动作是否满足任务要求。
- 根据各种可能出现的情况调试，比如在任何情况下加入工件，系统都要能可靠地工作。
- 优化程序。

5.3 装配单元安装与调试

5.3.1 认识装配单元

装配单元的功能：完成将装配单元料仓内的黑色或白色小圆柱工件嵌入放置在装配料斗的待装配工件中的装配过程。

装配单元的结构组成包括管形料仓，供料机构，物料回转台，机械手，待装配工件的定位机构，气动系统及其阀组，信号采集及其自动控制系统，以及用于电气连接的端子排组件，整条生产线状态指示的信号灯和用于其他机构安装的铝型材支架及底板，传感器安装支架等其他附件。装配单元机械装配图如图 5-20 所示。

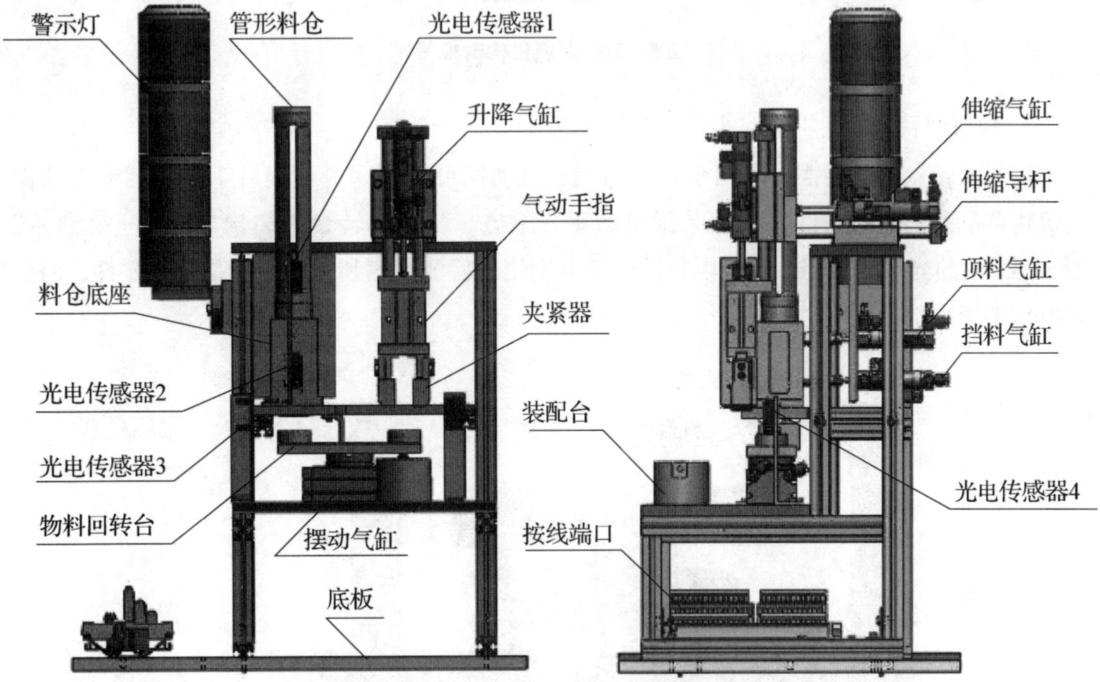

图 5-20 装配单元机械装配图

1. 管形料仓

管形料仓用来储存装配用的金属、黑色和白色小圆柱工件。

2. 落料机构

落料机构剖视图如图 5－21 所示。在图 5－21 中，料仓底座的背面安装了两个直线气缸，上面的气缸称为顶料气缸，下面的气缸称为挡料气缸。

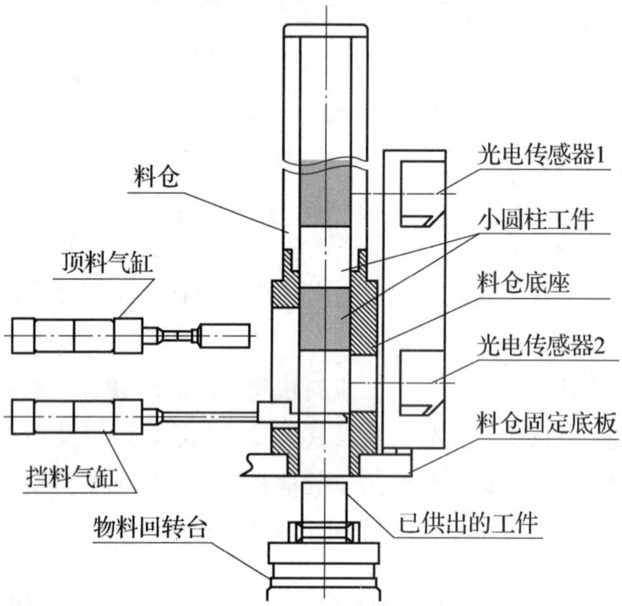

图 5－21 落料机构剖视图

3. 物料回转台

物料回转台由气动摆台和两个料盘组成，气动摆台能驱动料盘旋转 180°，能够把从供料机构落下到料盘的工件移动到装配机械手正下方。物料回转台的结构如图 5－22 所示。图 5－22 中的光电传感器 1 和光电传感器 2 分别用来检测左侧和右侧料盘是否有零件。两个光电传感器均选用 CX-441 型。

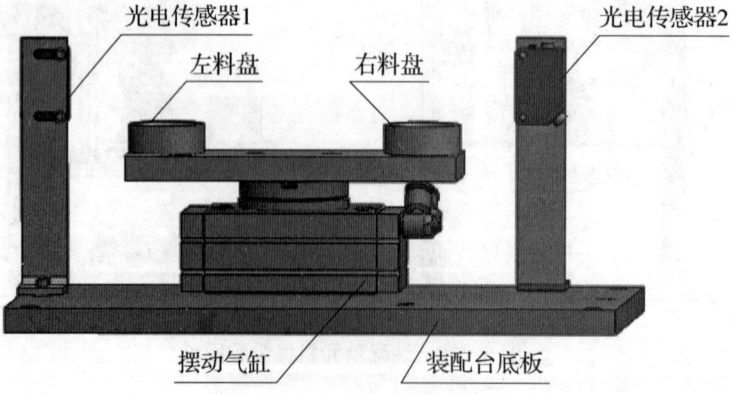

图 5－22 物料回转台的结构

4. 装配机械手

装配机械手是整个装配单元的核心。当装配机械手正下方的物料回转台料盘上有小圆柱工件，且装配台侧面的光纤传感器检测到装配台上有待装配工件时，装配机械手从初始状态开始执行装配操作过程。装配机械手的整体外形如图5-23所示。

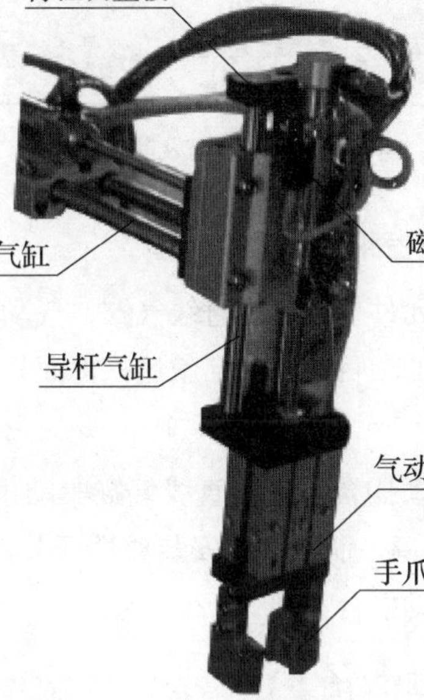

图5-23　装配机械手的整体外形

5. 装配台料斗

输送单元运送来的待装配工件直接放置在装配台料斗的料斗定位孔中，由定位孔与工件之间的较小的间隙配合实现定位，从而完成准确的装配动作和定位精度。装配台料斗如图5-24所示。

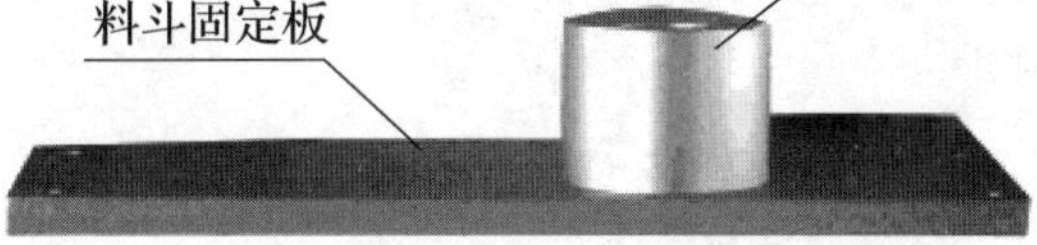

图5-24　装配台料斗

为确定装配台料斗内是否放置了待装配工件，使用光纤传感器进行检测。料斗的侧面开了一个M6的螺孔，光纤传感器的光纤探头就固定在螺孔内。

6. 警示灯

本工作单元上安装了红、橙、绿三色警示灯，它为整个系统提供警示功能。警示灯有五根引出线，其中黄绿交叉线为“地线”；红色线为红色灯控制线；黄色线为橙色灯控制线；绿色线为绿色灯控制线；黑色线为公共控制线。警示灯及其接线如图 5-25 所示。

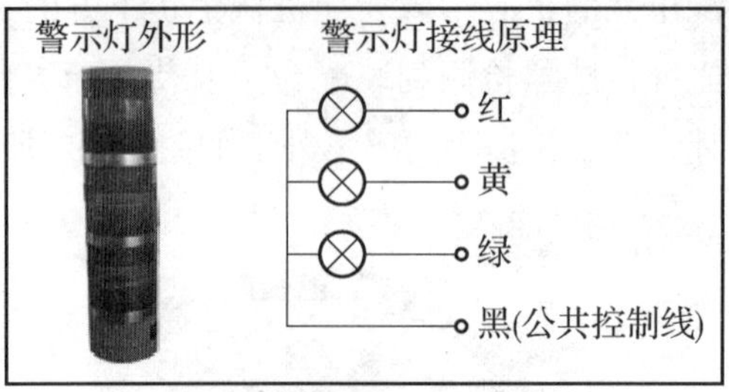

图 5-25　警示灯及其接线

5.3.2　相关知识点：气动摆台和导向气缸

装配单元所使用的气动执行元件包括标准直线气缸、气动手指、气动摆台和导向气缸，标准直线气缸和气动手指在前面的项目实训中已叙述，下面只介绍气动摆台和导向气缸。

1. 气动摆台

物料回转台的主要器件是气动摆台，它由直线气缸驱动齿轮齿条实现回转运动，回转角度在 0°～90°和 0°～180°任意可调，而且可以安装磁性开关，检测旋转到位信号，多用于方向和位置需要变换的机构。气动摆台如图 5-26 所示。

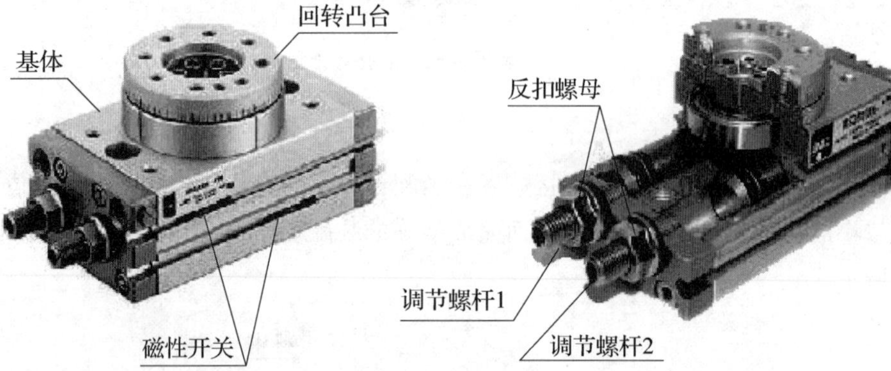

（a）实物图　　（b）剖视图

图 5-26　气动摆台

气动摆台的摆动回转角度在 0°～180°任意可调。当需要调节回转角度或调整摆动位置精度时，应首先松开调节螺杆上的反扣螺母，通过旋入和旋出调节螺杆，从而改变回转凸台的回转角度，调节螺杆 1 和调节螺杆 2 分别用于左旋和右旋角度的调整。当调整好摆动角度后，应将反扣螺母与基体反扣锁紧，防止调节螺杆松动，造成回转精度降低。

回转到位的信号是通过调整气动摆台滑轨内的两个磁性开关的位置实现的，图 5-27 是磁性开关位置调整示意图。磁性开关安装在气缸体的滑轨内，松开磁性开关的紧定螺丝，磁性开关就可以沿着滑轨左右移动。确定开关位置后，旋紧紧定螺丝，即可完成位置的调整。

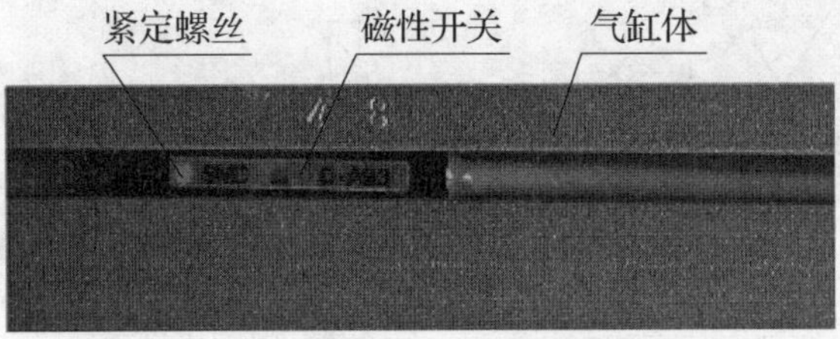

图 5-27　磁性开关位置调整示意图

2. 导向气缸

导向气缸指具有导向功能的气缸，一般为标准气缸和导向装置的集合体。导向气缸具有导向精度高、抗扭转力矩、承载能力强、工作平稳等特点。

装配单元中用于驱动装配机械手水平方向移动的导向气缸的外形如图 5-28 所示。该导向气缸由直线气缸、双导杆和其他附件组成。

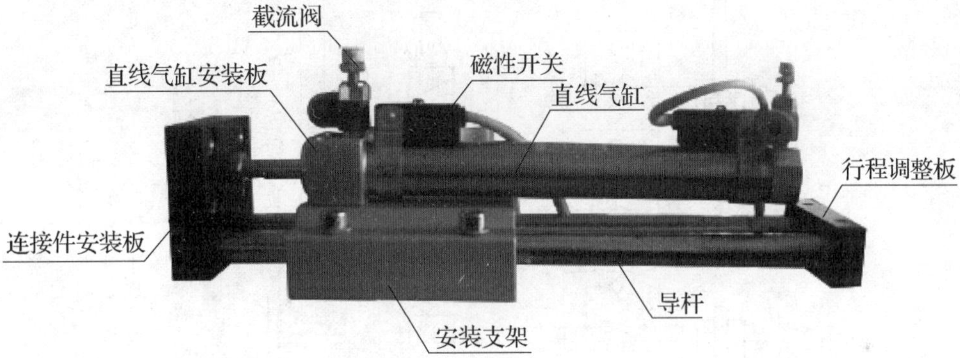

图 5-28　导向气缸的外形

3. 电磁阀组和气动控制回路

装配单元的阀组由 6 个二位五通单电控电磁换向阀组成，如图 5-29 所示。这些阀分别对供料、位置变换和装配动作气路进行控制，以改变各自的动作状态。

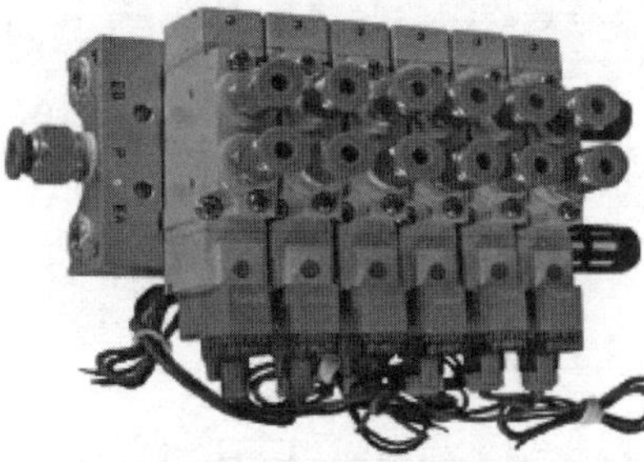

图 5-29　装配单元的阀组

在进行气路连接时，请注意各气缸的初始位置，其中，挡料气缸在伸出位置，手爪提升气缸在提起位置。装配单元气动控制回路如图 5-30 所示。

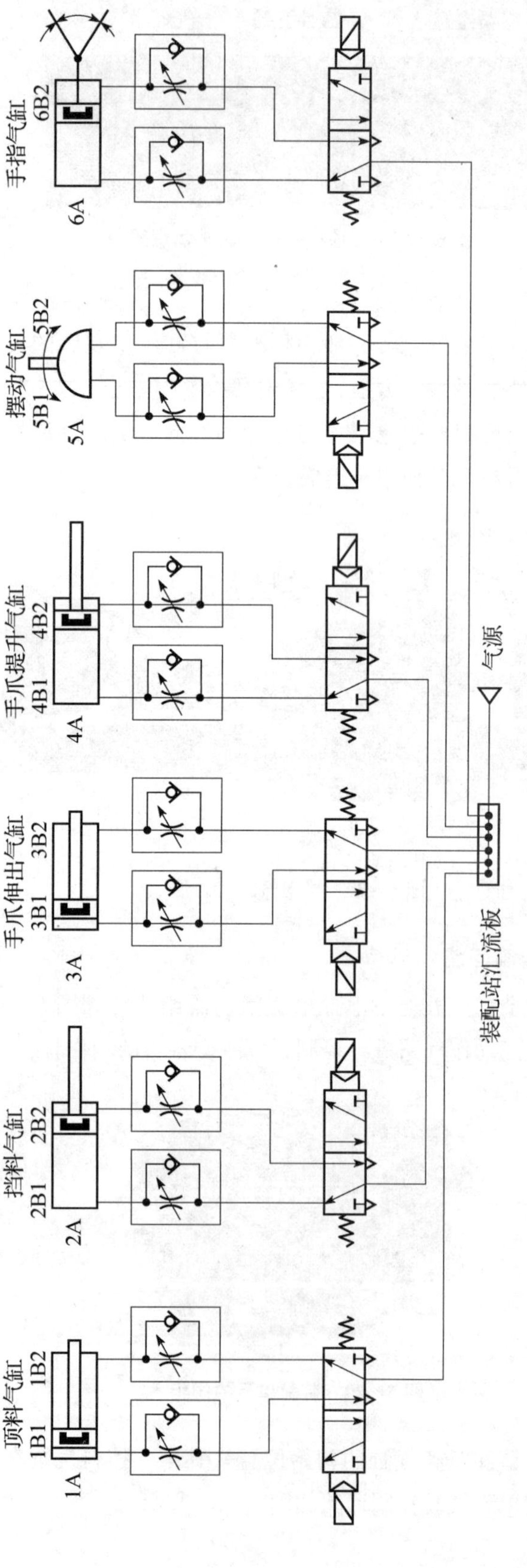

图 5-30　装配单元气动控制回路

5.3.3 装配单元的安装技能训练

装配单元装配过程的组件如图 5－31 所示。

知识微课堂：
装配单元的安装

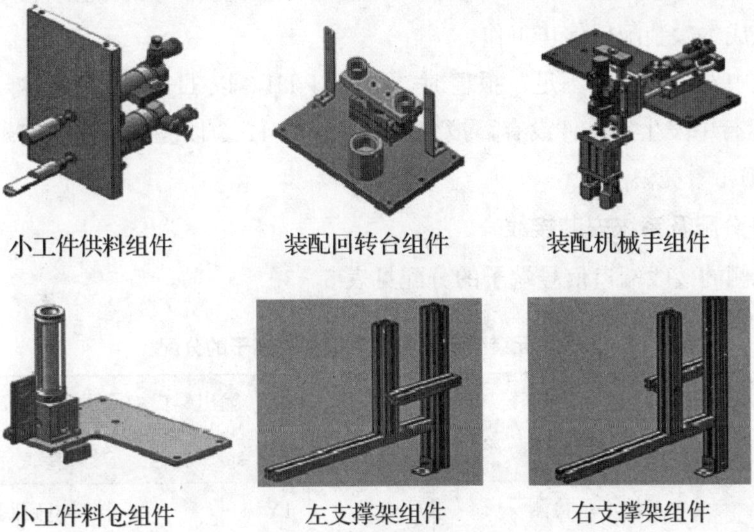

图 5－31 装配单元装配过程的组件

首先，在完成以上组件的装配后，将与底板接触的型材放置在底板的连接螺纹上，使用L形的连接件和连接螺栓，固定装配站的型材支撑架。

其次，把组件逐个安装上去，顺序为装配回转台组件→小工件料仓组件→小工件供料组件→装配机械手组件。

最后，安装警示灯及其各传感器，从而完成机械部分的装配。

5.3.4 装配单元的编程与单机控制

1. 工作任务

（1）装配单元各气缸的初始位置：挡料气缸处于伸出状态，顶料气缸处于缩回状态，料仓上已经有足够的小圆柱工件；装配机械手的升降气缸处于提升状态，伸缩气缸处于缩回状态，手爪处于松开状态。

设备上电和气源接通后，若各气缸满足初始位置要求，且料仓上已经有足够的小圆柱工件，工件装配台上没有待装配工件，则“正常工作”指示灯 HL1 常亮，表示设备准备好；否则，该指示灯以 1Hz 的频率闪烁。

（2）若设备准备好，则按下起动按钮，装配单元起动，“设备运行”指示灯 HL2 常亮。如果回转台上的左料盘内没有小圆柱工件，就执行下料操作；如果左料盘内有工件，而右料盘内没有工件，则执行回转台回转操作。

（3）如果回转台上的右料盘内有小圆柱工件且装配台上有待装配工件，则执行装配机械手抓取小圆柱工件并放入待装配工件中的操作。

（4）完成装配任务后，装配机械手应返回初始位置，等待下一次装配。

（5）若在运行过程中按停止按钮，则供料机构立即停止供料，在装配条件满足的情况下，装配单元在完成本次装配后停止工作。

（6）当在运行中发生“零件不足”报警时，指示灯 HL3 以 1Hz 的频率闪烁，HL1 和 HL2 常亮；当在运行中发生“零件没有”报警时，指示灯 HL3 以亮 1s、灭 0.5s 的方式闪烁，HL2 熄灭，HL1 常亮。

2. PLC 的 I/O 分配及系统安装接线

装配单元装置侧的接线端口信号端子的分配见表 5－3。

表 5－3　装配单元装置侧的接线端口信号端子的分配

输入端口中间层			输出端口中间层		
端子号	设备符号	信号线	端子号	设备符号	信号线
2	SC1	工件不足检测	2	1Y	挡料电磁阀
3	SC2	工件有无检测	3	2Y	顶料电磁阀
4	SC3	左料盘工件检测	4	3Y	回转电磁阀
5	SC4	右料盘工件检测	5	4Y	手爪夹紧电磁阀
6	SC5	装配台工件检测	6	5Y	手爪下降电磁阀
7	1B1	顶料到位检测	7	6Y	手爪伸出电磁阀
8	1B2	顶料复位检测	8	AL1	红色警示灯
9	2B1	挡料状态检测	9	AL2	橙色警示灯
10	2B2	落料状态检测	10	AL3	绿色警示灯
11	5B1	摆动气缸左限位检测			
12	5B2	摆动气缸右限位检测			
13	6B2	手爪夹紧检测			
14	4B2	手爪下降到位检测			
15	4B1	手爪上升到位检测			
16	3B1	手爪缩回到位检测			
17	3B2	手爪伸出到位检测			

装配单元的I/O点较多，选用SMART 200SR 40 AC/DC/RLY主单元，共24点输入、16点继电器输出。装配单元PLC的I/O信号见表5-4。装配单元PLC接线原理图如图5-32所示。

表5-4 装配单元PLC的I/O信号表

输入信号				输出信号			
序号	PLC输入点	信号名称	信号来源	序号	PLC输出点	信号名称	信号来源
1	I0.0	工件不足检测	装置侧	1	Q0.0	挡料电磁阀	装置侧
2	I0.1	工件有无检测		2	Q0.1	顶料电磁阀	
3	I0.2	左料盘工件检测		3	Q0.2	回转电磁阀	
4	I0.3	右料盘工件检测		4	Q0.3	手爪夹紧电磁阀	
5	I0.4	装配台工件检测		5	Q0.4	手爪下降电磁阀	
6	I0.5	顶料到位检测		6	Q0.5	手爪伸出电磁阀	
7	I0.6	顶料复位检测		7	Q0.6	红色警示灯	
8	I0.7	挡料状态检测		8	Q0.7	橙色警示灯	
9	I1.0	落料状态检测		9	Q1.0	绿色警示灯	
10	I1.1	摆动气缸左限位检测		10	Q1.1		
11	I1.2	摆动气缸右限位检测		11	Q1.2		
12	I1.3	手爪夹紧检测		12	Q1.3		
13	I1.4	手爪下降到位检测		13	Q1.4		
14	I1.5	手爪上升到位检测		14	Q1.5	HL1	按钮/指示灯模块
15	I1.6	手爪缩回到位检测		15	Q1.6	HL2	
16	I1.7	手爪伸出到位检测		16	Q1.7	HL3	
17	I2.0						
18	I2.1						
19	I2.2						
20	I2.3						
21	I2.4	停止按钮	按钮/指示灯模块				
22	I2.5	起动按钮					
23	I2.6	急停按钮					
24	I2.7	单机/全线					

注：警示灯用来指示YL-335B整体运行时的工作状态，工作任务是装配单元单独运行，没有要求使用警示灯，可以不连接到PLC上。

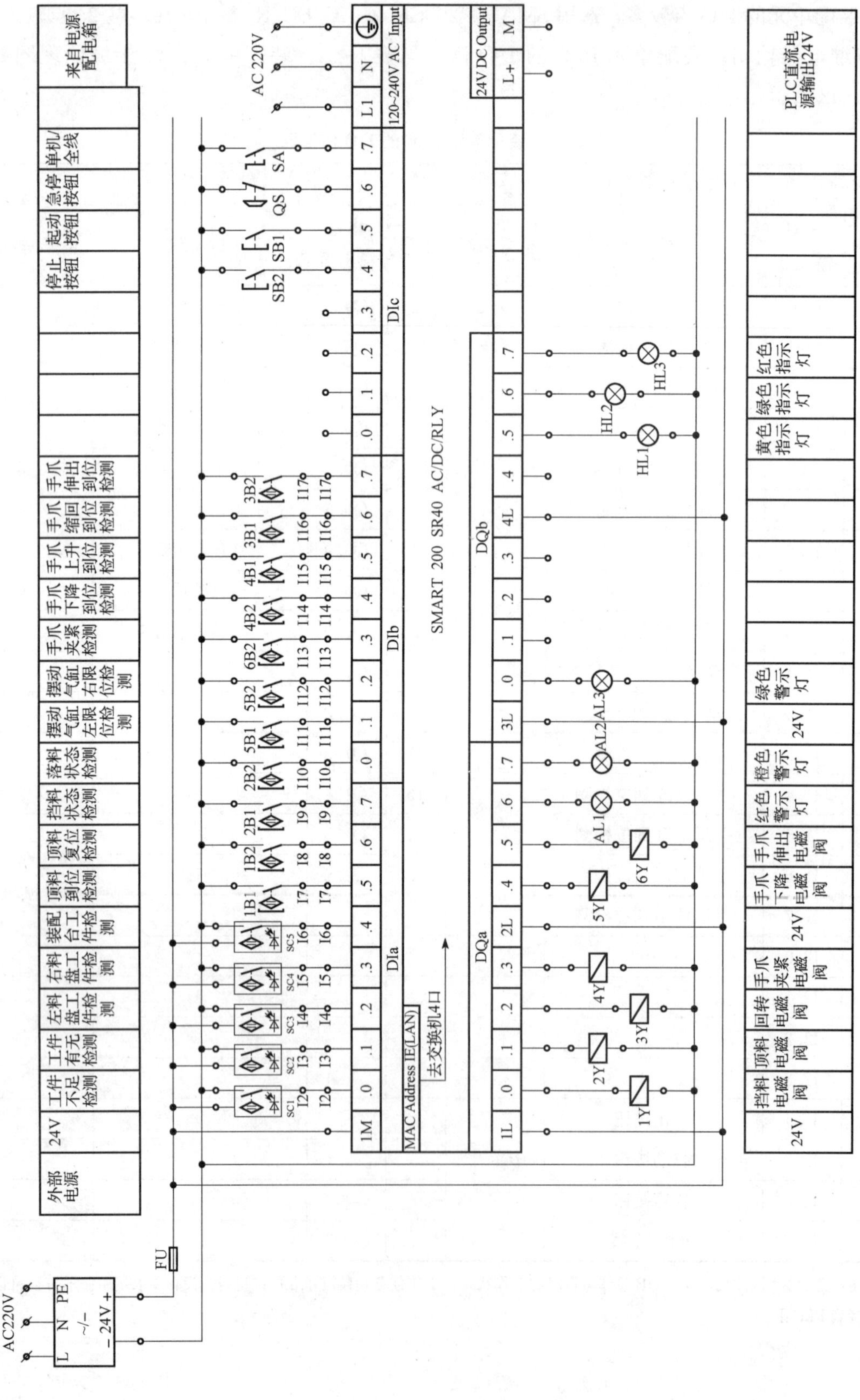

图 5-32　装配单元PLC接线原理图

3. 编写和调试 PLC 控制程序

（1）编写程序的思路。

①进入运行状态后，装配单元的工作过程包括两个相互独立的子过程：一个是供料过程；另一个是装配过程。

供料过程就是通过供料机构的操作，使料仓中的小圆柱工件落到摆台左边的料盘上；然后摆台转动，使装有工件的料盘转移到右边，以便装配机械手抓取工件。

装配过程是当装配台上有待装配工件，且装配机械手下方有小圆柱工件时，进行装配操作。

在主程序中，当初始状态检查结束、确认单元准备就绪时，按起动按钮进入运行状态，应同时调用供料控制和装配控制两个子程序，如图 5 - 33 所示。

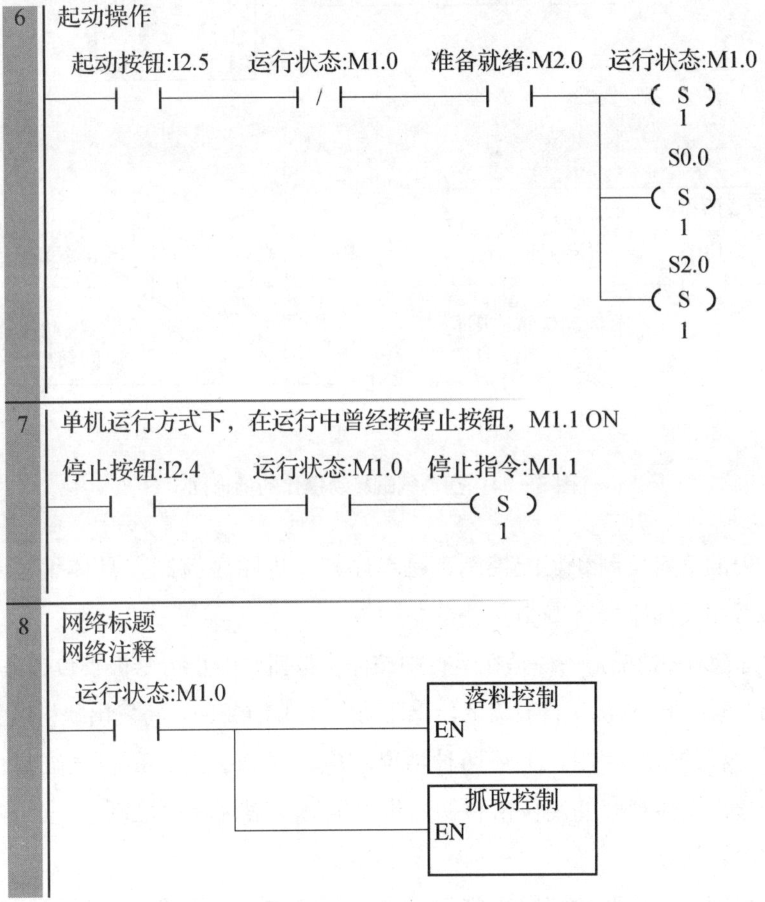

图 5 - 33　调用供料控制和装配控制两个子程序

②供料控制过程包含两个互相联锁的过程，即落料过程和摆台转动、料盘转移的过程。在小圆柱工件从料仓下落到左料盘的过程中，禁止摆台转动；反之，在摆台转动的过程中，禁止打开料仓（挡料气缸缩回）落料。

实现联锁的方法：a. 当摆台的左限位或右限位磁性开关动作并且左料盘没有工件时，经定时确认后，开始落料过程；b. 当挡料气缸伸出到位使料仓关闭、左料盘有工件而右料盘为空时，经定时确认后，开始摆台转动，直到达到限位位置。图 5－34 为摆动气缸转动操作的梯形图。

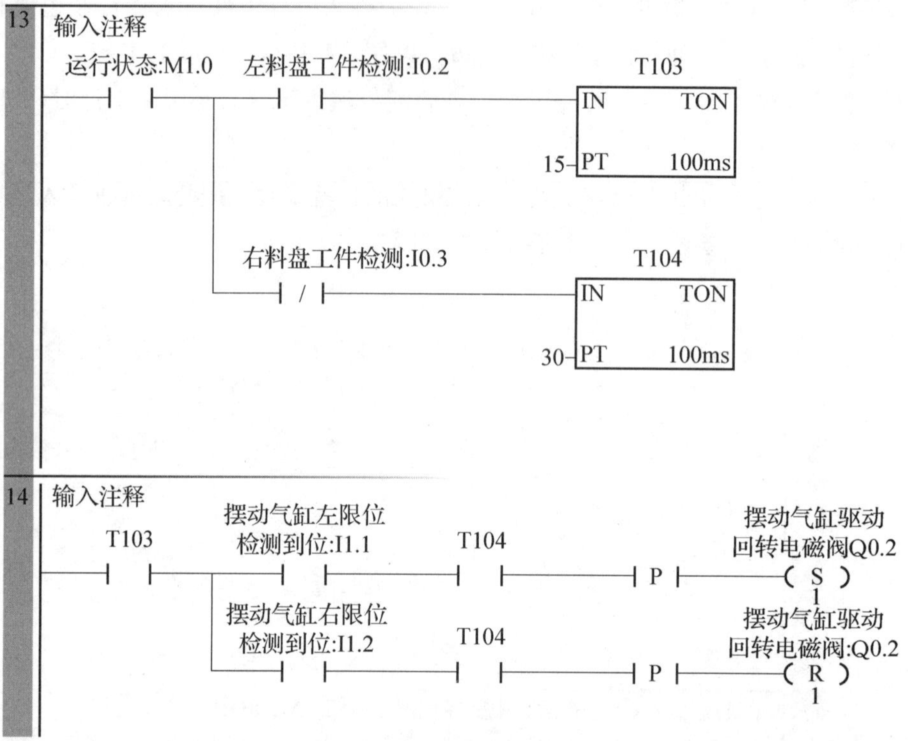

图 5－34　摆动气缸转动操作的梯形图

③供料过程的落料控制和装配控制都是单序列步进顺序控制，具体编程步骤在此不赘述，读者可参考相关程序自行编制。

④停止运行有两种情况：一种是在运行中按停止按钮，停止指令被置位；另一种是当料仓中最后一个工件落下时，检测工件有无的传感器动作（I0.1 OFF），将发出缺料报警。

对于供料过程的落料控制，上述两种情况均应在料仓关闭、顶料气缸复位（即返回到初始步）后停止下次落料，并复位落料初始步。但对于摆台转动控制，一旦停止指令发出，则应立即停止摆台转动。

对于装配控制，上述两种情况也应在一次装配完成，装配机械手返回到初始位置后停止。仅当落料机构和装配机械手均返回到初始位置时，才能复位运行状态标志和停止指令。停止运行的操作程序应在主程序中编制，如图 5－35 所示。

（2）调试与运行。

①调整气动部分，检查气路是否正确、气压是否合理、气缸的动作速度是否合理。

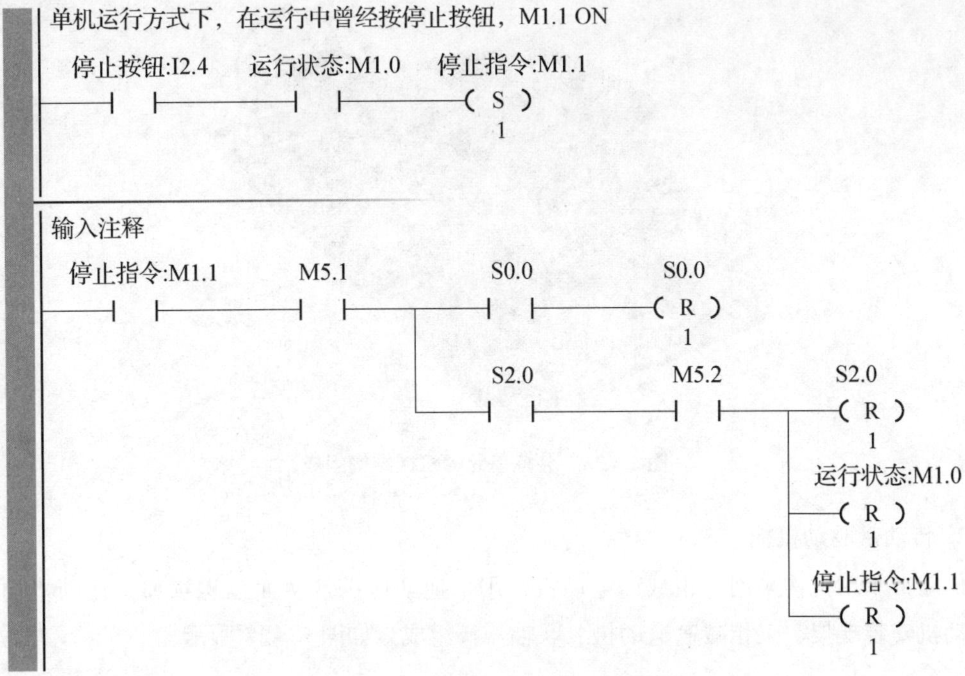

图 5－35　停止运行的操作程序

②检查磁性开关的安装位置是否到位，磁性开关工作是否正常。

③检查 I/O 接线是否正确。

④检查传感器安装是否合理，灵敏度是否合适，保证检测的可靠性。

⑤放入工件，运行程序，看装配单元动作是否满足任务要求。

5.4　分拣单元安装与调试

5.4.1　认识分拣单元

分拣单元是 YL-335B 中的最后一个单元，对上一个单元送来的已加工、装配的工件进行分拣，使不同颜色的工件从不同的料槽分流。当把输送站送来的工件放到传送带上并被入料口的光电传感器检测到时，即起动变频器，工件开始送入分拣区，进行分拣。

分拣单元的机械结构组成为传送和分拣机构、传动带驱动机构、变频器模块、电磁阀组、接线端口、PLC 模块、按钮/指示灯模块及底板等，如图 5－36 所示。

1. 传送和分拣机构

传送和分拣机构主要由传送带、出料滑槽、推料（分拣）气缸、漫射式光电传感器、光纤传感器、磁感应接近式传感器组成。传送和分拣机构传送已经加工、装配好的工件，在被光纤传感器检测到时进行分拣。

传送带把机械手输送过来的加工好的工件输送至分拣区。导向器用于纠偏机械手输送过来的工件。两条物料槽分别用于存放加工好的黑色、白色工件或金属工件。

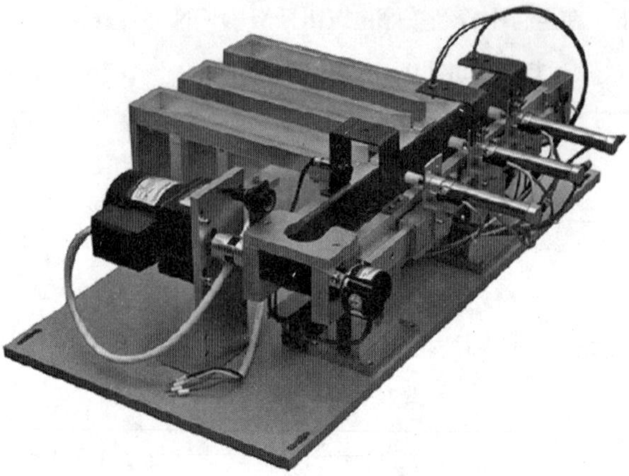

图 5－36　分拣单元的机械结构组成

2. 传动带驱动机构

传动带驱动机构采用三相减速电动机，用于拖动传送带从而输送物料。传动机构主要由电动机安装支架、三相减速电动机、联轴器等组成，如图 5－37 所示。

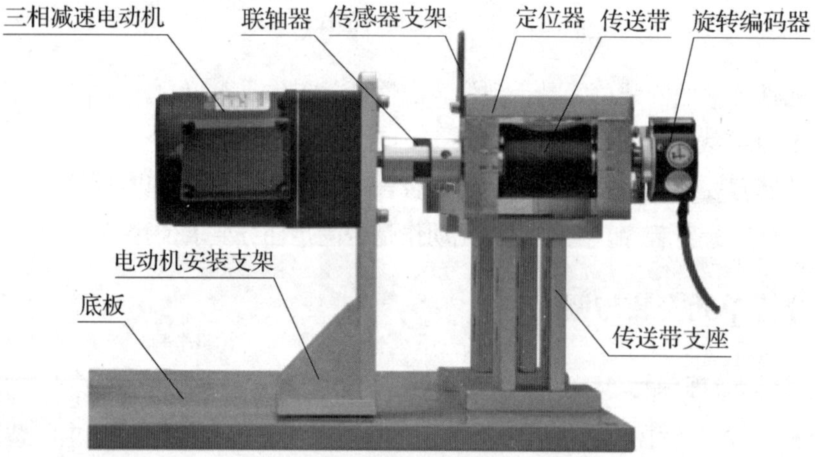

图 5－37　传动机构

三相减速电动机是传动机构的主要部分，电动机转速的快慢由变频器来控制，其作用是带动传送带从而输送物料。电动机安装支架用于固定电动机。联轴器把电动机的轴和传送带主动轮的轴连接起来，从而组成一个传动机构。

3. 电磁阀组和气动控制回路

分拣单元的电磁阀组使用三个二位五通的带手控开关的单电控电磁阀，它们安装在汇流板上。这三个阀分别对金属、白料和黑料推动气缸的气路进行控制，以改变各自的动作状态。

分拣单元气动控制回路工作原理图如图 5－38 所示。1B1、2B1 和 3B1 分别为安装在各分拣气缸的前极限工作位置的磁感应接近开关。1Y1、2Y1 和 3Y1 分别为控制 3 个分拣气缸电磁阀的电磁控制端。

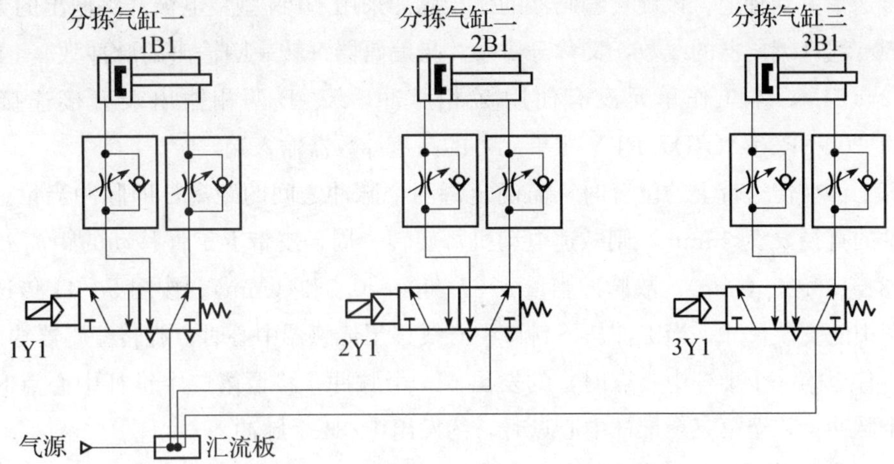

图5-38　分拣单元气动控制回路工作原理图

5.4.2　相关知识点：旋转编码器

旋转编码器是通过光电转换，将输出至轴上的机械、几何位移量转换成脉冲或数字信号的传感器，主要用于速度或位置（角度）的检测。典型的旋转编码器由光栅盘和光电检测装置组成。旋转编码器原理如图5-39所示。光栅盘是在一定直径的圆板上等分地开通若干个长方形狭缝的部件。由于光电码盘与电动机同轴，电动机旋转时，光栅盘与电动机同速旋转，经发光二极管等电子元件组成的检测装置检测，输出若干脉冲信号；通过计算旋转编码器每秒输出脉冲的个数就能反映当前电动机的转速。

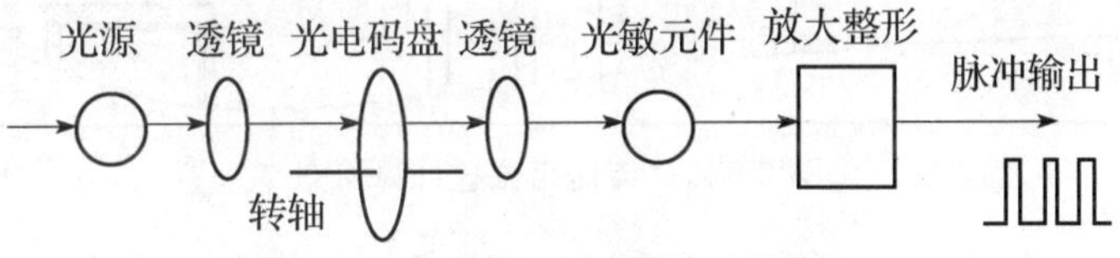

图5-39　旋转编码器原理示意图

一般来说，根据旋转编码器产生脉冲的方式不同，可以分为增量式、绝对式以及复合式三类。自动化生产线上常采用的是增量式旋转编码器。

增量式旋转编码器是直接利用光电转换原理输出三组方波脉冲A、B和Z相，如图5-40所示；A、B两组脉冲相位差90°，用于辨向：当A相脉冲超前B相时为正转方向，当B相脉冲超前A相时则为反转方向。Z相为每转一个脉冲，用于基准点定位。

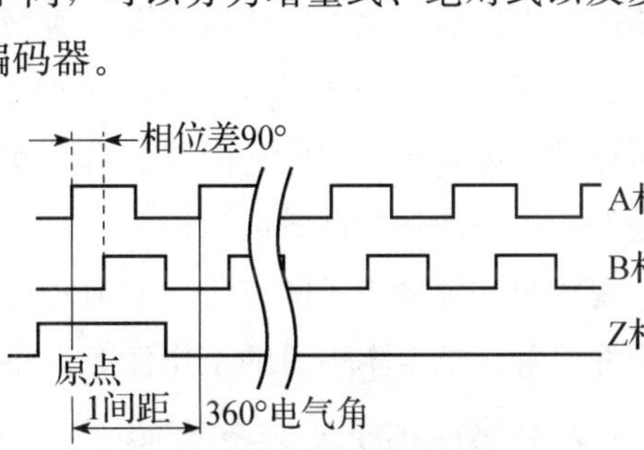

图5-40　增量式旋转编码器输出的三组方波脉冲

YL-335B分拣单元使用了以上这种具有A、

B 两相 90°相位差的通用型旋转编码器，用于计算工件在传送带上的位置。旋转编码器直接连接到传送带主动轴上。该旋转编码器的三相脉冲采用 NPN 型集电极开路输出的方式，分辨率为 500 线（编码器的线数，又称分辨率，指编码器每转一圈输出的脉冲数），工作电源为 DC 12～24V。本工作单元没有使用 Z 相脉冲，A、B 两相输出端直接连接到 PLC（SMART 200 SR30 AC/DC/RLY 主单元）的高速计数器输入端。

计算工件在传送带上的位置时，需确定每两个脉冲之间的距离，即脉冲当量。分拣单元主动轴的直径 d 为 43mm，则减速电动机每旋转一周，皮带上工件移动的距离 $L=\pi d\approx 3.14\times 43\approx 136.35$（mm）。故脉冲当量 $\mu=L/500\approx 0.273$（mm）。按图 5-41 传送带位置计算用图中的安装尺寸，当工件从下料口中心线移至传感器中心时，旋转编码器约发出 430 个脉冲；移至第一个推杆中心点时，约发出 614 个脉冲；移至第二个推杆中心点时，约发出 963 个脉冲；移至第三个推杆中心点时，约发出 1 284 个脉冲。

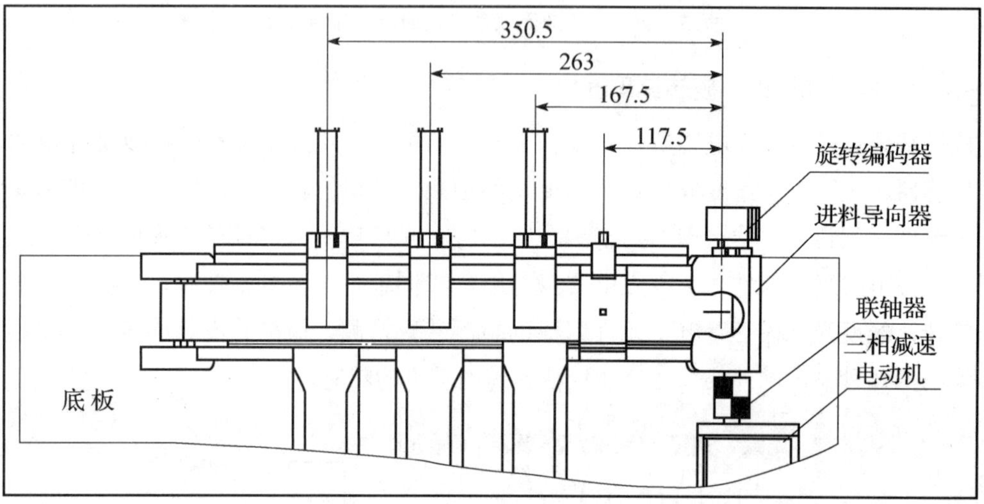

图 5-41　传送带位置计算用图

应该指出的是，上述脉冲当量的计算只是理论上的。实际上各种误差因素不可避免，如传送带主动轴直径（包括皮带厚度）的测量误差、传送带的安装偏差、张紧度、分拣单元整体在工作台面上的定位偏差等，都将影响理论计算值。因此理论计算值只能作为估算值。脉冲当量的误差所引起的累积误差会随着工件在传送带上运动距离的增大而迅速增加，甚至达到不可容忍的程度。因此在分拣单元安装调试时，除了要仔细调整以尽量减少安装偏差外，还须现场测试脉冲当量。

现场测试脉冲当量的方法、如何对输入到 PLC 的脉冲进行高速计数以计算工件在传送带上的位置，结合本项目的工作任务，将在 PLC 编程思路中介绍。

5.4.3　分拣单元安装技能训练

分拣单元机械装配可按以下 4 个步骤进行：

(1) 完成传动机构的组装，装配传送带装置及其支座，然后将其安装到底板上。

(2) 完成驱动电动机组件装配，进一步装配联轴器，把驱动电动机组件与传动机构相连接并固定在底板上。

(3) 继续完成推料气缸支架、推料气缸、传感器支架、出料槽及支撑板等的装配。

(4) 完成各传感器、电磁阀组件、装置侧接线端口等的装配。机械部件安装完成时的效果图如图 5-42 所示。

知识微课堂：
分拣单元的安装

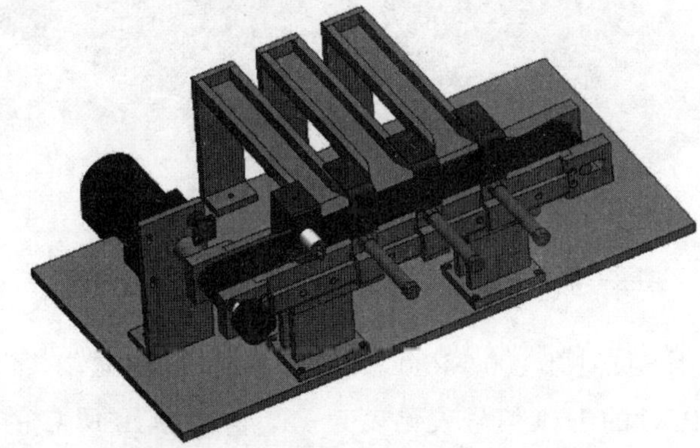

图 5-42 机械部件安装完成时的效果图

5.4.4 分拣单元的编程与单机控制

1. 工作任务

(1) 设备的工作目标是完成对白芯金属工件、白芯塑料工件、黑色芯体工件的分拣。为了在分拣时准确推出工件，要求使用旋转编码器进行定位检测。工件材料和芯体颜色属性应在推料气缸前的适宜位置被检测出来。

(2) 设备上电和气源接通后，若工作单元的三个气缸均处于缩回位置，则“正常工作”指示灯 HL1 常亮，表示设备准备好；否则，该指示灯以 1Hz 的频率闪烁。

(3) 若设备准备好，则按起动按钮，系统起动，“设备运行”指示灯 HL2 常亮。当人工放下传送带入料口已装配的工件时，变频器起动，驱动电动机以 30Hz 的固定频率把工件带往分拣区。

如果工件为白芯金属工件，则该工件对到达 1 号滑槽中间，传送带停止，工件对被推到 1 号滑槽中；如果工件为白芯塑料工件，则该工件对到达 2 号滑槽中间，传送带停止，工件对被推到 2 号滑槽中；如果工件为黑色芯体工件，则该工件对到达 3 号滑槽中间，传送带停止，工件对被推到 3 号滑槽中。工件被推出滑槽后，该工作单元的一个工作周期结束。仅当工件被推出槽后，才能再次向传送带下料。

如果在运行期间按停止按钮，则该工作单元在本工作周期结束后停止运行。

2. PLC 的 I/O 接线

根据工作任务要求，分拣单元机械装配和传感器安装效果图如图 5-43 所示。

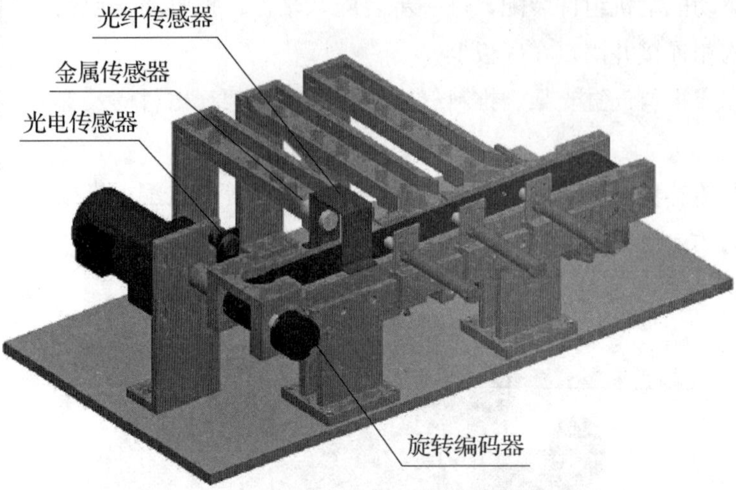

图 5-43　分拣单元机械装配和传感器安装效果图

分拣单元 PLC 选用 SMART 200 SR30 AC/DC/RLY 主单元，共 18 点输入和 12 点继电器输出。分拣单元 PLC 的 I/O 信号表见表 5-5，分拣单元 PLC 的 I/O 接线原理图如图 5-44 所示。当变频器的频率设定值由 HMI 指定时，该频率设定值是一个随机数，需要由 PLC 通过 D/A 变换方式向变频器输入模拟量的频率指令，以实现电动机速度的连续调整。

表 5-5　分拣单元 PLC 的 I/O 信号表

<table>
<tr><th colspan="4">输入信号</th><th colspan="4">输出信号</th></tr>
<tr><th>序号</th><th>PLC 输入点</th><th>信号名称</th><th>信号来源</th><th>序号</th><th>PLC 输出点</th><th>信号名称</th><th>信号输出目标</th></tr>
<tr><td>1</td><td>I0.0</td><td>旋转编码器 B 相</td><td rowspan="10">装置侧</td><td>1</td><td>Q0.0</td><td>电动机起动</td><td>变频器</td></tr>
<tr><td>2</td><td>I0.1</td><td>旋转编码器 A 相</td><td>2</td><td>Q0.1</td><td></td><td></td></tr>
<tr><td>3</td><td>I0.2</td><td>光纤传感器 1</td><td>3</td><td>Q0.2</td><td></td><td></td></tr>
<tr><td>4</td><td>I0.3</td><td>光纤传感器 2</td><td>4</td><td>Q0.3</td><td></td><td></td></tr>
<tr><td>5</td><td>I0.4</td><td>进料口工件检测</td><td>5</td><td>Q0.4</td><td></td><td></td></tr>
<tr><td>6</td><td>I0.5</td><td>金属检测传感器</td><td>6</td><td>Q0.5</td><td></td><td></td></tr>
<tr><td>7</td><td>I0.6</td><td></td><td>7</td><td>Q0.6</td><td></td><td></td></tr>
<tr><td>8</td><td>I0.7</td><td>推杆 1 推出到位</td><td>8</td><td>Q0.7</td><td>HL1</td><td rowspan="2">按钮/指示灯模块</td></tr>
<tr><td>9</td><td>I1.0</td><td>推杆 2 推出到位</td><td>9</td><td>Q1.0</td><td>HL2</td></tr>
<tr><td>10</td><td>I1.1</td><td>推杆 3 推出到位</td><td></td><td></td><td></td><td></td></tr>
<tr><td>11</td><td>I1.2</td><td>起动按钮</td><td rowspan="4">按钮/指示灯模块</td><td></td><td></td><td></td><td></td></tr>
<tr><td>12</td><td>I1.3</td><td>停止按钮</td><td></td><td></td><td></td><td></td></tr>
<tr><td>13</td><td>I1.4</td><td></td><td></td><td></td><td></td><td></td></tr>
<tr><td>14</td><td>I1.5</td><td>单机/全线</td><td></td><td></td><td></td><td></td></tr>
</table>

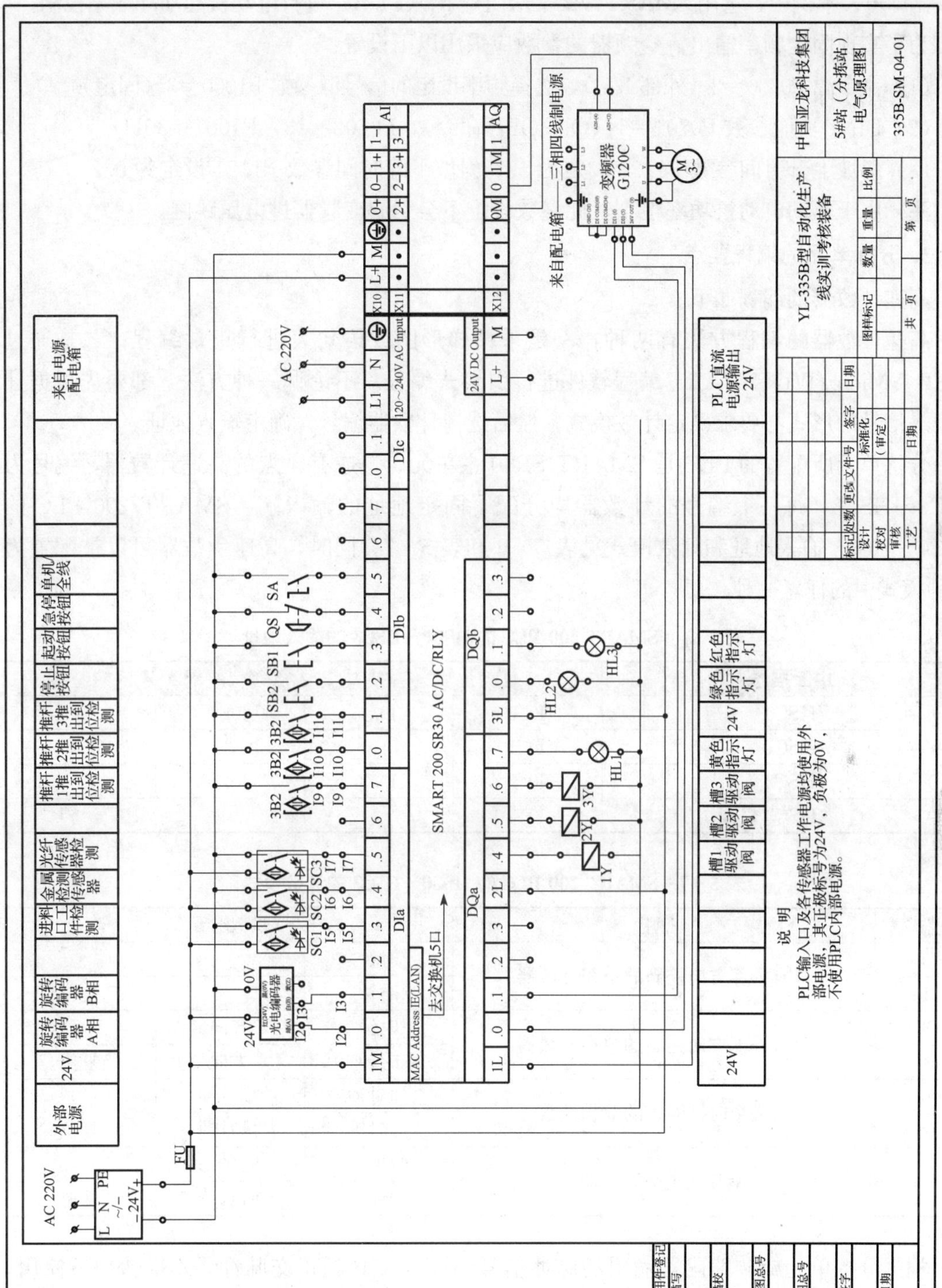

图 5-44　分拣单元PLC的I/O接线原理图

本项目的工作任务仅要求以 30Hz 的固定频率驱动电动机运转，只需用固定频率方式控制变频器即可。本例中，选用 SMART V20 的端子“5”（DIN1）进行电动机起动和频率控制。

为了实现固定频率输出，变频器的参数应采用以下设置：

（1）命令源 P0700＝2（外部 I/O），选择频率设定的信号源参数 P1000＝3（固定频率）。

（2）DIN1 功能参数 P0701＝1（ON/OFF 命令），P0702＝15，P1001＝30Hz。

（3）斜坡上升时间参数 P1120 设定为 1s，斜坡下降时间参数 P1121 设定为 0.2s。

注：由于驱动电动机功率很小，此参数设定不会引起变频器过电压跳闸。

3. 分拣单元的编程要点

高速计数器的编程如下。

高速计数器的编程方法有两种：一是采用梯形图或语句表进行正常编程；二是通过 STEP 7-Micro/WIN SMART 编程软件进行引导式编程。不论哪一种方法，都要先根据计数输入信号的形式与要求确定计数模式；然后选择计数器编号，确定输入地址。

分拣单元所配置的 PLC 是 SMART SR40 主单元，集成有 4 点的高速计数器，编号为 HSC0～HSC3，每一个编号的计数器均分配了固定地址的输入端，SMART 200 PLC 的 HSC0～HSC3 输入地址和计数模式见表 5－6 和表 5－7。同时，高速计数器可以被配置为 11 种模式中的任意一种。

表 5－6 SMART 200 PLC 的 HSC0～HSC3 的输入地址

中断描述	输入点			
HSC0	I0.0	I0.1	I0.4	
HSC1	I0.1			
HSC2	I0.2	I0.3	I0.5	
HSC3	I0.3			

表 5－7 SMART 200 PLC 的 HSC0～HSC3 的计数模式

模式	说明	输入分配		
0	具有内部方向控制的单相计数器	时钟		
1		时钟		复位
3	具有外部方向控制的单相计数器	时钟	方向	
4		时钟	方向	复位
6	具有两个时钟输入的双相计数器	加时钟	减时钟	
7		加时钟	减时钟	复位
9	A/B 相正交计数器	时钟 A	时钟 B	
10		时钟 A	时钟 B	复位

根据分拣单元旋转编码器输出的脉冲信号形式（A/B 相正交脉冲，Z 相脉冲不使用，无外部复位和起动信号），由表 5－6 和表 5－7 容易确定所采用的计数模式为模式 9，选用的计数器为 HSC0，B 相脉冲从 I0.0 输入，A 相脉冲从 I0.1 输入，计数倍频设定为 4 倍频。分拣单元高速计数器编程要求较简单，不考虑中断子程序、预置值等。

在主程序块中使用 SM0.1（上电首次扫描 ON）调用此子程序，即完成高速计数器定义并起动计数器。

旋转编码器脉冲当量的现场测试如下。

前面已经指出，根据传送带主动轴直径计算旋转编码器的脉冲当量，其结果只是一个估算值。在分拣单元安装调试时，除要仔细调整以尽量减少安装偏差外，还须现场测试脉冲当量值。一种测试方法的步骤如下。

（1）分拣单元安装调试时，必须仔细调整电动机与主动轴联轴的同心度和传送皮带的张紧度。调节张紧度的两个调节螺栓应平衡调节，避免皮带运行时跑偏。传送带张紧度以电动机在输入频率为 1Hz 时能顺利起动，低于 1Hz 时难以起动为宜。测试时可把变频器设置为在 BOP 操作板进行操作（起动/停止和频率调节）的运行模式，即设定参数 P0700＝1。

（2）安装调整结束后，变频器参数设置如下。

P0700＝2（指定命令源为“由端子排输入”）。

P0701＝1（ON/OFF 命令）。

P0702＝15（固定频率选择为 0）。

P1000＝3（频率设定值的选择为固定频率）。

P1001＝25Hz（固定频率 1 的值）。

（3）在个人计算机上用 STEP 7-Micro/WIN SMART 编程软件编写 PLC 程序，脉冲当量现场测试主程序如图 5－45 所示，编译后传送到 PLC。

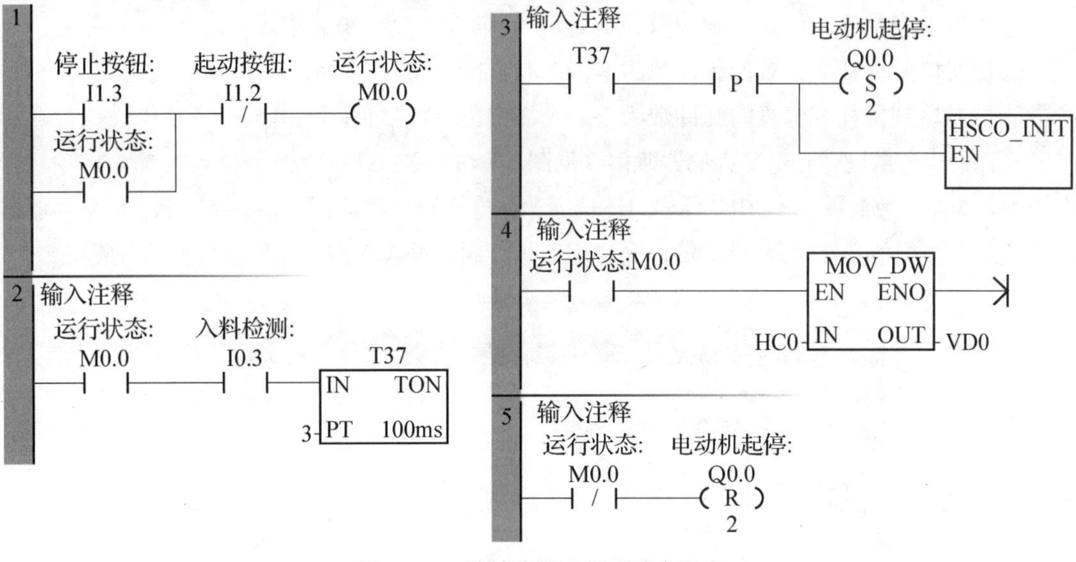

图 5－45　脉冲当量现场测试主程序

（4）运行 PLC 程序，并置于监控方式。在传送带进料口中心处放下工件后，按起动按钮起动运行。工件被传送了一段较长的距离后，按停止按钮停止运行。观察 STEP 7-Micro/WIN SMART 软件监控界面上 VD0 的读数，将此值填写到“高速计数脉冲数（测试值）”一栏中；然后在传送带上测量工件移动的距离，把测量值填写到“工件移动距离

（测量值）”一栏中；计算高速计数脉冲数（测试值）/4 的值，填写到“编码器脉冲数（计算值）”一栏中，则脉冲当量 μ（计算值）＝工件移动距离（测量值）/编码器脉冲数（计算值），见表 5－8。

表 5－8　脉冲当量现场测试数据

序号	工件移动距离（测量值）	高速计数脉冲数（测试值）	编码器脉冲数（计算值）	脉冲当量 μ（计算值）
第一次	357.8	5 565	1 391	0.257 1
第二次	358	5 568	1 392	0.257 1
第三次	360.5	5 577	1 394	0.258 6

（5）重新把工件放到进料口中心处，按起动按钮即进行第二次测试。进行三次测试后，求出脉冲当量 μ 的平均值：$\mu=(\mu_1+\mu_2+\mu_3)/3=0.257\,6$。

重新计算旋转编码器到各位置应发出的脉冲数：当工件从下料口中心线移至传感器中心时，旋转编码器发出 456 个脉冲；移至第一个推杆中心点时，约发出 650 个脉冲；移至第二个推杆中心点时，约发出 1 021 个脉冲；移至第三个推杆中心点时，约发出 1 361 个脉冲。将上述数据 4 倍频后，就是高速计数器 HC0 经过的值。

在本项工作任务中，编程高速计数器的作用是根据 HC0 当前值确定工件位置，与存储到指定的变量存储器的特定位置数据进行比较，以确定程序的流向，特定位置数据如下：

①进料口到传感器位置的脉冲数为 1 860，存储在 VD10 单元中（双整数）。

②进料口到推杆 1 位置的脉冲数为 2 400，存储在 VD14 单元中。

③进料口到推杆 2 位置的脉冲数为 3 920，存储在 VD18 单元中。

④进料口到推杆 3 位置的脉冲数为 5 400，存储在 VD22 单元中。

可以使用数据块对上述 V 存储器赋值（见图 5－46），在 STEP 7-Micro/WIN 窗口的项目指令树中，选择“数据块”→“用户定义 1”选项；在打开的“数据块”窗口中逐行键入 V 存储器起始地址、数据值及其注释（可选），允许用逗号、制表符或空格作地址和数据的分隔符。

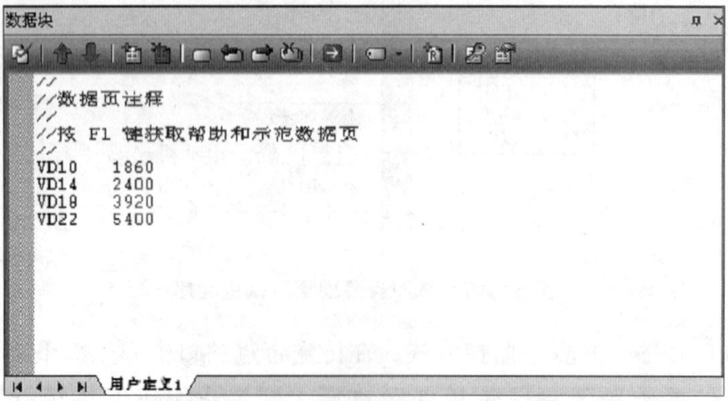

图 5－46　使用数据块对 V 存储器赋值

注意：特定位置数据均从进料口开始计算，因此，每当待分拣工件下料到进料口，电动机开始起动时，必须对 HC0 的当前值（存储在 SMD38 中）进行一次清零操作。

程序结构：

（1）分拣单元的主要工作过程是分拣控制，可编写一个子程序供主程序调用，工作状态显示的要求比较简单，可直接在主程序中编写。

（2）主程序的流程与前文所述的供料、加工等单元是类似的，但由于是用高速计数器编程，必须在上电第 1 个扫描周期调用 HSC _ INIT 子程序，以定义并使用高速计数器。请读者自行完成主程序的编制。

（3）分拣控制子程序也是一个步进顺控程序，分拣控制子程序初始步梯形图如图 5 - 47 所示，编程思路如下：

①当检测到待分拣工件下料到进料口后，清零 HC0 当前值，以固定频率起动变频器驱动电动机运转。

②当工件经过安装在传感器支架上的光纤探头和电感式传感器时，根据两个传感器动作与否，判别工件的属性，决定程序的流向，梯形图如图 5 - 48 所示。HC0 当前值与传感器位置值的比较可采用触点比较指令实现。

③根据工件属性和分拣任务要求，在相应的推料气缸位置把工件推出。推料气缸返回后，步进顺序控制子程序返回初始步。

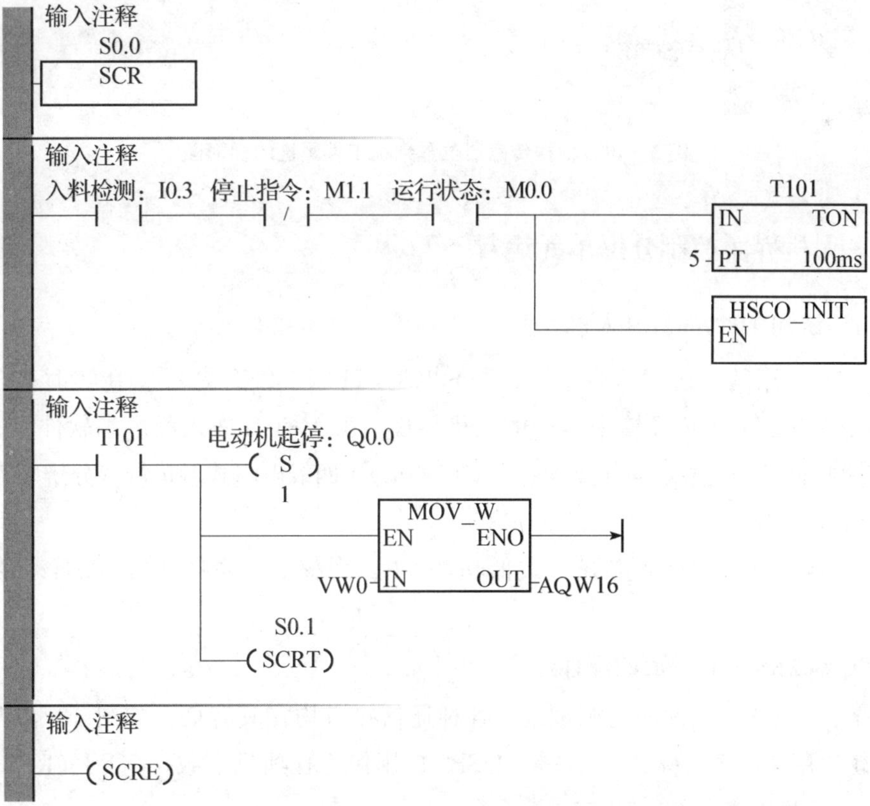

图 5 - 47　分拣控制子程序初始步梯形图

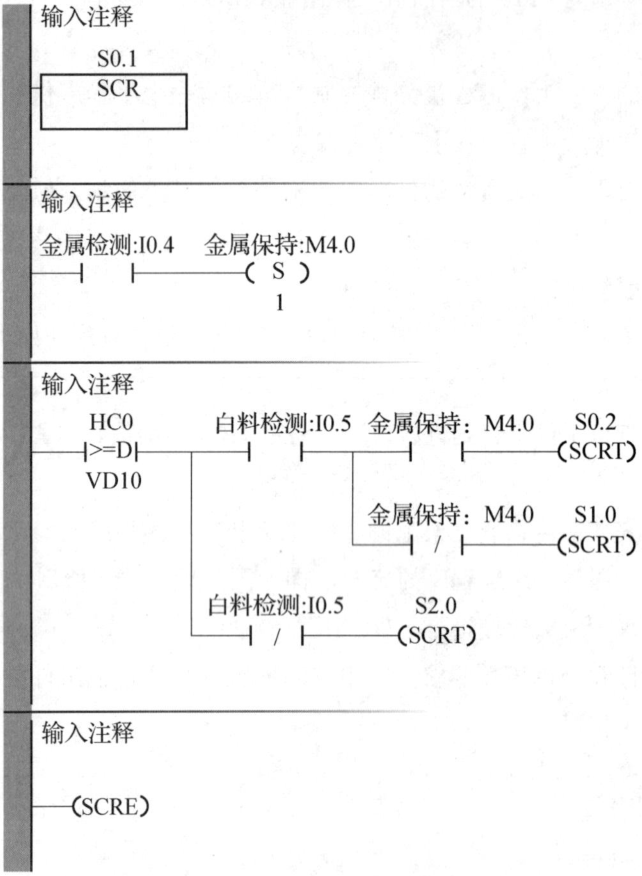

图 5-48　根据传感器位置判别工件属性的梯形图

5.5　人机界面控制分拣单元运行

5.5.1　认知 TPC7062KS 人机界面

YL-335B 采用昆仑通态研发的 TPC7062KS。TPC7062KS 是一款在实时多任务嵌入式操作系统 Windows CE 环境中运行的人机界面，由 MCGS 嵌入版组态软件组态，采用 7 英寸高亮度 TFT 液晶显示屏（分辨率为 800×480）、四线电阻式触摸屏（分辨率为 4 096×4 096），色彩达 64K 彩色。

CPU 主板：以 ARM 结构嵌入式低功耗 CPU 为核心，主频为 400MHz，存储空间为 64MB。

1. TPC7062KS 人机界面的硬件连接

TPC7062KS 人机界面的电源进线、各种通信接口均在其背面，如图 5-49 所示。其中，USB1 口用来连接鼠标和 U 盘等，USB2 口用作工程项目下载，COM（RS232）用来连接 PLC，下载通信线如图 5-50 所示。

图 5 - 49　TPC7062KS 的接口

屏下载线　　　屏和 S7-200通信线

图 5 - 50　下载通信线

（1）TPC7062KS 触摸屏与个人计算机的连接。

YL-335B 上，TPC7062KS 触摸屏是通过 USB2 口与个人计算机连接的，在连接之前，个人计算机应先安装 MCGS 组态软件。

当需要在 MCGS 组态软件上把资料下载到 HMI 时，只需打开 MCGS 组态软件，选择“工具”→“下载配置”命令，在弹出的“下载配置”对话框中单击“连机运行”按钮，再单击“工程下载”按钮即可进行下载。如果要在计算机中进行工程项目模拟测试，则单击“模拟运行”按钮，然后单击“工程下载”按钮，如图 5 - 51 所示。

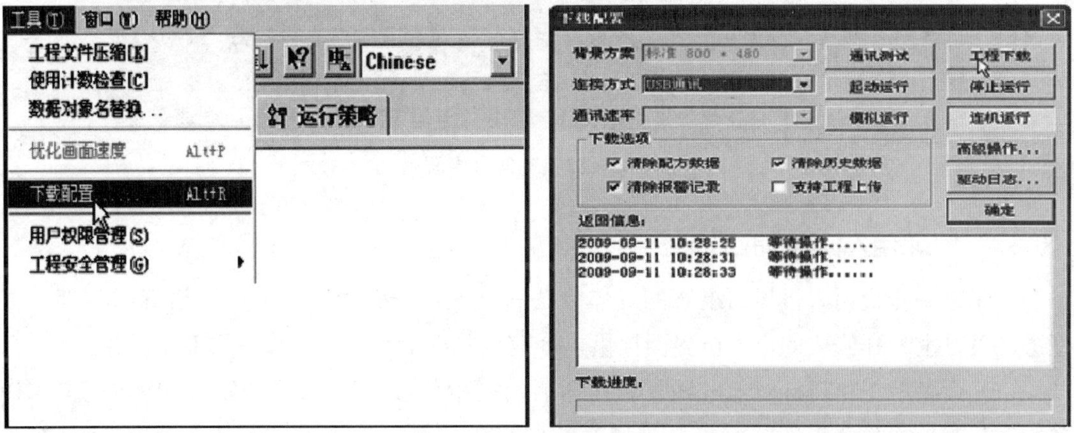

图 5 - 51　工程下载方法

(2) TPC7062KS 触摸屏与 S7-200 PLC 的连接。

在 YL-335B 中，触摸屏通过 COM 口直接与输送站的 PLC（PORT1）的编程口连接。所使用的通信线采用西门子 PC-PPI 电缆，PC-PPI 电缆把 RS232 转为 RS485。PC-PPI 电缆的 9 针母头插在屏侧，9 针公头插在 PLC 侧。

为了实现正常通信，除了正确进行硬件连接，还须对触摸屏的串行口 0 属性进行设置，这将在设备窗口组态中实现，设置方法将在后面的工作任务中详细说明。

2. 触摸屏设备组态

为了通过触摸屏设备操作机器或系统，必须给触摸屏设备组态用户界面，该过程称为“组态阶段”。系统组态就是通过 PLC 以“变量”方式进行操作单元与机械设备或过程之间的通信。将变量值写入 PLC 上的存储区域（地址），由操作单元从该区域读取。

运行 MCGS 嵌入版组态软件，在打开的窗口中选择“文件”→“新建工程”命令，弹出如图 5-52 所示的工作台界面。MCGS 嵌入版组态软件用“工作台”窗口来管理构成用户应用系统的五个部分，工作台上的五个标签为主控窗口、设备窗口、用户窗口、实时数据库和运行策略，分别对应五个不同的窗口页面，每一个页面负责管理用户应用系统的一个部分，用鼠标单击不同的标签可切换至不同的窗口页面，对应用系统的相应部分进行组态操作。

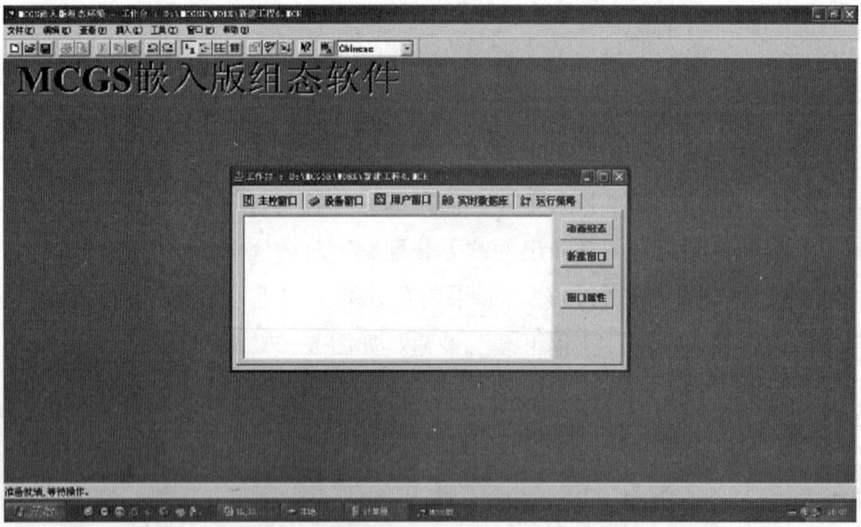

图 5-52　工作台界面

5.5.2　采用人机界面的工作任务

为了进一步说明人机界面组态的具体方法和步骤，下面给出一个在项目五的实训工作任务的基础上稍作修改的由人机界面提供主令信号并显示系统工作状态的工作任务。

(1) 设备的工作目标、上电和气源接通后的初始位置、具体的分拣要求均与原工作任务相同，起停操作和工作状态指示不通过按钮指示灯盒操作指示，而是在触摸屏上实现。这时，分拣单元 PLC 的 I/O 接线原理如图 5-44 所示。

（2）当人工放下传送带入料口已装配的工件时，变频器立即起动，驱动传动电动机以触摸屏给定的速度把工件带往分拣区，频率在40～50Hz可调节。

各料槽工件累计数据在触摸屏上予以显示，且在触摸屏上可以数据清零。根据以上要求完成人机界面组态和分拣程序的编写。

分拣站人机界面组态后的界面如图5-53所示。

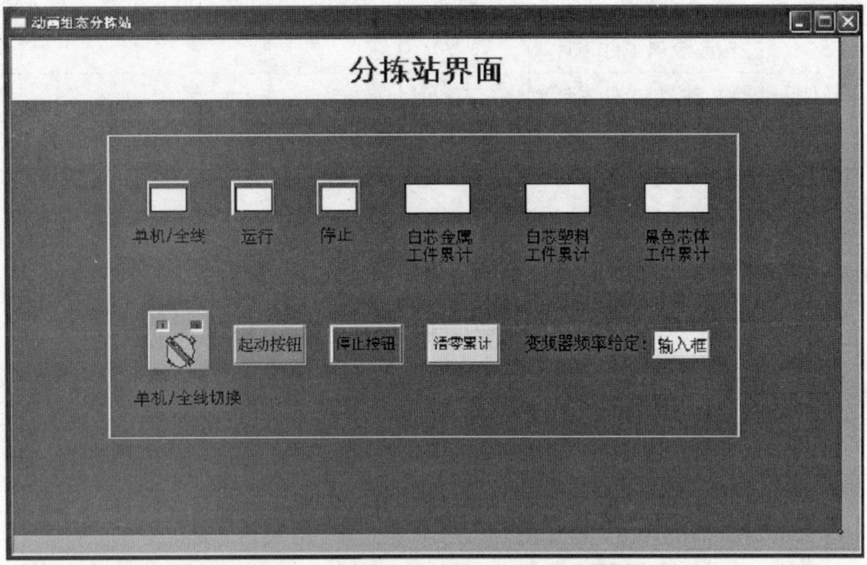

图5-53　分拣站人机界面组态后的界面

界面中包含以下内容：

①状态指示：单机/全线、运行、停止。

②切换旋钮：单机/全线切换。

③按钮：起动按钮、停止按钮、清零累计。

④变频器频率给定：变频器输入频率设置。

⑤数据输出显示：白芯金属工件累计、白芯塑料工件累计、黑色芯体工件累计。

⑥矩形框。

触摸屏组态界面中各元件对应的PLC地址见表5-9。

表5-9　触摸屏组态界面中各元件对应的PLC地址

元件类别	名称	输入地址	输出地址	备注
位状态切换开关	单机/全线切换	M0.1	M0.1	
位状态开关	起动按钮		M0.2	
	停止按钮		M0.3	
	清零累计		M0.4	

续表

元件类别	名称	输入地址	输出地址	备注
位状态	单机/全线	M0.1	M0.1	
	运行		M0.0	
	停止		M0.0	
数值输入元件	变频器频率给定	VW1002	VW1002	最小值为 40Hz，最大值为 50Hz
数值输出元件	白芯金属工件累计	VW70		
	白芯塑料工件累计	VW72		
	黑色芯体工件累计	VW74		

下面给出人机界面的组态步骤和方法。

1. 创建工程

如果在 TPC 类型中找不到“TPC7062KS”选项，则请选择“TPC7062K”选项，工程名称为“335B-分拣站”。

2. 定义数据对象

所有的数据对象见表 5-10。

表 5-10 触摸屏组态界面中各元件对应的 PLC 地址

数据对象	数据类型	注释
运行状态	开关型	
单机/全线切换	开关型	
起动按钮	开关型	
停止按钮	开关型	
清零累计	开关型	
变频器频率给定	数值型	
白芯金属工件累计	数值型	
白芯塑料工件累计	数值型	
黑色芯体工件累计	数值型	

下面以数据对象“运行状态”为例，介绍定义数据对象的步骤。

(1) 单击工作台中的“实时数据库”窗口标签，进入实时数据库窗口页。

(2) 单击“新增对象”按钮，在窗口的数据对象列表中增加新的数据对象，系统默认定义的名称为 Data1、Data2、Data3 等（多次单击该按钮，则可增加多个数据对象）。

(3) 选中对象，单击“对象属性”按钮，或双击选中的对象，打开“数据对象属性设置”窗口。

(4) 将对象名称改为“运行状态”；对象类型选择“开关型”；单击“确认”按钮。

按照此步骤，根据表 5－10，设置其他各数据对象。

3. 设备连接

为了使触摸屏和 PLC 能进行通信，须把定义好的数据对象和 PLC 内部变量进行连接，具体操作步骤如下。

（1）在“工作台”中切换至“设备窗口”选项卡。双击“设备窗口”图标打开“设备组态：设备窗口”对话框。

（2）单击工具栏中的“工具箱”按钮，打开“设备工具箱”面板。

（3）在“设备组态：设备窗口”对话框的可选设备列表中单击“通用串口父设备 0”列表项左侧的“＋”图标展开下一级列表，如图 5－54 所示。

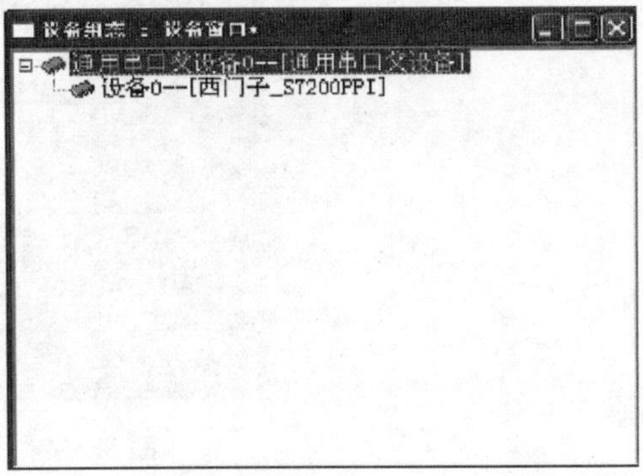

图 5－54 “设备组态：设备窗口”对话框

（4）双击“通用串口父设备 0”列表项，打开如图 5－55（a）所示的“通用串口设备属性编辑”对话框，进行设备的基本属性设置。

- “串口端口号（1～255）”设置为“0－COM1”。
- “通信波特率”设置为“8－19200”。
- “数据校验方式”设置为“2－偶校验”。
- 其他设置为默认。

双击“设备 0－－［西门子 _ S7200PPI］”列表项，打开“设备编辑窗口”对话框。对话框右侧自动生成通道名称 I000.0～I000.7，可以单击“删除全部通道”按钮进行删除，如图 5－55（b）所示。

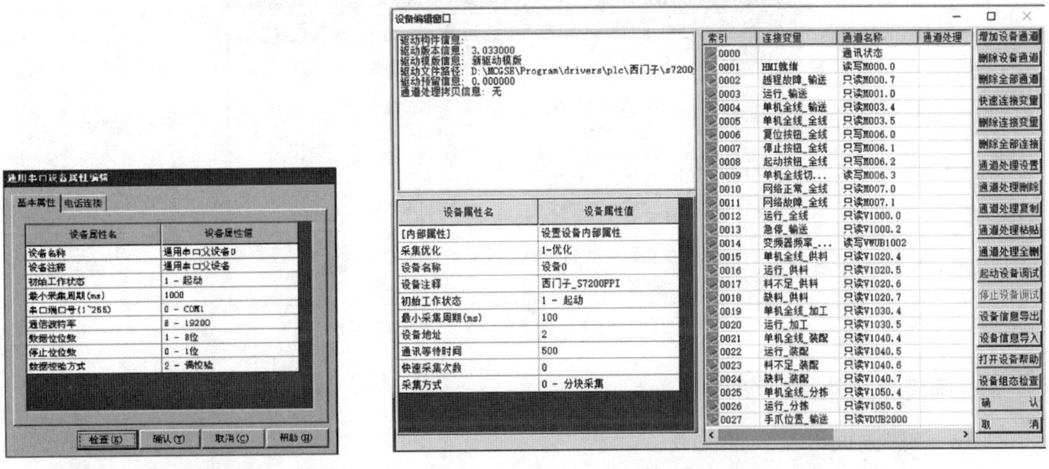

（a）“通用串口设备属性编辑”对话框　　　　（b）“设备编辑窗口”对话框

图 5－55 “通用串口设备属性编辑”和“设备编辑窗口”对话框

（5）进行变量的连接，这里以“运行状态”变量为例进行说明。

①在“设备编辑窗口”对话框中单击“添加设备通道”按钮，弹出如图 5－56 所示的对话框。

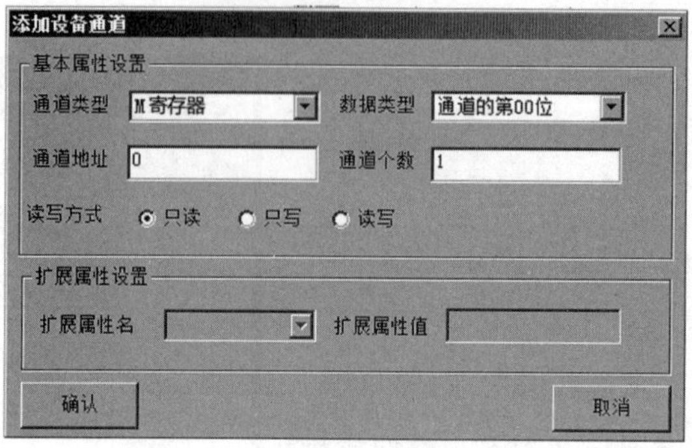

图 5－56 “添加设备通道”对话框

参数设置如下：

- 通道类型：M 寄存器。
- 数据类型：通道的第 00 位。
- 通道地址：0。
- 通道个数：1。
- 读写方式：只读。

②单击“确认”按钮，完成基本属性设置并返回“设备编辑窗口”对话框。

③双击“只读 M000.0”通道对应的连接变量，从数据中心选择变量“运行状态”，用同样的方法增加其他通道，连接变量，如图 5－57 所示，完成后单击“确认”按钮。

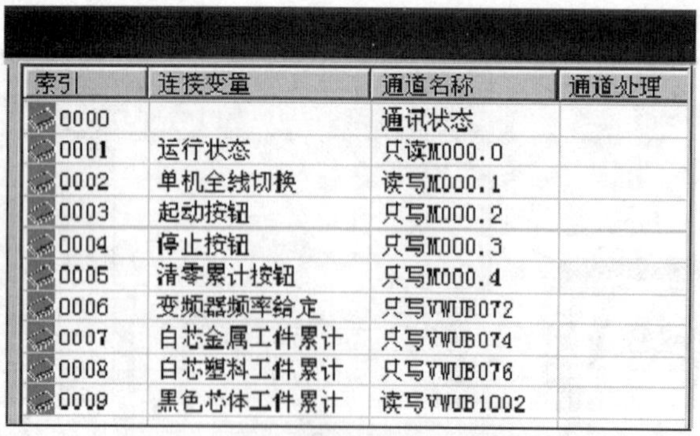

索引	连接变量	通道名称	通道处理
0000		通讯状态	
0001	运行状态	只读M000.0	
0002	单机全线切换	读写M000.1	
0003	起动按钮	只写M000.2	
0004	停止按钮	只写M000.3	
0005	清零累计按钮	只写M000.4	
0006	变频器频率给定	只写VWUB072	
0007	白芯金属工件累计	只写VWUB074	
0008	白芯塑料工件累计	只写VWUB076	
0009	黑色芯体工件累计	读写VWUB1002	

图 5－57 选择通道，连接变量

4. 画面和元件的制作

（1）新建画面以及属性设置。

①在“工作台”中切换至“用户窗口”选项卡，单击“新建窗口”按钮，建立“窗口 0”。选中“窗口 0”，单击“窗口属性”按钮，弹出“用户窗口属性设置”对话框。

②将“窗口名称”改为“分拣画面”；“窗口标题”改为“分拣画面”。

③单击“窗口背景”右侧的下拉按钮，在弹出的“颜色”对话框中选择所需的颜色，如图 5-58 所示。

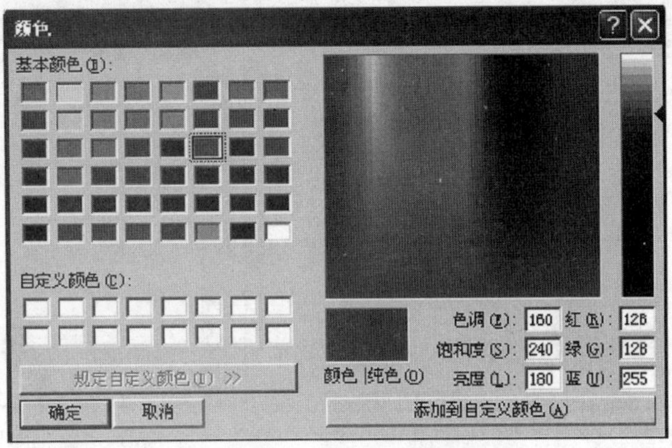

图 5-58 “颜色”对话框

(2) 制作文字框图。以标题文字的制作为例进行说明。

①单击工具栏中的“工具箱”按钮，打开“工具箱”面板。

②单击“工具箱”面板内的“标签”按钮，鼠标的光标呈“十”字形，在窗口顶端中心位置拖动鼠标，根据需要拉出一个大小合适的矩形。

③在光标闪烁位置处输入文字“分拣站界面”，按 Enter 键或在窗口任意位置单击，文字输入完毕。

④选中矩形框，进行如下设置。

- 单击工具栏上的（填充色）按钮，设置矩形框的背景颜色为白色。
- 单击工具栏上的（线色）按钮，设置矩形框的边线颜色为没有边线。
- 单击工具栏上的（字符字体）按钮，设置文字字体为华文细黑、字型为粗体、大小为二号。
- 单击工具栏上的（字符颜色）按钮，将文字颜色设置为藏青色。

(3) 制作状态指示灯。以“单机/全线”指示灯为例进行说明。

①单击“工具箱”面板中的（插入元件）按钮，弹出“对象元件库管理”对话框，选择“指示灯 6”列表项，单击“确定”按钮，如图 5-59 (a) 所示。双击“指示灯 6”图标，弹出“单元属性设置”对话框，如图 5-59 (b) 所示。

②在“数据对象”选项卡中，单击右侧的按钮，从数据中心选择“单机全线切换”变量。

③在“动画连接”选项卡中，单击“填充颜色”选项，右侧出现按钮，如图 5-60 所示。

④单击[>]按钮，弹出“标签动画组态属性设置”对话框，如图 5-61 所示。

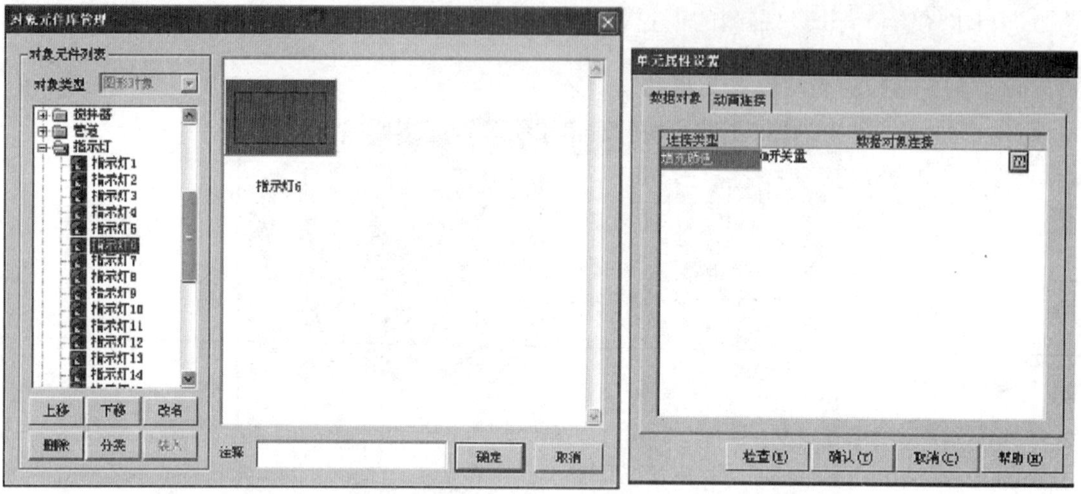

（a）“对象元件库管理”对话框　　（b）“单元属性设置”对话框

图 5-59 “对象元件库管理”及“单元属性设置”界面——指标灯

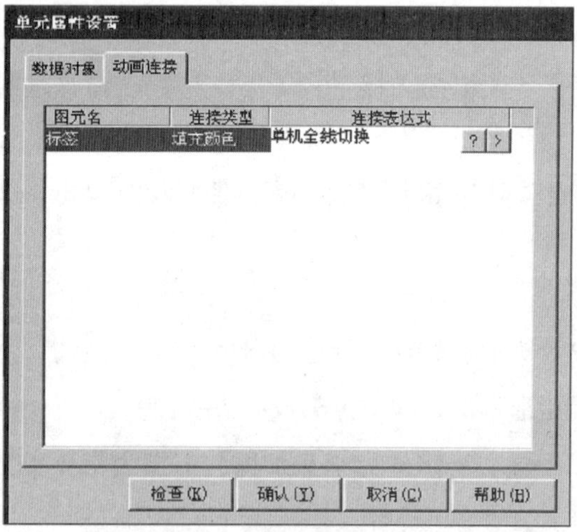

图 5-60 “单元属性设置”对话框

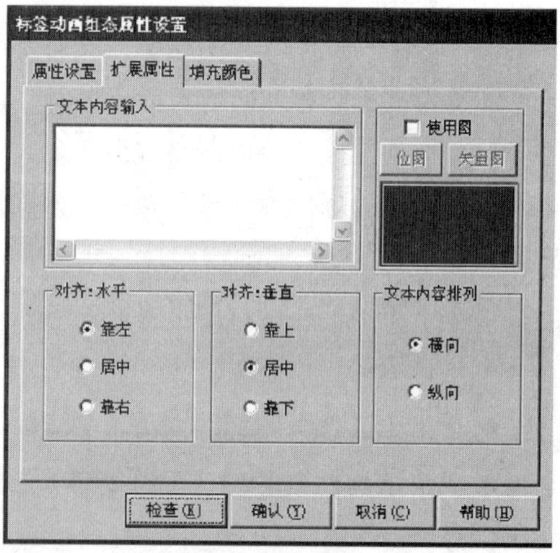

图 5-61 “标签动画组态属性设置”对话框

⑤在“属性设置”选项卡中，填充颜色为白色。

⑥在“填充颜色”选项卡中，分段点 0 对应颜色为白色，分段点 1 对应颜色为灰色，单击“确认”按钮完成设置，如图 5-62 所示。

（4）制作切换旋钮。

单击“工具箱”面板中的[插入元件图标]（插入元件）按钮，弹出“对象元件库管理”对话框，选择“开关 6”列表项，单击“确定”按钮。双击“开关 6”图标，弹出如图 5-63（b）所示的对话框，在“数据对象”选项卡的“按钮输入”和“可见度”栏连接数据对象“单机全线切换”。

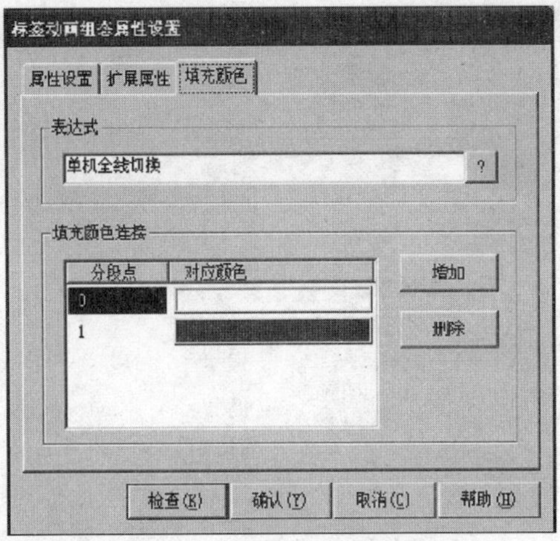

图 5-62　填充颜色设置界面

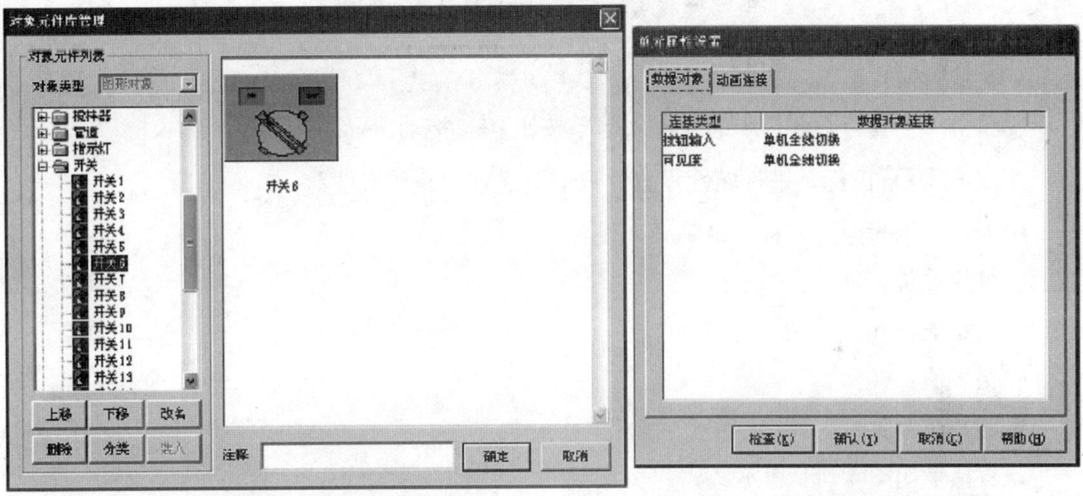

（a）“对象元件库管理”对话框　　　（b）“单元属性设置”对话框

图 5-63　“对象元件库管理”及“单元属性设置”界面——“开关”

（5）制作按钮。以起动按钮为例进行说明。

单击“工具箱”面板中的按钮，在窗口中拖出一个大小合适的按钮，双击按钮，弹出如图 5-64 所示的对话框，属性设置如下：

①在“基本属性”选项卡中，无论是“抬起”状态还是“按下”状态，“文本”都设置为“起动按钮”；抬起功能属性字体设置为宋体，字体大小设置为五号，“背景色”设置为灰色；按下功能属性字体大小设置为小五号，其他同抬起功能。

②“操作属性”选项卡中，抬起功能：数据对象操作清 0，起动按钮；按下功能：数据对象操作置 1，起动按钮。

③其他默认。

单击“确认”按钮完成设置。

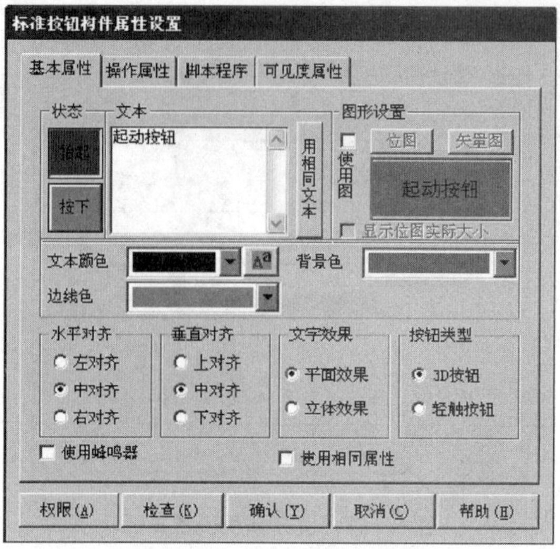

图 5-64 “标准按钮构件属性设置”对话框

（6）数值输入框。

①单击“工具箱”面板中的“输入框”按钮 abl，拖动鼠标，绘制 1 个输入框。

②双击 输入框 图标，进行属性设置，只需要设置“操作属性”。

- 对应数据对象的名称：最高频率设置。
- 使用单位：Hz。
- 最小值：40。
- 最大值：50。
- 小数位数：0。

设置结果如图 5-65 所示。

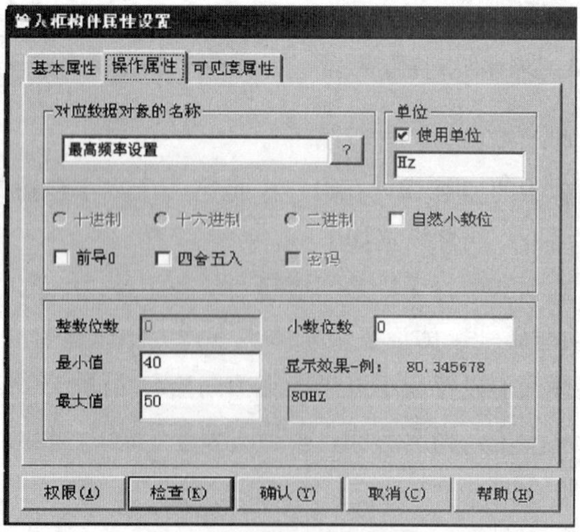

图 5-65 “输入框构件属性设置”对话框

(7) 数据显示。以白色金属料累计数据显示为例进行说明。

①单击“工具箱”面板中的A按钮，拖动鼠标，绘制 1 个显示框。

②双击显示框，弹出“标签动画组态属性设置”对话框，在“输入输出连接”选项组中，选中“显示输出”复选框，在“标签动画组态属性设置”对话框中则会出现“显示输出”选项卡，如图 5-66 所示。

图 5-66 “标签动画组态属性设置”对话框

③切换至“显示输出”选项卡，设置显示输出属性，参数设置如下。

- 表达式：白色金属料累计。
- 单位：个。
- 输出值类型：数值量输出。
- 输出格式：十进制。
- 整数位数：0。
- 小数位数：0。

④单击“确认”按钮，完成设置。

(8) 制作矩形框。

单击“工具箱”面板中的□按钮，在窗口的左上方拖出一个大小合适的矩形，双击矩形，弹出如图 5-67 所示的对话框，属性设置如下。

①在“静态属性”选项组中设置矩形框的“填充颜色”为没有填充。

②在“静态属性”选项组中设置矩形框的“边线颜色”为白色。

③其他默认。

单击“确认”按钮完成设置。

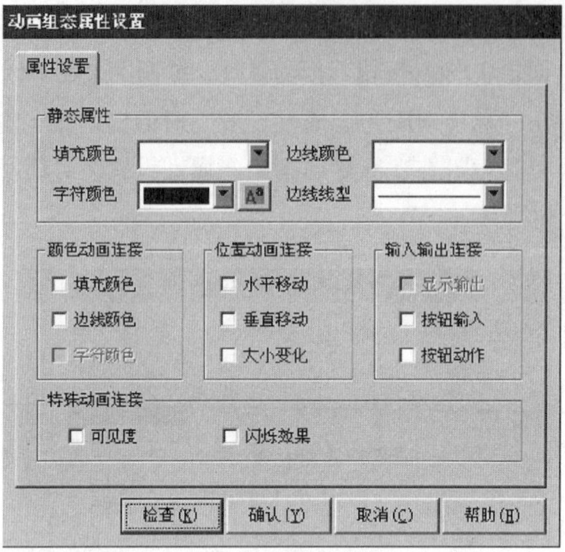

图 5-67 “动画组态属性设置”对话框

5. 工程的下载——变频器输出的模拟量控制

根据任务可知，变频器的速度由 PLC 模拟量输出来调节（0～10V），起停由外部端子来控制。变频器的参数设置见表 5-11。

表 5-11 变频器的参数设置

参数号	参数名称	默认值	设置值	设置值含义
P701	数字输入 1 的功能	1	1	接通正转/断开停车指令
P1000	频率设定值的选择	2	2	模拟设定值

分拣站 CUP SR40 PLC 增加了 SMART EM AM06 模拟量输入/输出模块，有 2 路模拟量输出、4 路模拟量输入，信号格式有电压和电流两种。

模拟量输入的电压信号范围是±10V、±5V、±2.5V，电流信号是 0～20mA，模拟量输出的电压信号范围是±10V，电流信号是 0～20mA，在 PLC 中对应的数字量满量程都是－27 684～＋27 648。

如果使用输出电压模拟量则接 PLC 的 X12 端子的 0M、0 端，电流模拟量则接 X10 端子的 0＋、0－端，这里采用电压信号。那如何把触摸屏给定的频率转化为模拟量输出呢？

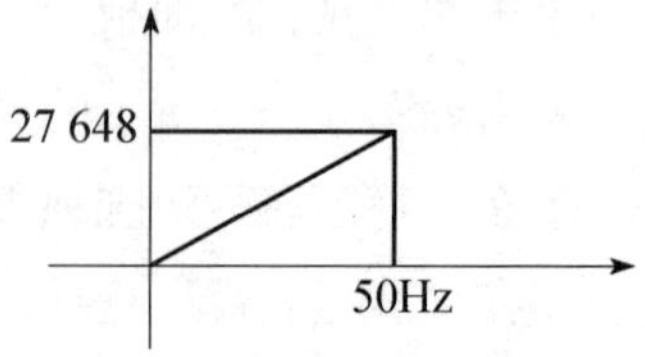

图 5-68 频率和数字量的关系

变频器频率和 PLC 模拟量输出电压成正比，如图 5-68 所示。模拟量输出是数字量通过 D/A 转换器转换而来的，模拟量和数字量也成正比，因此频率和数字量成正比，模拟量处理程序如图 5-69 所示。

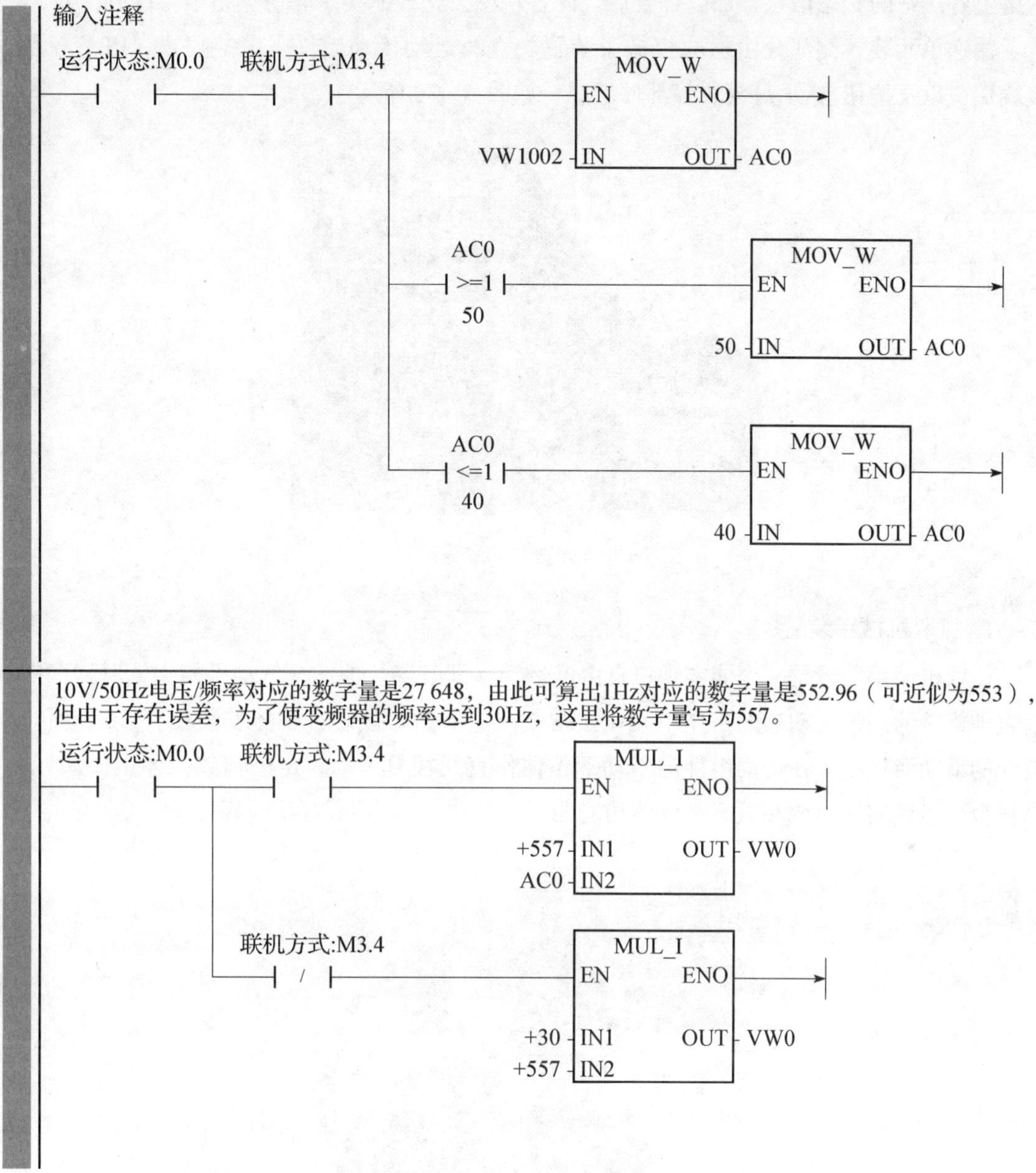

图 5-69　模拟量处理程序

5.6　输送单元安装与调试

5.6.1　认识输送单元

输送单元的工艺功能：驱动其抓取机械手装置精确定位到指定单元的物料台，在物料台上抓取工件，把抓取到的工件输送到指定地点然后放下。

输送单元在网络系统中担任着主站的角色，它接收来自触摸屏的系统主令信号，读取网络上各从站的状态信息，加以综合后，向各从站发送控制要求，协调整个系统的工作。

输送单元装置侧部分由抓取机械手装置、直线运动传动组件、拖链装置、PLC 模块、接线端口以及按钮/指示灯模块等部件组成，如图 5-70 所示。

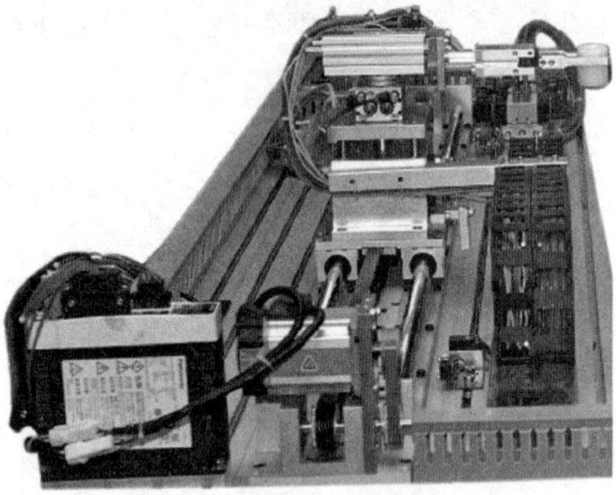

图 5-70　输送单元装置侧部分

1. 抓取机械手装置

抓取机械手装置是一个能实现三自由度运动（即升降、伸缩、气动手指夹紧/松开和沿垂直轴旋转的四维运动）的工作单元，如图 5-71 所示，该装置整体安装在直线运动传动组件的滑动溜板上，在传动组件的带动下整体作直线往复运动，定位到其他各工作单元的物料台，然后实现抓取和放下工件的功能。

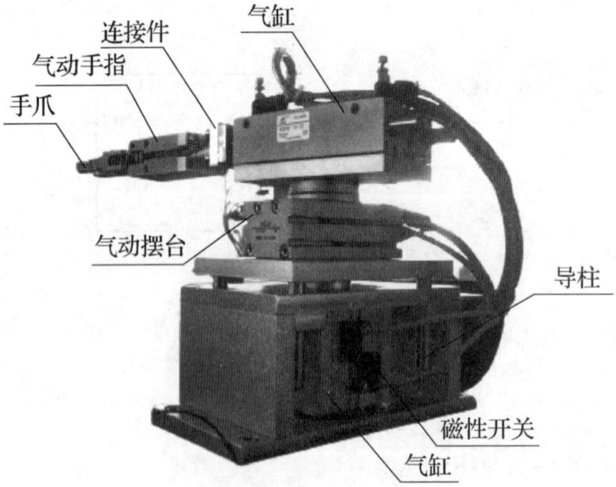

图 5-71　抓取机械手装置

2. 直线运动传动组件

直线运动传动组件用以拖动抓取机械手装置作往复直线运动，完成精确定位的功能，如图 5-72 所示。

图 5-72　直线运动传动组件图

图 5-73 为伺服电动机直线运动传动组件和抓取机械手装置组装起来的示意图。

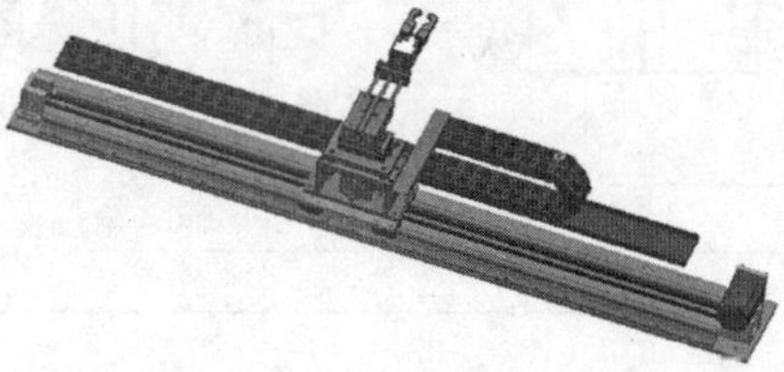

图 5-73　伺服电动机直线运动传动组件和抓取机械手装置的组装图

传动组件由底板、伺服电动机及伺服放大器、同步轮、同步带、直线导轨、滑动溜板、拖链、原点接近开关及左、右极限开关组成。

伺服电动机由伺服电动机放大器驱动，通过同步轮和同步带带动滑动溜板沿直线导轨进行往复直线运动，从而带动固定在滑动溜板上的抓取机械手装置进行往复直线运动。同步轮齿距为 5mm，共 12 个齿，即旋转一周搬运机械手位移 60mm。

抓取机械手装置上所有气管和导线沿拖链敷设，进入线槽后分别连接到电磁阀组和接线端口上。

原点接近开关和右极限开关安装在直线导轨底板上，如图 5-74 所示。

图 5-74　原点接近开关和右极限开关

原点接近开关是一个无触点的电感式接近传感器，用来提供直线运动的起始点信号。左、右极限开关均是有触点的微动开关，用来提供越程故障时的保护信号：当滑动溜板在运动中越过左或右极限位置时，极限开关动作，从而向系统发出越程故障信号。

3. 气动控制回路

输送单元的抓取机械手装置上的所有气缸连接的气管沿拖链敷设，插接到电磁阀组上，其气动控制回路原理如图 5 - 75 所示。

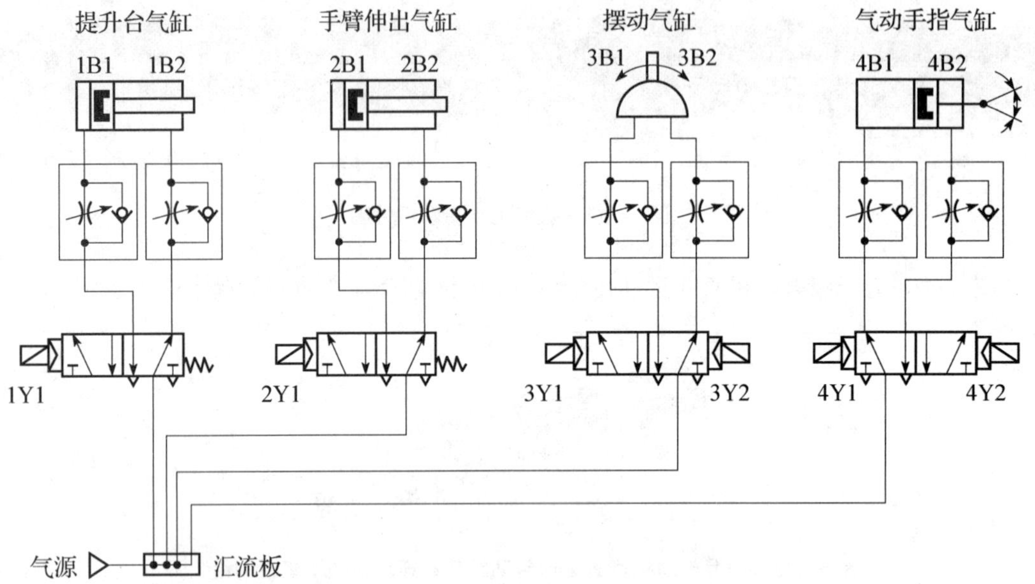

图 5 - 75　输送单元气动控制回路原理图

在气动控制回路中，驱动摆动气缸和气动手指气缸的电磁阀采用的是二位五通双电控电磁阀。

双电控电磁阀与单电控电磁阀的区别在于：对于单电控电磁阀，在无电控信号时，阀芯在弹簧力的作用下会被复位，而对于双电控电磁阀（见图 5 - 76），在两端都无电控信号时，阀芯的位置取决于前一个电控信号。

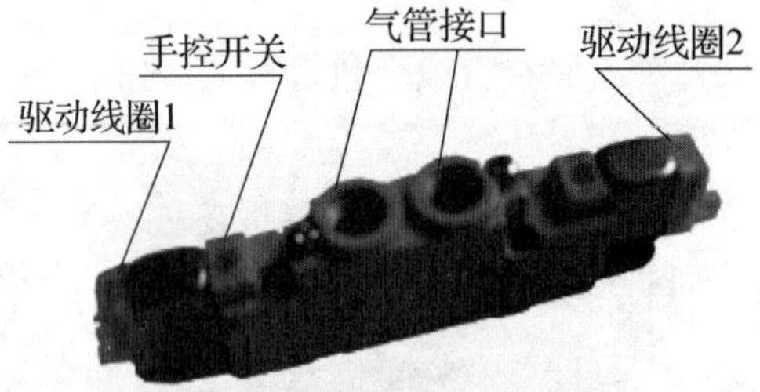

图 5 - 76　双电控电磁阀示意图

注意：双电控电磁阀的两个电控信号不能同时为“1”，即在控制过程中不允许两个线圈同时得电，否则，可能会造成电磁线圈烧毁，在这种情况下阀芯的位置是不确定的。

5.6.2　相关知识点：伺服电动机的位控向导编程

1. 松下 MINAS A5 系列 AC 伺服电动机驱动器

在 YL-335B 的输送单元中，采用了松下 MHMD022G1U 永磁同步交流伺服电动机（见图 5 - 77）及 MADDT1507E 全数字交流永磁同步伺服驱动装置作为运输机械手的运动控制装置。

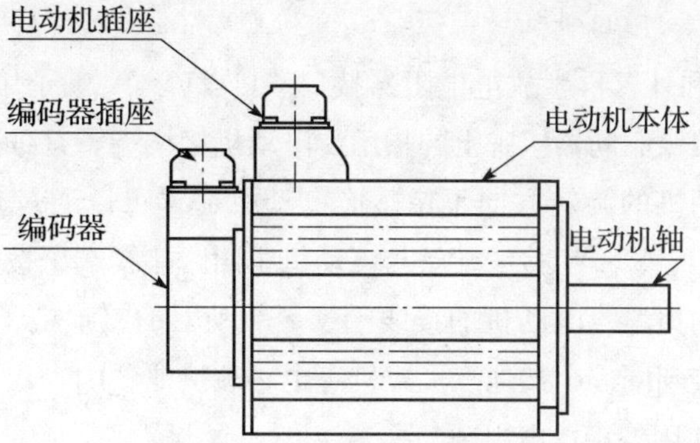

图 5-77 MHMD022G1U 永磁同步交流伺服电动机结构概图

MHMD022G1U 的含义：MHMD 表示电动机类型为大惯量，02 表示电动机的额定功率为 200W，2 表示电压规格为 200V，G 表示编码器为增量式编码器，脉冲数为 20 位，分辨率为 1 048 576，输出信号线数为 5 根线。

MADDT1507E 的含义：MADDT 表示松下 A5 系列 A 型驱动器，T1 表示最大瞬时输出电流为 10A，5 表示电源电压规格为单相 200V，07 表示电流监测器额定电流为 7.5A。伺服驱动器的外观和面板如图 5-78 所示。

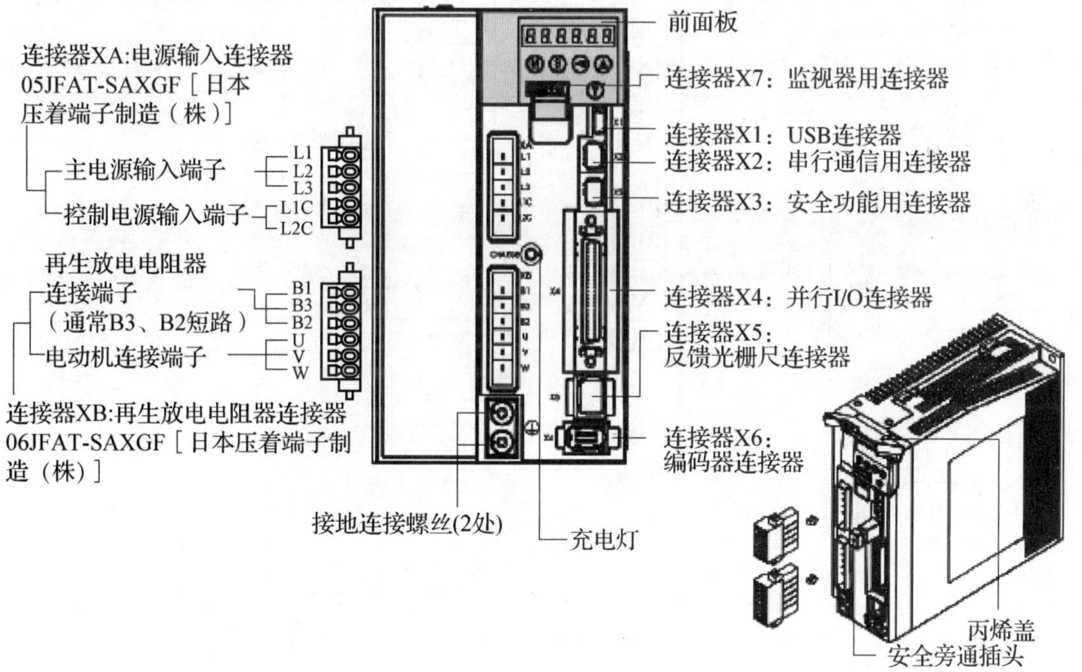

图 5-78 伺服驱动器的外观和面板

2. 接线

MADHT1507E 伺服驱动器面板上有多个接线端口。

XA：电源输入接口，AC 220V 电源连接到 L1、L2、L3 主电源输入端子，同时连接到控制电源输入端子 L1C、L2C 上。

XB：电动机接口和外置再生放电电阻器接口。U、V、W 端子用于连接电动机。必须注意，电源电压务必按照驱动器铭牌上的指示，电动机接线端子（U、V、W）不可以接地或短路，交流伺服电动机的旋转方向不像感应电动机那样可以通过交换三相相序来改变，必须保证驱动器上的 U、V、W 接线端子与电动机主回路接线端子按规定的次序一一对应，否则可能造成驱动器的损坏。电动机的接线端子、驱动器的接地端子以及滤波器的接地端子必须保证可靠地连接到同一个接地点上，机身也必须接地。B1、B3、B2 端子是外接放电电阻，YL-335B 没有使用外接放电电阻。

X6：连接到电动机编码器信号接口，连接电缆应选用带有屏蔽层的双绞电缆，屏蔽层应接到电动机侧的接地端子上，并且应确保将编码器电缆屏蔽层连接到插头的外壳（FG）上。

X4：I/O 控制信号端口，其部分引脚信号定义与选择的控制模式有关。YL-335B 输送单元中，伺服电动机用于定位控制，选用位置控制模式，伺服驱动器采用的是简化接线方式，如图 5－79 所示。

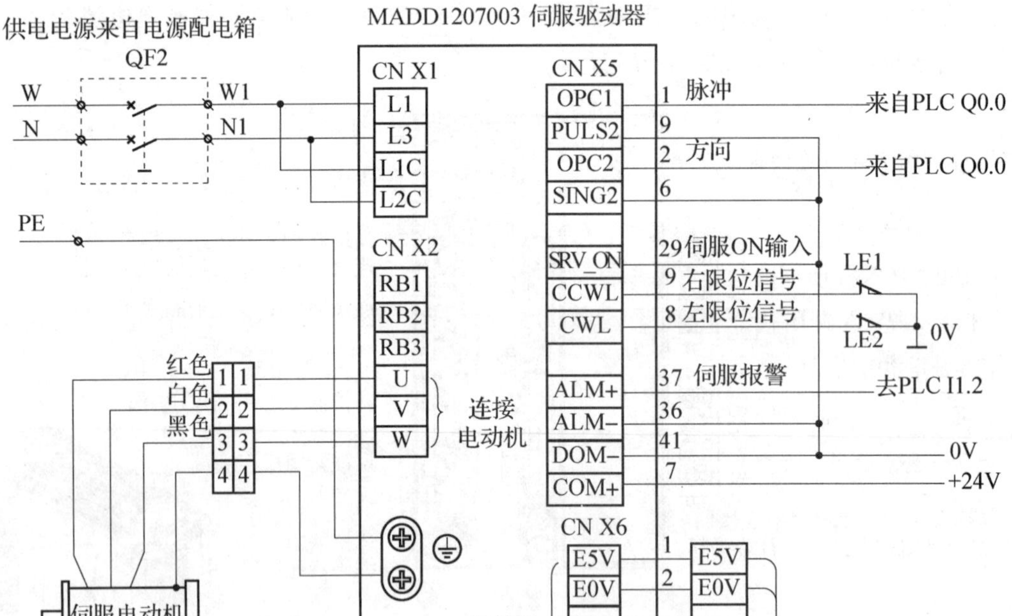

图 5－79　伺服驱动器电气接线图

3. SMART 200 PLC 的脉冲输出功能及位控编程

SMART 200 最多有三个内置 PTO/PWM 发生器，用以建立高速脉冲串（PTO）或脉宽调节（PWM）信号波形。

当组态一个输出为 PTO 操作时，生成一个 50%占空比脉冲串，用于步进电动机或伺服电动机的速度和位置的开环控制，内置 PTO 功能提供了脉冲串输出，脉冲周期和数量可由用户控制，但应用程序必须通过 PLC 内置 I/O 提供方向和限位控制。

为了简化用户应用程序中位控功能的使用，STEP 7-Micro/WIN SMART 提供的位控向导可以帮助用户在很短的时间内全部完成 PWM、PTO 或位控模块的组态。向导可以生成位置指令，用户可以用这些指令在其应用程序中为速度和位置提供动态控制。

STEP 7 SMART V2.0 软件的运动向导能自动处理 PTO 脉冲的单段管线和多段管线、脉宽调制、SM 位置配置和创建包络表。

下面给出一个简单的工作任务例子，阐述使用位控向导编程的方法和步骤。表 5-12 所示为这个例子中实现伺服电动机运行所需的运动包络。

表 5-12　伺服电动机运行所需的运动包络

运动包络	站点	脉冲量	移动方向
1	供料站→加工站　470mm	43 000	
2	加工站—装配站　286mm	78 000	
3	装配站→分拣站　235mm	105 000	
4	分拣站→高速回零前　90mm	20 000	DIR
5	低速回零	0	DIR

使用位控向导编程的步骤如下。

(1) 为 S7-200 PLC 选择选项组态内置 PTO 操作。在 STEP 7 SMART V2.0 软件中选择“工具”→“运动控制向导”命令，即开始引导位置控制配置。在弹出的第 1 个“运动控制向导”界面，选择“轴 0”。在第 2 个界面中可对轴 0 进行重命名。在第 3 个界面中选择“相对脉冲”选项，如图 5-80 所示。单击“下一个”按钮即开始组态内置 PTO 操作。

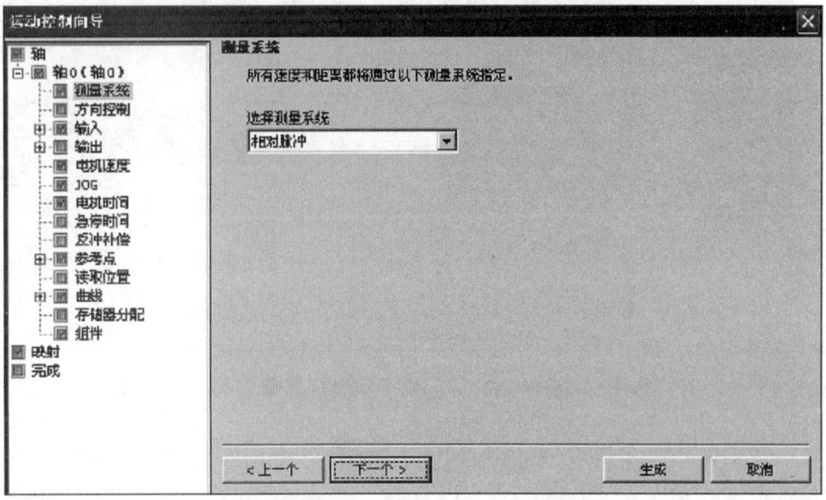

图 5-80　“测量系统”选择界面

(2) 进行“方向控制”组态，“相位”选择“单相（2输出）”，“极性”选择“正”，如图5-81所示。

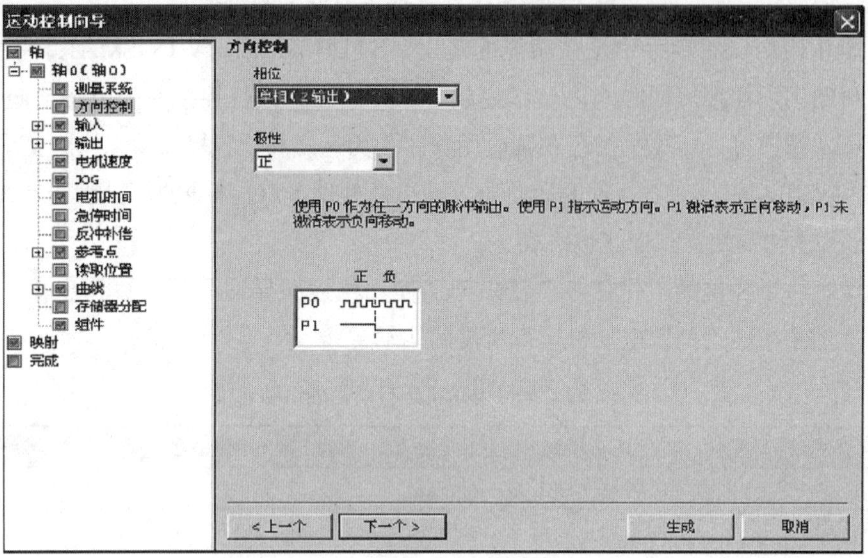

图5-81 “方向控制”选择界面

(3) 进行“LMT+”正限位的控制组态，选中“启用”复选框，选择“I0.1”作为“输入”，“立即停止”作为“响应”，“上限”作为“有效电平”，如图5-82所示。

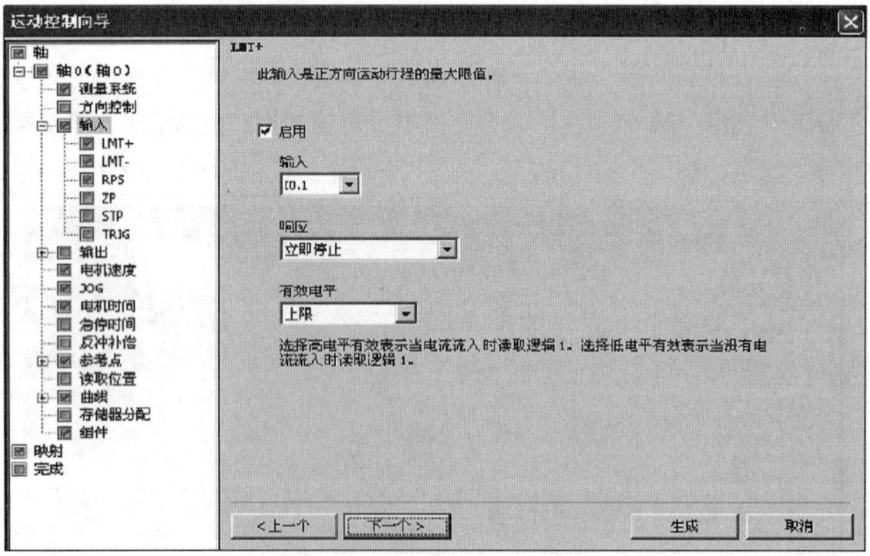

图5-82 “LMT+”选择界面

(4) 进行“LMT-”正限位的控制组态，选中“启用”复选框，选择“I0.2”作为“输入”，“立即停止”作为“响应”，“上限”作为“有效电平”，如图5-83所示。

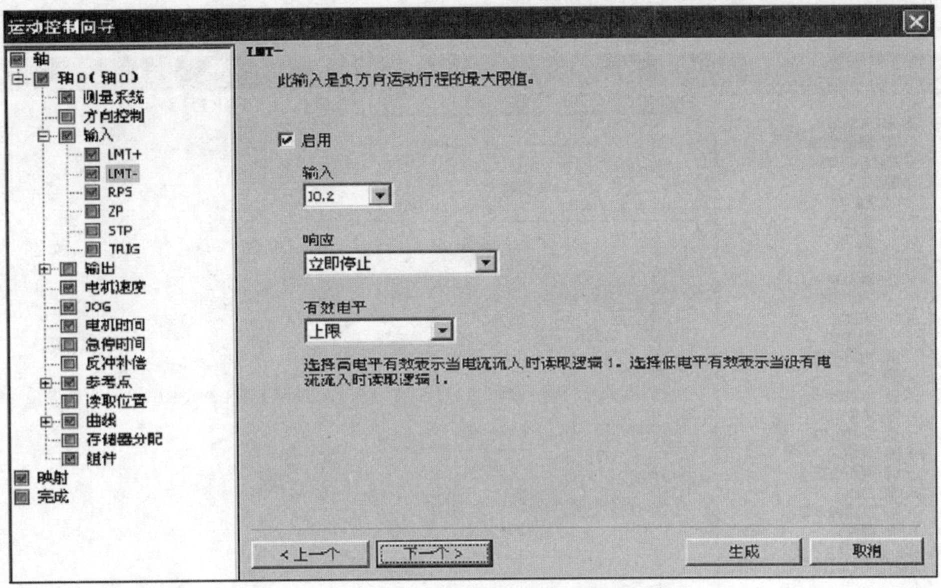

图 5-83 “LMT-”选择界面

(5) 进行“RPS”参考点的控制组态，选中“启用”，选择“I0.0”作为“输入”，“上限”作为“有效电平”，如图 5-84 所示。

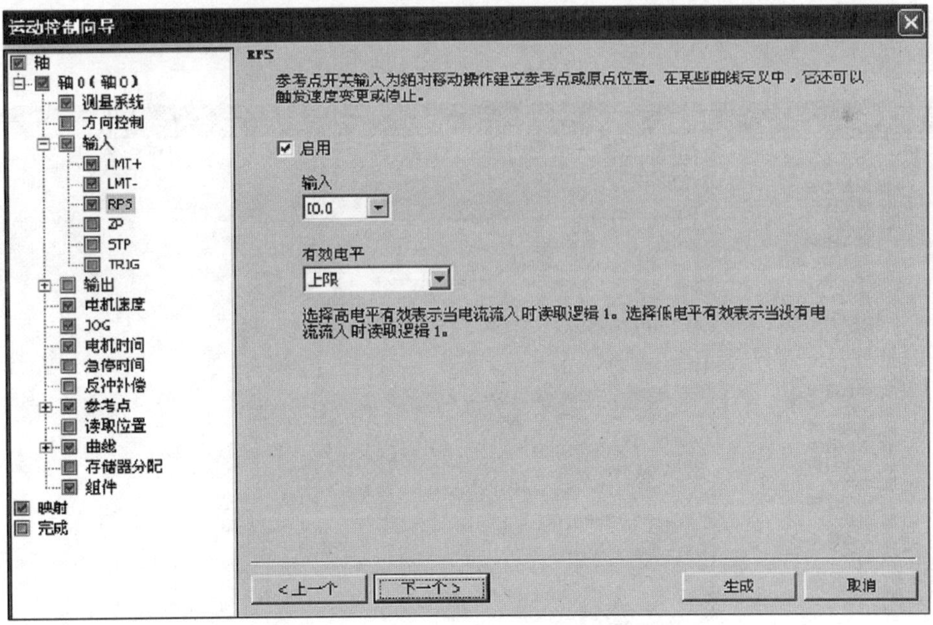

图 5-84 “RPS”选择界面

(6) 进行“电机速度”的控制组态，MAX _ SPEED 设为 100 000 个脉冲/s，SS _ SPEED 设为 1 000 个脉冲/s，在设完最大值及起停速度后自动生成 MIN _ SPEED 的值，如图 5-85所示。

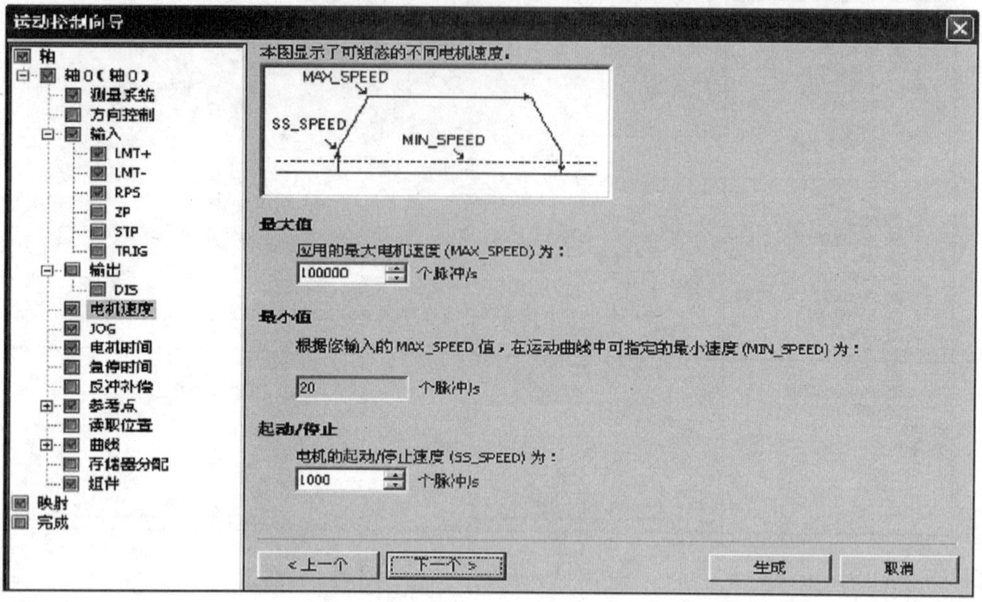

图 5-85 “电机速度”选择界面

（7）进行电机“JOG”的控制组态，JOG _ SPEED 设为 1 000 个脉冲/s，JOG _ INCREMENT 设为 20 个脉冲/s，如图 5-86 所示。

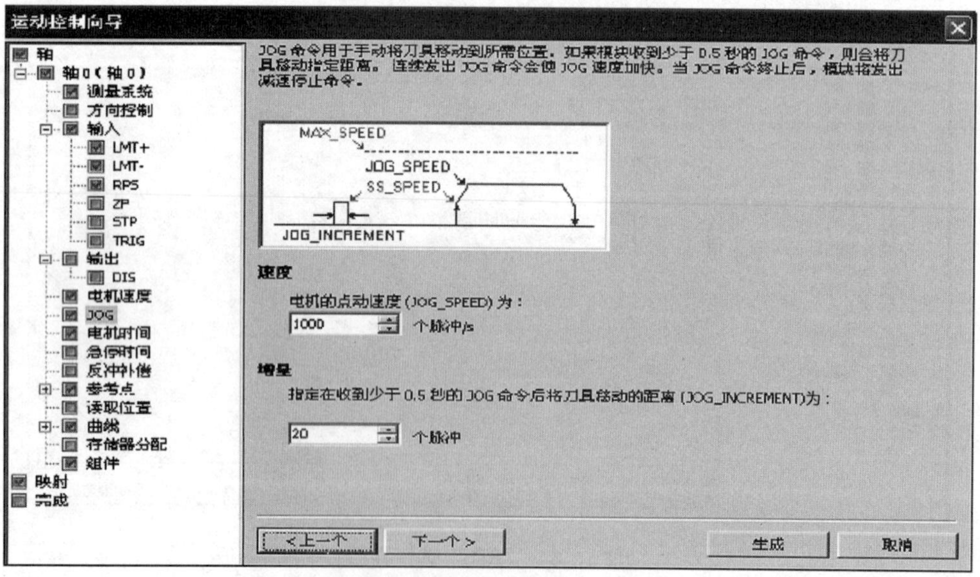

图 5-86 “JOG”选择界面

（8）进行“电机时间”的控制组态，ACCEL _ TIME 设为 100ms，DECEL _ TIME 设为 100ms，如图 5-87 所示。

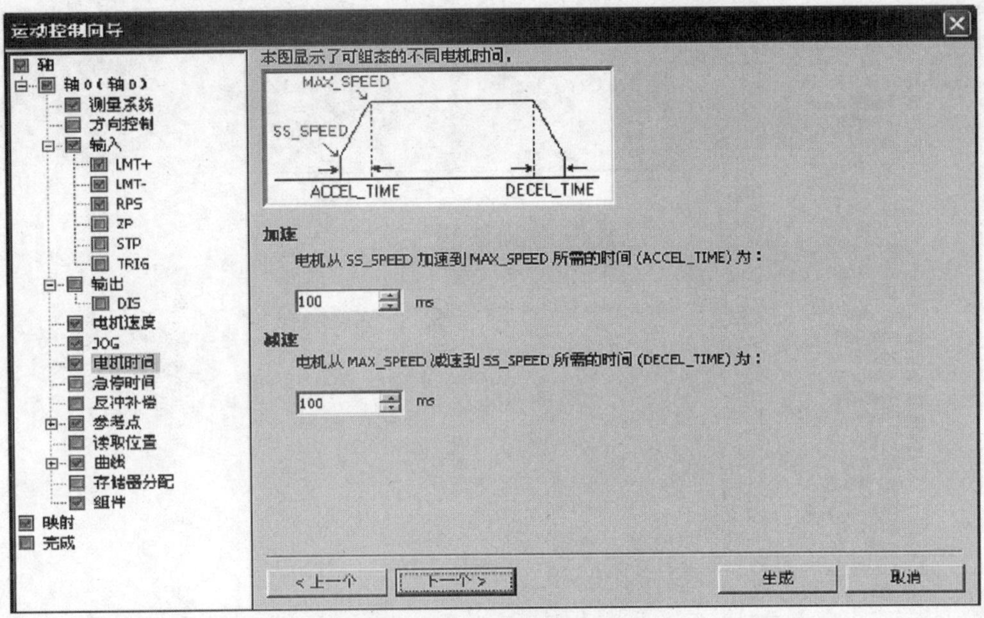

图 5-87 “电机时间”选择界面

(9) 进行“参考点”的控制组态，选中“参考点”复选框，进行“查找”组态，将电机寻找参考点 RP _ FAST 设为 5 000 个脉冲/s，RP _ SLOW 设为 1 000 个脉冲/s，RP _ SEEK _ DIR 设为负，RP _ APPR _ DIR 设为正，如图 5-88 所示。“搜索顺序”选择方式“2”，如图 5-89 所示。

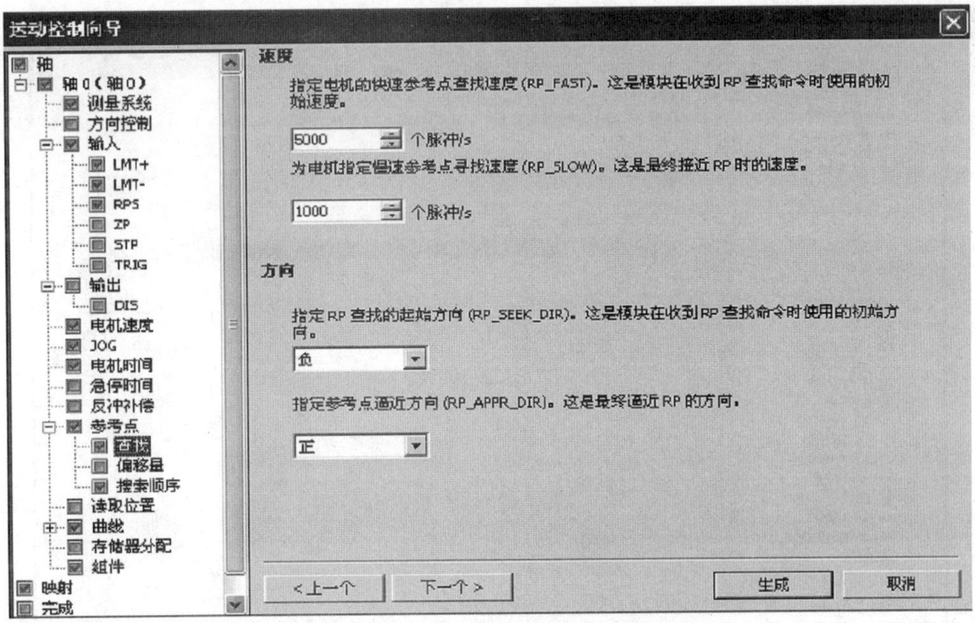

图 5-88 “参考点”选择界面

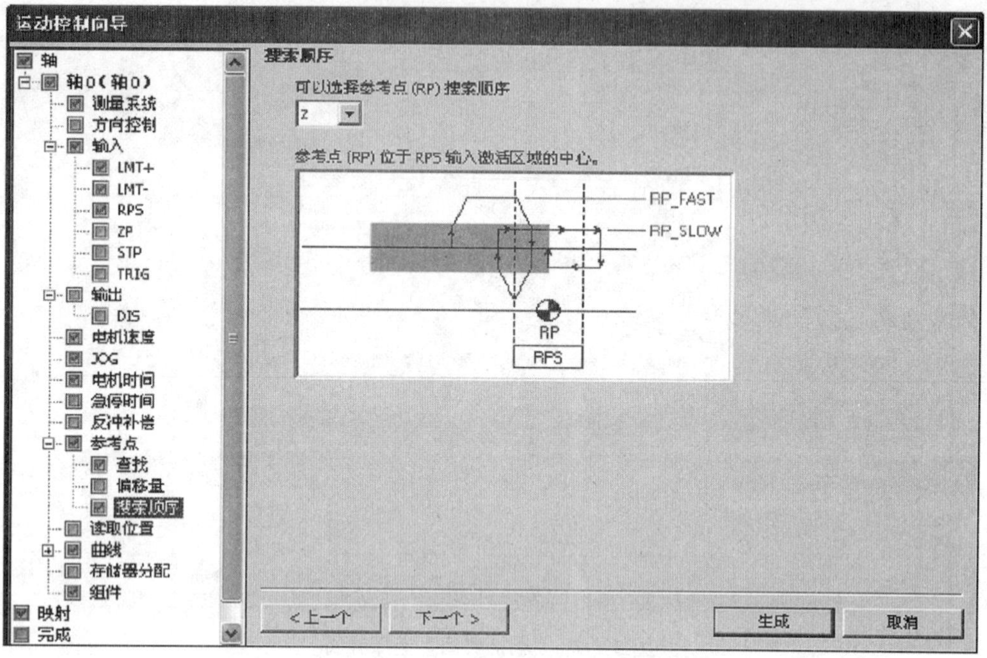

图 5-89 “搜索顺序”选择界面

（10）进行“曲线”的控制组态，曲线的运行模式可以选择相对位置、绝对位置（见图 5-90）、单速连续旋转、双速连续旋转四种模式。根据实际需要建立包络（YL-335B SMART 系统中没有建立包络而是用绝对位置生成的指令），在组件中选中所有组件，也可根据实际需要选择组件，并进行存储器地址分配，如图 5-91 所示。

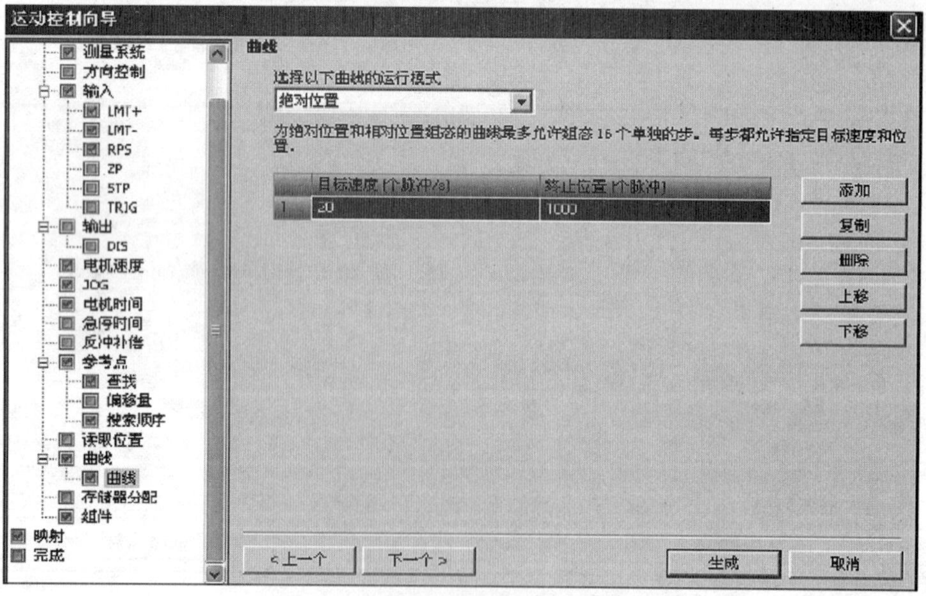

图 5-90 “曲线”选择界面

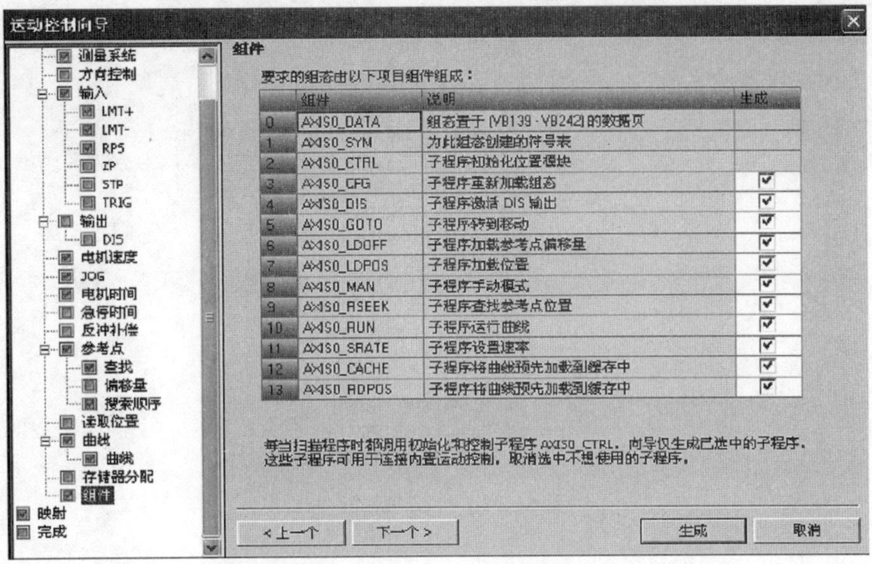

图 5－91 “组件”选择界面

(11) 使用运动控制向导组态完成后生成的 I/O 映射表如图 5－92 所示。

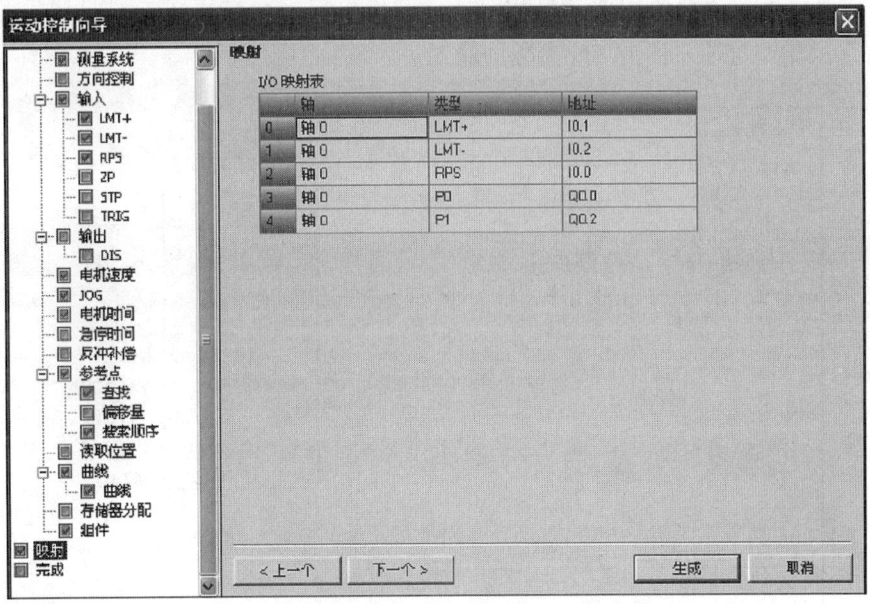

图 5－92 I/O 映射表

运动向导组态完成后，向导会为所选的配置最多生成 11 个项目组件（子程序），如图 5－93 所示。这里讲述部分子程序：AXISO _ CTRL 子程序（控制）、AXISO _ RSEEK 子程序（寻零）、AXISO _ GOTO 子程序（运行位置）。由向导产生的子程序可以在程序中调用。

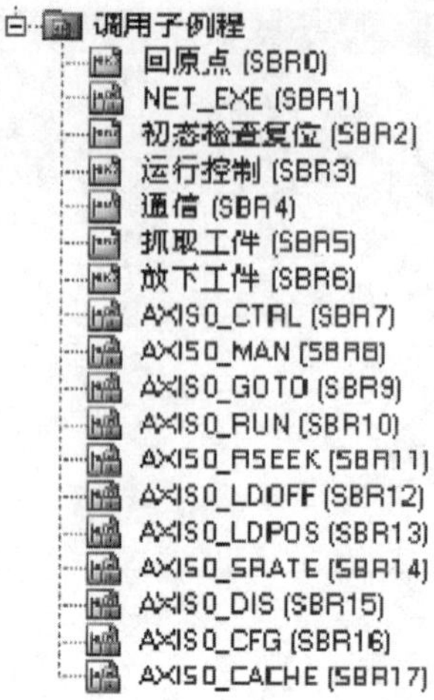

图 5-93　11 个项目组件

它们的功能分述如下。

（1）AXISO _ CTRL 子程序：AXISx _ CTRL 子例程（控制）启用和初始化运动轴，如图 5-94 所示，方法是自动命令运动轴每次 CPU 更改为 RUN 模式时加载组态/曲线表。在项目中只对每条运动轴使用此子例程一次，并确保程序会在每次扫描时调用此子例程。使用 SM0.0（始终接通）作为 EN 参数的输入。

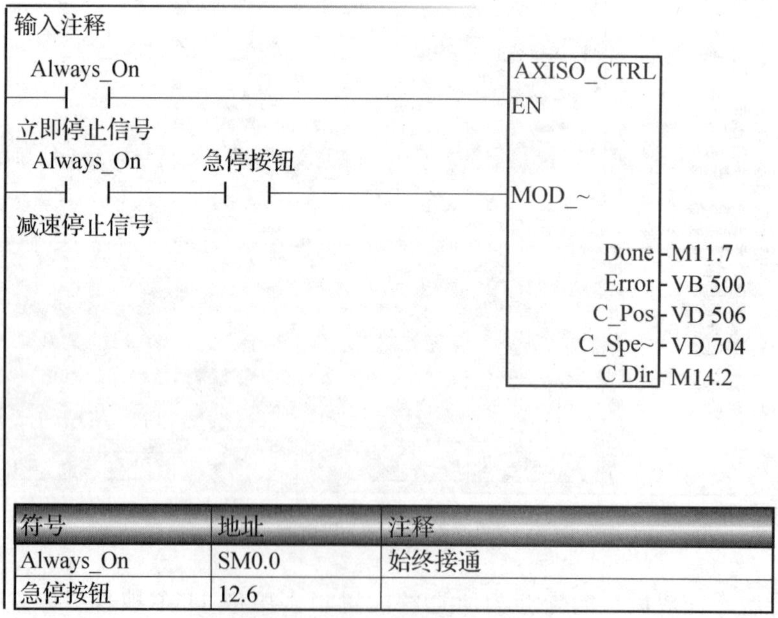

图 5-94　AXISx _ CTRL 子例程（控制）

①输入参数。

MOD _ EN（使能）输入（BOOL 型）：MOD _ EN 参数必须开启，才能启用其他运动控制子例程向运动轴发送命令。如果 MOD _ EN 参数关闭，则运动轴会中止所有正在进行的命令。

②输出参数。

● Done（完成）输出（BOOL 型）：当“完成”位被设置为高时，它表明上一个指令也已执行。

● Error（错误）参数（BYTE 型）：包含本子程序的结果。当“完成”位为高时，错误字节会报告无错误或有错误代码的正常完成。

● C _ Pos（DWORD 型）：C _ Pos 参数表示运动轴的当前位置，否则当前位置将一直为 0，根据测量单位，该值是脉冲数（DINT）或工程单位数（REAL）。

● C _ Speed（DWORD 型）：C _ Speed 参数提供运动轴的当前速度。如果用户针对脉冲组态运动轴的测量系统，则 C _ Speed 是一个 DINT 数值，其中包含脉冲数/s。如果用户针对工程单位组态测量系统，则 C _ Speed 是一个 REAL 数值，其中包含选择的工程单位数/s（REAL）。

● C _ Dir（BOOL 型）：C _ Dir 参数表示电动机的当前方向，信号状态 0=正向，信号状态 1=反向。

（2）AXIS0 _ RSEEK 子程序（寻零）：AXISx _ RSEEK 子例程（搜索参考点位置）使用组态/曲线表中的搜索方法起动参考点搜索操作。运动轴找到参考点且运动停止后，运动轴将 RP _ OFFSET 参数值载入当前位置，运行这一子程序的梯形图，如图 5 - 95 所示。

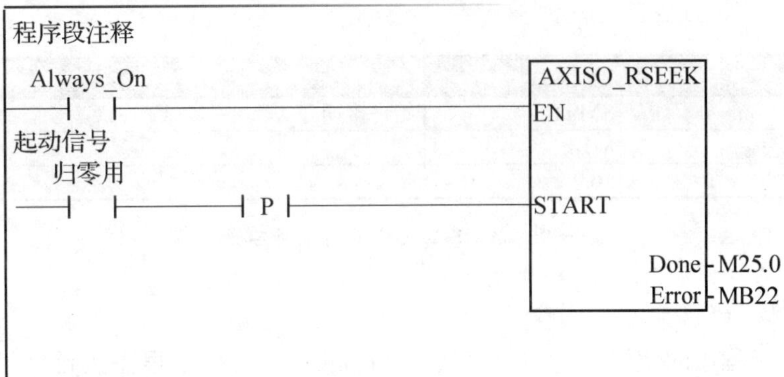

符号	地址	注释
Always_On	SM0.0	始终接通
归零用	T44	

图 5 - 95　AXIS0 _ RSEEK 子程序梯形图

①输入参数。

● EN 位：子程序的使能位。在“完成”（Done）位发出子程序执行已经完成的信号前，应使 EN 位保持开启。

● START 参数（BOOL 型）：开启 START 参数将向运动轴发出 RSEEK 命令。对于在 START 参数开启且运动轴当前不繁忙时执行的每一次扫描，该子例程向运动轴发送一个 RSEEK 命令。为了确保仅发送了一个命令，请使用边沿检测元素，以脉冲方式开启 START 参数。

②输出参数。

● Done（完成）（BOOL 型）：本子程序执行完成时输出 ON。

● Error（错误）（BYTE 型）：输出本子程序执行的结果的错误信息。无错误时输出 0。

（3）AXISO _ GOTO 子程序（运行位置）：AXISx _ GOTO 子例程命令运动轴转到所需位置，梯形图如图 5 - 96 所示。

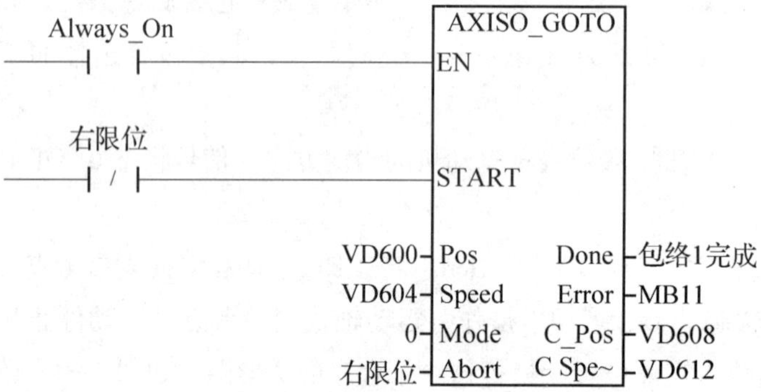

符号	地址	注释
Always_On	SM0.0	始终接通
包络1完成	M10.1	
右限位	10.2	

图 5 - 96　AXISO _ GOTO 子程序梯形图

①输入参数。

● EN 位：子程序的使能位。在“完成”（Done）位发出子程序执行已经完成的信号前，应使 EN 位保持开启。

● START 参数（BOOL 型）：开启 START 参数会向运动轴发出 GOTO 命令。对于在 START 参数开启且运动轴当前不繁忙时执行的每一次扫描，该子例程向运动轴发送一个 GOTO 命令。为了确保仅发送了一个 GOTO 命令，请使用边沿检测元素，以脉冲方式开启 START 参数。

● Pos 参数（DINT 型）：Pos 参数包含一个数值，指示要移动的位置（绝对移动）或要移动的距离（相对移动），根据所选的测量单位，该值是脉冲数（DINT）或工程单位数（REAL）。

● Speed（DINT 型）：Speed 参数确定该移动的最高速度。根据所选的测量单位，该值是脉冲数/s（DINT）或工程单位数/s（REAL）。

● Mode（BYTE 型）：Mode 参数选择移动的类型，0 为绝对位置，1 为相对位置，2 为单速连续正向旋转，3 为单速连续反向旋转。

● Abort（BOOL 型）：开启 Abort 参数会命令运动轴停止执行此命令并减速，直至电动机停止。

②输出参数。

● Done（完成）（BOOL 型）：模块完成该指令时，参数为 Done ON。

● Error（错误）（BYTE 型）：输出本子程序执行的结果的错误信息。无错误时输出 0。

● C _ Pos（DINT 型）：此参数包含以脉冲数作为模块的当前位置。根据测量单位，该值是脉冲数（DINT）或工程单位数（REAL）。

● C _ Speed（DINT 型）：C _ Speed 参数包含运动轴的当前速度。根据所选的测量单位，该值是脉冲数/s（DINT）或工程单位数/s（REAL）。

5.6.3 输送单元安装技能训练

知识微课堂：输送单元的安装

1. 组装机械手装置

机械手装置的装配步骤如下。

（1）提升机构组装，如图 5－97 所示。

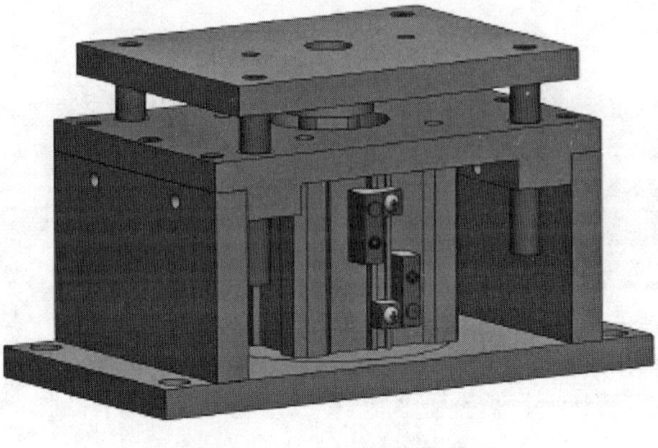

图 5－97 提升机构组装

（2）把气动摆台固定在组装好的提升机构上，然后在气动摆台上固定导杆气缸安装板，注意安装时要先找好导杆气缸安装板与气动摆台连接的原始位置，以便有足够的回转角度。

（3）连接气动手指和导杆气缸，然后把导杆气缸固定到导杆气缸安装板上。完成抓取机械手装置的装配，如图 5－98 所示。

把抓取机械手装置固定到直线运动组件的大溜板上。最后，检查摆台上的导杆气缸、气动手指组件的回转位置是否满足在其余各工作站上抓取和放下工件的要求，进行适当的调整。

图 5-98　装配完成的抓取机械手装置

2. 气路连接和电气配线敷设

当抓取机械手装置进行往复运动时，连接到机械手装置上的气管和电气连接线也随之运动。确保这些气管和电气连接线运动顺畅，不在移动时损坏或脱落是安装过程中重要的一环。首先，连接到机械手装置上的管线绑扎在拖链安装支架上，然后沿拖链敷设，进入管线线槽中。绑扎管线时注意管线引出端到绑扎处要保持足够长度，以免机构运动时被拉紧而造成脱落，沿拖链敷设时应注意管线间不要相互交叉。装配完成的输送单元装配侧如图 5-99 所示。

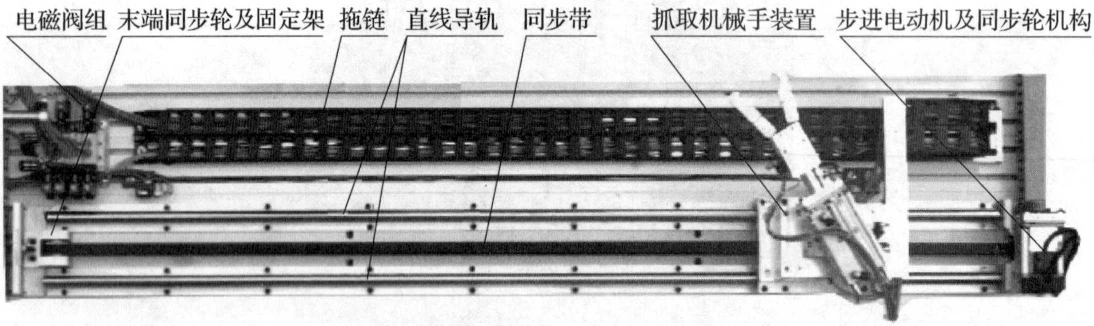

图 5-99　装配完成的输送单元装配侧

5.6.4　输送单元的编程与单机控制

1. 工作任务

输送单元单站运行的目标是测试设备传送工件的功能，要求其他各工作单元已经就位，并且在供料单元的出料台上放置了工件，YL-335B 型自动化生产线设备俯视图如图 5-100 所示。

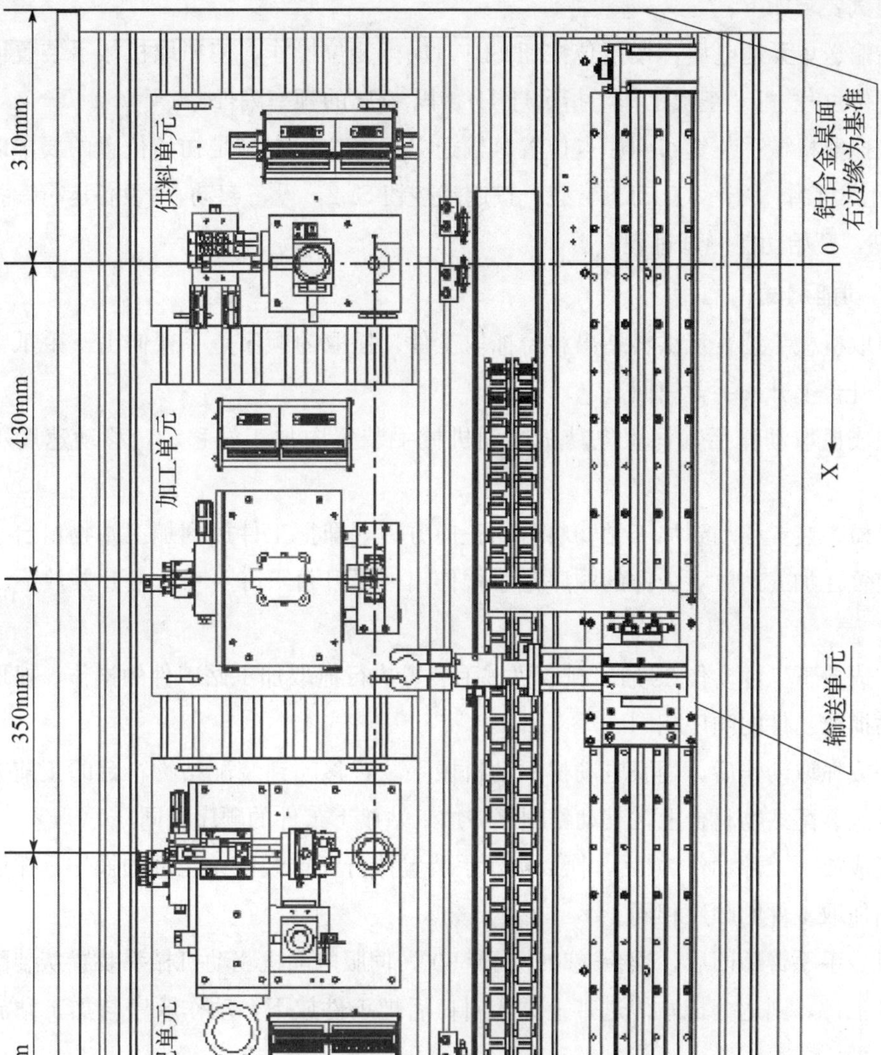

图 5－100　YL-335B型自动化生产线设备俯视图

具体测试要求如下：

（1）在输送单元通电后，按复位按钮 SB1，执行复位操作，使抓取机械手装置回到原点位置在复位过程中，“正常工作”指示灯 HL1 以 1Hz 的频率闪烁。

（2）当抓取机械手装置回到原点位置且输送单元各个气缸满足初始位置的要求时，复位完成，“正常工作”指示灯 HL1 常亮。按起动按钮 SB2，设备起动，“设备运行”指示灯 HL2 也常亮，开始功能测试过程。

2. 正常功能测试

（1）抓取机械手装置从供料站出料台抓取工件，抓取的顺序是手臂伸出→手爪夹紧抓取工件→提升台上升→手臂缩回。

（2）完成抓取动作后，伺服电动机驱动机械手装置向加工站移动，移动速度不小于 300mm/s。

（3）机械手装置移动到加工站物料台的正前方后，即把工件放到加工站物料台上。抓取机械手装置在加工站放下工件的顺序是手臂伸出→提升台下降→手爪松开并放下工件→手臂缩回。

（4）完成放下工件动作 2s 后，抓取机械手装置执行抓取加工站工件的操作，抓取的顺序与供料站抓取工件的顺序相同。

（5）完成抓取动作后，伺服电动机驱动机械手装置移动到装配站物料台的正前方。然后把工件放到装配站物料台上，其动作顺序与加工站放下工件的顺序相同。

（6）完成放下工件动作 2s 后，抓取机械手装置执行抓取装配站工件的操作，抓取的顺序与供料站抓取工件的顺序相同。

（7）机械手手臂缩回后，摆台逆时针旋转 90°，伺服电动机驱动机械手装置从装配站向分拣站运送工件，到达分拣站传送带上方入料口后把工件放下，动作顺序与加工站放下工件的顺序相同。

（8）完成放下工件动作后，机械手手臂缩回，然后执行返回原点的操作。伺服电动机驱动机械手装置以 400mm/s 的速度返回，返回 900mm 后，摆台顺时针旋转 90°，然后以 100mm/s 的速度低速返回原点，停止。

当抓取机械手装置返回原点后，一个测试周期结束。当供料单元的出料台上放置了工件时，再按一次起动按钮 SB2，开始新一轮的测试。

3. 非正常运行的功能测试

若在工作过程中按急停按钮 QS，则系统立即停止运行。在急停复位后，应从急停前的断点开始继续运行，但是若按急停按钮时，输送站机械手装置正在向某一目标点移动，则急停复位后输送站机械手装置将首先返回原点，然后再向原目标点运动。

在急停状态下，绿色指示灯 HL2 以 1Hz 的频率闪烁，直到急停复位并恢复正常运行后，HL2 恢复常亮。

4. PLC 的选型和 I/O 接线

输送单元所需的 I/O 点较多。其中，输入信号包括来自按钮/指示灯模块的按钮、开关等主令信号、各构件的传感器信号等；输出信号包括输出到抓取机械手装置各电磁阀的控制信号和输出到伺服电动机驱动器的脉冲信号和驱动方向信号。此外，还须考虑在需要时输出信号到按钮/指示灯模块的指示灯，以显示本单元或系统的工作状态。

由于需要输出驱动伺服电动机的高速脉冲，PLC 应采用晶体管输出型。

基于上述考虑，选用西门子 SMART ST40 型 PLC，共 24 点输入、16 点晶体管输出。输送单元 PLC 的 I/O 信号见表 5－13，接线原理图如图 5－101 所示。

表 5－13　输送单元 PLC 的 I/O 信号表

输入信号				输出信号			
序号	PLC 输入点	信号名称	信号来源	序号	PLC 输出点	信号名称	信号来源
1	I0.0	原点传感器检测	装置侧	1	Q0.0	脉冲	装置侧
2	I0.1	右限位保护		2	Q0.1	方向	
3	I0.2	左限位保护		3	Q0.2		
4	I0.3	机械手抬升下限检测		4	Q0.3	提升台上升电磁阀	
5	I0.4	机械手抬升上限检测		5	Q0.4	回转气缸左旋电磁阀	
6	I0.5	机械手旋转左限检测		6	Q0.5	回转气缸右旋电磁阀	
7	I0.6	机械手旋转右限检测		7	Q0.6	手爪伸出电磁阀	
8	I0.7	机械手伸出检测		8	Q0.7	手爪夹紧电磁阀	
9	I1.0	机械手缩回检测		9	Q1.0	手爪放松电磁阀	
10	I1.1	机械手夹紧检测		10	Q1.1		
11	I1.2	伺服报警		11	Q1.2		
12	I1.3			12	Q1.3		
13	I1.4			13	Q1.4		
14	I1.5			14	Q1.5	报警指示	按钮/指示灯模块
15	I1.6			15	Q1.6	运行指示	
16	I1.7			16	Q1.7	停止指示	
17	I2.0						
18	I2.1						
19	I2.2						
20	I2.3						
21	I2.4	起动按钮	按钮/指示灯模块				
22	I2.5	复位按钮					
23	I2.6	急停按钮					
24	I2.7	方式选择					

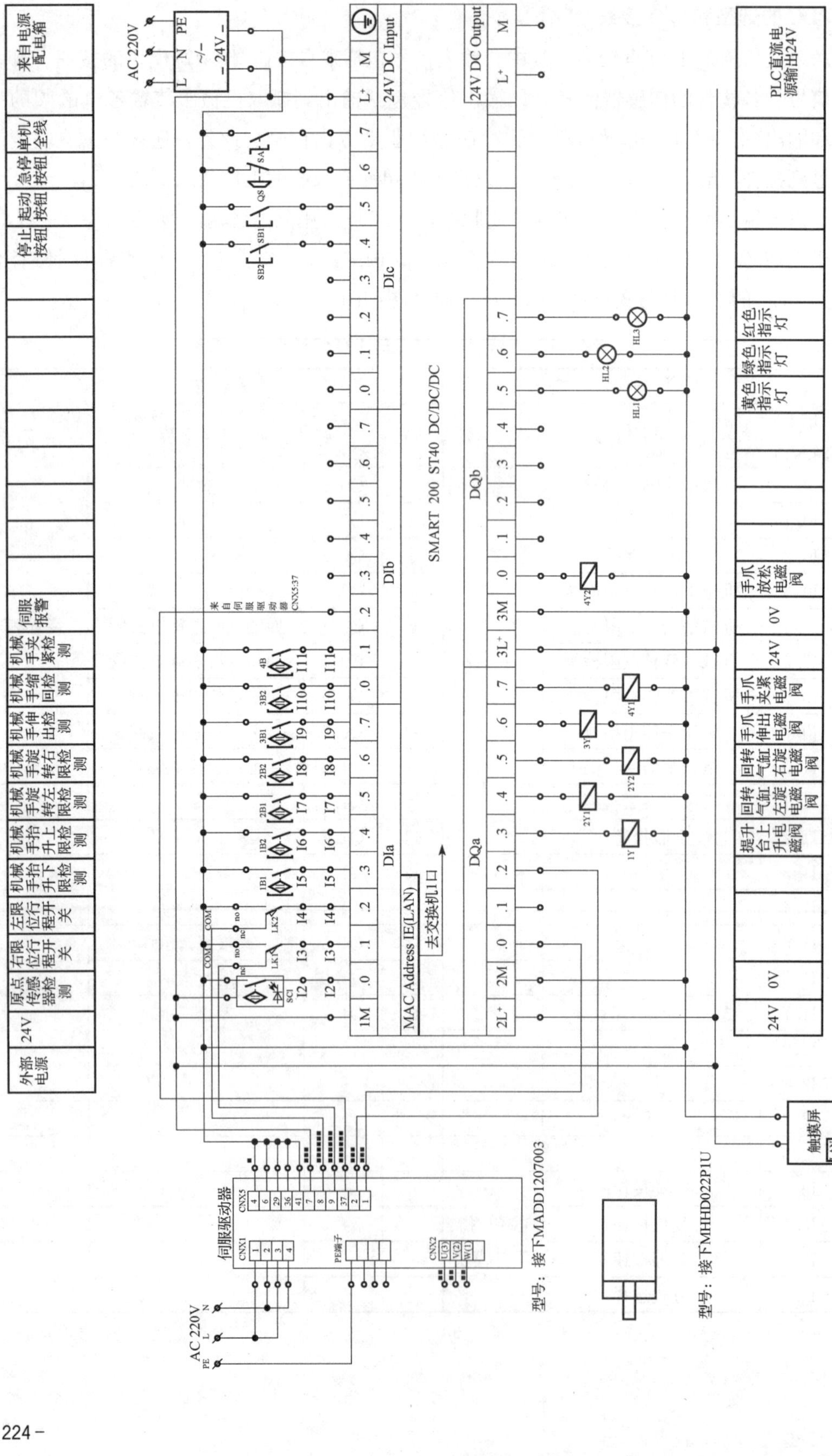

图 5－101　输送单元PLC接线原理图

在图5-101中，左、右限位行程开关LK2和LK1的动合触点分别连接到PLC输入点I0.2和I0.1。必须注意的是，LK2、LK1均提供一对转换触点，它们的静触点应连接到公共点COM，而动断触点必须连接到伺服驱动器的控制端口CNX5的CCWL（9脚）和CWL（8脚）作为硬联锁保护，目的是防范由于程序错误引起冲极限故障而造成设备损坏。

晶体管输出的SMART 200系列PLC，供电电源采用DC 24V的直流电源，与前面各工作单元的继电器输出的PLC不同。接线时请注意，千万不要把AC 220V电源连接到其电源输入端。

完成系统的电气接线后，还须对伺服电动机驱动器进行参数设置，见表5-14。

表5-14 伺服电动机驱动器参数设置表

序号	参数		设置数值	功能和含义
	参数编号	参数名称		
1	Pr5.28	LED初始状态	1	显示电动机转速
2	Pr0.01	控制模式	0	位置控制（相关代码P）
3	Pr5.04	驱动禁止输入设定	2	当左或右（POT或NOT）限位动作，则会发生Err38行程限位禁止输入信号出错报警，设置此参数值必须在控制电源断电重启之后，才能修改、写入成功
4	Pr0.04	惯量比	250	
5	Pr0.02	实时自动增益设置	1	实时自动调整为标准模式，运行时负载惯量的变化情况很小
6	Pr0.03	实时自动增益的机械刚性选择	13	此参数值设得越大，响应越快
7	Pr0.06	指令脉冲旋转方向设置	1	
8	Pr0.07	指令脉冲输入方式	3	
9	Pr0.08	电动机每旋转一转的脉冲数	6 000	

5. 编写和调试PLC控制程序

（1）主程序编写的思路。

从前文所述的传送工件功能测试任务可以看出，整个功能测试过程应包括上电后复位、传送功能测试、紧急停止处理和状态指示等部分，传送功能测试是一个步进顺序控制过程。在子程序中可采用步进指令驱动实现。

输送单元程序控制的关键点是伺服电动机的定位控制，在编写程序时，应预先规划好各段的位置，然后借助位置控制向导组态轴输出。伺服电动机运行的运动包络见表 5－15。

表 5－15　伺服电动机运行的运动包络

运动包络	站点	脉冲量
0	低速回零	单速返回
1	供料站→加工站　430mm	4 3000
2	加工站→装配站　350mm	78 000
3	装配站→分拣站　260mm	105 000
4	分拣站→高速回零前　200mm	20 000

前文已经指出，当完成运动包络编写后，位置控制向导会要求为运动包络指定 V 存储区地址，为了与“项目 6 YL-335B 型自动化生产线系统安装与调试”的工作任务相适应，主程序应包括上电初始化、复位过程（子程序）、准备就绪后投入运行等阶段。主程序清单梯形图如图 5－102 所示。

（2）初态检查复位子程序和回原点子程序。

系统上电且按复位按钮后，就调用初态检查复位子程序，进入初始状态检查和复位操作阶段，目标是确定系统是否准备就绪，若未准备就绪，则系统不能起动进入运行状态。

该子程序的内容是检查各气动执行元件是否处在初始位置，抓取机械手装置是否在原点位置，若不在，则进行相应的复位操作，直至准备就绪。子程序中除调用回原点子程序外，主要作用是完成简单的逻辑运算，这里不再详述。

在输送单元的整个工作过程中，抓取机械手装置返回原点的操作都会频繁地进行，因此编写一个子程序供需要时调用是必要的。回原点子程序是一个带形式参数的子程序，在其局部变量表中定义了一个 BOOL 输入参数 START，当使能输入（EN）输入为 ON 时，起动子程序调用，如图 5－103（a）所示，子程序的梯形图如图 5－103（b）所示。当 START（即局部变量 L0.0）为 ON 时，开始寻找原点。

带形式参数的子程序是西门子系列 PLC 的优异功能之一，输送单元程序中的好几个子程序均使用了这种编程方法。关于带参数调用子程序的详细介绍，请参阅《SMART 200 可编程控制器系统手册》。

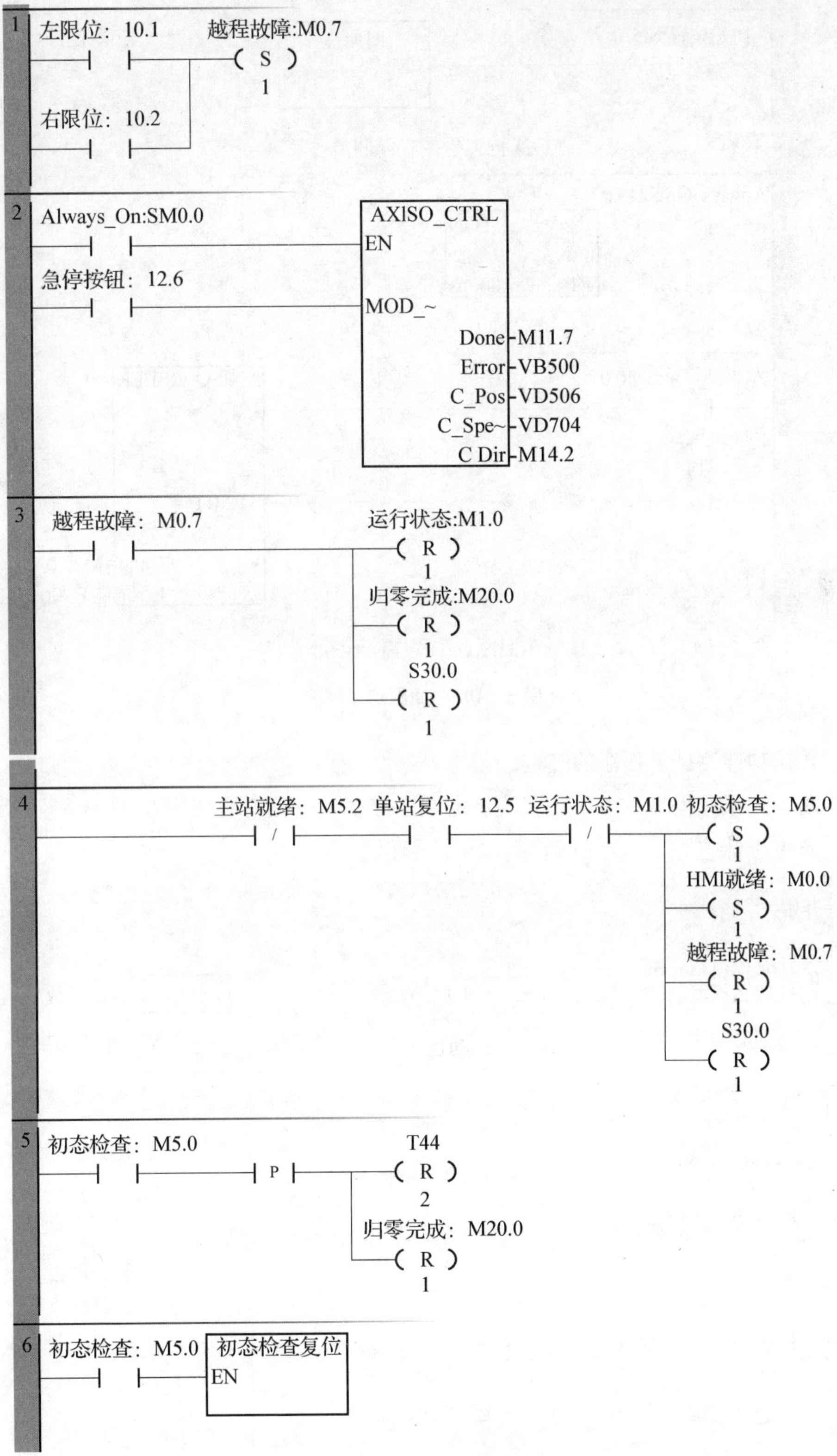

图 5－102 主程序清单梯形图

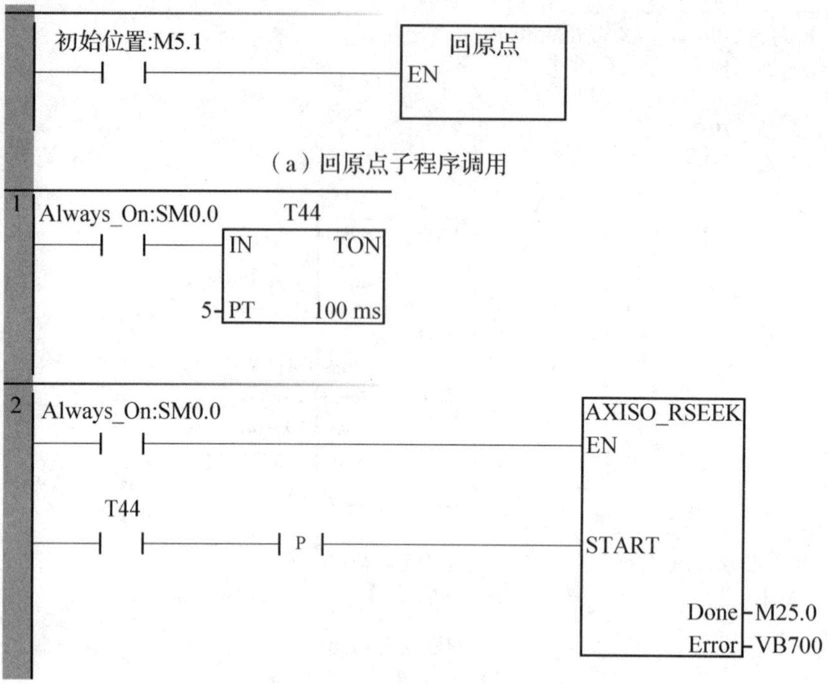

（a）回原点子程序调用

（b）回原点子程序梯形图

图 5－103　回原点子程序

（3）传送功能测试子程序的结构。

传送功能测试过程是一个单序列的步进顺序控制，流程说明如图 5－104 所示。在运行状态下，若主控标志 M2.0 为 ON，则调用该子程序。

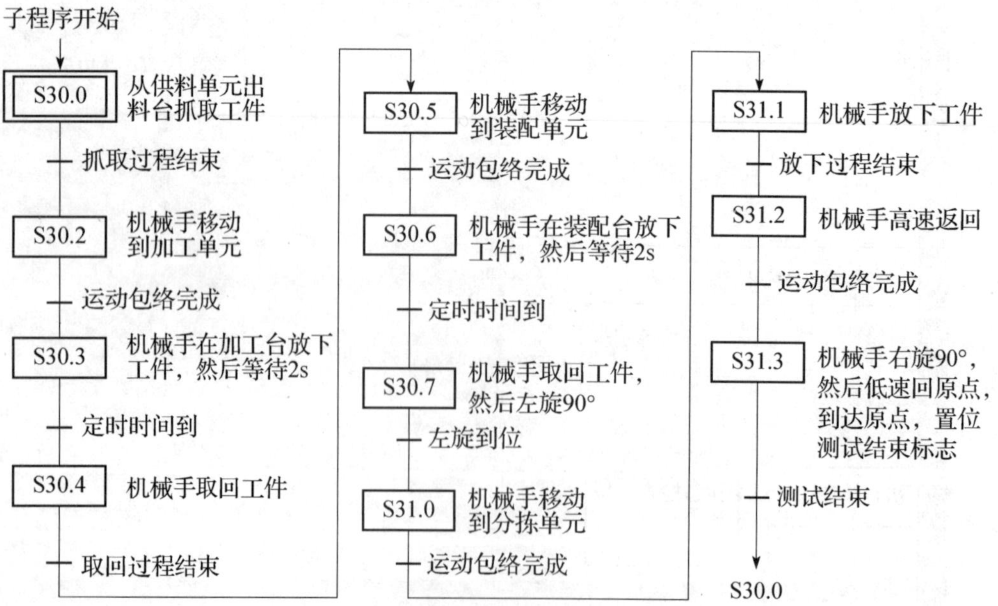

图 5－104　传送功能测试过程的流程说明

下面以机械手在加工台放下工件到机械手移动到装配单元的 3 步过程为例说明编程思路，从加工站向装配站的梯形图如图 5－105 所示。

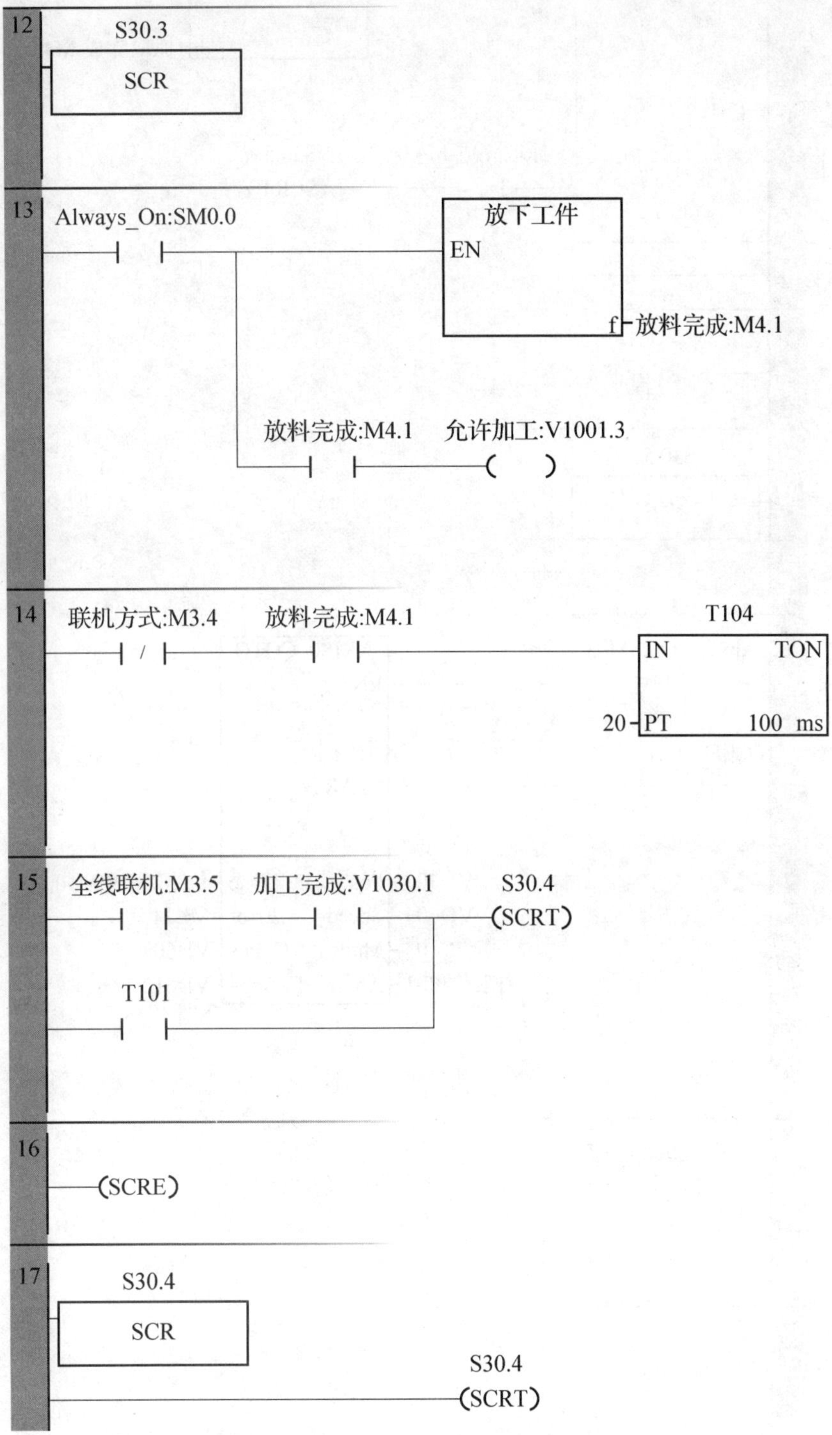

图 5－105　从加工站向装配站的梯形图

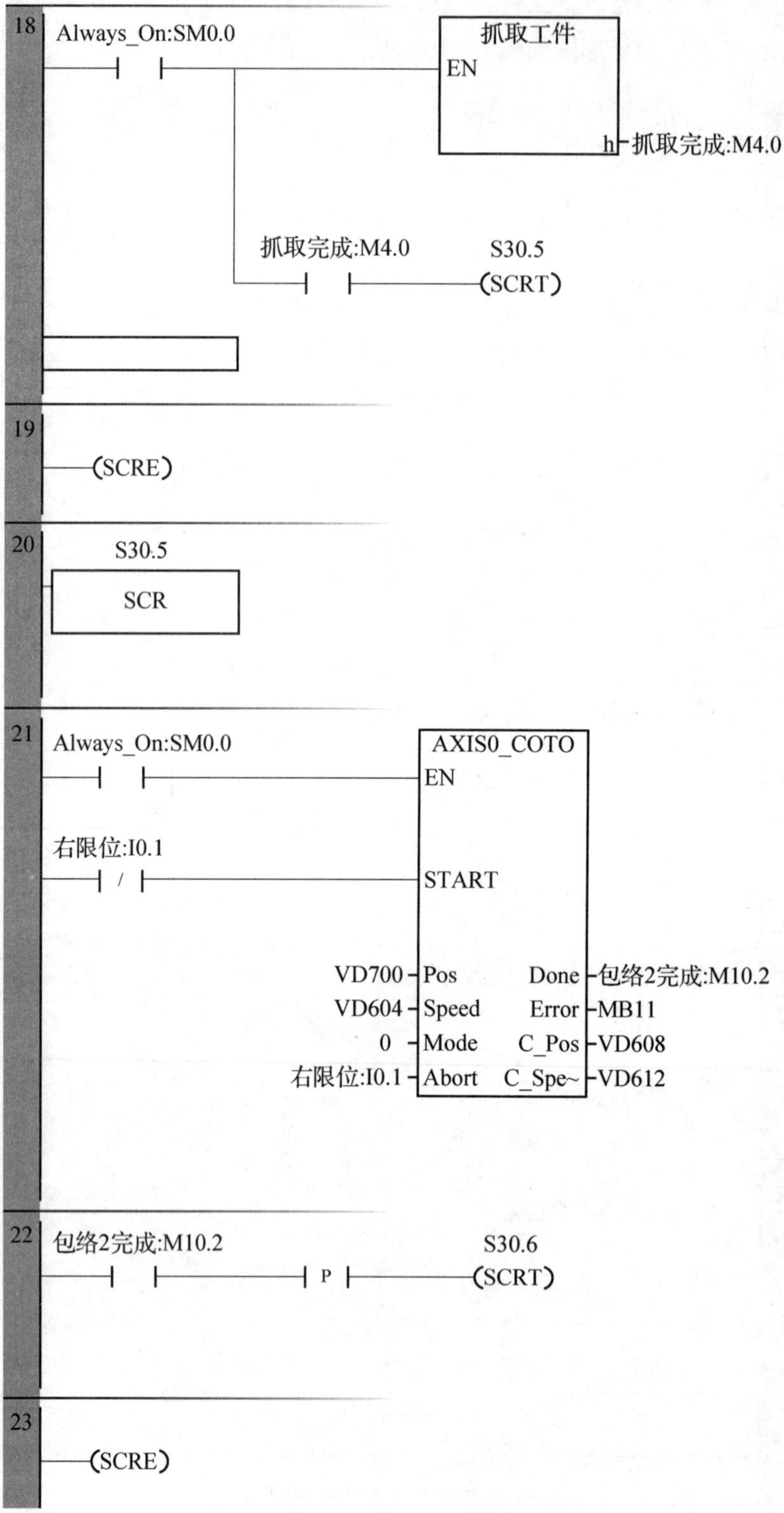

图 5-105　从加工站向装配站的梯形图（续图）

①在机械手执行放下工件的工作步中，调用“放下工件”子程序；在执行抓取工件的工作步中，调用“抓取工件”子程序。这两个子程序都带有 BOOL 输出参数，当完成抓取或放下工作时，输出参数为 ON，传递给相应的“放料完成”标志 M4.1 或“抓取完成”标志 M4.0，作为顺序控制程序中步转移的条件。

机械手在不同的阶段抓取工件或放下工件的动作顺序是相同的。抓取工件的动作顺序为手臂伸出→手爪夹紧→提升台上升→手臂缩回。放下工件的动作顺序为手臂伸出→提升台下降→手爪松开→手臂缩回。采用子程序调用的方法实现抓取和放下工件的动作控制使程序编写得以简化。

②在 S30.5 步，执行机械手装置从加工单元往装配单元运动的操作。

项目小结

本项目介绍的自动化生产线由供料单元、加工单元、装配单元、分拣单元和输送单元组成。供料、加工和装配单元都属于对气动执行元件的逻辑控制；分拣单元包括变频器驱动、运用 PLC 的运动控制，输送单元运用伺服控制。

项目6 YL-335B型自动化生产线系统安装与调试

能力目标

1. 了解 YL-335B 型自动化生产线安装流程。
2. 了解 YL-335B 型自动化生产线通信的核心技术。

素养目标

1. 具备安全生产、团队协作的职业素养。
2. 逐步养成严谨、规范的操作习惯。
3. 培养自主学习、创新的能力。

YL-335B 系统的控制方式采用每一个工作单元由一台 PLC 承担其控制任务，各 PLC 之间通过以太网通信实现互联的分布式控制方式。组建成网络后，系统中每一个工作单元也称作工作站。

PLC 网络的具体通信模式取决于所选厂家的 PLC 类型。YL-335B 的标准配置：若 PLC 选用 SMART 200 系列，则通信方式采用西门子专用 TCP/IP 协议通信。

6.1 西门子 TCP/IP 通信概述

TCP/IP 协议是 SMART 200 CPU 最基本的通信方式，通过其自身的 LAN 端口就可以实现通信，是 SMART 200 默认的通信方式。

TCP 即 TCP/IP 中的传输控制协议，提供了数据流通信，但不将数据封装成消息块，因而用户并不接收到每一个任务的确认信号，该协议最大支持 8KB 的数据传输。如果在用户程序中使能 TCP/IP 主站模式，就可以在主站程序中使用网络读写指令来读写从站信息，而从站程序没有必要使用网络读写指令。

6.2 实现以太网通信的步骤

下面以 YL-335B 各工作站 PLC 实现以太网通信的操作步骤为例，说明使用 TCP/IP 协议实现通信的步骤。

(1) 对网络上每一台 PLC，设置其系统块中的以太网端口参数，设置后把系统块下载到该 PLC，具体操作为：运行个人计算机上的 STEP 7 SMART V2.0 程序，打开设置端口界面，如图 6-1 所示。利用网线单独地把输送单元 CPU 系统块里的 IP 地址设置为 192.168.0.1，如图 6-2 所示。用同样的方法设置供料单元 CPU 以太网端口 IP 地址为 192.168.0.2；设置加工单元 CPU 以太网端口 IP 地址为 192.168.0.3；设置装配单元 CPU 以太网端口 IP 地址为 192.168.0.4；最后设置分拣单元 CPU 以太网端口 IP 地址为 192.168.0.5。分别把系统块下载到相应的 CPU 中（将个人计算机中的 IP 和设备 IP 设在同一个网段中）。

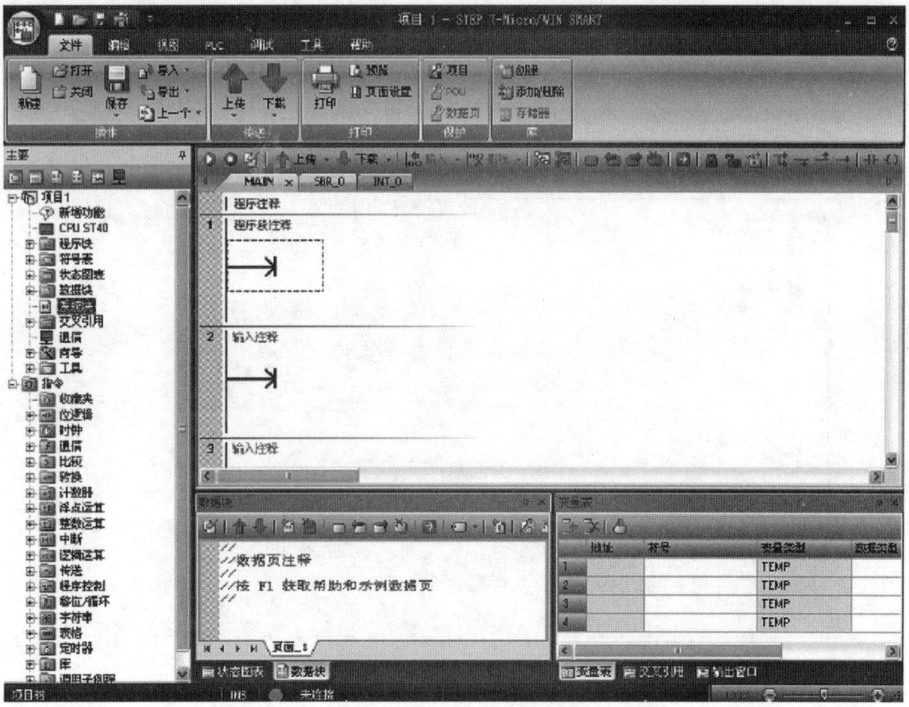

图 6-1　打开设置端口界面

(2) 利用交换机和网线把各台 PLC 中的 LAN 连接，然后利用 STEP 7 SMART V2.0 软件和网线搜索出 TCP/IP 网络上的 5 个站，如图 6-3 所示。

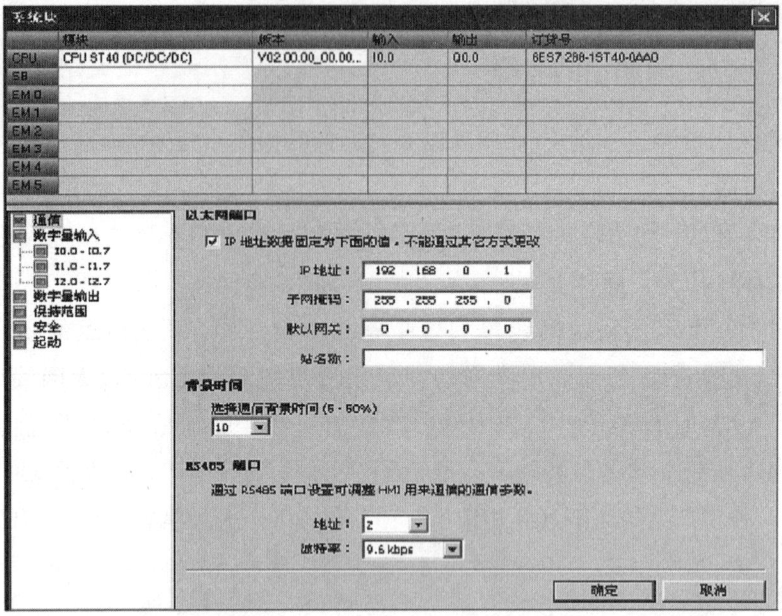

图 6-2　设置输送站 PLC 端口参数

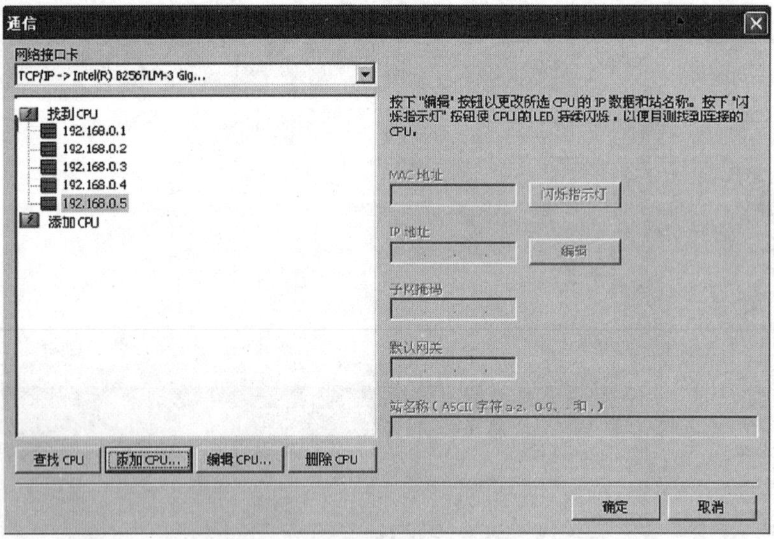

图 6-3　TCP/IP 网络上的 5 个站

图 6-3 表明，5 个站已经完成以太网连接。

(3) PPI 网络的主站（输送站）PLC 程序中，必须在上电第 1 个扫描周期使用其主站模式。

YL-335B 系统中，按钮及指示灯模块的按钮、开关信号连接到输送单元的 PLC（SMART ST40）输入口，以提供系统的主令信号，因此在网络中输送站是指定为主站的，其余各站均指定为从站。图 6－4 所示为 YL-335B 的以太网网络。

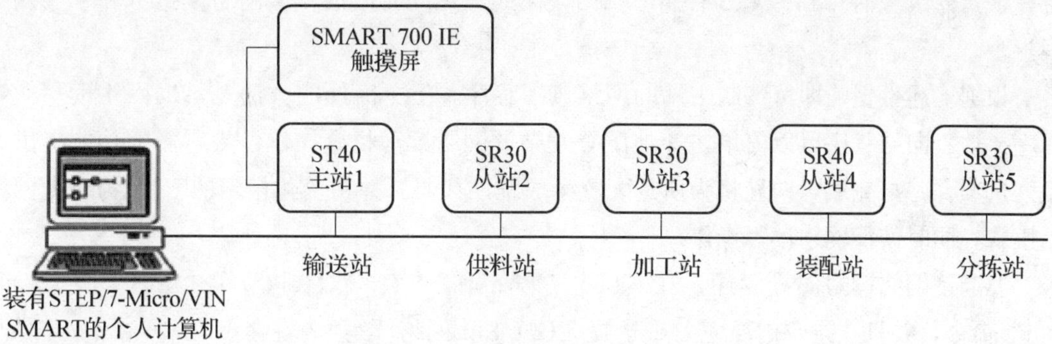

图 6－4　YL-335B 的以太网网络

（4）编写主站网络读写程序段。

如前文所述，在以太网网络中，只有主站程序使用网络读写指令来读写从站信息，而从站程序没有必要使用网络读写指令。

在编写主站的网络读写程序前，应预先规划好以下数据：

①主站向各从站发送数据的长度（字节数）。

②发送的数据位于主站的何处。

③数据发送到从站的何处。

④主站从各从站接收数据的长度（字节数）。

⑤主站从从站的何处读取数据。

⑥接收到的数据放在主站的何处。

应根据系统工作要求、信息交换量等统一筹划以上数据。在 YL-335B 中，各工作站 PLC 所需交换的信息量不大，主站向各从站发送的数据只是主令信号，主站从从站读取的也只是各从站的状态信息，对于发送和接收数据，1 个字（2 字节）的长度已经足够。网络读写数据规划实例见表 6－1。

表 6－1　网络读写数据规划实例

输送站 1＃站（主站）	供料站 2＃站（从站）	加工站 3＃站（从站）	装配站 4＃站（从站）	分拣站 5＃站（从站）
发送数据的长度	2 字节	2 字节	2 字节	2 字节
从主站何处发送	VB1000	VB1000	VB1000	VB1000
发往从站何处	VB1000	VB1000	VB1000	VB1000
接收数据的长度	2 字节	2 字节	2 字节	2 字节
数据来自从站何处	VB1020	VB1030	VB1040	VB1050
数据存到主站何处	VB1020	VB1030	VB1040	VB1050

网络读写指令可以向远程站发送或接收 16 字节的信息，在 CPU 内同一时间最多可以有 8 条指令被激活。YL-335B 有 4 个从站，因此考虑同时激活 4 条网络读指令和 4 条网络写指令。

根据上述数据，即可编制主站的网络读写程序，但更简便的方法是借助网络读写向导程序。这一向导程序可以简单快速地配置复杂的网络读写指令操作，为所需的功能提供一系列选项。一旦完成，向导将为所选配置生成程序代码，并初始化指定的 PLC 为以太网主站模式，同时使能网络读写操作。

要起动网络读写向导程序，在 STEP 7 SMART V2.0 软件中选择“工具”→“Get/Put”命令，并且在指令向导窗口中选择“Get/Put 网络读写”，就会出现“Get/Put 向导”界面，如图 6-5 所示。

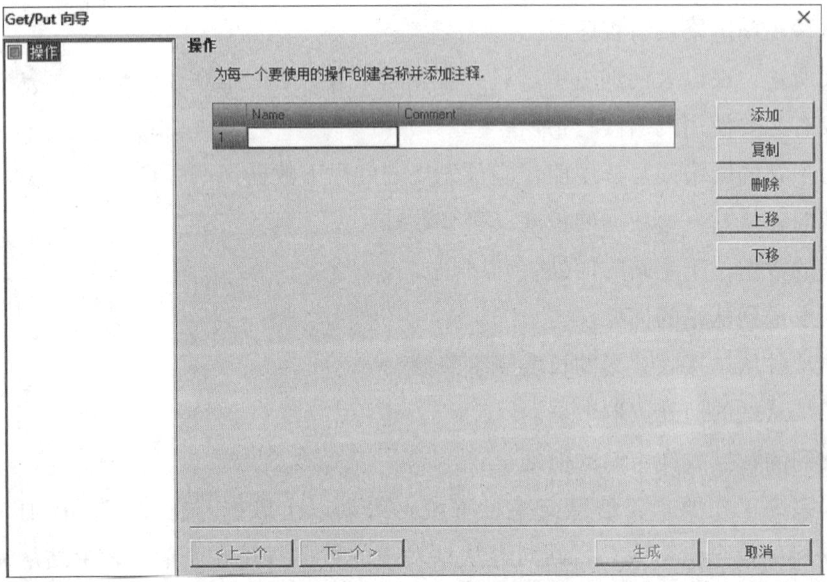

图 6-5 “Get/Put 向导”界面

本界面要求用户提供希望配置的网络读写操作总数、为读写操作创建名称、添加要进行网络读写数量，完成这些设置后，将进入对具体每一条网络读或写指令的参数进行配置的界面。

在本例子中，8 项网络读写操作按如下安排：第 1～4 项为网络写操作，主站向各从站发送数据，主站读取各从站数据；第 5～8 项为网络读操作，主站读取各从站数据。图 6-6 所示为第 1 项操作配置界面，选择 Put 操作，主站（输送站）向各从站发送的数据都位于主站 PLC 的 VB1000～VB1003 处，所有从站都在其 PLC 的 VB1000～VB1003 处接收数据。所以前 4 项的填写都相同，仅站号不一样。

完成前 4 项数据的填写后，单击“下一个”按钮，进入第 5 项配置，5～8 项都是选择网络读操作，各站规划逐项填写数据，直至 8 项操作配置完成。图 6-7 所示为对 2＃从站

（供料单元）的网络写操作配置。

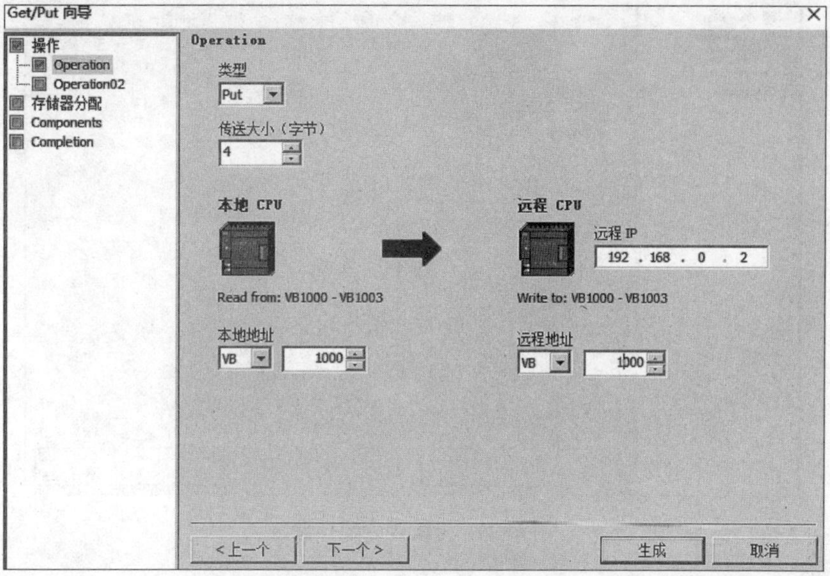

图 6-6　第 1 项操作配置界面

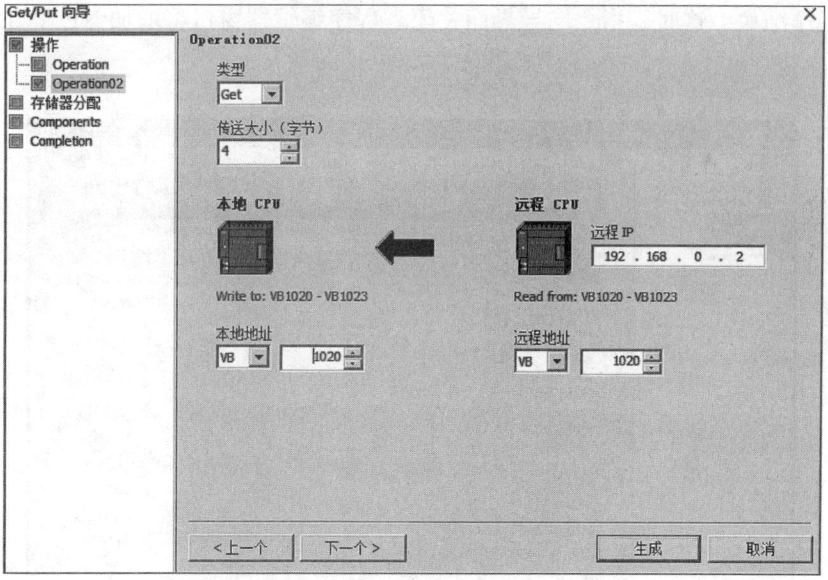

图 6-7　对供料单元的网络写操作配置

完成 8 项配置后，单击“下一个”按钮，导向程序将要求指定一个 V 存储区的起始地址，以便将此配置放入 V 存储区。这时可在选择框中填入一个 VB 值（如 VB100），或单击“建议”按钮，程序将自动建议一个大小合适且未使用的 V 存储区地址范围，如图 6-8 所示。

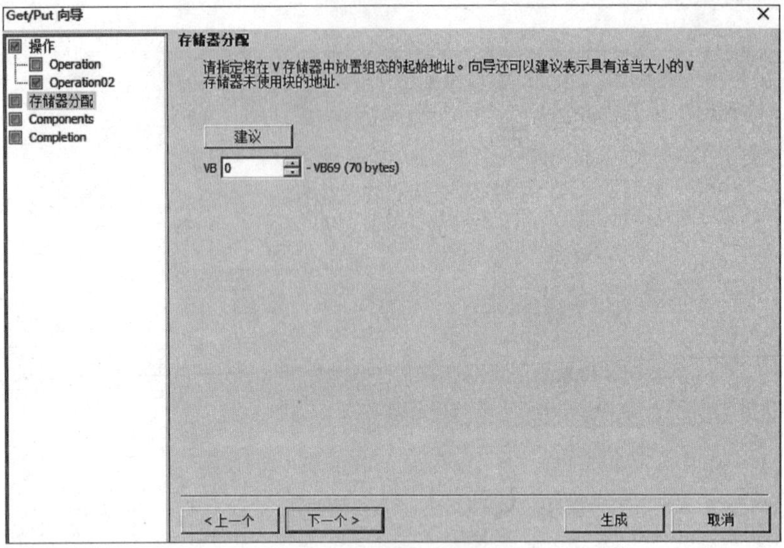

图 6-8　为配置分配存储区

单击“下一个”按钮，全部配置完成，向导将为所选的配置生成项目组件，如图 6-9 所示。修改或确认图中各栏目后，单击“生成”按钮，借助网络读写向导程序配置网络读写操作的工作结束。这时，指令向导界面关闭，程序编辑器窗口将增加 NET _ EXE 子程序标记。

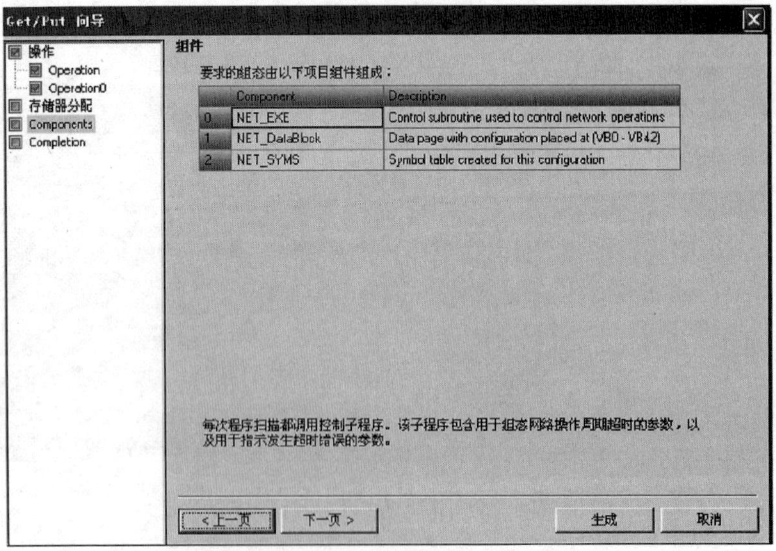

图 6-9　生成项目组件

要在程序中使用以上所完成的配置，须在主程序块中加入对子程序 NET _ EXE 的调用，梯形图如图 6-10 所示。使用 SM0.0 在每个扫描周期内调用此子程序，将开始执行配置的网络读/写操作。

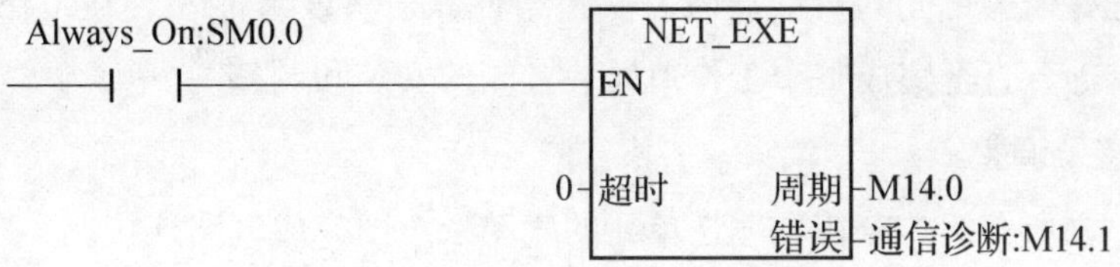

图 6-10　子程序 NET _ EXE 的调用梯形图

由图 6-10 可见，NET _ EXE 有 Timeout（超时）、Cycle（周期）、Error（错误）等参数，它们的含义如下。

Timeout：设定的通信超时时限，1～32 767s，若=0，则不计时。

Cycle：输出开关量，每完成一次网络读/写操作切换状态。

Error：发生错误时报警输出。

本例中 Timeout 设定为 0，Cycle 输出到 M14.0，Error 输出到 M14.1。

6.3　系统整体控制调试

6.3.1　YL-335B 系统介绍

1. 自动化生产线的工作目标

将供料单元料仓内的工件送往加工单元的物料台，完成加工后，把加工好的工件送往装配单元的装配台，然后把装配单元料仓内的白色和黑色两种不同颜色的小圆柱工件嵌入装配台上的工件中，将完成装配后的成品送往分拣单元分拣输出。已完成加工和装配工作的工件如图 6-11 所示。

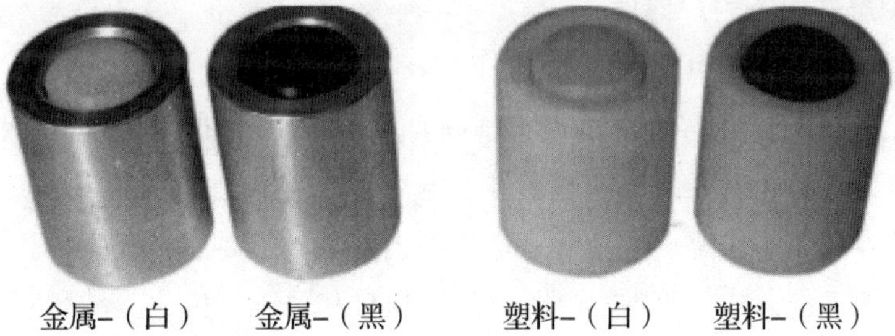

图 6-11　已完成加工和装配工作的工件

2. 完成的工作任务

完成 YL-335B 型自动化生产线的供料、加工、装配、分拣和输送单元的部分装配工作，并把这些工作单元安装在 YL-335B 的工作台面上。

各工作单元装置部分的装配要求如下。

（1）供料、加工和装配等工作单元的装配工作已经完成。

（2）完成分拣单元装置侧的安装和调整以及工作单元在工作台面上的定位。

（3）已装配好输送单元的直线导轨和底板组件，须将该组件安装在工作台面上，并完成其余组件的装配，直至完成整个工作单元装置侧的安装和调整。

3. 气路连接及调整

（1）按照前文所介绍的分拣和输送单元的气动系统图完成气路连接。

（2）接通气源后，检查各工作单元气缸初始位置是否符合要求，如不符合须适当调整。

（3）完成气路调整，确保各气缸运行顺畅和平稳。

4. 电路设计和电路连接

根据生产线的运行要求完成分拣和输送单元的电路设计和电路连接。

（1）设计分拣单元的电气控制电路，并根据所设计的电路图连接电路。电路图应包括PLC的I/O端子分配、变频器主电路及控制电路。完成电路连接后应根据运行要求设定与变频器有关的参数，并现场测试旋转编码器的脉冲当量（测试3次取平均值，有效数字为小数点后3位），应将上述参数记录在所提供的电路图上。

（2）设计输送单元的电气控制电路，并根据所设计的电路图连接电路；电路图应包括PLC的I/O端子分配、伺服电动机及其驱动器控制电路。完成电路连接后应根据运行要求设定与伺服电动机驱动器有关的参数，应将参数记录在所提供的电路图上。

5. 各站PLC网络连接

系统的控制方式应采用TCP/IP协议通信，并指定输送单元作为系统主站。系统主令工作信号由触摸屏人机界面提供，但系统紧急停止信号由输送单元的按钮/指示灯模块的急停按钮提供。安装在工作台面上的警示灯应能显示整个系统的主要工作状态，如复位、起动、停止、报警等。

6. 连接触摸屏并组态用户界面

应将触摸屏连接到系统中的交换机。

在SMART 700 IE人机界面上的组态画面要求：用户窗口包括主界面和欢迎界面两个窗口，其中欢迎界面是起动界面，在触摸屏上电后运行。

当触摸欢迎界面上的任意点时，都将切换到主界面。主界面组态应具有下列功能。

（1）提供系统工作方式（单站/全线），选择信号和系统复位、起动和停止信号。

（2）在人机界面上设定分拣单元变频器的输入运行频率（40～50Hz）。

（3）在人机界面上动态显示输送单元机械手装置的当前位置（以原点位置为参考点，度量单位为mm）。

（4）指示网络的运行状态（正常、故障）。

（5）指示各工作单元的运行、故障状态。其中，故障状态包括：

①供料单元的供料不足状态和缺料状态。

②装配单元的供料不足状态和缺料状态。

③输送单元抓取机械手装置的越程故障（左或右限位行程开关动作）。

④指示全线运行时系统的紧急停止状态。

欢迎界面和主界面分别如图 6－12 和图 6－13 所示。

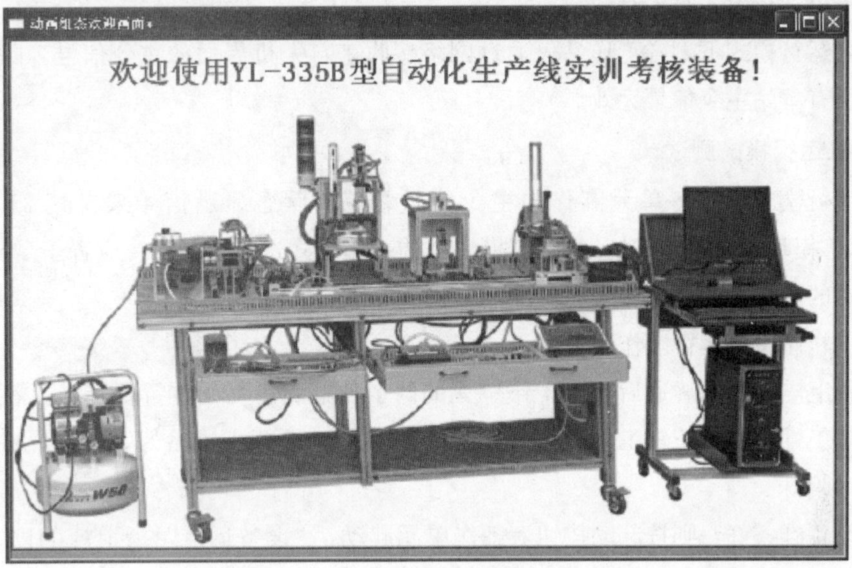

图 6－12　欢迎界面

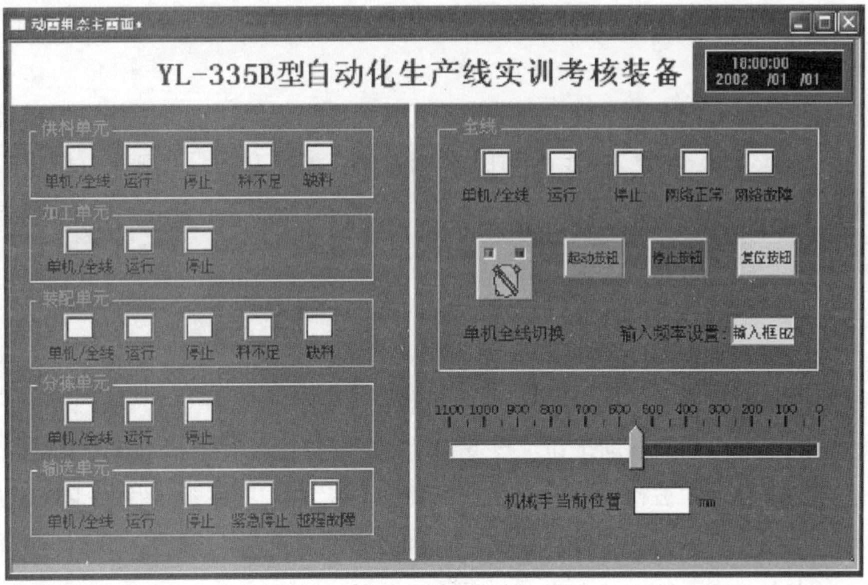

图 6－13　主界面

7. 程序编制及调试

系统的工作模式分为单机工作模式和全线运行模式。

从单机工作模式切换到全线运行模式的条件是：各工作站均处于停止状态，各站的按钮/指示灯模块上的工作方式选择开关置于全线模式，此时若人机界面中选择开关切换到全线运行模式，则系统进入全线运行状态。

要从全线运行模式切换到单机工作模式，仅限当前工作周期完成后人机界面中选择开关切换到单机运行模式时才有效。

在全线运行模式下，各工作站仅通过网络接收来自人机界面的主令信号，除主站急停按钮外，所有本站主令信号无效。

8. 单机运行模式测试

单机运行模式下，各单元工作的主令信号和工作状态显示信号来自其 PLC 旁边的按钮/指示灯模块。并且，按钮/指示灯模块上的工作方式选择开关 SA 应置于“单机方式”位置，各站的具体控制要求如下。

（1）供料站单机运行工作要求。

①设备上电和气源接通后，若工作单元的两个气缸满足初始位置要求，且料仓内有足够的待加工工件，则“正常工作”指示灯 HL1 常亮，表示设备准备好，否则，该指示灯以 1Hz 的频率闪烁。

②若设备准备好，则按起动按钮，工作单元起动，“设备运行”指示灯 HL2 常亮。起动后，若出料台上没有工件，则应把工件推到出料台上。出料台上的工件被人工取出后，若没有停止信号，则进行下一次推出工件操作。

③若在运行中按停止按钮，则在完成本工作周期任务后，各工作单元停止工作，HL2 指示灯熄灭。

④若在运行中料仓内工件不足，则工作单元继续工作，但“正常工作”指示灯 HL1 以 1Hz 的频率闪烁，“设备运行”指示灯 HL2 保持常亮。若料仓内没有工件，则 HL1 指示灯和 HL2 指示灯均以 2Hz 的频率闪烁。工作站在完成本周期任务后停止。除非向料仓补充足够的工件，否则工作站不能再起动。

（2）加工站单机运行工作要求。

①上电和气源接通后，若各气缸满足初始位置要求，则“正常工作”指示灯 HL1 常亮，表示设备准备好。否则，该指示灯以 1Hz 的频率闪烁。

②若设备准备好，则按起动按钮，设备起动，“设备运行”指示灯 HL2 常亮。当待加工工件被送到加工台上并被检出后，设备执行将工件夹紧，工件被送往加工区域冲压，完成冲压动作后返回待料位置的工件加工工序。如果没有停止信号输入，则当再有待加工工件送到加工台上时，加工单元又开始下一周期的工作。

③在工作过程中，若按停止按钮，则加工单元在完成本周期的动作后停止工作，HL2 指示灯熄灭。

④当待加工工件被检出而加工过程开始后，如果按急停按钮，则本单元所有机构立即停止运行，HL2 指示灯以 1Hz 的频率闪烁。急停按钮复位后，设备从急停前的断点开始继续运行。

（3）装配站单机运行工作要求。

①设备上电和气源接通后，若各气缸满足初始位置要求，料仓上已经有足够的小圆柱工件；工件装配台上没有待装配工件，则“正常工作”指示灯 HL1 常亮，表示设备准备好。否则，该指示灯以 1Hz 的频率闪烁。

②若设备准备好，则按起动按钮，装配单元起动，“设备运行”指示灯 HL2 常亮。如果回转台上的左料盘内没有小圆柱工件，则执行下料操作；如果左料盘内有工件，而右料盘内没有工件，则执行回转台回转操作。

③如果回转台上的右料盘内有小圆柱工件且装配台上有待装配工件，则执行装配机械手抓取小圆柱工件，放入待装配工件中的动作。

④完成装配任务后，装配机械手应返回初始位置，等待下一次装配。

⑤若在运行过程中按停止按钮，则供料机构应立即停止供料，在装配条件满足的情况下，装配单元在完成本次装配后停止工作。

⑥在运行中发生“工件不足”报警时，指示灯 HL3 以 1Hz 的频率闪烁，HL1 和 HL2 灯常亮；在运行中发生“工件没有”报警时，指示灯 HL3 以亮 1s、灭 0.5s 的方式闪烁，HL2 熄灭，HL1 常亮。

（4）分拣站单机运行工作要求。

①初始状态：设备上电和气源接通后，若工作单元的三个气缸满足初始位置要求，则“正常工作”指示灯 HL1 常亮，表示设备准备好。否则，该指示灯以 1Hz 的频率闪烁。

②若设备准备好，则按起动按钮，系统起动，“设备运行”指示灯 HL2 常亮。当在传送带入料口人工放下已装配的工件时，变频器起动，驱动传动电动机以 30Hz 的频率把工件带往分拣区。

③如果金属工件上的小圆柱工件为白色，则该工件对到达 1 号槽中间，传送带停止，工件对被推到 1 号槽中；如果塑料工件上的小圆柱工件为白色，则该工件对到达 2 号槽中间，传送带停止，工件对被推到 2 号槽中；如果工件上的小圆柱工件为黑色，则该工件对到达 3 号槽中间，传送带停止，工件对被推到 3 号槽中。工件被推出槽后，该工作单元的一个工作周期结束。仅当工件被推出槽后，才能再次向传送带下料。

如果在运行期间按停止按钮，则该工作单元在本工作周期结束后停止运行。

（5）输送站单机运行工作要求。

单机运行的目标是测试设备传送工件的功能。要求其他各工作单元已经就位，并且在供料单元的出料台上放置了工件，具体测试过程要求如下。

①在输送单元通电后，按复位按钮 SB1，执行复位操作，使抓取机械手装置回到原点位置。在复位过程中，“正常工作”指示灯 HL1 以 1Hz 的频率闪烁。

当抓取机械手装置回到原点位置，且输送单元各个气缸满足初始位置的要求时，则复位完成，“正常工作”指示灯 HL1 常亮。按起动按钮 SB2，设备起动，“设备运行”指示灯

HL2 也常亮，开始功能测试过程。

②抓取机械手装置从供料站出料台抓取工件，抓取的顺序是手臂伸出→手爪夹紧抓取工件→提升台上升→手臂缩回。

③完成抓取动作后，伺服电动机驱动机械手装置向加工站移动，移动速度不小于300mm/s。

④机械手装置移动到加工站物料台的正前方后，把工件放到加工站物料台上。抓取机械手装置在加工站放下工件的顺序是手臂伸出→提升台下降→手爪松开并放下工件→手臂缩回。

⑤完成放下工件动作 2s 后，抓取机械手装置执行抓取加工站工件的操作，抓取的顺序与供料站抓取工件的顺序相同。

⑥完成抓取动作后，伺服电动机驱动机械手装置移动到装配站物料台的正前方。然后把工件放到装配站物料台上，其动作顺序与加工站放下工件的顺序相同。

⑦完成放下工件动作 2s 后，抓取机械手装置执行抓取装配站工件的操作，抓取的顺序与供料站抓取工件的顺序相同。

⑧机械手手臂缩回后，摆台逆时针旋转 90°，伺服电动机驱动机械手装置从装配站向分拣站运送工件，到达分拣站传送带上方入料口后把工件放下，动作顺序与加工站放下工件的顺序相同。

⑨完成放下工件动作后，机械手手臂缩回，然后执行返回原点的操作。伺服电动机驱动机械手装置以 400mm/s 的速度返回，返回 900mm 后，摆台顺时针旋转 90°，然后以100mm/s 的速度低速返回原点，停止。

当抓取机械手装置返回原点后，一个测试周期结束。当供料单元的出料台上放置了工件时，再按一次起动按钮 SB2，开始新一轮的测试。

9. 系统正常的全线运行模式测试

全线运行模式下各工作站部件的工作顺序以及对输送站机械手装置运行速度的要求，与单机运行模式一致，全线运行步骤如下。

(1) 系统在上电，以太网网络正常后开始工作。触摸人机界面上的复位按钮，执行复位操作，在复位过程中，绿色警示灯以 2Hz 的频率闪烁。红色和橙色警示灯均熄灭。

复位过程包括使输送站机械手装置回到原点位置和检查各工作站是否处于初始状态。各工作站初始状态指：①各工作单元气动执行元件均处于初始位置；②供料单元料仓内有足够的待加工工件；③装配单元料仓内有足够的小圆柱工件；④未按输送站的紧急停止按钮。

当输送站机械手装置回到原点位置，且各工作站均处于初始状态时，复位完成，绿色指示灯常亮，表示允许起动系统。这时若触摸人机界面上的起动按钮，系统起动，绿色和黄色指示灯均常亮。

（2）供料站的运行。

系统起动后，若供料站的出料台上没有工件，则应把工件推到出料台上，并向系统发出出料台上有工件的信号。若供料站的料仓内没有工件或工件不足，则向系统发出报警或预警信号。出料台上的工件被输送站机械手取出后，若系统仍然需要推出工件进行加工，则进行下一次推出工件操作。

（3）输送站运行1。

当工件被推到供料站出料台后，输送站抓取机械手装置应执行抓取供料站工件的操作。动作完成后，伺服电动机驱动机械手装置移动到加工站加工物料台的正前方，把工件放到加工站的加工台上。

（4）加工站运行。

加工站加工台的工件被检出后，执行加工过程。当加工好的工件被重新送回待料位置时，向系统发出冲压加工完成的信号。

（5）输送站运行2。

系统接收到加工完成的信号后，输送站机械手应执行抓取已加工工件的操作，完成抓取动作后，伺服电动机驱动机械手装置移动到装配站物料台的正前方。然后把工件放到装配站物料台上。

（6）装配站运行。

装配站物料台的传感器检测到工件到来后，开始执行装配过程。装入动作完成后，向系统发出装配完成信号。

如果装配站的料仓或料槽内没有小圆柱工件或工件不足，应向系统发出报警或预警信号。

（7）输送站运行3。

系统接收到装配完成的信号后，输送站机械手应抓取已装配的工件，然后从装配站向分拣站运送工件，到达分拣站传送带上方入料口后把工件放下，然后执行返回原点的操作。

（8）分拣站运行。

输送站机械手装置放下工件、缩回到位后，分拣站的变频器起动，驱动传动电动机以80%最高运行频率（由人机界面指定）把工件带入分拣区，进行分拣，工件分拣原则与单机运行时相同。当分拣气缸活塞杆推出工件并返回后，应向系统发出分拣完成信号。

（9）仅当完成分拣站分拣工作，且输送站机械手装置回到原点时，系统的一个工作周期才被认为结束。如果在工作周期内没有按过停止按钮，则系统在延时1s后开始下一周期工作。如果在工作周期内曾经按过停止按钮，则系统工作结束，黄色灯熄灭，绿色灯仍保持常亮。系统工作结束后若再按起动按钮，则系统又重新工作。

10. 异常工作状态测试

（1）工件供给状态的信号警示。

如果出现来自供料站或装配站的“工件不足”的预报警信号或“工件没有”的报警信

号，则系统动作如下。

①如果出现“工件不足”的预报警信号，警示灯中的红色灯以 1Hz 的频率闪烁，绿色和橙色警示灯保持常亮，系统继续工作。

②如果出现“工件没有”的报警信号，警示灯中的红色灯以亮 1s、灭 0.5s 的方式闪烁；橙色警示灯熄灭，绿色警示灯保持常亮。

若“工件没有”的报警信号来自供料站，且供料站物料台上已推出工件，则系统继续运行，直至完成该工作周期尚未完成的工作。该工作周期工作结束后，系统将停止工作，除非“工件没有”的报警信号消失，否则系统不能再起动。

若“工件没有”的报警信号来自装配站，且装配站回转台上已落下小圆柱工件，则系统继续运行，直至完成该工作周期尚未完成的工作。该工作周期工作结束后，系统将停止工作，除非“工件没有”的报警信号消失，否则系统不能再起动。

(2) 急停与复位。

在系统工作过程中按输送站的急停按钮，则输送站立即停车。在急停复位后，应从急停前的断点开始继续运行，但若按急停按钮时，机械手装置正在向某一目标点移动，则急停复位后输送站机械手装置应先返回原点位置，然后向原目标点运动。

6.3.2 设备的安装和调整

YL-335B 各工作站的机械安装、气路连接及调整、电气接线等工作步骤和注意事项在前面各分项目中已经叙述过，不再重复。

系统整体安装时，必须确定各工作单元的安装定位，为此首先要确定安装的基准点，即从铝合金桌面右侧边缘算起，基准点到原点的距离（X 方向）为 310mm。然后根据原点位置与供料单元出料台中心沿 X 方向重合，供料单元出料台中心至加工单元加工台中心的距离为 430mm，加工单元加工台中心至装配单元装配台中心的距离为 350mm，装配单元装配台中心至分拣单元进料口中心的距离为 560mm，即可确定各工作单元在 X 方向的位置。

由于工作台的安装特点，一旦确定原点位置后，输送单元的安装位置即已确定。

在空的工作台上进行系统安装的步骤如下。

(1) 完成输送单元装置侧的安装。包括直线运动组件、抓取机械手装置、拖链装置、电磁阀组件、装置侧电气接口等的安装、抓取机械手装置上各传感器引出线、连接到各气缸的气管沿拖链的敷设和绑扎、连接到装置侧电气接口的接线、单元气路的连接等。

(2) 在完成供料、加工和装配等工作单元装置侧的装配后，在工作台上定位安装。它们沿 Y 方向的定位，以输送单元机械手在伸出状态时能顺利在它们的物料台上抓取和放下工件为准。

(3) 在完成分拣单元装置侧的装配后，在工作台上定位安装。沿 Y 方向的定位，应使传送带上进料口中心点与输送单元直线导轨中心线重合，沿 X 方向的定位，应确保输送站机械手运送工件到分拣站时，能准确地把工件放到进料口中心上。

需要指出的是，在完成安装工作后，必须进行必要的检查、局部试验的工作，确保及时发现问题。在投入全线运行前，应清理工作台上残留的线头、管线、工具等，形成良好的职业素养。

6.3.3 有关参数的设置和测试

按工作任务书规定，完成电气接线后，应进行变频器、伺服驱动器有关参数的设定，并现场测试旋转编码器的脉冲当量。在前面各分项项目中已对上述工作做了详细的介绍，这里不再重复叙述。

6.3.4 人机界面组态

1. 工程分析和创建

根据工作任务，对工程进行分析并规划如下。

（1）工程框架：有两个用户窗口，即欢迎画面和主画面，其中欢迎画面是起动界面。

（2）数据对象：各工作站以及全线的工作状态指示灯、单机/全线切换旋钮、起动按钮、停止按钮、复位按钮、变频器输入频率设定、机械手当前位置等。

（3）图形制作。

欢迎画面窗口：①图片，通过图形视图加载；②文字，通过文本域实现；③按钮，由标准按钮引入。

主画面窗口：①文字，通过文本域实现；②各工作站以及全线的工作状态指示灯、时钟，由对象元件库引入；③单机/全线切换旋钮、起动按钮、停止按钮、复位按钮，由对象元件库引入；④输入频率设置，通过I/O域实现；⑤机械手当前位置，通过I/O域和棒图实现。

进行上述规划后，就可以创建工程，然后进行组态，步骤如下：在“项目视图”中单击“添加画面”按钮，建立“画面_2”，然后分别设置两个窗口的属性。

2. 欢迎画面组态

（1）建立欢迎画面。

选中“窗口0”，单击“窗口属性”按钮，进入用户窗口属性设置界面，包括：

①将窗口名称改为“欢迎画面”。

②将窗口标题改为“欢迎画面”。

③在“用户窗口”选项卡中，选中“欢迎”图标并右击，在弹出的快捷菜单中选择“设置为起动窗口”命令，将该窗口设置为运行时自动加载的窗口。

（2）编辑欢迎画面。

选中“欢迎画面”图标，单击“动画组态”按钮，进入动画组态窗口，开始编辑画面。

①装载位图。

单击“工具箱”面板中的“位图”按钮，鼠标的光标呈“十”字形，在窗口左上角位置拖动鼠标，拉出一个矩形，使其填充整个窗口。

在“位图”图标上右击，在弹出的快捷菜单中选择“装载位图”命令，在弹出的“打开”对话框中找到要装载的位图，单击选择该位图，如图 6－14 所示。然后单击“打开”按钮，则将该图片装载到了窗口。

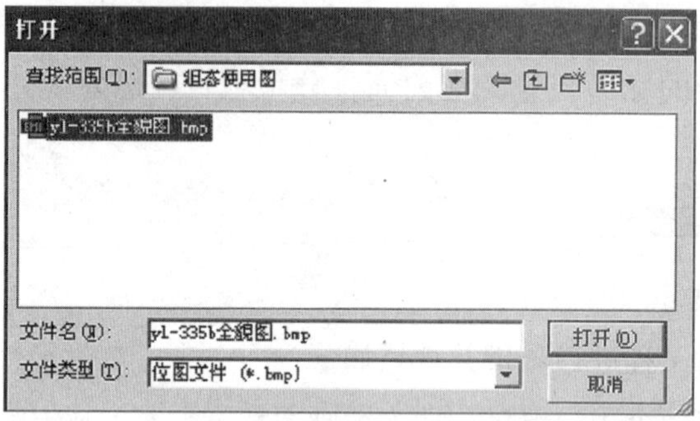

图 6－14　在“打开”对话框中找到要装载的位图

②制作按钮。

单击“工具箱”面板中的按钮，在窗口中拖出一个大小合适的按钮，双击按钮图标，弹出如图 6－15（a）所示的属性设置窗口。切换至“可见度属性”选项卡，选择“按钮不可见”单选按钮；切换至“操作属性”选项卡，单击“按下功能”按钮，打开用户窗口时选择主画面，并使数据对象“HMI 就绪”的值“置 1”，如图 6－15（b）所示。

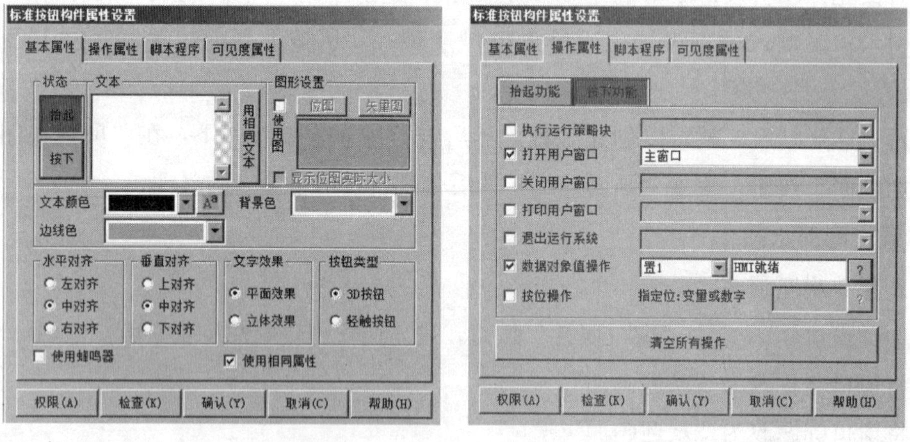

（a）“基本属性”选项卡　　　　（b）“操作属性”选项卡

图 6－15　“标准按钮构件属性设置”对话框

③制作循环移动的文字框图。

单击“工具箱”面板中的“标签”按钮A，将其拖动到窗口上方中心位置，根据需要拉出一个大小合适的矩形。在鼠标光标闪烁位置输入文字“欢迎使用 YL-335B 自动化生产线实训考核装备”，按 Enter 键或在窗口任意位置单击，完成文字输入。

静态属性设置如下：文字框的背景颜色为没有填充；文字框的边线颜色为没有边线；字符颜色为艳粉色；文字字体为华文细黑，字型为粗体，大小为二号。

为了使文字循环移动，在“位置动画连接”选项组中选中“水平移动”复选框，这时在对话框上端增加了“水平移动”选项卡。“水平移动”选项卡的设置如图 6-16 所示。

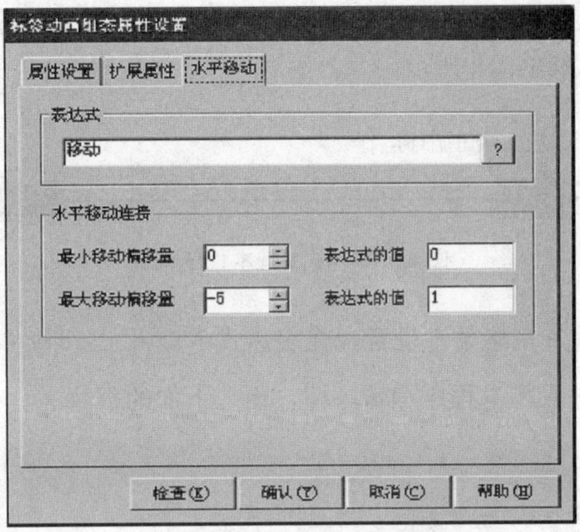

图 6-16　“水平移动”选项卡的设置

设置说明如下。

● 为了实现“水平移动”动画连接，首先要确定对应连接对象的表达式，然后再定义表达式的值所对应的位置偏移量。在图 6-16 中，定义一个内部数据对象“移动”作为表达式，它是一个与文字对象的位置偏移量成比例的增量值，当表达式“移动”的值为 0 时，文字对象的位置向右移动 0 点（即不动）；当表达式“移动”的值为 1 时，对象的位置向左移动 5 点（−5），即“移动”变量与文字对象的位置之间是斜率为−5 的线性关系。

● 触摸屏图形对象所在的水平位置定义为以左上角为坐标原点，单位为像素，向左为负方向，向右为正方向。TPC7062KS 的分辨率是 800×480，文字串“欢迎使用 YL-335B 自动化生产线实训考核装备!”向左全部移出的偏移量约为−700 像素，故表达式“移动”的值为＋140。文字循环移动的策略是如果文字串向左全部移出，则返回初始位置重新移动。

组态“循环策略”的具体操作如下。

● 在“运行策略”窗口中双击“循环策略”图标，进入策略组态窗口。

● 双击图标，弹出“策略属性设置”对话框，将循环时间设为 100ms，单击“确认”按钮。

● 在策略组态窗口中，单击工具栏中的“新增策略行”按钮，增加一策略行，如图 6-17 所示。

图 6-17　新增策略行

● 单击策略工具箱中的“脚本程序”按钮，将鼠标指针移到策略块图标上并单击，添加脚本程序构件，如图 6-18 所示。

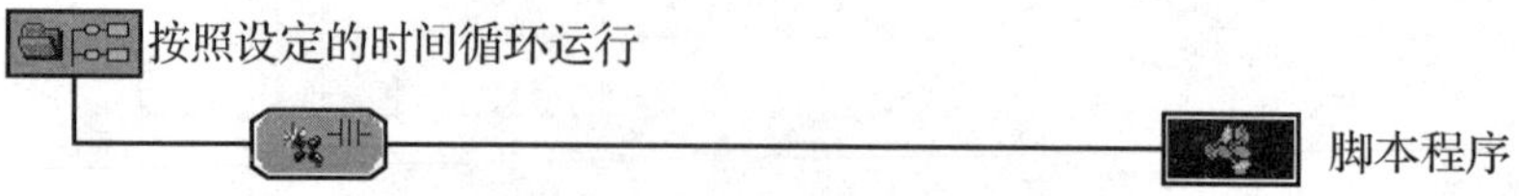

图 6-18　添加脚本程序构件

● 双击图标进入策略条件设置，在表达式中输入 1，即始终满足条件。

● 双击图标进入脚本程序编辑环境，输入下面的程序。

```
if 移动<=140 then
        移动=移动+1
else
        移动=-140
endif
```

● 单击“确认”按钮，脚本程序编写完毕。

3. 主画面组态

（1）建立主画面。

①选中“窗口 1”图标，单击“窗口属性”按钮，进入用户窗口属性设置界面。

②将窗口名称改为主画面；将窗口标题改为主画面；在“窗口背景”中选择所需要的颜色。

（2）定义数据对象和连接设备。

①定义数据对象。

各工作站以及全线的工作状态指示灯、单机/全线切换旋钮、起动按钮、停止按钮、复位按钮、变频器输入频率设定、机械手当前位置等，都是需要与 PLC 连接、进行信息交换的数据对象。

定义数据对象的步骤如下。

● 单击工作台中的“实时数据库”窗口标签，进入实时数据库窗口页。

● 单击“新增对象”按钮，在窗口的数据对象列表中增加新的数据对象。

● 选中对象，单击“对象属性”按钮，或双击选中对象，弹出“数据对象属性设置”对话框。

编辑数据对象属性，单击“确认”按钮完成设置。表 6-2 列出了全部与 PLC 连接的数据对象。

表 6-2　与 PLC 连接的数据对象

序号	对象名称	类型	序号	对象名称	类型
1	HMI 就绪	开关型	15	单机/全线_供料	开关型
2	越程故障_输送	开关型	16	运行_供料	开关型
3	运行_输送	开关型	17	料不足_供料	开关型
4	单机/全线_输送	开关型	18	缺料_供料	开关型
5	单机/全线_全线	开关型	19	单机/全线_加工	开关型
6	复位按钮_全线	开关型	20	运行_加工	开关型
7	停止按钮_全线	开关型	21	单机/全线_装配	开关型
8	起动按钮_全线	开关型	22	运行_装配	开关型
9	单机/全线切换_全线	开关型	23	料不足_装配	开关型
10	网络正常_全线	开关型	24	缺料_装配	开关型
11	网络故障_全线	开关型	25	单机/全线_分拣	开关型
12	运行_全线	开关型	26	运行_分拣	开关型
13	急停_输送	开关型	27	手爪当前位置_输送	数值型
14	变频器频率_分拣	数值型			

②设备连接。

使定义好的数据对象与 PLC 内部变量进行连接，步骤如下。

● 打开“设备组态：设备窗口”对话框，在可选设备列表中双击“通用串口父设备 0”列表项，弹出“通用串口设备属性编辑”对话框。

● 在该对话框中设置通用串口父设备的基本属性，如图 6-19 所示。

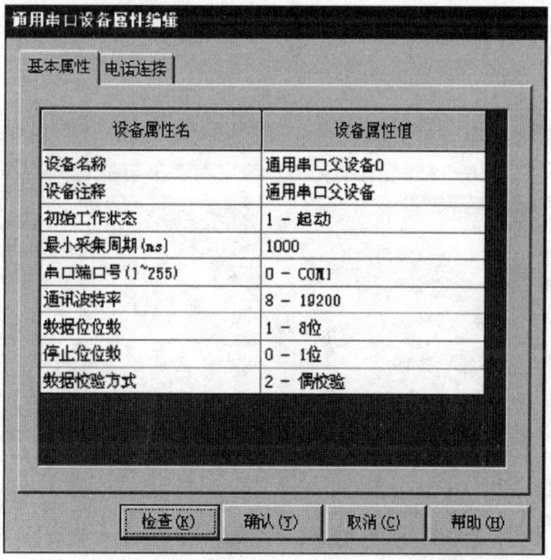

图 6-19　设置通用串口父设备的基本属性

● 双击“设备 0 — [西门子 _ S7200PPI]”列表项，弹出“设备编辑窗口”对话框，逐个“增加设备通道”，如图 6 - 20 所示。

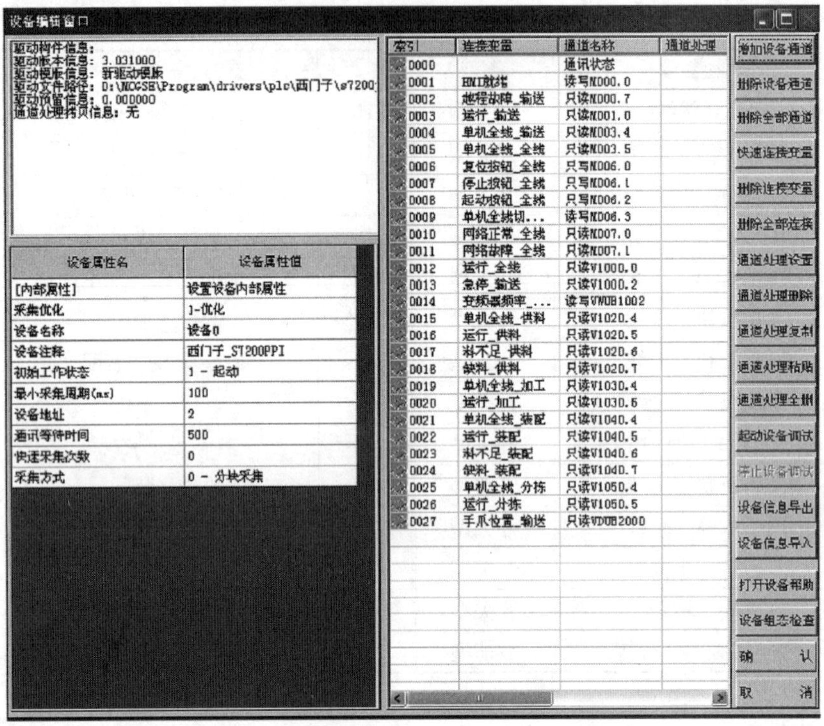

图 6 - 20　增加设备通道

4. 主画面制作和组态

按以下步骤制作和组态主画面。

(1) 制作主画面的标题文字、插入时钟。在工具箱中选择直线构件，把标题文字下方的区域划分为如图 6 - 21 所示的两部分。在区域左面制作各从站单元画面，在区域右面制作主站输送单元画面。

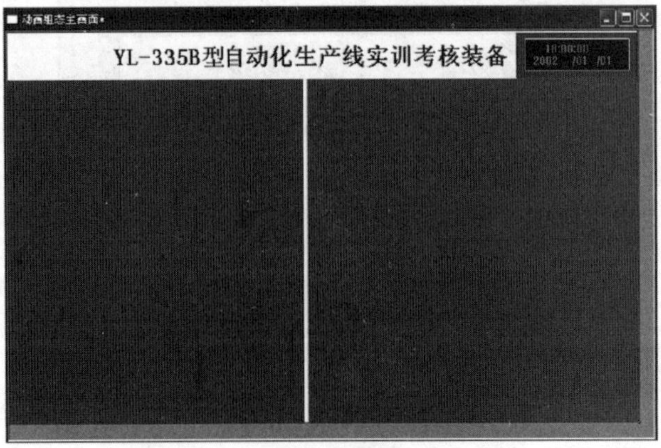

图 6 - 21　“动画组态主画面”界面

(2) 制作各从站单元画面并组态。以供料单元缺料报警指示灯组态为例，其画面如图 6 - 22 所示。

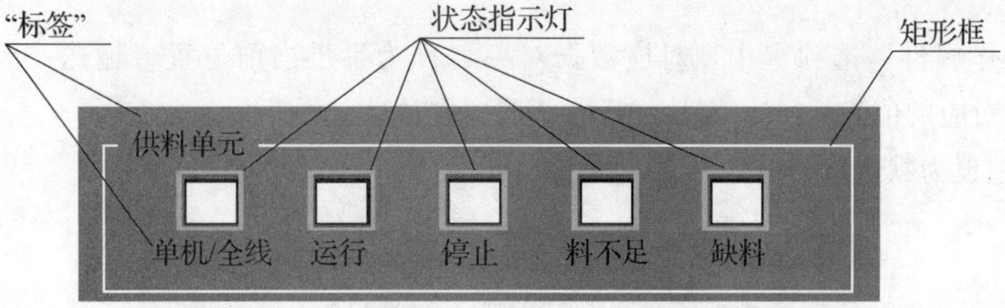

图 6 - 22　供料单元组态画面

与其他指示灯组态不同的是，缺料报警分段点 1 设置的颜色是红色，并且还需组态闪烁功能，步骤如下：在“属性设置”选项卡的“特殊动画连接”选项组中选中“闪烁效果”复选框，“填充颜色”选项卡旁边就会出现“闪烁效果”选项卡，如图 6 - 23 (a) 所示。切换至“闪烁效果”选项卡，“表达式”选择“料不足 _ 供料”；在“闪烁实现方式”选项组中选择“用图元属性的变化实现闪烁”单选按钮；填充颜色选择灰色，如图 6 - 23 (b) 所示。

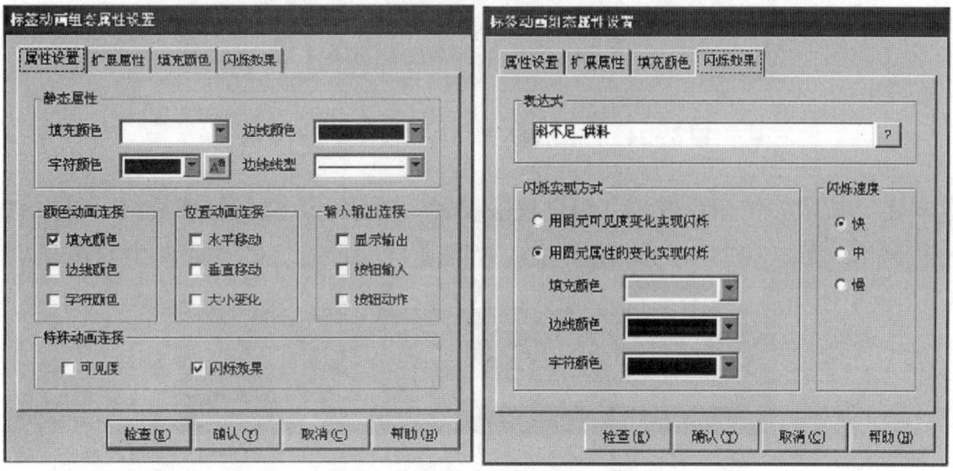

(a)　　　　　　　　　　　　(b)

图 6 - 23　“标签动画组态属性设置”对话框

(3) 制作主站输送单元画面。这里着重说明滑动输入器的制作方法，步骤如下。

①单击“工具箱”面板中的“滑动输入器”按钮，当鼠标呈“十”字形后，拖动鼠标到适当大小，调整滑动块到适当的位置。

②双击滑动输入器构件，进入如图 6 - 24 所示的“滑动输入器构件属性设置”对话框。按照下面的值设置各个参数。

● “基本属性”选项卡中，“滑块指向”选择“指向左（上）”。

● “刻度与标注属性”选项卡中，“主划线数目”为“11”，“次划线数目”为“2”；小数位数为“0”。

● “操作属性”选项卡中，对应数据对象名称为手爪当前位置 _ 输送；滑块在最左（下）边时对应的值为 1 100；滑块在最右（上）边时对应的值为 0。

● 其他设为默认值。

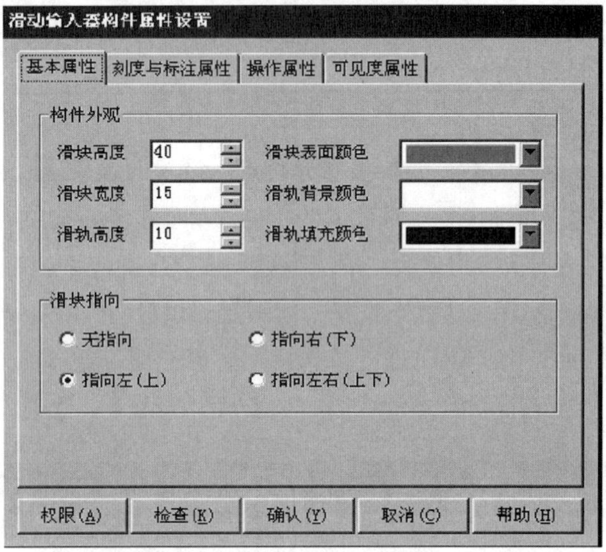

图 6－24 “滑动输入器构件属性设置”对话框

③单击“权限”按钮，进入“用户权限设置”对话框，选择管理员组，单击“确认”按钮完成制作。图 6－25 所示为制作完成的效果图。

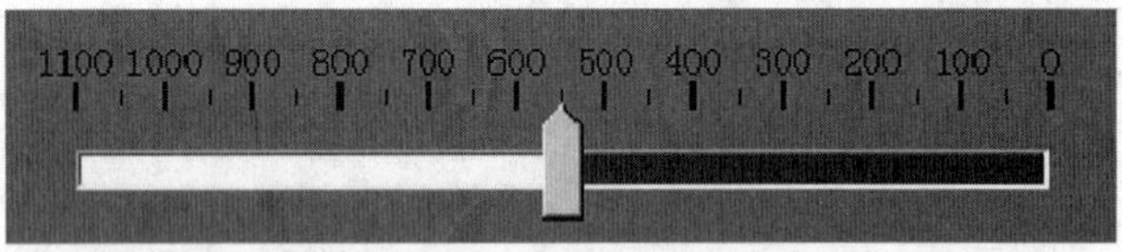

图 6－25 制作完成的效果图

6.3.5 编写和调试 PLC 控制程序

YL-335B 是一个分布式控制的自动化生产线，在设计它的整体控制程序时，应首先从它的系统性着手，通过组建网络、规划通信数据，使系统组织起来，然后根据各工作单元的工艺任务，分别编制各工作站的控制程序。

1. 规划通信数据

根据以上任务书要求，确定通信数据，见表 6－3～表 6－7。

表 6-3　输送站（1#站）发送缓冲区数据位定义

输送站位地址	数据意义	备注
V1000.0	联机运行信号	
V1000.2	急停信号	1=急停动作
V1000.4	复位标志	
V1000.5	全线复位	
V1000.6	系统就绪	
V1000.7	触摸屏全线/单机方式	1=全线，0=单机
V1001.2	允许供料信号	
V1001.3	允许加工信号	
V1001.4	允许装配信号	
V1001.5	允许分拣信号	
V1001.6	供料站物料不足	
V1001.7	供料站物料没有	
VD1002	变频器最高频率输入	

表 6-4　输送站（2#站）接收缓冲区数据位定义（数据来自供料站）

供料站位地址	数据意义	备注
V1020.0	供料站在初始状态	
V1020.1	一次推料完成	
V1020.4	全线/单机方式	1=全线，0=单机
V1020.5	单机运行信号	
V1020.6	物料不足	
V1020.7	物料没有	

表 6-5　输送站（3#站）接收缓冲区数据位定义（数据来自加工站）

加工站位地址	数据意义	备注
V1030.0	加工站在初始状态	
V1030.1	冲压完成信号	
V1030.4	全线/单机方式	1=全线，0=单机
V1030.5	单机运行信号	

表 6-6　输送站（4#站）接收缓冲区数据位定义（数据来自装配站）

装配站位地址	数据意义	备注
V1040.0	装配站在初始状态	
V1040.1	装配完成信号	
V1040.4	全线/单机方式	1=全线，0=单机

续表

装配站位地址	数据意义	备注
V1040.5	单机运行信号	
V1040.6	料仓物料不足	
V1040.7	料仓物料没有	

表 6-7　输送站（5#站）接收缓冲区数据位定义（数据来自分拣站）

分拣站位地址	数据意义	备注
V1050.0	分拣站在初始状态	
V1050.1	分拣完成信号	
V1050.4	全线/单机方式	1=全线，0=单机
V1050.5	单机运行信号	

2. 从站单元控制程序的编制

YL-335B各工作站在单机运行时的编程思路，在前面各项目中均做了介绍。在联机运行情况下，由工作任务书规定的各从站工艺过程是基本固定的，原单机程序中工艺控制子程序变动不大。在单机程序的基础上修改、编制联机运行程序，并不太困难。下面首先以供料站的联机编程为例说明编程思路。

联机运行情况下的主要变动：一是在运行条件上有所不同，主令信号来自系统通过网络传递的信号；二是各工作站之间通过网络不断交换信号，由此确定各站的程序流向和运行条件。

对于前者，首先须明确工作站当前的工作模式，以此确定当前有效的主令信号。工作任务书明确地规定了工作模式切换的条件，目的是避免发生误操作，确保系统可靠运行。工作模式切换条件的逻辑判断应在主程序开始时进行，图 6-26 所示为实现这一功能的梯形图。

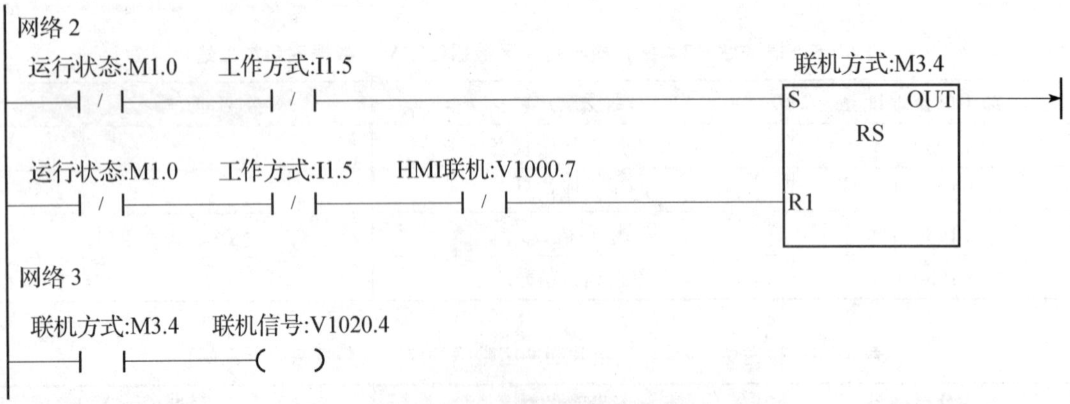

图 6-26　工作站当前工作模式的判断的梯形图

根据当前工作模式，确定当前有效的主令信号（起动、停止等），联机或单机方式下的起动与停止如图 6-27 所示。

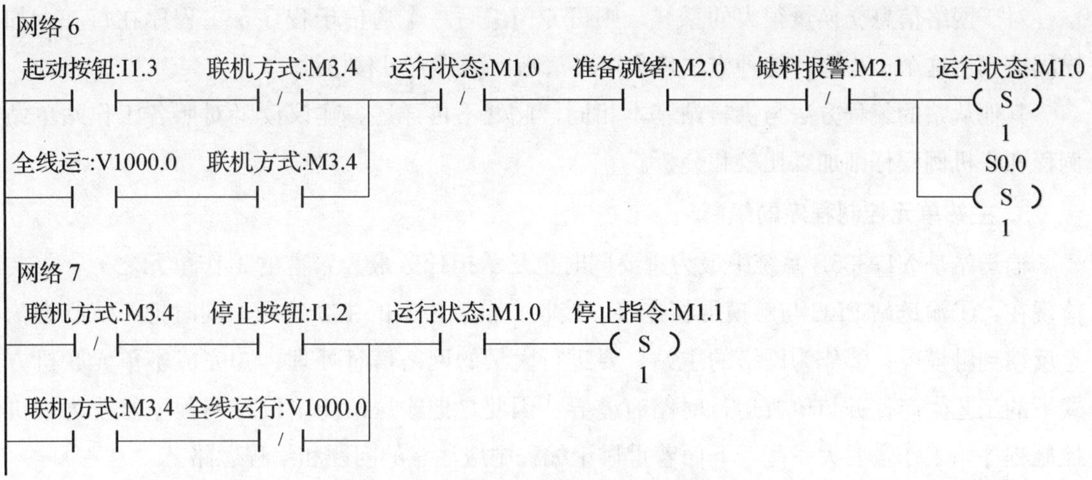

图 6-27　联机或单机方式下的起动与停止

在程序中处理工作站之间通过网络交换信息的方法有两种。对于网络信息交换量不大的系统，直接使用网络下传来的信号，同时在需要上传信息时立即在程序的相应位置插入上传信息，如直接使用系统发来的全线运行指令（V1000.0）作为联机运行的主令信号。而在需要上传信息时，如在供料控制子程序的最后工步，当一次推料完成，顶料气缸缩回到位时，即向系统发出持续 1s 的推料完成信号，然后返回初始步。系统在接收到推料完成信号后，即指令输送站机械手前来抓取工件，从而实现网络信息交换。供料控制子程序最后工步的梯形图如图 6-28 所示。

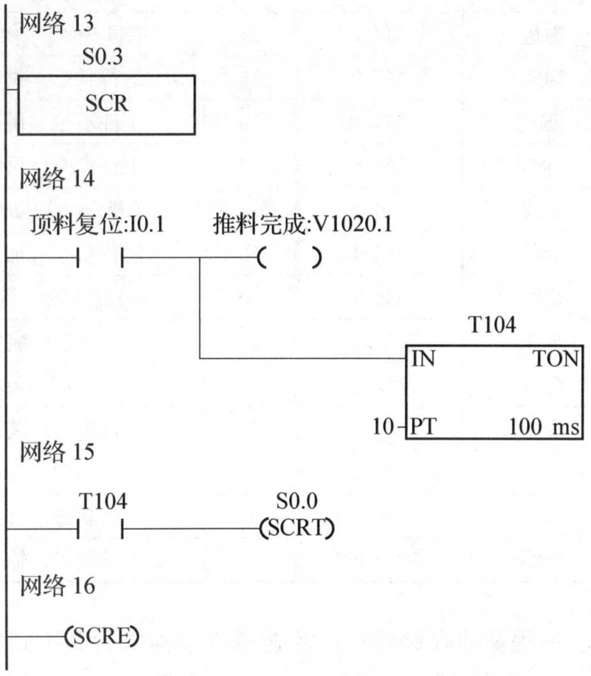

图 6-28　供料控制子程序最后工步的梯形图

对于网络信息交换量很大的系统，则可专门编写一个通信子程序，主程序在每一个扫描周期调用这个子程序。这种方法使程序更清晰，更具有可移植性。

其他从站的编程方法与供料站基本相同，此处不再详述。建议读者对照各工作站单站例程和联机例程仔细加以比较和分析。

3. 主站单元控制程序的编制

输送站是 YL-335B 系统中最为重要同时也是承担任务最为繁重的工作单元之一，主要体现在：①输送站 PLC 与触摸屏相连接，接收来自触摸屏的主令信号，同时把系统状态信息反馈到触摸屏；②作为网络的主站，要进行大量的网络信息处理；③完成本单元联机方式下的工艺生产任务与单机运行时略有差异。因此，把输送站的单机控制程序修改为联机控制程序，工作量要大一些，下面着重讨论编程中应注意的问题和编程思路。

（1）内存的配置。

为了使程序更为清晰合理，编写程序前应尽可能详细地规划所需使用的内存。前面已经规划了供网络变量使用的内存，它们从 V1000 单元开始。首先，在借助 NETR/NETW 指令向导生成网络读写子程序时，指定了所需要的 V 存储区的地址范围。其次，在借助位控向导组态时，也要指定所需要的 V 存储区的地址范围。YL-335B 出厂例程编制中，指定的输出为 Q0.0。此外，在人机界面组态中，也规划了人机界面与 PLC 的连接变量的设备通道，见表 6-8。

表 6-8　人机界面与 PLC 的连接变量的设备通道

序号	连接变量	通道名称	序号	连接变量	通道名称
1	越程故障 _ 输送	M0.7	14	单机/全线 _ 供料	V1020.4
2	运行状态 _ 输送	M1.0	15	运行状态 _ 供料	V1020.5
3	单机/全线 _ 输送	M3.4	16	工件不足 _ 供料	V1020.6
4	单机/全线 _ 全线	M3.5	17	工件没有 _ 供料	V1020.7
5	复位按钮 _ 全线	M6.0	18	单机/全线 _ 加工	V1030.4
6	停止按钮 _ 全线	M6.1	19	运行状态 _ 加工	V1030.5
7	起动按钮 _ 全线	M6.2	20	单机/全线 _ 装配	V1040.4
8	方式切换 _ 全线	M6.3	21	运行状态 _ 装配	V1040.5
9	网络正常 _ 全线	M7.0	22	工件不足 _ 装配	V1040.6
10	网络故障 _ 全线	M7.1	23	工件没有 _ 装配	V1040.7
11	运行状态 _ 全线	V1000.0	24	单机/全线 _ 分拣	V1050.4
12	急停状态 _ 输送	V1000.2	25	运行状态 _ 分拣	V1050.5
13	输入频率 _ 全线	VW1002	26	手爪位置 _ 输送	VD2000

只有在配置了以上所提及的存储器后，才能考虑编程中所需用到的其他中间变量。避免非法访问内部存储器，是编程中必须注意的问题。

（2）主程序结构。

由于输送站承担的任务较多，联机运行时，主程序有较大的变动。

①在每一个扫描周期，除调用 AXISO _ CTR 子程序，使能运动控制外，还须调用网络读写子程序和通信子程序。

②完成系统工作模式的逻辑判断，除输送站本身要处于联机方式外，所有从站必须都处于联机方式。

③联机方式下，系统复位的主令信号由 HMI 发出。在初始状态检查中，系统准备就绪的条件除输送站本身要准备就绪外，所有从站均应准备就绪。因此，初态检查复位子程序中，除完成输送站本站初始状态检查和复位操作外，还要通过网络读取各从站准备就绪的信息。

④整体运行过程仍是按“初态检查→准备就绪”“等待起动→投入运行”等几个阶段逐步进行的，但阶段的开始或结束的条件发生了变化。

以上是主程序编程思路，下面给出主程序清单，如图 6 - 29 所示。

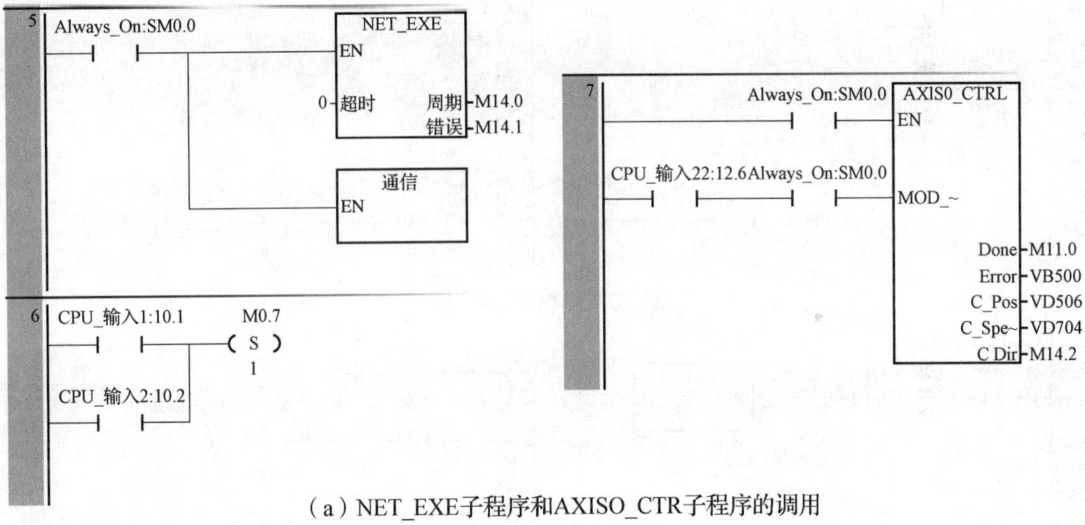

（a）NET_EXE子程序和AXISO_CTR子程序的调用

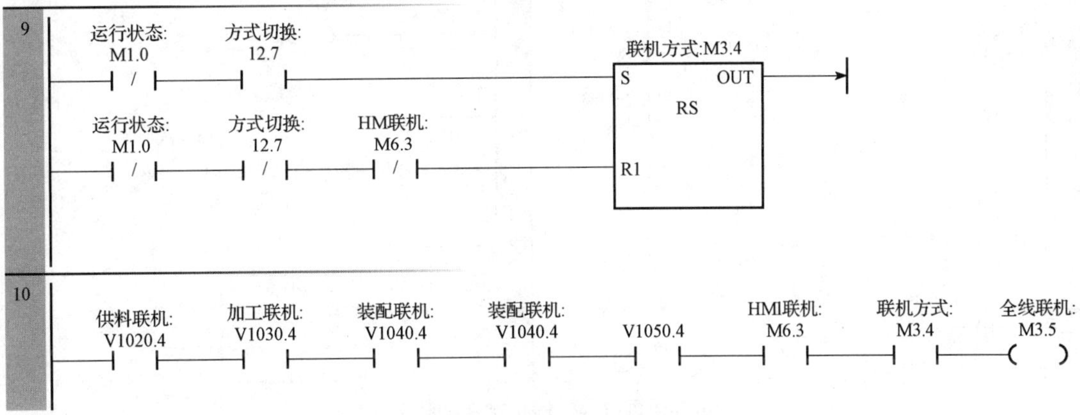

（b）系统联机运行模式的确定

图 6 - 29　主程序清单

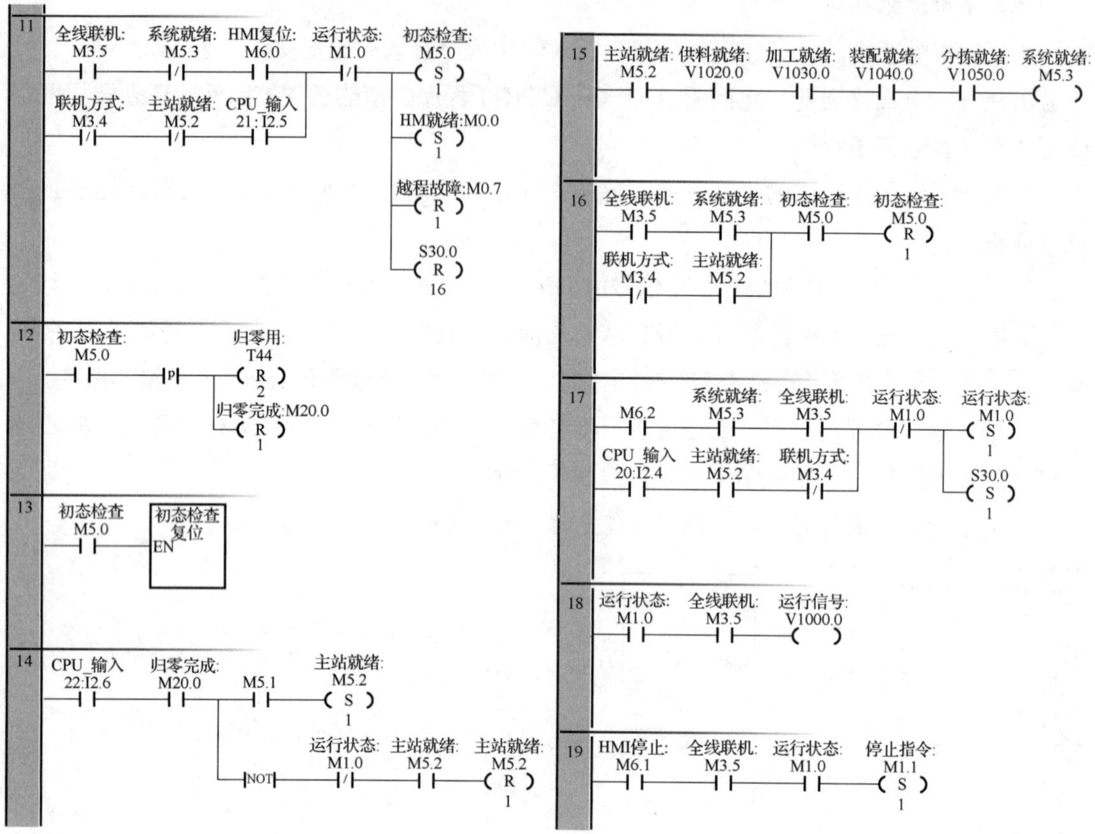

（c）初态检查及起动操作

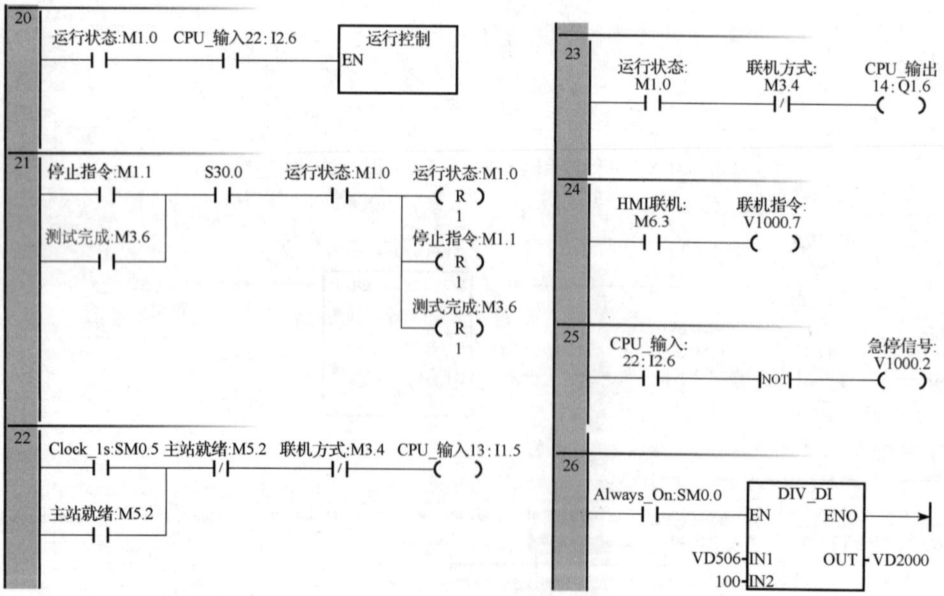

（d）运行过程、停止操作和状态显示

图 6-29　主程序清单（续图）

（3）“运行控制”子程序的结构。

输送站联机的工艺过程与单机过程略有不同，需修改之处并不多，主要有以下几点。

①在“5.6 输送单元安装与调试”任务中，传送功能测试子程序在初始步就开始执行机械手往供料站出料台抓取工件，而联机方式下，初始步的操作应为通过网络向供料站请求供料，收到供料站供料完成信号后，如果没有停止指令，则进行下一步，即执行抓取工件。

②单机运行时，机械手往加工站加工台放下工件，等待 2s 取回工件，而联机方式下，取回工件的条件是收到来自网络的加工完成信号，装配站的情况与此相同。

③单机运行时，测试过程结束即退出运行状态。联机方式下，一个工作周期完成后，返回初始步，如果没有停止指令，则开始下一个工作周期。

输送站联机运行控制子程序流程说明如图 6－30 所示。

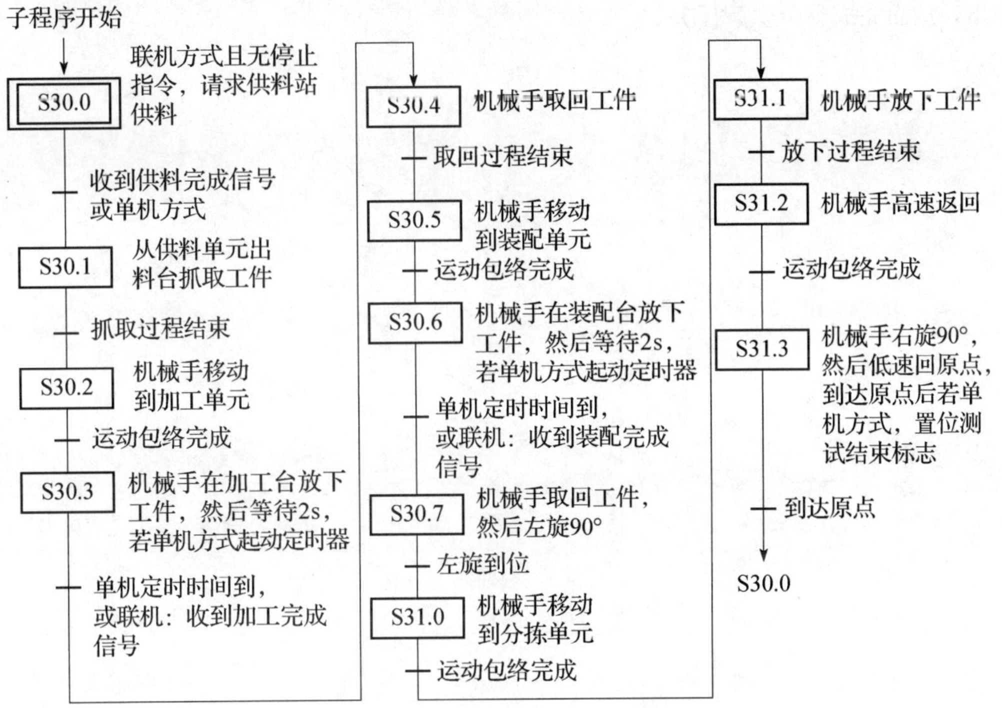

图 6－30　输送站联机运行控制子程序流程说明

（4）“通信”子程序。

“通信”子程序的功能包括从站报警信号处理、转发（从站间、HMI）以及向 HMI 提供输送站机械手当前的位置信息。主程序在每一个扫描周期都调用这一子程序。

①报警信号处理、转发。

● 供料站“工件不足”和“工件没有”的报警信号转发至装配站，为警示灯工作提供信息。

● 处理供料站“工件没有”或装配站“工件没有”的报警信号。

- 向 HMI 提供网络正常/故障信息。

②向 HMI 提供输送站机械手当前的位置信息，通过 AXISO _ CTRL 子程序 c _ pos 参数双整数相除来实现。

项目小结

YL-335B 自动化生产线由供料、加工、装配、分拣和输送单元组成，每个单元均设置一台 PLC 以承担控制任务，各 PLC 之间通过以太网通信实现互联的分布式控制系统。本项目将组态监控技术、PLC 控制技术等融会贯通，完成将供料单元料仓内的工件送往加工单元的物料台，完成加工后，把加工好的工件送往装配单元的装配台，然后把装配单元料仓内不同颜色的小圆柱工件嵌入装配台上的工件中，将完成装配后的成品送往分拣单元，分拣输出，从而完成整个生产任务。

参考文献

[1] 廉迎战．现场总线技术与工业控制网络系统 [M]. 北京：机械工业出版社，2022.

[2] 周建清．PLC 应用技术 [M]. 北京：机械工业出版社，2024.

[3] 韩相争．PLC 与触摸屏变频器组态软件应用一本通 [M]. 北京：化学工业出版社，2018.

[4] 朱梅，朱光力．液压与气动技术 [M]. 西安：西安电子科技大学出版社，2020.

[5] 王晓瑜．电气控制与 PLC 应用技术 [M]. 西安：西北工业大学出版社，2020.

[6] 徐兵．自动化生产线控制系统设计与实践 [M]. 西安：西安电子科技大学出版社，2018.

[7] 徐科军．传感器与检测技术 [M]. 北京：电子工业出版社，2021.

[8] 张文明．嵌入式组态控制技术 [M]. 北京：中国铁道出版社，2019.

[9] 冯成龙．传感器与检测电路设计项目化教程 [M]. 北京：机械工业出版社，2021.

[10] 西门子（中国）有限公司．深入浅出　西门子 S7-200 SMART PLC [M]. 北京：北京航空航天大学出版社，2018.